数 据 资 产 丛 书

THE COMPLETE GUIDE TO DATA SYSTEM CONSTRUCTION

一本书讲透数据体系建设

方法与实践

王晓华 著

机械工业出版社
CHINA MACHINE PRESS

图书在版编目（CIP）数据

一本书讲透数据体系建设：方法与实践 / 王晓华著. --
北京：机械工业出版社，2025.3. -- （数据资产丛书）.
ISBN 978-7-111-77692-5

Ⅰ. TP274

中国国家版本馆 CIP 数据核字第 20251U9S38 号

机械工业出版社（北京市百万庄大街 22 号 邮政编码 100037）
策划编辑：杨福川　　　　　　　　　责任编辑：杨福川　章承林
责任校对：李　霞　杨　霞　景　飞　责任印制：任维东
河北宝昌佳彩印刷有限公司印刷
2025 年 5 月第 1 版第 1 次印刷
170mm×230mm・30 印张・3 插页・454 千字
标准书号：ISBN 978-7-111-77692-5
定价：129.00 元

电话服务　　　　　　　　　　网络服务
客服电话：010-88361066　　　机　工　官　网：www.cmpbook.com
　　　　　010-88379833　　　机　工　官　博：weibo.com/cmp1952
　　　　　010-68326294　　　金　书　网：www.golden-book.com
封底无防伪标均为盗版　　　　机工教育服务网：www.cmpedu.com

前言

为何写作本书

相信你已经见过或听到过众多的数据词汇：数据资源、数据资产、数据要素、数据资源入表、数据价值……2019年，党的十九届四中全会首次将数据增列为生产要素；2022年12月，中共中央、国务院印发《中共中央 国务院关于构建数据基础制度更好发挥数据要素作用的意见》；2023年2月27日，中共中央、国务院印发《数字中国建设整体布局规划》；2023年8月1日，财政部印发《企业数据资源相关会计处理暂行规定》（财会〔2023〕11号）；2023年12月31日，国家数据局等17个部门联合印发《"数据要素×"三年行动计划（2024—2026年）》；2024年12月31日，财政部印发《关于加强数据资产管理的指导意见》。从中能够看到，大数据战略已经从政策构建层面逐步细化深入，数据也已经从粗犷式应用向精细化管理和运营纵深发展，数据作为一种重要的生产要素，正逐渐进入流通体系，全面赋能经济社会发展。

作为数据要素市场建设的参与主体，组织在数据的洪流中要做些什么才可以应对不断变化的环境与业务发展挑战？相信这是你一直在思考的。表面上看，组织需要充分激发数据的潜力，利用数据来赋能业务和服务客户。通过组织的数据，组织成员可以了解目前组织的运营情况，分析业务流程中存在的问题，帮助组织更好地做出商业决策。但是要实现这一切，需要一个重要的基础支撑——一个稳健的数据体系。

建设稳健的数据体系并不是一件简单的事情，你至少需要做好以下五点：

第一，需要对组织的业务战略非常了解，知道业务走向，知道业务对数据的需求。除了业务需求，还需要知道政策、法律法规以及监管对组织数据的要求。

第二，基于这些需求和要求，以终为始，规划和设计组织的数据资源架构，分析组织应该具有哪些数据，了解数据的特性、使用场景、分布情况以及如何对数据进行标准化管理，构建组织的数据资源和数据资产蓝图。

第三，还需要了解组织的数据现状，在此基础之上，对比现状和蓝图，规划组织的数据体系如何一步步地实现从现状到蓝图的转变。

第四，光有数据体系不行，还必须配套建设全套的数据管理体系，把组织数据从规划到设计、落地、使用、销毁等的全生命周期管理起来，按照所需构建组织数据管理体系，监督整个体系的建设。

第五，随着业务的变化，还需要不断优化、调整组织的数据体系及数据管理体系，让组织的数据由无管理状态向着基本管理、完整管理、智能化、自优化方向发展，向着能够给组织带来直接和间接价值的方向转变。

在这个过程中我们需要注意，管理的对象从原始数据／数据资源逐渐转换为了数据资产，管理的重心从资源管理逐步迁移到了数据资产管理和运营，数据也从成本中心逐渐转换为利润中心。数据将从一级市场（组织内部）进入二级市场（组织外部的流通体系），给组织带来数据价值，发挥数据作为新型生产要素的核心作用。

上述体系的建设可能是一项很复杂的工作，本书立足于降低该项工作的复杂度。笔者在系统学习和总结现有的各类数据管理理论的基础上，概述了组织数据框架，并围绕框架讲述数据的运行和管理逻辑，希望能够帮助更多的组织更好地理解数据、管理数据、运用数据、流通数据，并从数据中获取价值。

对大多数高级管理人员来说，数据管理／运营看上去晦涩、复杂且高度技术化。但实际上，这仍然是一门管理学科，只是由于管理对象——数据的特殊性（数据自身的一些特性以及数据会流动，形态会变化），以及数据管理相关的理论相对不成熟，所以看上去不好理解和掌握。希望本书能够帮你拨开数据的迷雾，透过诸多的热门数据词汇、纷杂的现象看清组织数据管理的本质，帮助你的组织建立高效的数据体系，从而抓住商机，从数据中获得更大的价值。

本书主要内容

在数字时代，数据已成为组织推动决策和创新的关键资产。本书深入探讨了数据管理、数据体系、数据战略、数据资源、数据资产、数据治理等多个主题。从认识到数据的价值，到构建数据体系（从数据资源管理到数据资产管理），再到实施数据治理和数据管理保障体系，本书为读者提供了一套全面的框架、方法论及案例，不仅揭示了数据作为新型生产要素如何驱动业务决策与价值创造，还详细指导了如何构建一套覆盖数据全生命周期的管理体系，旨在帮助组织实现数据的有效整合、优化利用与价值最大化，从而在数字化转型的浪潮中占据先机。

本书共 8 章，各章的主要内容如下：

第 1 章　全面认识数据与数据要素

数据作为一个重要的生产要素，具有独有的特征，且伴随着业务的发展，具有了独特的价值实现路径。本章全面介绍数据与数据要素，帮助读者建立对它们的基础认知。

第 2 章　数据管理与数据体系

分析组织内部数据的流动过程，解析内外部环境对组织数据的要求与约束。同时，基于组织数据管理的发展历程和组织数据的形态变化，提出组织数据体系的框架结构，以帮助读者理解组织数据体系的主要内容。

第 3 章　数据战略的设计、实施与管理

从组织数据战略的定义、关键要素入手，分析组织数据战略的设计与实施过程，讲解如何实现组织数据管理，并以商业银行为例，阐述组织数据战略的框架和实施路径。

第 4 章　数据资源的设计、建设与管理

首先介绍组织数据资源的定义和生命周期，然后讲解组织如何基于数据需求进行数据资源设计、建设和管理，使数据资源由无序变为有序，形成企业级标准数据资源。

第 5 章　数据资产的建设、管理与流通

首先阐述数据资产的定义、分类和关键点，然后结合数据资产生命周期讲解数据资产建设、管理、流通等核心内容，明确组织如何构建数据资产管理体系，促进组织数据资产的内部共享使用和外部流通交易，给组织带来间接和直接的经济价值。

第 6 章　数据治理的框架、标准与方法

首先明确组织数据治理的定义，然后参考国内外常见的数据治理框架和标准给出数据治理方法，帮助组织实现存量数据的治理。

第 7 章　数据管理保障体系

详细阐述数据管理保障体系，包括管理组织、管理机制、标准规范、数据人才、平台及工具、技术创新、文化素养等。

第 8 章　数据体系建设的方法与实践

详细讲解组织数据体系建设的原则、建设阶段划分、每个阶段的建设内容以及注意事项，并以某公司数据资产管理体系构建与应用为例进行分析，展示成功实践的宝贵经验和启示。

本书读者对象

本书是一部面向数据管理领域专业人士和爱好者的全面指南，旨在为不同背景的读者提供数据管理的深度见解和实用技能。本书适合以下群体阅读：

- 企业高管与决策者：帮助他们认识数据的重要性，制定科学的数据战略，推动企业的数字化转型。
- 数据管理人员与 IT 专业人士：为他们提供数据资源建设、数据资产管理、数据治理等方面的专业知识和实践技能。
- 数据分析师与数据科学家：指导他们如何高效地处理和分析数据，挖掘数据的潜在价值。
- 数据相关领域学者与研究人员：为他们在数据管理领域的研究提供理论参考和实践案例。
- 对数据管理感兴趣的读者：帮助他们建立对数据管理的全面认识，提升个人在数字时代的竞争力。

本书内容特色

本书以其系统性、实践性、前沿性、易读性和全面性，为读者提供了一套全面而深入的数据知识体系。

- 系统性：本书内容覆盖数据体系的各个方面，从理论到实践，从数据战略到数据治理，形成了一套完整的数据体系建设和管理的知识图谱。
- 实践性：通过对实际案例的分析和解读，将理论知识与实际应用相结合，帮助读者更好地理解和运用数据体系建设和管理技能。
- 前沿性：紧跟数据领域的发展动态，介绍最新的理论、技术和方法，使读者能够把握数据体系的前沿趋势。
- 易读性：采用清晰明了的写作风格，配以图表和案例，使复杂的数据概念变得易于理解和掌握。
- 全面性：不仅关注数据管理的技术层面，还涉及数据体系建设与管理等多个方面，为读者提供全方位的数据体系建设解决方案。

致谢

在本书漫长而富有挑战性的撰写过程中，我深感自己不是孤单一人在奋斗。这一路上，我收到了来自四面八方的热情帮助与坚定支持，这些无比珍贵的贡献为这本书的完成奠定了基石。此刻，我衷心地向每一位在这个过程中帮助和支持过我的人表示深深的感谢。

首先，我要向我的家人致以最深的感激。他们不仅是我生活中的坚强后盾，更是我精神上的支柱。每当我感到疲惫或迷茫时，是家人的理解与鼓励让我重新找回信心和动力。他们的无私付出，让我能够心无旁骛地投身于本书的撰写工作中。在这个过程中，他们不仅给予我时间上的支持，更是时常提醒我注意休息、保持健康，这份关爱是我能够坚持下来的重要原因。

同时，我要由衷地感谢我的同事和朋友们，尤其是徐智、于冰冰老师，他们在我构思和撰写这本书的过程中提供了大量宝贵的建议。无论是关于图书结构的调整，还是内容细节的打磨，他们都给予了我极大的帮助。他们的专业知识和独到见解，不仅丰富了本书的内容，更让我在写作过程中受益匪浅。

我还要特别感谢数据管理领域的专家和学者们，他们的前沿研究和实践经验为本书提供了坚实的理论支撑和生动的案例分析。正是有了他们的辛勤工作和无私奉献，本书才得以引用众多有价值的观点和方法，使得内容更加充实、富有深度。

尽管这本书已经完成，但我对数据管理的探索和实践依然保持着热情。在撰写过程中，我深刻感受到自己的不足，也意识到了数据管理知识的博大精深。因此，我坦然接受本书中可能存在的疏漏和不足，并希望它能作为一块引玉之砖，激发更多人对数据管理的兴趣和思考。如果你有关于本书的任何意见和建议，或者想与我就数据体系和数据管理进行更多的探讨，欢迎通过邮箱350289410@qq.com 与我联系。

在写作本书的过程中，我也深刻体会到了知识的力量和分享的价值。我相信，本书的传播能够激发更多人对数据管理的兴趣，推动数据科学的发展，为社会的进步做出贡献。我期待着与大家共同见证数据管理领域的未来，一起探索未知，创造可能。

目录

前言

第 1 章 全面认识数据与数据要素

1.1 什么是数据   2
    1.1.1 数据的定义   2
    1.1.2 数据的特性   2
    1.1.3 数据的生成   3
    1.1.4 数据的消费   4

1.2 数据的分类   5
    1.2.1 按结构化特征分类   6
    1.2.2 按使用场景分类   7
    1.2.3 按权利所属分类   8
    1.2.4 组织内不同人眼中的数据分类   11

1.3 什么是数据要素   14
    1.3.1 数据是新型生产要素   14
    1.3.2 数据要素的主要表现形态   15
    1.3.3 数据要素的价值实现路径   17
    1.3.4 数据要素的特征   19

第 2 章 数据管理与数据体系

2.1 数据的流动与变化   22

2.2 内外部环境对数据的要求 23
　　2.2.1 合规需求 24
　　2.2.2 外部洞察需求 26
　　2.2.3 内部洞察需求 28
2.3 不同数据管理阶段的数据形态 30
　　2.3.1 数据管理的发展历程 30
　　2.3.2 数据的形态变化 33
2.4 数据管理的必备知识 40
2.5 数据体系解析 42
　　2.5.1 从宏观战略角度分析数据体系 43
　　2.5.2 从管理对象角度分析数据体系 45
2.6 数据体系正在从成本和效率中心向价值中心转变 46

|第 3 章| 数据战略的设计、实施与管理

3.1 什么是数据战略 52
　　3.1.1 数据战略的定义 52
　　3.1.2 数据战略的核心要素 53
　　3.1.3 数据战略与其他战略的关系 54
3.2 数据战略的设计与实施 57
3.3 数据战略管理 61
　　3.3.1 数据战略管理的定义 61
　　3.3.2 数据战略管理的要点 61
　　3.3.3 数据战略管理体系 65
3.4 案例：商业银行的数据战略 68
　　3.4.1 商业银行的数据战略框架 69
　　3.4.2 商业银行的数据战略实施路径 73
　　3.4.3 总结 78

第 4 章　数据资源的设计、建设与管理

- 4.1　什么是数据资源　80
  - 4.1.1　数据资源的定义　80
  - 4.1.2　数据资源的生命周期　81
- 4.2　数据需求解析　83
  - 4.2.1　数据需求　83
  - 4.2.2　元数据　91
- 4.3　数据资源设计　97
  - 4.3.1　数据资源设计概述　98
  - 4.3.2　数据资源设计的实现　126
  - 4.3.3　数据资源架构的特性　129
  - 4.3.4　案例：大型零售连锁企业的数据资源设计　132
- 4.4　数据资源建设　140
  - 4.4.1　建设流程　141
  - 4.4.2　建设要点　142
  - 4.4.3　常见问题及解决方案　143
- 4.5　数据资源管理　145
  - 4.5.1　数据资源管理体系框架　145
  - 4.5.2　核心职能之间的管理逻辑　148
  - 4.5.3　数据资源架构管理　150
  - 4.5.4　数据资源质量管理　157
  - 4.5.5　数据资源生命周期管理　164
  - 4.5.6　数据资源风险管理　167

第 5 章　数据资产的建设、管理与流通

- 5.1　什么是数据资产　175
  - 5.1.1　数据资产的定义　176
  - 5.1.2　常见的数据资产分类　177

5.1.3　数据资产的关键点　　　　　　　　　　179
　　　5.1.4　数据资产的生命周期　　　　　　　　　180
　5.2　数据资产建设　　　　　　　　　　　　　　　180
　　　5.2.1　数据资产需求识别　　　　　　　　　　181
　　　5.2.2　数据资产架构设计　　　　　　　　　　186
　　　5.2.3　数据资产开发　　　　　　　　　　　　191
　　　5.2.4　数据资产登记与形成　　　　　　　　　192
　5.3　数据资产管理体系　　　　　　　　　　　　　194
　5.4　数据资产管理的核心职能　　　　　　　　　　197
　　　5.4.1　数据资产需求管理　　　　　　　　　　198
　　　5.4.2　数据资产价值管理　　　　　　　　　　199
　　　5.4.3　数据资产流通管理　　　　　　　　　　201
　　　5.4.4　数据资产架构管理　　　　　　　　　　202
　　　5.4.5　数据资产风险管理　　　　　　　　　　204
　　　5.4.6　数据资产生命周期管理　　　　　　　　205
　5.5　数据资产管理实施　　　　　　　　　　　　　208
　　　5.5.1　实施过程　　　　　　　　　　　　　　208
　　　5.5.2　实施的关键点　　　　　　　　　　　　210
　5.6　数据资产流通　　　　　　　　　　　　　　　212
　　　5.6.1　数据流通　　　　　　　　　　　　　　212
　　　5.6.2　数据资产流通概述　　　　　　　　　　216
　　　5.6.3　数据资产流通管理体系　　　　　　　　219
　　　5.6.4　数据资产流通管理的核心职能　　　　　221
　　　5.6.5　数据资产流通管理的关键点和注意点　　228
　5.7　案例：商业银行数据资产体系建设实践　　　　229
　　　5.7.1　背景与需求　　　　　　　　　　　　　230
　　　5.7.2　实践目标　　　　　　　　　　　　　　230
　　　5.7.3　构思　　　　　　　　　　　　　　　　231

　　　　5.7.4　工作步骤　　　　　　　　　　　　　　238
　　　　5.7.5　主要成果　　　　　　　　　　　　　　240

第 6 章　数据治理的框架、标准与方法

6.1　什么是数据治理　　　　　　　　　　　　　244
　　6.1.1　不同组织对数据治理的定义　　　　　244
　　6.1.2　本书对数据治理的定义　　　　　　　245
　　6.1.3　数据管理与数据治理　　　　　　　　248
6.2　数据治理的框架和标准　　　　　　　　　　250
　　6.2.1　国际数据治理框架　　　　　　　　　250
　　6.2.2　国内数据治理标准　　　　　　　　　268
6.3　数据治理方法　　　　　　　　　　　　　　271
　　6.3.1　现状与需求分析　　　　　　　　　　271
　　6.3.2　蓝图规划　　　　　　　　　　　　　280
　　6.3.3　规划实施　　　　　　　　　　　　　285
　　6.3.4　优化与改进　　　　　　　　　　　　292
6.4　×农商行数据治理实践　　　　　　　　　　294
　　6.4.1　×农商行简介　　　　　　　　　　　295
　　6.4.2　数据管理现状　　　　　　　　　　　295
　　6.4.3　数据治理成熟度评估及问题分析　　　301
　　6.4.4　数据治理体系实施原则　　　　　　　306
　　6.4.5　数据治理优化方案　　　　　　　　　306
　　6.4.6　数据治理实施　　　　　　　　　　　318

第 7 章　数据管理保障体系

7.1　数据管理保障体系简介　　　　　　　　　　323
　　7.1.1　数据管理保障体系的组成　　　　　　323

	7.1.2　按照 5W2H 模型理解数据管理保障体系　　324
7.2　数据管理组织　　325
	7.2.1　组织架构　　326
	7.2.2　岗位设置　　335
	7.2.3　团队建设　　351
	7.2.4　数据责任　　357
	7.2.5　绩效考核　　359
	7.2.6　案例：A 银行数据管理组织　　367
7.3　数据管理机制　　373
	7.3.1　数据管理制度　　373
	7.3.2　数据管理流程　　382
7.4　数据标准规范　　384
	7.4.1　数据标准的定义　　385
	7.4.2　数据标准的分类及范围　　385
	7.4.3　数据标准管理　　402
7.5　数据人才　　408
	7.5.1　什么是数据人才　　408
	7.5.2　数据人才建设　　409
	7.5.3　数据人才培养　　411
7.6　数据平台及工具　　412
	7.6.1　数据平台及工具的定义　　412
	7.6.2　数据平台及工具建设　　413
	7.6.3　数据平台及工具的选择策略　　413
	7.6.4　数据仓库、数据平台、数据中台、数据湖的内涵和区别　　415
	7.6.5　数据平台及工具管理　　419
7.7　数据技术创新　　420
	7.7.1　数据技术的内涵　　421

7.7.2	数据技术的更新迭代	422
7.7.3	数据技术的发展规划	423
7.7.4	数据技术创新的方法	425

7.8 数据文化素养　　　　　　　　　　　　　　426
  7.8.1 数据文化素养的内涵　　　　　　　　426
  7.8.2 培养数据文化素养　　　　　　　　　427
  7.8.3 培养数据文化素养的注意事项　　　　429

第 8 章 数据体系建设的方法与实践

8.1 数据体系建设是一个复杂过程　　　　　　　431
8.2 数据体系建设的 6 个原则　　　　　　　　　433
8.3 数据体系建设的过程　　　　　　　　　　　436
  8.3.1 规划设计阶段　　　　　　　　　　　436
  8.3.2 实施阶段　　　　　　　　　　　　　440
  8.3.3 管理阶段　　　　　　　　　　　　　442
  8.3.4 监督阶段　　　　　　　　　　　　　444
8.4 数据体系建设的注意事项　　　　　　　　　446
  8.4.1 规划设计阶段　　　　　　　　　　　446
  8.4.2 实施阶段　　　　　　　　　　　　　447
  8.4.3 管理阶段　　　　　　　　　　　　　448
  8.4.4 监督阶段　　　　　　　　　　　　　449
  8.4.5 跨阶段的通用注意事项及其解决方案　449
8.5 案例：某公司数据资产管理体系构建与应用实践　451
  8.5.1 项目背景　　　　　　　　　　　　　451
  8.5.2 建设阶段划分　　　　　　　　　　　451
  8.5.3 数据资产管理体系的创新构建与成效　452
  8.5.4 解决方案　　　　　　　　　　　　　452
  8.5.5 价值与成效　　　　　　　　　　　　457

8.6 案例分析 458
   8.6.1 内容对比分析 458
   8.6.2 造成差异的原因 459
   8.6.3 一般企业数据体系建设的常见路径 461

第 1 章 CHAPTER

全面认识数据与数据要素

在大数据时代，数据作为关键的生产要素，发挥着重要的作用。对于组织而言，数据是未来获取竞争优势的关键。管理良好的数据，不仅能够帮助组织分析其管理中存在的问题，更能够帮助组织优化产品生产，贴心为客户服务，进行精准营销，做好管理决策。同时，作为数据要素市场的核心，组织数据将以多种形态进入数据要素市场流通，给组织带来直接经济效益。但是，上述过程相对复杂，要想从中获得最大利益，组织需要深入了解这个过程以及其中涉及哪些重要的工作。只有完成这些工作，才能使数据按照预期产生价值。

本章讨论以下内容，这些内容对于任何希望从数据中获取价值的组织都至关重要：

- 数据有自己的特性。
- 数据有不同的分类。
- 数据是新型的生产要素，有独特的形态和价值实现路径。
- 数据是组织的核心资产之一，也能像其他资产一样带来价值。

1.1 什么是数据

数据（Data）是一个广泛而重要的概念，它在不同领域和语境中具有不同的含义和应用。为了帮助大家快速了解数据，本节简单介绍数据的定义、特性、生成与消费。

1.1.1 数据的定义

基本定义：数据是指对客观事件进行记录并可以鉴别的符号，是对客观事物的性质、状态以及相互关系等进行记载的物理符号或这些物理符号的组合。它是事实或观察的结果，是对客观事物的逻辑归纳，是用于表示客观事物的未经加工的原始素材。

计算机科学中的定义：数据是所有能输入计算机并被计算机程序处理的符号的总称，是输入电子计算机进行处理，具有一定意义的数字、字母、符号和模拟量等的通称。

1.1.2 数据的特性

数据具有以下特性：

- 可识别性和抽象性：数据是可识别的、抽象的符号，它不仅指狭义上的数字，还可以是具有一定意义的文字、字母、数字符号的组合、图形、图像、视频、音频等。
- 多样性：数据的形式多样，可以是连续的（如声音、图像，称为模拟数据），也可以是离散的（如符号、文字，称为数字数据）。
- 可解释性：数据需要能够被用户理解和解释，这对于数据的分析结果和决策过程至关重要。
- 可存储性：数据可以被存储在硬盘、光盘、云存储等各种介质上，这使数据得以长期保存并随时访问。
- 可扩展性：随着技术的发展，数据存储和处理能力不断增强，使数据集得以不断扩展，以适应不断增长的数据需求。

- 可操作性：数据可以被操作和转换，以适应不同的需求和应用场景，例如数据聚合、过滤、转换等。
- 可访问性：数据的可访问性决定了其价值的实现程度。数据需要通过适当的权限和接口，确保授权用户能够方便地访问和使用。
- 可传输性：数据可以通过网络、电缆或其他传输介质在不同设备和地点之间快速移动，这促进了信息的共享和交流。
- 可分析性：数据可以通过各种分析工具和技术进行处理与分析，以发现模式、趋势和关联，从而提供洞察和决策支持。
- 可重复使用性：数据可以被多次使用，用于不同的分析和应用，而不会损失其价值或质量。
- 可集成性：不同来源和类型的数据可以整合在一起，形成更加丰富和全面的视图，以支持更复杂的分析和决策。
- 安全性：数据往往包含敏感信息，因此需要采取适当的安全措施来保护数据的完整性、可用性和保密性。
- 时效性：数据的价值往往与其时效性相关，及时更新的数据可以提供更准确的信息和洞察。

1.1.3　数据的生成

数据的生成实际是对真实世界中的对象、事件和概念的特征的抽象，如图1-1所示。这意味着数据是对现实世界中的事物或现象的属性和特征的描述与记录。

数据在生成的时候，其特征、表示方法、数据结构就以数据模型的形式确定了下来。数据模型是有关数据的知识，它定义了数据的组织方式和关系。数据模型帮助大家理解数据的结构和使用方式。但需要注意的是，数据只能代表对象、事件和概念的部分特征。

另外，数据生成的时候就带有相关的说明信息（元数据，其实数据模型也是一类元数据），数据不仅包括数字或文字，还包括元数据，即关于数据本身的数据。元数据描述了数据的名称、结构、含义和取值。这有助于理解数据的背景和上下文。

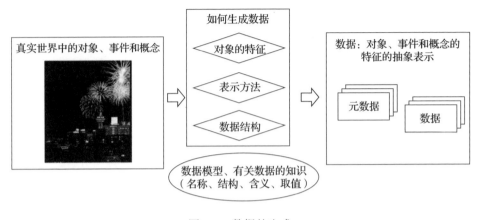

图 1-1 数据的生成

1.1.4 数据的消费

数据消费是指使用数据来做出决策或进行分析,如图 1-2 所示。数据消费的基础是理解数据所表达的特征和含义。

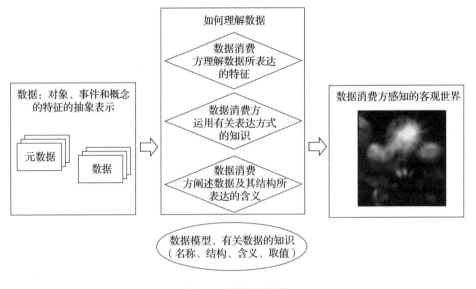

图 1-2 数据的消费

数据消费方需要阐述数据及其结构所表达的含义,这涉及对数据的深入分析和解释，以便从中提取有用的信息和见解。理解数据还涉及对数据模型和有关数据的知识的掌握，这包括对数据的名称、结构、含义和取值的理解。通过这些知识，数据消费方可以更有效地使用数据来支持其决策和分析。

总体来说，数据的生成和消费是一个连续的过程，涉及数据的收集、组织、分析和解释。生成数据需要明确数据的来源和结构，而消费数据则需要深入分析数据的特征和含义，并利用相关的知识和技能来提取有用的信息。

1.2 数据的分类

在当今这个数据驱动的时代，数据已成为企业运营、决策制定乃至社会发展的重要驱动力。而数据分类作为数据管理领域的核心环节，不仅是优化数据存储、提升数据访问效率的关键，更是保障数据安全、促进数据价值挖掘的前提。

根据国家标准 GB/T 38667—2020《信息技术　大数据　数据分类指南》，数据可以从技术选型、业务应用和安全隐私保护三个维度进行分类。

（1）技术选型维度

- 按产生频率可划分为：每年更新数据、每月更新数据、每周更新数据、每日更新数据、每小时更新数据、每分钟更新数据、每秒更新数据、无更新数据等。
- 按产生方式可划分为：人工采集数据、信息系统产生数据、感知设备产生数据、原始数据、二次加工数据等。
- 按结构化特征可划分为：结构化数据，如零售、财务、生物信息学、地理数据等；非结构化数据，如图像、视频、传感器数据、网页等；半结构化数据，如应用系统日志、电子邮件等。
- 按存储方式可划分为：关系数据库存储数据、键值数据库存储数据、列式数据库存储数据、图数据库存储数据、文档数据库存储数据等。
- 按稀疏程度可划分为：稠密数据和稀疏数据。
- 按处理时效性可划分为：实时处理数据、准实时处理数据和批量处理数据。

- 按交换方式可划分为：ETL（Extract-Transform-Load，提取、转换、加载）方式、系统接口方式、FTP（File Transfer Protocol，文件传输协议）方式、移动介质复制方式等。

（2）业务应用维度

- 按产生来源可划分为：人为社交数据、电子商务平台交易数据、移动通信数据、物联网感知数据、系统运行日志数据等。
- 按业务归属可划分为：生产类业务数据、管理类业务数据、经营分析类业务数据等。
- 按流通类型可划分为：可直接交易数据、间接交易数据、不可交易数据等。
- 按行业领域分类可划分的类别见 GB/T 4054—2017。
- 按数据质量可划分为：高质量数据、普通质量数据、低质量数据等。

（3）安全隐私保护维度

按数据安全隐私保护维度可划分为：高敏感数据、低敏感数据、不敏感数据等。

但是要注意，在实际的组织（政府、企业、机构等）中，常见的数据分类方法可能有所不同。下面介绍几种组织中常见的数据分类方法及其分类结果。

1.2.1 按结构化特征分类

组织的数据按结构化特征可以分为以下几类：

- 结构化数据：具有固定格式和模式的数据，易于存储在数据库中，如数字、日期等。这类数据常见于金融交易记录、客户数据库等。
- 非结构化数据：没有固定格式的数据，如文本、图像、音频和视频。这类数据内容丰富，但处理和分析难度较大。
- 半结构化数据：介于结构化和非结构化数据之间，具有一定的格式但不够规范，如 XML、HTML 等。这类数据需要特定的解析方法来提取有用信息。

1.2.2 按使用场景分类

组织的数据按使用场景可以分为两大类：

- OLTP（OnLine Transaction Processing，联机事务处理）系统中的数据，即企业业务运营及管理过程中产生的数据，一般为实时数据，支撑业务运行使用。一般可以把 OLTP 系统叫作业务域。
- OLAP（OnLine Analytical Processing，联机分析处理）系统中的数据。企业为了满足内部决策需求或者数据流通需求，将 OLAP 等系统中的数据汇聚、整合、治理、建模，供数据分析或者数据挖掘使用。一般可以把 OLAP 系统叫作分析域。

OLTP 系统主要用于处理日常业务操作，如订单处理、库存管理、财务交易等。OLTP 系统的设计重点在于快速响应用户请求，支持高并发的事务处理，确保数据的一致性和完整性。OLAP 系统主要用于数据仓库和决策支持系统，支持复杂的分析查询和报告生成。OLAP 系统的设计重点在于快速读取大量数据，支持数据的多维分析和聚合计算。两者的区别如图 1-3 所示。

图 1-3　OLTP 和 OLAP 的区别

简而言之，OLTP 系统关注事务处理的速度和效率，而 OLAP 系统关注数据分析的深度和广度。两者在数据库设计、查询处理和性能优化方面有明显的区别。

1.2.3 按权利所属分类

组织的数据按权利所属可以分为内部数据和外部数据两类,这两类数据构成了组织进行数据分析和决策的基础,如图1-4所示。这两种数据各有特点和价值,对组织的数据战略和业务发展都具有重要影响。

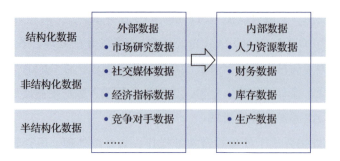

图1-4 组织的数据按权利所属分类

1. 内部数据

内部数据是组织在日常运营和管理活动中自然产生的数据。这类数据紧密关联组织的业务流程、客户互动和管理决策,通常包括以下内容:

- 人力资源数据:员工的个人信息、职位、薪酬、绩效评估、培训记录等,这些数据有助于人力资源管理和决策。
- 财务数据:会计记录、预算、财务报表、审计报告等,这些数据对于财务管理和合规性至关重要。
- 库存数据:记录库存水平、库存流动、供应链状态等信息,对于库存管理和物流优化至关重要。
- 生产数据:生产过程中的产量、质量控制、设备运行状态等数据,有助于生产效率和产品质量管理。
- 营销数据:市场活动、广告效果、促销活动的数据,以及市场调研和分析结果,对于市场策略和营销决策非常重要。
- 研发数据:新产品开发过程中的设计文档、测试结果、研发进度等,对于产品创新和研发管理至关重要。

- 合同数据：与供应商、客户、合作伙伴等签订的合同条款、履行情况等，对于合同管理和风险控制非常重要。
- 通信数据：电子邮件、电话记录、会议记录等，这些数据有助于了解组织内部和外部的沟通情况。
- 合规性数据：组织遵守法律法规、行业标准的数据，如合规性检查报告、许可证信息等。
- 知识产权数据：专利、商标、版权等知识产权的相关信息，对于保护组织的创新成果和竞争优势至关重要。
- IT 基础设施数据：组织 IT 系统的配置、性能、安全等数据，对于 IT 管理和系统优化非常重要。
- 员工反馈和满意度数据：通过调查问卷、反馈系统收集的员工反馈和满意度数据，有助于了解员工的需求和改进组织文化。
- 项目管理数据：项目计划、进度、资源分配、风险管理等数据，对于项目管理和资源优化至关重要。
- 销售和分销数据：销售渠道、分销网络、销售团队绩效等数据，有助于优化销售策略和分销网络。

内部数据的特点是与组织运营紧密相关，能够直接反映组织的业务状况和市场表现。通过对内部数据的深入分析，组织可以优化业务流程，提高运营效率，增强客户满意度，并发现新的业务机会。

2. 外部数据

外部数据是组织从外部环境获取的数据，这些数据来源多样，通常包括以下内容：

- 市场研究数据：行业报告、市场趋势分析、消费者行为研究等，帮助组织了解市场动态。
- 社交媒体数据：从社交媒体平台收集的数据，包括用户评论、情感分析、话题趋势等，可以洞察公众情绪和偏好。
- 经济指标数据：如 GDP 增长率、失业率、通货膨胀率等宏观经济数据，对经济环境的评估至关重要。

- 竞争对手数据：竞争对手的市场份额、产品信息、营销策略、财务状况等数据。
- 供应商数据：供应商的信誉、产品价格、供应能力、质量控制等信息。
- 政府和公共数据：政策变化、法规更新、公共统计数据等，对组织的战略规划和合规性有重要影响。
- 地理空间数据：如地图信息、地理位置、交通流量等，对于物流、零售业和城市规划等领域非常有用。
- 环境数据：气候变化、自然资源使用、污染水平等数据，对环境影响评估和可持续发展战略很重要。
- 人口统计数据：如人口数量、年龄分布、教育水平、收入水平等，对市场细分和产品定位有指导作用。
- 科技趋势数据：新兴技术的发展、科技创新、专利申请等，有助于组织了解技术进步和创新机会。
- 金融市场数据：股票价格、汇率、利率、投资趋势等，对金融决策和风险管理至关重要。
- 健康和医疗数据：如疾病流行率、医疗保健使用情况、健康指标等，对医疗保健行业和相关产品开发很重要。
- 教育数据：学生表现、教育政策、学术研究等，对教育机构和教育产品开发有指导意义。
- 国际数据：国际贸易、跨国公司的运营数据、国际关系等，对跨国经营和全球战略规划有帮助。
- 第三方数据服务：专业数据提供商提供的定制化数据服务，如消费者信用评分、市场调研结果等。

外部数据的特点是客观性和多样性，它们不受组织内部因素的影响，能够为组织提供更广阔的视角和信息。利用外部数据，组织可以更好地理解市场趋势，预测行业变化，制定战略规划，并进行风险评估。

1.2.4 组织内不同人眼中的数据分类

组织的日常运作中会产生很多数据，按照组织的价值链条，这些数据可以分为两大类：核心业务活动产生的数据以及其他活动（例如人力、财务等）产生的数据。

一般来说，组织内部业务人员和管理人员会从自身的业务视角去看数据，会认为组织内部全都是业务和管理相关的数据。而从数据管理视角去看组织内部的数据，数据管理者会看到不一样的数据：对"物"的记录、对"事"的记录、对"事物"的计算、数据定义、数据规范取值等。业务视角与数据管理视角的数据分类如图 1-5 所示。

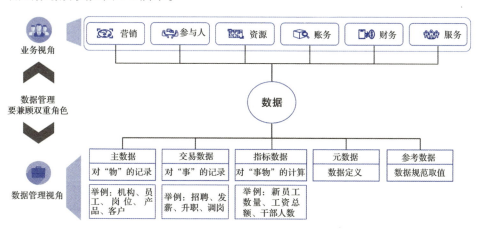

图 1-5　业务视角与数据管理视角的数据分类

从数据管理视角看，组织中最常见的数据通常分为面向关系数据库的数据和面向时序数据库的数据两大类，如图 1-6 所示。

1. 面向关系数据库的数据（结构化数据）

面向关系数据库的数据通常包括以下内容：

- 参考数据：用于将其他数据进行分类或目录整编的数据，规定参考数据值是几个允许值之一，如客户等级分为 A、B、C 三级。
- 主数据：关于业务实体的数据，描述组织内的"物"，如人、地点、客户、产品等。
- 交易数据（也称事务数据、业务数据）：描述组织业务运营过程中的内部或外部"事"，如销售订单、通话记录等。
- 指标数据（也称统计分析数据）：对组织业务活动进行统计分析的数值型数据，如客户数、销售额等。
- 元数据：描述数据的数据，帮助理解、获取、使用数据，分为技术元数据、业务元数据等多个种类。

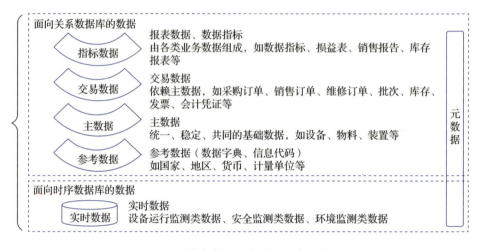

图1-6 从数据管理视角看组织数据分类

在本书中，我们秉持一种包容而全面的数据管理观念，不特别突出某一类数据的管理优先级，因为无论元数据、主数据、参考数据、交易数据还是指标数据，都是组织宝贵的数据资源，它们共同构成了组织数据生态的基石。这些不同类型的数据虽各具特色，但在管理方法上却存在共通之处，其核心目标在于提供合规、高质量的数据，以促进数据在组织内部的高效使用与顺畅流通。

值得注意的是，尽管有些组织倾向于将元数据作为独立的管理对象，视其为数据管理的核心工具，但本书更倾向于将元数据的定义、管理与使用融入数据资源架构与数据资产架构的整体框架之中。这是因为元数据不仅是数据资源与数据资产的描述性信息，更是它们的定义、设计、理解和管理的基石。通过将元数据管理与数据资源架构、数据资产架构管理紧密结合，组织能够更系统、更全面地把握数据的全貌,从而实施更为精准和高效的数据管理策略。

此外,虽然主数据因其跨业务、跨流程的共享特性而常被单独管理,但本书强调,在数据管理的广阔视野下,主数据、参考数据、交易数据以及指标数据等各类数据均应被视为组织不可或缺的资源。它们各自承载着不同的业务价值,共同支撑着组织的运营决策与战略发展。因此,实施统一的数据管理策略,不仅能够简化管理流程,降低管理成本,还能促进各类数据之间的无缝对接与高效协同,为组织创造更大的数据价值。

2. 面向时序数据库的数据(实时数据)

面向时序数据库的数据通常是设备运行监测类数据、安全监测类数据、环境监测类数据等,如各类传感器定时发送的监测数据、定位数据。

说明:本书只讨论了结构化数据的分类和管理,至于非结构化数据与半结构化数据,由于其管理目前尚不成熟,常见的做法是:把非结构化数据转化为半结构化数据,利用提取的元数据,将半结构化数据按照结构化数据的管理方法进行管理。这就使得现在非结构化数据、半结构化数据的管理与结构化数据的管理类似。

上面的描述比较抽象,下面看一个具体的数据分类的例子,如图1-7所示。

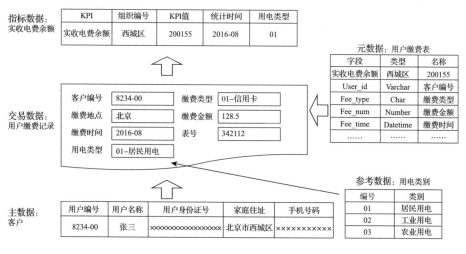

图 1-7　数据分类案例

1.3 什么是数据要素

在当今这个日新月异的数字时代,数据已悄然从后台的支撑角色跃升至前台,成为驱动经济社会发展的新引擎。它不仅重构了生产关系,更深刻地改变了生产力的核心要素构成,宣告一个以数据为核心的新型生产要素时代的到来。这一转变不仅标志着人类生产力发展史上的又一次飞跃,也为探索经济发展新模式、激发社会创新活力提供了无限可能。

1.3.1 数据是新型生产要素

党的十九届四中全会《决定》明确提出"健全劳动、资本、土地、知识、技术、管理、数据等生产要素由市场评价贡献、按贡献决定报酬的机制",首次将数据增列为生产要素。对于组织而言,数据作为一种新型的生产要素,将赋能其他生产要素,给组织带来更大的价值。

数据作为一种新型生产要素,其独特之处在于能够对其他传统生产要素进行赋能和放大。首先,分析和洞察数据能够优化劳动和资本的使用效率。例如,在制造业中,通过收集和分析生产数据,企业可以更精确地预测市场需求,优化生产计划,减少浪费,提高劳动生产率。在金融服务领域,数据帮助金融机构更准确地评估风险,提供定制化的金融产品和服务,从而更有效地配置资本。

其次,数据能够促进土地、知识和技术等生产要素的创新和发展。分析土地使用数据可以更合理地规划城市和农村的发展,提高土地的使用效率。在知识领域,数据可以揭示研究趋势和创新点,指导科研人员进行更有针对性的研究。在技术方面,数据是技术创新的重要驱动力,通过数据分析,企业可以发现新的技术需求和改进点,加速技术迭代和产品创新。

再次,数据对管理的优化作用也不容忽视。现代企业管理越来越依赖数据驱动的决策。通过对企业运营数据的分析,管理者可以更清晰地了解企业的运营状况,及时发现问题并采取措施,提高管理效率和决策质量。这种基于数据的管理模式,有助于企业快速响应市场变化,实现灵活调整和持续改进。

最后,数据作为一种新型生产要素,通过与劳动、资本、土地、知识、技术和管理等其他要素的深度融合，不仅能够提升这些要素的使用效率，还能够推动创新和发展，为组织带来更大的价值。这种价值体现在成本降低、效率提升、风险控制、创新加速以及决策优化等多个方面，是组织在激烈的市场竞争中获得优势的关键。

1.3.2 数据要素的主要表现形态

数据技术的发展伴随着数据应用需求的演变，影响着数据投入生产的方式和规模，数据在相应技术和产业背景的演变中逐渐成为促进生产的关键要素。因此，"数据要素"一词是面向数字经济，在讨论生产力和生产关系的语境中对"数据"的指代，是对数据促进生产价值的强调。数据要素指的是根据特定生产需求汇聚、整理、加工而成的计算机数据及其衍生形态，投入生产的原始数据集、标准化数据集、各类数据产品及以数据为基础产生的系统、信息和知识均可纳入数据要素讨论的范畴。

数据要素的主要表现形态如图 1-8 所示[⊖]。

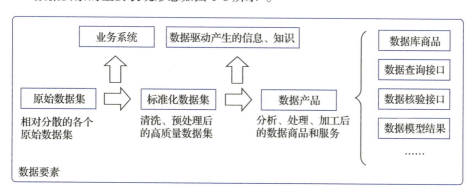

图 1-8 数据要素的主要表现形态

（来源：中国信息通信研究院）

（1）原始数据集　业务系统是数据收集的起点，会在运营过程中产生大量

⊖ 中国信息通信研究院. 数据要素白皮书（2022 年）[R/OL].（2023-01-07）[2024-08-14]. http://www.caict.ac.cn/kxyj/qwfb/bps/202301/P020230107392254519512.pdf.

的原始数据，这些数据记录了组织的日常运作和交易活动。原始数据集是维持业务系统运转、提高业务运行效率的基础资源，由于未经处理，可能包含噪声和存在不一致性。原始数据集是数据加工和分析的基础，但通常需要进一步的处理才能用于决策支持。

（2）标准化数据集　与原始数据集相对，标准化数据集是经过清洗、格式化和标准化处理的数据。这种数据更容易进行比较和分析，提高了数据的质量和一致性。标准化数据集能够为分析决策提供更加准确、全面、有预测力的信息，从而为组织带来更大的效益。

（3）数据驱动产生的信息、知识　从业务系统中收集的经过治理的数据，经过分析和处理，可以转化为有用的信息和知识。这些信息和知识可以帮助组织做出更加明智的决策，优化业务流程，提高效率。

（4）数据产品　组织可以将自身持有的数据加工成多样的数据产品，在符合法律制度的前提下向外流通，使其他组织利用数据蕴含的价值参与生产活动。数据产品是数据要素的高级形态，它们是分析、处理、加工后的数据商品或服务。数据产品可以是定制化的报告、分析模型、预测结果等，能为组织提供深入的洞察和决策支持。数据产品主要包括以下几类：

1）数据库商品：数据要素可以被进一步加工和标准化，形成数据库商品。这些商品是经过清洗和预处理的高质量数据集，可以直接用于各种数据分析和应用。

2）数据查询接口：为了便于用户访问和利用数据，组织会提供数据查询接口。这些接口允许用户根据需要查询特定的数据集，提高了数据的可用性和易用性。

3）数据核验接口：为了保证数据的准确性和可靠性，组织还会提供数据核验接口。这些接口允许用户验证数据的质量和完整性，确保数据分析结果的可信度。

4）数据模型结果：通过应用统计学、机器学习等方法，组织可以从数据中建立模型并得出结果。这些模型结果可以揭示数据之间的关系和模式，为预测和优化提供依据。

1.3.3 数据要素的价值实现路径

激活数据要素的核心在于以多元化和创新性的方式将数据要素融入生产流程，以最大化其对经济社会发展的贡献与价值。为深入剖析数据要素如何发挥其作为生产关键力量的潜能，可将其在生产过程中的价值释放过程划分为三个阶段，如图 1-9 所示。

图 1-9　数据要素的三次价值释放过程

1. 初次价值：业务贯通的基石

初次价值体现在数据作为业务系统的"血脉"，支撑并促进了组织及政府内部业务的高效衔接与顺畅运转。数据产生于各个业务环节，是维持系统日常运作的必需品。通过信息技术的赋能，数据跨越了物理与数字的界限，实现了业务流程的标准化与自动化管理。此阶段，数据多以原始形态存在，治理聚焦于基础的数据管理操作，如增删改查、对齐整合等，聚焦于局部流程的优化与数据贯通。尽管深度分析与利用尚未成为焦点，但这一阶段的数据积累与整合为后续价值的挖掘奠定了坚实基础。

为实现初次价值的最大化，政府与企业需聚焦于业务的全面数字化及信息系统的构建。重点在于精准把握业务需求，明确数字化转型方向，如制造业通过订单管理系统实现三流合一，有效推动业务流程的高效运转。此过程不仅提升了内部管理效率，还为后续数据价值的深入挖掘积累了宝贵资源。

2. 二次价值：智慧决策的引擎

二次价值的核心在于数据的深度挖掘与智能分析，它如同组织智慧决策的引擎，驱动着决策过程从经验驱动向数据驱动的根本性转变。在这一阶段，数据不再仅仅是业务流程的副产品，而是被赋予了生命，通过高级分析技术（如机器学习、深度学习等）揭示出隐藏在数据背后的业务规律、市场趋势及潜在风险。这些洞察不仅为生产、经营、服务及治理等决策提供了科学依据，还极大地增强了组织对市场动态的敏锐感知能力和快速响应能力。

为实现二次价值的最大化，组织需构建完善的数据分析体系，包括数据仓库、数据湖、数据分析平台等基础设施，以及培养或引进具备数据分析与建模能力的专业人才。同时，鼓励跨部门的数据共享与协作，打破信息孤岛，促进数据在更广泛的业务场景中的应用。此外，组织应将数据分析结果与实际业务场景紧密结合，通过数据可视化、模拟预测等手段，使决策过程更加直观、高效，从而推动组织战略和运营策略的持续优化与创新。

随着二次价值的深入挖掘，组织不仅能够实现决策的精准化与智能化，还能在市场竞争中占据先机，快速适应市场变化，提升整体竞争力。同时，这一阶段的成功实践也将为数据价值的进一步释放——三次价值的实现——奠定坚实的基础。

3. 三次价值：流通赋能的新篇章

三次价值是数据价值释放的高级阶段，它标志着数据作为生产要素的跨界流通与深度融合。在这一阶段，数据不再局限于组织内部，而是跨越组织边界，在产业链、供应链乃至更广泛的生态系统中自由流动与高效配置。通过数据共享、交换与交易，不同主体能够基于共同的数据标准与协议，实现数据的互联互通与协同应用，从而创造出超越单一组织边界的新价值。

为实现三次价值的最大化，组织需要建立健全数据流通机制与规则体系，包括数据确权、定价、交易、监管等方面的制度安排。同时，推动隐私计算、区块链等前沿技术的应用，保障数据在流通过程中的安全性与隐私性，实现数据的"可用不可见"。此外，组织应加强跨行业、跨领域的数据合作与共享，促进数据资源的优化配置与高效利用，推动数字经济与实体经济的深度融合发展。

从"对内"到"对外"的转变，体现了数据价值认知的深化与拓展。三次价值的实现不仅将极大地提升组织的竞争力与创新能力，还将促进整个社会的数字化转型与智能化升级。在"十四五"时期及未来更长的时间内，数据作为关键生产要素的地位将更加凸显，其流通赋能的价值也将得到更广泛的认可与实现。

1.3.4 数据要素的特征

与土地、劳动力、管理、技术、资本等传统生产要素相比，数据超越了传统要素的基本属性、作用形态和增值方式，一跃成为数字时代抢占领先跑道的战略资源。相较其他传统要素，数据要素具有虚拟性与非消耗性、非竞争性、价值不确定性、非静态性、正外部性等五大特征。

- 虚拟性与非消耗性。与传统的生产要素（如资本、劳动力和土地）不同，数据存在于虚拟空间，不会因使用而减少或损耗。实际上，数据的使用往往伴随着新数据的生成，使数据资源能够在使用过程中自我增值和扩展。
- 非竞争性。物质资本和劳动力的使用具有竞争性，意味着它们在同一时间只能被一方使用。而数据则不然，它可以被多个用户同时访问和分析，而不会影响其他人的使用，这使得数据成为一种共享资源丰富的资源。
- 价值不确定性。数据的价值取决于其准确性和完整性，而这又依赖整个数据生态系统的健康运作。这个系统包括数据的产生、收集、处理、存储、分析和应用等环节，涉及多个参与者，如数据处理平台、服务提供商和最终用户。数据的质量和价值是整个生态系统中所有参与者共同努力的结果。
- 非静态性。数据具有动态变化的特性，它可以通过技术创新不断被创造和转化。与物质资本和劳动力相比，数据更易于更新和升级。同时，数据的时效性也是其价值的关键因素，某些数据的价值可能随时间迅速降低，这要求对数据进行及时的更新和管理。

- 正外部性。数据在数字经济中具有强大的网络效应,即随着使用人数的增加,其价值也会增长。这种效应可以促进数据使用的良性循环,使所有参与者都能从中获益。数据的这种特性在改进算法、提供个性化服务等方面作用尤为明显,为整个社会带来积极的正面影响。

通过这些特征,我们可以看到数据要素在现代经济中扮演着越来越重要的角色,它们为组织和社会带来了前所未有的机遇和挑战。

第 2 章 CHAPTER

数据管理与数据体系

对于组织而言,数据是未来获取竞争优势的关键。要想尽可能地从数据中获取价值,其基础是管理好这些数据。管理的基础是了解管理的对象,即了解组织数据具有的特性及其生命周期过程。只有这样,组织才能有效地针对各类数据在组织中的流动和变化,制定不同的管理策略,并将之贯彻和优化。

本章通过以下内容来描述组织的数据:

- 数据的流动与变化。
- 内外部环境对数据的要求。
- 不同数据管理阶段的数据形态不同。
- 数据管理的必备知识。
- 数据体系的内容。
- 数据体系的发展趋势。

2.1 数据的流动与变化

在对组织数据进行分解之前,我们有必要了解一下数据是如何流动的。对于一般的组织而言,数据的流动如图 2-1 所示。

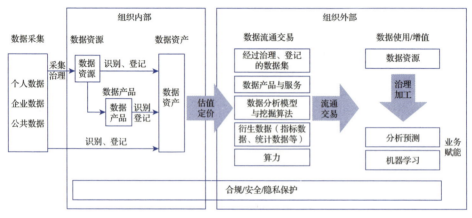

图 2-1 数据的流动

1)数据采集:组织利用各种数据采集手段从数据源获取数据。常见的数据源有三类:个人、企业和政府。对于组织(政府、企业等)而言,数据可以来源于组织内部,也可以来源于组织外部。

2)数据资源:组织获取数据以后,按照需求,进行治理。此时,杂乱无章的数据资源变成有序的数据资源。

3)数据资产:对数据资源进行处理,筛选能够带来价值的数据资源,形成数据资产,对资产进行登记、确权、定价等处理。

4)数据产品:分析数据的内部和外部应用场景,形成多种形式的数据产品,这些数据产品是数据资产的一种。

5)数据流通交易:数据资产进入数据要素市场流动,给组织带来直接经济价值。

6)数据使用/增值:数据资产应用于组织内部,带来间接的经济价值,如作业效率提升、业务流程缩短等。

对于组织而言,其不一定承担单一的角色,可以是数据所有者或数据使用者,也有可能二者兼具。

注意：图 2-1 中，将交易画在了增值前面。因为一般的组织经常从外部购买数据及产品，用于数据分析、决策支持等。当然，也可以将交易画在增值之后，组织将数据资产应用在组织内部以后，发现了数据资产的普遍价值，将之固化为产品，进行数据资产流通，带来直接的经济价值。

另外，随着数据资产的流动，会产生更多的数据。

2.2 内外部环境对数据的要求

组织管理和使用数据时，通常会受到一些约束和要求。这些约束一般来自组织外部和组织内部，通常会涉及用户个人数据、敏感数据或商业秘密等数据，这些约束会提出数据安全和隐私保护方面的需求[⊖]。

图 2-2 所示为数据安全的典型需求来源，可以汇总为合规需求、外部洞察需求和内部洞察需求三类。

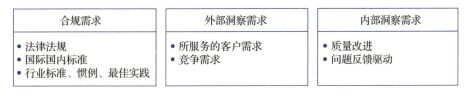

图 2-2 数据安全的典型需求来源

合规需求具体指相应国家或地区的法律、所属地区的行政法规、国际标准与国家标准、行业标准和最佳实践。一般要求首先应满足法律要求，其次要考虑所属地区的行政法规，最后应分析相关的国际标准、国家标准、行业标准的需求。值得注意的是，合规需求的"规"，也就是指法律法规和各类标准，并非一成不变的。

外部洞察需求是指组织面对各类客户以及竞争的时候，外部客户、合作伙伴等所提出的数据安全、合规与隐私需求。

内部洞察需求是指组织在利用数据时，为了满足产品内部质量改进、改进

⊖ 王安宇, 姚凯. 数据安全领域指南 [M]. 北京：电子工业出版社，2022.

业务问题所反映出来的数据质量等方面的需求。

2.2.1 合规需求

组织数据合规需求确保组织在收集、处理、存储、传输和分发个人或敏感数据时遵循相关的法律法规、标准和最佳实践。图 2-3 所示为一些细化的数据合规需求内容，以及它们在不同类别下的具体要求。

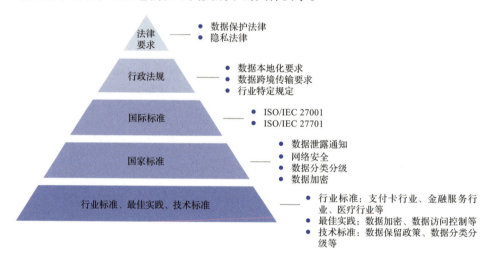

图 2-3 数据合规需求内容及具体要求

（1）法律要求

- 数据保护法律：如欧盟的 GDPR（General Data Protection Regulation，通用数据保护条例）要求组织对个人数据的处理必须透明、合法且有明确的目的。
- 隐私法律：如美国的 CCPA（California Consumer Privacy Act，加州消费者隐私法案）赋予加州居民更多关于其个人数据的权利。

我国的具体法律如下：

- 《中华人民共和国网络安全法》：规定了网络安全的基本要求，包括对数据的保护、网络安全事件的应对等内容，为数据安全和合规性提供了法律基础。
- 《中华人民共和国数据安全法》：重点关注数据安全与发展、数据安全制度、数据安全保护义务，以及政务数据安全与开放等问题，为数据处理活动提供了明确的法律规范。
- 《中华人民共和国个人信息保护法》：旨在保护个人信息权益，规范个人信息处理活动，促进个人信息合理利用，对个人信息处理者提出了明确的合规要求。
- 《未成年人网络保护条例》：特别针对未成年人的网络信息进行保护的行政法规，规定了未成年人个人信息的网络保护原则和具体措施。

（2）行政法规
- 数据本地化要求：某些国家或地区可能要求数据必须在本地存储和处理，以保护数据安全和隐私。
- 数据跨境传输要求：有些行政法规会限制个人数据的跨境传输，除非满足特定条件或获得相关机构的批准。
- 行业特定规定：如医疗保健行业的 HIPAA（Health Insurance Portability and Accountability Act，健康保险流动性和责任法案）规定了患者健康信息的隐私和安全标准。

（3）国际标准
- ISO/IEC 27001：一个关于信息安全管理体系的国际标准，要求组织建立、实施、维护和持续改进信息安全管理体系。
- ISO/IEC 27701：作为 ISO/IEC 27001 的扩展，它提供了关于隐私信息管理的指导，帮助组织处理个人信息时满足隐私保护的要求。

（4）国家标准
- 数据泄露通知：如澳大利亚《隐私权法》要求组织在发生数据泄露时通知受影响的个人和监管机构。
- 网络安全：如《中华人民共和国网络安全法》规定了网络运营者的数据安全义务。
- 数据分类分级：某些国家标准可能要求组织根据数据的敏感性和重要性对数据进行分类和分级，以便实施相应的安全措施。
- 数据加密：国家标准可能规定特定类型的数据必须进行加密存储和传输，

以确保数据的安全性。

（5）行业标准

- 支付卡行业：PCI DSS（Payment Card Industry Data Security Standard，支付卡行业数据安全标准）是一套旨在保护支付卡数据安全的全球性标准。
- 金融服务行业：如美国证券交易委员会规定了金融报告和数据保护的标准。
- 医疗行业：HIPAA 规定了医疗信息的隐私和安全标准，确保患者数据的保密性。

（6）最佳实践

- 数据加密：使用强加密算法来保护存储和传输中的数据，以防止未授权访问。
- 数据访问控制：实施严格的访问控制政策，确保只有授权人员才能访问敏感数据。

（7）技术标准

- 数据保留政策：组织应制定数据保留和删除政策，以符合法律要求并避免不必要的数据存储。
- 数据分类分级：对数据进行分类，根据不同种类数据的敏感性和重要性进行分级，针对不同级别的数据采取适当的保护措施。

组织在处理数据时，需要考虑上述各种要求，并根据所在地区的具体情况进行合规处理。这通常涉及跨部门的合作，包括法律顾问、IT 安全团队、人力资源以及业务部门，以确保全面遵守数据合规需求。此外，组织还需要定期进行合规性审计和风险评估，以确保持续符合不断变化的法律法规和标准。

2.2.2 外部洞察需求

外部洞察需求通常指的是组织在与外部实体互动时，需要理解和满足的一系列数据安全、合规与隐私要求。这些要求可能来自客户、合作伙伴、监管机构、行业标准制定者等。外部洞察需求如图 2-4 所示。

第 2 章 数据管理与数据体系

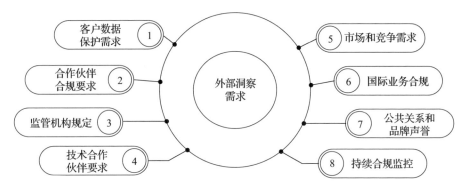

图 2-4 外部洞察需求

（1）客户数据保护需求

- 个人信息保护：确保客户个人信息的收集、使用、存储和传输符合法律法规和客户期望。
- 隐私政策：制定清晰的隐私政策，明确告知客户其个人信息如何被使用和保护。

（2）合作伙伴合规要求

- 合同条款：确保与合作伙伴签订的合同中包含数据保护和合规条款。
- 数据共享协议：制定数据共享协议，明确数据共享的范围、目的和安全措施。

（3）监管机构规定

- 数据保护法规：遵守监管机构制定的数据保护法规，如 GDPR、CCPA 等。
- 行业监管要求：遵循特定行业监管机构的要求，如金融、医疗、教育等领域的监管规定。

（4）技术合作伙伴要求

- 技术合规性：确保所使用的技术和服务符合数据保护和合规要求。
- 第三方风险管理：管理与第三方技术合作伙伴相关的数据风险。

（5）市场和竞争需求

- 市场趋势：了解市场对数据保护和隐私的需求和趋势。

- 竞争对手分析：分析竞争对手的数据保护和隐私实践，以保持竞争力。

（6）国际业务合规

- 跨境数据传输：确保跨境数据传输符合目的地国家的法律法规。
- 多国合规：在多个国家运营时，遵守各国的数据保护和隐私法规。

（7）公共关系和品牌声誉

- 透明度：对外公开数据保护和隐私实践，提高透明度。
- 响应机制：建立快速响应机制，处理数据泄露或其他安全事件。

（8）持续合规监控

- 合规审计：定期进行合规审计，确保持续符合外部要求。
- 风险评估：定期进行风险评估，识别和缓解潜在的数据保护和合规风险。

组织需要建立一个全面的数据保护和合规框架，以应对这些外部洞察需求。这通常需要跨部门合作，包括法务、IT、营销、客户服务等，以确保组织在各个方面都能满足外部实体的要求。

2.2.3 内部洞察需求

内部洞察需求涉及组织在内部运营中对数据的利用，以提高产品质量、优化业务流程、增强决策制定等，如图 2-5 所示。

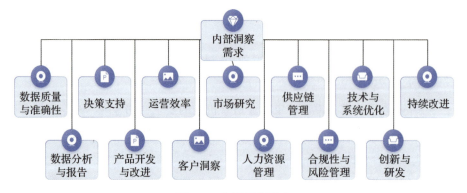

图 2-5 内部洞察需求

（1）数据质量与准确性

- 数据清洗：确保数据的准确性，去除重复和错误信息。

- 数据验证：通过验证过程确保数据的一致性和完整性。

（2）数据分析与报告
- 业务智能：使用数据分析工具来生成业务洞察和报告。
- 预测分析：利用历史数据预测未来趋势和行为。

（3）决策支持
- 数据驱动决策：基于数据分析结果支持关键业务决策。
- 风险评估：使用数据来识别和管理业务风险。

（4）产品开发与改进
- 用户反馈分析：分析用户反馈数据以指导产品改进。
- 产品性能监控：监控产品使用数据以识别性能问题。

（5）运营效率
- 流程优化：分析运营数据以发现效率低下的环节。
- 成本控制：使用数据来优化资源分配和降低成本。

（6）客户洞察
- 客户细分：通过分析客户数据进行市场细分。
- 个性化推荐：利用客户行为数据提供个性化服务和产品推荐。

（7）市场研究
- 市场趋势分析：分析市场数据以识别趋势和机会。
- 竞争对手分析：研究竞争对手的数据以制定竞争策略。

（8）人力资源管理
- 员工绩效评估：使用数据来评估员工的工作表现。
- 人才招聘与保留：分析人力资源数据以优化招聘和员工保留策略。

（9）供应链管理
- 库存管理：利用数据优化库存水平和供应链效率。
- 需求预测：通过分析历史销售数据预测未来需求。

（10）合规性与风险管理
- 内部审计：使用数据进行内部审计，确保合规性。
- 风险识别：分析数据以识别潜在的业务风险。

（11）技术与系统优化
- IT 系统性能监控：监控 IT 系统的性能数据，以优化系统运行。
- 数据资源架构优化：根据数据分析结果优化数据资源架构和存储解决方案。

（12）创新与研发
- 研发方向：利用数据洞察来指导研发方向和优先级。
- 知识产权管理：分析数据以保护和利用组织的知识产权。

（13）持续改进
- 产品质量控制：使用数据来监控和提高产品质量。
- 流程再设计：基于数据反馈重新设计业务流程。

为了满足这些内部洞察需求，组织需要建立强大的数据管理和分析能力，包括数据收集、存储、处理、分析和报告。此外，还需要确保数据的安全性和隐私保护，遵守相关的法律法规。通过这些措施，组织可以更好地利用数据来提高业务绩效和竞争力。

2.3 不同数据管理阶段的数据形态

随着数字技术的飞速发展，数据管理的历程犹如一幅波澜壮阔的画卷徐徐展开。其间，数据的形态也经历着深刻变化。本节深入剖析了数据管理的发展历程，并以此为脉络，揭示了不同历史阶段下数据形态的演变。

2.3.1 数据管理的发展历程

纵观组织数据管理的发展历程，一般来说，组织的数据管理会经历 1.0 数据电子化、2.0 数据资源化、3.0 数据资产化、4.0 数据资本化四个阶段，如图 2-6 所示[一]。

[一] 普华永道, 南京银行. 从生产资料到生产力：商业银行数据资产及业务价值实现白皮书[R/OL].(2021-11-08)[2024-05-19].http://www.pwccn.com/zh.html.

图 2-6　组织数据管理的发展历程

（1）1.0 数据电子化　在这一阶段，组织主要通过建设信息系统，如 ERP（Enterprise Resource Planning，企业资源规划）、CRM（Customer Relationship Management，客户关系管理）等，将传统的纸质文档、记录等转化为电子格式存储于数据库中。数据电子化主要关注数据的录入、存储和基本检索功能，使得数据能够方便地以电子形式被访问和初步处理。

该阶段的主要特点如下：

- 技术基础：依赖于关系数据库等存储技术，以及基础的 IT 基础设施。
- 数据形态：数据从纸质转变为电子格式，但多为结构化数据，是原始数据。因为信息系统建设没有统一规划数据架构，经常存在数据标准不统一、质量不好等问题。
- 应用层次：主要用于简单的数据记录、查询和报表生成，数据分析较为基础。
- 数据价值：数据主要用于支持日常运营，价值挖掘有限。

（2）2.0 数据资源化　进入数据资源化阶段，组织开始重视数据的整合、标准化和全生命周期管理。组织开始建立数据管理专业团队，通过建立数据仓库、数据湖等环境，实现数据的集中存储、清洗、转换和标准化处理，原始数据转换为数据资源。同时，引入 BI（Business Intelligence，商务智能）工具和多维度统计分析方法，以及初步的大数据分析技术，提升数据的应用价值。

该阶段的主要特点如下：

- 技术升级：采用更高级的数据处理和分析技术，如 ETL、OLAP 等。
- 数据治理：注重数据的跨部门整合与标准化，提升数据的一致性和可用性。
- 应用深化：数据分析从简单的统计报表扩展到复杂的业务洞察和决策支持。
- 价值提升：数据开始成为组织的重要资源，支持更高级别的业务决策和战略规划。

（3）3.0 数据资产化　在数据资产化阶段，经过认定，数据资源转化为数据资产，组织将数据视为核心资产进行管理，建立数据资产管理体系，明确数据的权属、价值评估、流通与共享机制。数据以数据集、数据产品、数据服务等形式进行流通，支撑组织内部业务利用数据开展数据分析，并在确保安全合规的情况下进行外部流通和交易。

该阶段的主要特点如下：

- 管理体系：构建完善的数据资产管理制度和流程，确保数据的安全、合规和高效利用。
- 价值量化：数据价值得到明确量化，成为组织绩效评估的重要指标。
- 流通共享：数据在内部业务间及外部市场间实现高效流通与共享，促进数据价值的最大化。
- 技术创新：引入 AI（Artifical Intelligence，人工智能）、机器学习等先进技术，提升数据处理的智能化水平。

（4）4.0 数据资本化　在数据资本化阶段，数据被赋予金融属性，成为可增值的金融性资产。组织通过数据证券化、数据银行、数据质押融资、数据信托等方式，实现数据的金融化运作，共享数据经济收益。

该阶段的主要特点如下：

- 金融化运作：数据成为金融市场上的交易对象，支持多种金融工具和产品的创新。
- 价值最大化：通过金融手段，实现数据价值的最大化释放和增值。
- 法律保障：建立完善的法律法规体系，保障数据交易和流通的合法性、安全性。

- 生态构建：构建数据生态体系，促进数据产业链的协同发展。

常见的数据资本化主要包括四种方式：数据证券化、数据银行、数据质押融资和数据信托。

1）数据证券化：将数据资产未来可产生的现金流作为偿付支持，通过结构化设计，发行资产支持证券专项计划的过程。它涉及数据资产的未来预期收益，将这些收益作为证券化的标的物，从而获得融资。数据证券化可以促进数据资产的流通和市场化，帮助企业或个人将持有的数据资产转化为可以在金融市场上交易的证券产品。

2）数据银行：一种数据管理和服务的概念，通常指的是一个机构或平台，负责收集、存储、管理、分析和共享数据。数据银行可以为数据所有者提供一个安全、可靠的环境，同时允许数据的商业化利用。数据银行包括三层含义：①作为满足隐私保护要求的可信技术底座；②提供数据要素流通的服务；③作为数据价值实现的平台。

3）数据质押融资：企业或个人以自身合法拥有或控制的数据资产作为质押物，向金融机构申请贷款的一种融资方式。这种融资模式允许数据资产的所有者利用其数据资产的市场价值来获得资金支持，从而促进数据资产的货币化和金融创新。

4）数据信托：一种法律结构，通过这种结构，数据资产的所有者（委托人）将数据资产的管理和运用权限委托给一个受托人（通常是专业机构），由受托人按照信托合同的约定进行管理和运用，以实现数据资产的保值增值。数据信托允许用户行使其作为数据生产者的权利，通过信托财产制度有效设计和落实数据资产的各项权能安排。

这些概念体现了数据资产在现代经济中的价值和重要性，以及如何通过不同的金融工具和法律结构来实现数据资产的商业价值和融资功能。

2.3.2 数据的形态变化

1. 四个阶段对应的数据形态

组织数据的形态与组织数据管理的发展历程对应，组织数据的形态变化如表 2-1 所示。

表 2-1　组织数据的形态变化

阶段	1.0 数据电子化	2.0 数据资源化	3.0 数据资产化	4.0 数据资本化
数据形态	原始数据：未经过治理的数据集	数据资源：标准化、经过治理的数据集	数据集：符合条件的数据资源及其衍生数据 数据产品与服务：有应用价值的 数据分析模型与挖掘算法：有应用价值的 算力：有应用价值的	数据资产

（1）1.0 数据电子化　这一阶段，即信息化建设时代，数据都分布在各个业务系统中，数据是无序的，主要是以原始数据的方式存在。

这一阶段，数据的特点如下：

- 原始性：数据多为业务活动的直接记录，未经深度处理。
- 单一性：数据主要服务于特定业务流程，缺乏跨部门的整合。
- 静态性：数据更新依赖于人工录入，实时性较差。
- 非标准化：数据的标准化程度差，没有组织级统一的数据架构或数据标准。

（2）2.0 数据资源化　这一阶段，无序的数据资源经过了治理，形成了标准化的企业级数据集，即企业数据资源。

这一阶段，数据的特点如下：

- 标准化：原始数据经过了治理，数据标准化程度高。
- 多样性：数据类型不仅包括结构化数据，还开始涉及半结构化和非结构化数据。
- 动态性：数据更新更加频繁，实时性增强。
- 价值挖掘：通过数据分析，数据开始展现其潜在的商业价值。

（3）3.0 数据资产化　这一阶段，组织数据呈现出多样化，由标准化的企业级数据集衍生出其他产品，共同组成企业数据资产。

这一阶段，数据的特点如下：

- 高价值：数据成为组织的核心竞争力之一，具有显著的经济价值。
- 可交易性：数据在保障安全合规的前提下，可进行外部交易和流通。

- 灵活性：数据以多种形式存在，满足不同场景下的应用需求。

企业数据资产主要包括以下类型：

- 符合数据资产条件（详见数据资产的定义）的经过治理的数据集及其衍生数据（例如指标数据等），可以以实时交换数据、离线数据包等形式进行内部共享和外部交易。
- 数据产品与服务，包括数据库商品、各类数据应用程序、数据查询接口、数据核验接口、数据模型结果、数据分析报告等。
- 数据分析模型与挖掘算法。
- 算力。

（4）4.0 数据资本化　这一阶段，组织数据仍然是其数据资产，只是运作方式变了。

这一阶段，数据的特点如下：

- 金融属性：数据具有明确的金融价值，可作为融资和投资的对象。
- 流动性增强：数据在金融市场上的流通性显著提高，促进资本与数据的深度融合。
- 风险与机遇并存：数据资本化在带来巨大机遇的同时，也伴随着数据安全、隐私保护等风险挑战。

2. 数据资源化阶段：利用数据资源治理，实现数据集从无序到有序

这一阶段实际上是组织真正管理数据的起点，即将数据从 OLTP 类的业务系统迁移到 OLAP 类的数据环境中进行治理，将来自多个数据源的原始数据转化为有序的数据资源。

数据资源化阶段的数据流动如图 2-7 所示。图 2-7 在《DAMA 数据管理知识体系指南》[一]中数据仓库/商务智能和大数据架构的基础上略加改动（只增加了 OLTP、OLAP 划分），从中可以看出数据流动及资源形成的过程。

[一] DAMA 国际. DAMA 数据管理知识体系指南（原书第 2 版）[M]. DAMA 中国分会翻译组，译. 北京：机械工业出版社，2020.

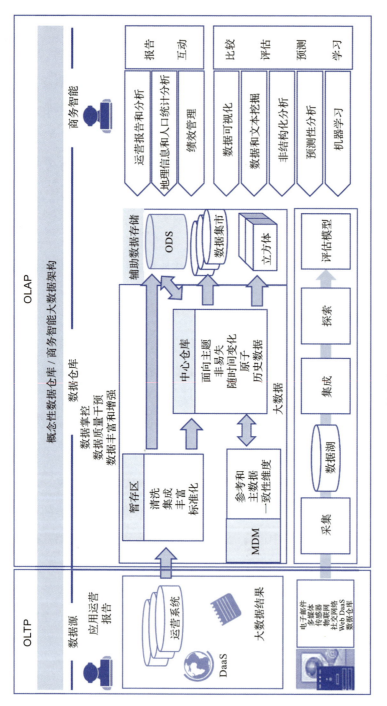

图 2-7 数据资源化阶段的数据流动

注：DaaS（Database as a Service，数据库即服务）
MDM（Master Data Management，主数据管理）
IoT（Internet of Things，物联网）
ODS（Operationnal Data Store，操作型数据仓储）

1）各类 OLTP 系统中产生了很多数据。这些数据包括组织常见的各类业务系统含有的各类结构化数据，以及各类接入设备（例如传感器、计算机、手机等）接入的各类结构化、非结构化数据。此时，数据没有标准化，为无序数据集。

2）组织为了使用各类系统中产生的数据，利用各类数据采集设备，将已有的存量数据或者新增数据，接入可以利用数据进行分析的数据环境，即 OLAP（例如数据仓库、数据中台、数据湖等）中。

3）在 OLAP 环境中开展数据治理，将数据转换为满足需求的高质量数据。此时的治理主要是利用 ETL 工具，将数据转换为通用格式。

4）数据存储，数据仓库包含以下多个不同用途的存储区域：

①暂存区。暂存区是介于原始数据源和集中式数据存储库之间的中间数据存储区域。数据在这里短暂存留，以便可以对其进行转换、集成并准备加载到仓库。

②存储库。参考数据和主数据可以存储在单独的存储库中。数据仓库为主数据系统提供数据，这个单独的存储库为数据仓库提供一致性维度数据。

③中央数据仓库。完成转换和准备流程后，数据仓库中的数据通常会保留在中央或原子层中，在这一层保存所有历史的原子数据以及批处理运行后的最新实例化数据。该区域的数据结构是根据性能需求和使用模式来设计和开发的。

目前，数据已经从业务系统中格式不统一、不标准的情况转化为有序的数据资源。

3. 数据资产化阶段：从资产的形成到生命周期结束

数据资源经过治理以后，会经过多种途径转化为数据资产，此时数据进入数据资产化阶段，该阶段会逐渐挖掘数据资产的价值。在对数据资产进行管理之前，我们先了解一下数据资产的生命周期，如图 2-8 所示。

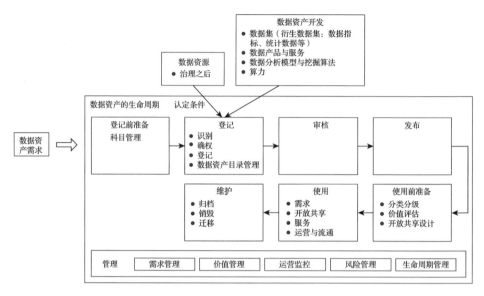

图 2-8　数据资产的生命周期

（1）登记前准备　数据资产的形成有以下三种可能的情况。

1）经过治理后的数据资源，当满足一些条件后，可以被认定是数据资产。此时，数据管理组织将数据资产（含数据产品）从数据资源中剥离开来，识别出能够提供应用价值或产生业务影响的数据资源，进行分类登记（需要首先定义资产种类，进行资产科目管理），认定并确认数据资产的归属权限。明确数据的产权、使用权等权利形式和权利主体，避免数据被滥用或不当使用。

2）当有数据应用需求提出时，数据管理组织进行响应，组织相关人员开发，形成衍生数据（指标数据等）、数据产品与服务、相关模型与算法供需求方使用，形成对应类别的数据资产，进行分类登记，认定并确认数据资产的归属权限。这种需求可能是组织内部需求，也可能是外部组织的商业化需求。

3）当有相关算力方提出需求时，数据管理组织进行响应，购买设备，搭建数据算力环境，进行响应，形成对应类别的数据资产，进行分类登记，认定并确认数据资产的归属权限。

（2）登记　识别出来的数据资产经过确权和登记后会形成数据资产目录，

数据管理组织可对数据资产目录进行管理，调整数据资产分类框架，应用标签+分类的方式来展示、区分、索引数据资产。

1）数据管理组织通过数据资产目录对数据资产进行系统的管理、展示和索引。为了提升目录的实用性和易用性，数据管理组织可以不断调整和优化数据资产的分类框架，使其更加符合组织的业务需求和技术特点。

2）数据管理组织采用标签+分类的方式对数据资产进行多维度标记和分类，提高数据资产的可发现性和可理解性。用户可以通过标签快速定位到所需的数据资产，提高数据使用的效率和准确性。

（3）审核数据资产　在数据资产正式投入使用之前，必须经过严格的合规性审核。这一环节旨在确保数据资产的使用符合相关法律法规和政策要求，避免潜在的法律风险。审核内容可能包括数据的来源合法性、处理过程的合规性、使用权限的明确性等方面。通过合规性审核的数据资产才能被纳入组织的数据资产库中，供内外部用户访问和使用。

（4）数据资产的发布　经过合规性审核的数据资产会正式发布，并提供明确的访问路径。用户可以通过内部平台、应用程序编程接口等多种渠道访问数据资产，进行数据查询、分析和应用。为了方便用户的使用和管理部门对数据资产的监控，组织可以建立数据资产的盘点机制，定期对数据资产进行清查和核对，确保数据的完整性和准确性。

（5）使用前准备　经过上述过程，数据资产已正式形成。但是要使用数据资产，组织还需要明确数据资产的价值（价值评估），针对不同种类和安全级别（数据资产的分类分级）的数据资产制定管理策略和使用策略，对数据资产的内部共享和外部使用进行策略设计。

1）数据资产的价值评估是数据资产管理的重要环节之一。通过成本法、市场法等多种评估方法，组织可以较为准确地估算出数据资产的经济价值和社会价值。这些评估结果不仅为数据资产的内部定价和外部交易提供了依据，还为后续的数据资产流通和运营打下了基础。

2）针对不同种类和安全级别的数据资产，组织需要制定差异化的管理策略和使用策略。这些策略应充分考虑数据资产的特性、业务需求、技术条件以及法律法规要求等因素，确保数据资产在合规合法的前提下实现价值的最大化。

（6）数据资产的使用　为了满足内外部用户对数据集、数据产品、数据模型以及算力等数据及产品的需求，组织需要建立需求的全流程管理机制。这一机制应包括需求收集、需求分析、需求匹配、服务提供等多个环节，从而精准把握用户需求和市场动态，更加高效地提供数据资产服务。对于内部用户，组织可以通过建立内部数据共享平台或数据服务门户等方式提供数据资产服务；对于外部用户，则可以通过数据交易市场或数据服务提供商等渠道进行数据资产的运营与流通。

（7）数据资产的维护　数据资产的维护是保障其持续有效性和价值的关键环节。当数据资产不再具有使用价值或需要被替换时，组织应及时归档、销毁或迁移。这些操作应遵循相关的法律法规和政策要求，确保数据资产的安全性和合规性。同时，还需要建立数据资产的更新迭代机制，根据业务需求和技术发展，及时更新和优化数据资产库中的内容和结构。

（8）数据资产的管理　数据资产管理是一个持续优化的过程，随着业务的发展和技术的进步，组织需要不断调整和完善数据资产管理的各个环节和流程，引入先进的管理理念和技术手段，提升数据资产管理的效率和效果；加强与其他部门的协作和沟通，形成数据资产管理的合力；建立完善的反馈机制和评估体系，及时发现和解决问题并持续改进数据资产管理工作。

整个数据资产生命周期管理旨在加强资产管理，降低维护检修成本，延长使用时间，并提高数据资产的利用率。不同的组织或项目可能会根据实际需求对生命周期的环节进行微调或扩展，以适应特定的业务场景和技术要求。

2.4　数据管理的必备知识

组织数据及数据管理具有一些通用的特征，在数据相关理论和实践的基础上，本书将数据管理理念总结如下：

（1）将数据作为资产来管理　相比于其他资产，数据有以下独特的性质：

1)其他资产一般是有形的,短暂的,会被消耗;数据资产是无形的,相对持久的,不会被消耗,而且随着使用会产生更多的数据。但是数据资产一旦被丢失或者破坏,不容易再生,因为当时产生数据的环境可能不复存在。

2)通常来说,其他资产在同一时刻只能被一个主体使用;而数据资产在同一时刻可以被多人使用。

3)其他资产的价格和价值相对容易衡量;而数据资产的价值和价格现在没有准确的方法来确定,数据资产的价值与数据的质量、应用场景、市场流动情况等多个因素紧密相关,相对复杂。

(2)管理数据的注意事项 管理数据不仅要管理数据本身,还要管理可能的风险。

1)政策风险带来的负面影响。

2)数据质量问题,这是数据管理的核心。数据管理的终极目标是获取数据价值。只有符合使用要求的数据才是高质量的数据,使用要求跟数据的使用场景有关,而低质量的数据会耗费时间和资金。

(3)管理数据就是对数据的生命周期进行管理 需要注意的是,不同种类的数据生命周期不一样,组织需要根据数据资源架构,针对不同种类的数据制定不同的管理策略。其中,元数据作为组织理解、管理、控制数据的有效手段,必须优先进行规划、设计和管理。

(4)组织数据管理必须从组织整体出发 相对于组织业务的纵向贯通,数据是组织内横向贯通的领域之一,也是各个业务单元开展业务、经营决策都需要用到的。与此对应的,组织的数据需要打破业务壁垒和部门墙,统一从组织层面进行管理。

(5)业务、数据与技术三者的关系 对于组织而言,业务是核心。业务的运行及战略布局会对组织数据提出要求,而数据管理正是为满足这一要求应运而生的。与此同时,组织全生命周期的数据管理体系运转会要求IT、技术与平台的支撑,会向技术提要求。而技术的升级迭代也会影响组织数据生命周期管理体系实现的逻辑,从侧面推动管理升级,从而更好地支撑业务战略的实现。

2.5 数据体系解析

如果将组织中所有与数据相关的工作进行归纳和总结，我们可以发现组织的数据工作包含不同内容，这里将其定义为组织数据体系，如图2-9所示。组织数据体系是指一个系统化、结构化的框架，它涵盖了数据及其管理、实现、治理等多个方面，整合了组织内部所有数据相关的活动、流程、技术和人员，旨在确保数据的有效收集、整合、管理、利用和保护，以支持组织的业务战略和决策过程。数据体系不仅关注数据本身的质量、准确性和安全性，还强调数据的价值挖掘、流通共享以及对业务战略和决策的支撑作用。

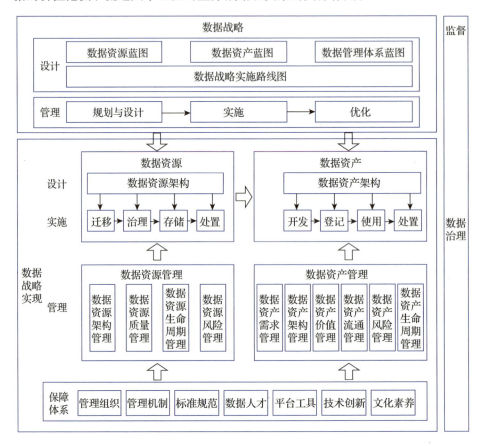

图 2-9 组织数据体系

概括而言，组织数据体系是一个综合性的管理体系，通过明确的战略指导、规范的治理流程、高效的资源管理、有效的数据资产管理，以及持续的监督与优化，旨在最大化数据资产的价值，促进组织的数字化转型，提升业务竞争力和运营效率。

组织数据体系可以从宏观战略角度和管理对象角度进行分析。

2.5.1 从宏观战略角度分析数据体系

从宏观战略角度，可以认为组织数据体系建设围绕数据战略展开，包括数据战略的设计、实施、管理与监督。

（1）数据战略设计　创建和规划组织数据战略的过程，包括以下四个方面。

1）数据资源蓝图设计：确定组织未来数据资源的蓝图，包括数据资源的分类、存储、布局等。

2）数据资产蓝图设计：确定组织中未来数据资产的类型及具体信息，包括数据资产类型、来源、使用方式和价值。

3）数据管理体系蓝图设计：规划如何管理和维护数据资源和数据资产，确保数据资源的质量和可用性，挖掘数据资产的价值。

4）数据战略实施路线图设计：规划如何将组织的数据战略转化为具体的行动步骤、里程碑、资源投入预估等。通过这个设计过程，组织能够确保数据战略得到有效执行，并逐步实现数据驱动的业务转型。

（2）数据战略实施　将设计阶段的计划和蓝图转化为实际行动的过程，具体包括数据资源的设计、实施与管理，数据资产的设计、实施与管理，保障体系的建设。这里也可以将数据资源的管理和数据资产的管理合并在一起，作为组织数据管理体系进行建设。

1）数据资源的设计、实施与管理：确保组织能够有效地规划、开发、部署和维护其数据资源的一系列系统化的过程。设计阶段涉及对数据资源架构和标准的规划，确定数据资源的分类、存储和管理方式；实施阶段则将这些设计转化为具体的操作，包括数据资源的迁移、存储、治理和处置；管理阶段包括数据资源的持续监控，质量保证和安全保护，以及确保数据资源符合组织的数据资源政策和标准。

2）数据资产的设计、实施与管理：确保组织的数据资产得到有效利用和保护的一系列活动。设计阶段，组织需要确定数据资产的分类、结构和价值，制定数据资产分类和标准；实施阶段，将设计转化为实际行动，包括数据资产的开发、登记、使用和处置；管理阶段则涉及数据资产的持续监控、维护、价值评估和风险管理，确保数据资产能够持续为组织带来业务价值。

3）保障体系的建设：组织数据体系的设计、实现和管理需要多方面的投入，一般来说，包括管理组织、管理机制、标准规范、数据人才、平台工具、技术创新、文化素养等方面的资源保障。在这里需要注意，资金可以作为保障也可以不作为保障，在本书中未包含在保障体系中。一般在战略设计时就会预测配套资金和各类资源，在建设时需要保证资金按计划投入和监控投入/使用情况，在建设完成后还需要进行审计。

（3）数据战略管理 组织为了实现其业务目标和提升竞争力，对数据资源和数据资产进行规划、指导和监督的过程。组织数据战略包括使用数据以获得竞争优势和支持组织目标的业务计划。组织数据战略必须来自对业务战略固有数据需求的理解：组织需要什么数据，如何获取数据，如何管理数据并确保其可靠性以及如何利用数据。

（4）监督体系 即数据治理，一般认为数据治理包括以下两层含义：

1）数据治理是一套管理流程和政策，是数据管理框架，是对数据管理体系的建章立制，即数据治理是组织内部对数据战略、数据资源、数据资产进行监督、控制和指导的一套管理机制和流程，包含了数据管理体系中相对宏观的内容，例如数据战略、数据管理政策、数据管理流程、数据管理组织、数据管理标准规范、数据管理沟通等。此种情况下，数据治理的大部分内容与保障体系重合。

2）数据治理是一个过程集合，旨在通过对数据管理体系持续的评价、指导、监督和治理，确保数据管理体系按照数据战略和路线图落地和运行，保证数据在其整个生命周期中的高质量和可控性，以支持组织的商业目标。它是一个系统性的过程集合，监督数据管理政策、标准、架构的执行，发现数据管理体系存在的问题，进行专项治理，对管理体系进行修正，确保数据资源/资产在整个生命周期中得到恰当的管理，旨在实现数据及其应用过程中的管控活动、绩效管理和优化管理。

这里的监督与治理主要针对数据战略，同样有两层含义：①建立数据战略管理的管理机制和流程，包括数据战略相关的政策、标准和程序；②监督数据战略管理政策和标准的执行，发现问题，处理问题，对数据战略管理体系进行修正，确保数据战略在整个生命周期中得到恰当的管理。

2.5.2 从管理对象角度分析数据体系

从管理对象角度，可以将组织数据体系分为被管理对象和管理职能两大部分。

（1）被管理对象　包括数据战略、数据资源和数据资产。其中，各类对象都涉及其自身的生命周期实现。

1）数据战略实现过程：数据战略的规划和设计、实施、优化。

2）数据资源建设过程：数据资源的设计、迁移、存储、治理和处置。

3）数据资产实现过程：数据资产的设计、开发、登记、使用和处置。

4）保障体系的建设：管理组织、管理机制、标准规范、数据人才、平台工具、技术创新、文化素养等方面的建设。

（2）管理职能　包括数据战略管理、数据资源管理、数据资产管理和数据治理，旨在对数据战略、数据资源和数据资产的全生命周期进行管理，并对整个管理职能进行监督和控制。

1）数据战略管理：同 2.5.1 节。

2）数据资源管理：组织对数据资源进行日常的系统化、规范化的控制过程，包括数据资源架构管理、数据资源质量管理、数据风险管理、数据资源生命周期管理，目的是确保数据资源的准确性、完整性、可用性和安全性。

3）数据资产管理：组织对数据资产进行日常的系统化、规范化的控制过程，包括数据资产需求管理、数据资产价值管理、数据资产流通管理、数据资产风险管理、数据资产生命周期管理等，目的是控制、保护、交付和提高数据资产的价值。

4）数据治理：有两层含义，一是建章立制，二是对数据管理职能的监督和治理。

5）保障体系：同 2.5.1 节。

2.6 数据体系正在从成本和效率中心向价值中心转变

随着科技的飞速发展，数据已成为推动社会进步和产业升级的关键要素。从最初简单数据的存储与管理，到如今数据智能与 AI 的融合，数据体系正经历着深刻的变革。这场变革的核心在于，数据不再仅仅是企业运营的副产品，而变成了推动创新、优化决策和增强竞争力的关键资产，数据体系正在从传统的成本和效率中心，转变为价值创造的中心。

1. 大数据时代的数据体系：成本和效率中心

（1）大数据时代的背景与特征　在 2003—2006 年间，随着 MapReduce、Bigtable 和 Google File System 等技术的问世，大数据时代正式拉开序幕。这一时期，数据量的爆炸性增长促使企业开始重视数据的存储、处理与分析能力。大数据技术的核心在于通过分布式计算框架，实现对海量数据的快速处理与高效利用。

这一时期的特征如下：

- 数据量的爆炸性增长：互联网、移动设备和各类应用的普及，使得数据产生量急剧增加。
- 分布式计算框架的兴起：MapReduce 等技术的出现，使得大规模数据的处理成为可能。
- 数据存储与管理的优化：企业开始建立高效的数据存储与管理系统，以应对日益增长的数据量。

（2）数据体系的成本和效率导向　在大数据时代，数据体系的主要目标是降低成本，提高效率。企业通过建立高效的数据存储与管理系统优化数据处理流程，以应对日益增长的数据量。这一时期，数据技术的关注点在于如何提升数据处理的速度与规模，以及如何通过技术手段降低数据存储与计算的成本。

具体表现在以下几个方面：

- 数据收集与存储：在大数据时代，数据收集与存储是数据体系的基础。随着互联网、物联网等技术的普及，数据量呈指数级增长。为了应对这一挑战，企业纷纷构建大规模分布式数据存储系统，如 Hadoop、Spark 等。这些系统能够高效地处理 PB 级甚至 EB 级的数据，为数据分析提供坚实的基础。

- 数据处理与分析：在数据处理与分析方面，大数据技术强调高性能、高可用性和可扩展性。MapReduce、Bigtable 等技术的出现，使得大规模数据处理成为可能。企业可以通过这些技术对数据进行批量处理、实时分析和挖掘，发现隐藏在数据背后的价值。然而，这一阶段的数据处理仍然以成本和效率为中心，注重数据处理的速度和质量。

- 数据应用：在数据应用方面，大数据时代的企业主要利用数据进行业务决策优化、市场趋势预测和客户服务改进等。虽然这些应用已经取得了一定的成效，但数据的价值挖掘仍显不足。企业往往局限于利用结构化数据进行简单的统计分析，而忽视了非结构化数据和非传统数据源的价值。

（3）局限性与挑战　尽管大数据技术在提升数据处理效率与降低成本方面取得了显著成效，但其局限性也逐渐显现。具体表现在以下几个方面：

- 大数据处理往往侧重于结构化数据，对于非结构化数据的处理能力相对较弱。
- 大数据技术的价值挖掘主要依赖于统计分析与模式识别，难以实现对数据深层价值的挖掘与利用。
- 大数据技术的广泛应用带来了数据安全与隐私保护等方面的挑战。

2. AI 时代的数据体系：价值中心

（1）AI 技术的兴起与影响　自 2017 年 "Attention is All You Need" 论文发表以来，生成式 AI 技术取得了突破性进展。以大模型为核心的智能化技术不仅提升了自然语言处理、图像识别等领域的性能，还推动了数据体系向价值中心的转变。AI 技术的引入，使得数据不仅是成本与效率的考量因素，而且成为驱动业务创新、提升决策质量的关键资源。

（2）数据体系的价值导向　在 AI 时代，数据体系的核心价值在于其能够为企业创造新的业务增长点，提升决策效率与准确性。

这一时期的数据体系的实现具有以下特点：

- 数据收集与存储的扩展：AI 时代的到来，使得数据收集与存储的范围更加广泛。除了传统的互联网数据外，物联网、可穿戴设备、智能家电等新型数据源不断涌现，极大地丰富了数据集合。这些数据不仅包括结构化数据，还包括大量的非结构化数据，如文本、图片、音频和视频等。为了应对这一挑战，企业开始构建更加先进的数据存储系统，如分布式数据库、对象存储和向量数据库等，以支持多模态数据的存储和检索。

- 数据处理与分析的智能化：在数据处理与分析方面，AI 技术的应用使得数据处理更加智能化。生成式 AI 技术（如 GPT 系列模型）的出现，使得数据标注与合成技术取得了重大突破。这些技术能够自动生成高质量的训练数据，降低数据标注的成本和时间。同时，AI 技术还推动了数据清洗、质量评估和内容理解等环节的智能化发展。通过深度学习等技术手段，企业可以实现对多模态数据的深度融合和高效处理。

- 数据应用的创新与拓展：在数据应用方面，AI 技术的应用极大地拓展了数据的应用领域和价值空间。在智能化服务方面，AI 技术使得个性化服务成为可能。通过深度学习等技术手段，企业可以根据用户的偏好和行为习惯提供定制化的服务体验。在创新场景下，AI 技术推动了标量与向量数据的混合检索技术的发展。这种技术能够极大地降低用户的使用门槛并提升交互效率。在数据生态方面，AI 技术的应用促进了开放的数据价值发现与流通体系的建立。通过构建多方协作的数据生态体系，企业可以更加高效地利用数据资源实现价值共创和共享。

具体而言，数据体系通过以下方式实现价值创造：

- 数据资产化：数据被视为企业的核心资产之一，其价值随着数据量的增长与质量的提升而不断增加。
- 智能化应用：AI 技术使数据能够被更高效地利用于智能化应用中，如智能推荐、智能客服、智能风控等。
- 决策支持：基于大数据与 AI 技术的决策支持系统，能够为企业提供更加精准、全面的决策依据。

（3）局限性与挑战　在 AI 时代，数据应用范式也面临着新的挑战与机遇。具体表现在以下几个方面：
- 标量与向量数据的混合检索：在新搜索、新交互等创新场景下，标量与向量数据的混合检索成为关键技术命题。
- 应用效果的不确定性：智能化应用的效果充满不确定性，企业需要构建围绕数据的实验迭代原生工程体系。
- 开放的数据价值发现与流通体系：随着智能体协作网络的发展，企业需要构建开放的数据价值发现与流通体系。

3. 数据体系转变的驱动因素

数据体系从成本和效率中心向价值中心的转变，主要受到以下因素的驱动：

（1）技术进步的推动　技术进步是推动数据体系从成本和效率中心向价值中心转变的关键因素。近年来，大数据、云计算、人工智能等技术的快速发展，为数据体系的转变提供了强大的技术支持。
- 大数据技术的发展：随着 Hadoop、Spark 等分布式处理技术的成熟，企业能够更有效地存储和处理大规模数据集，这使得数据的收集、清洗、分析变得更加高效，从而降低了数据处理的成本，提高了数据的利用效率。
- 云计算的普及：云计算提供了弹性的计算资源，使企业能够根据需求快速扩展或缩减资源，这不仅提高了数据处理的灵活性，也降低了企业的 IT 基础设施投资成本。
- 人工智能的突破：深度学习、机器学习等 AI 技术的发展，使企业能够从数据中提取更深层次的洞见，推动了数据驱动的决策和智能化应用的创新。

（2）业务需求的变化　业务需求的变化是推动数据体系转变的重要因素。在市场竞争加剧和消费者需求多样化的背景下，企业越来越依赖数据来驱动业务创新和提升竞争力。

- 个性化服务的需求：消费者对个性化服务的需求日益增长，企业需要利用数据来更好地理解客户需求，提供定制化的产品和服务。
- 实时决策的需求：在快速变化的市场环境中，企业需要实时分析数据，以便快速做出决策。这要求数据体系能够提供即时的数据分析和反馈。
- 跨部门协同的需求：随着企业规模的扩大和业务的复杂化，跨部门的数据共享和协同变得越来越重要。企业需要建立统一的数据平台，以支持不同部门之间的数据流通和协作。

（3）政策环境的影响　政策环境对数据体系的转变起到了重要的推动作用。政府对数据产业的支持和对数据安全的重视，为数据体系的健康发展提供了良好的政策环境。

- 数据开放政策的推动：政府推动数据开放政策，鼓励企业共享和利用公共数据资源，这有助于企业获取更多的数据资源，促进数据的创新应用。
- 数据产业扶持政策：政府出台了一系列扶持数据产业发展的政策，包括税收优惠、资金支持等，以促进数据技术和产业的快速发展。
- 数据安全法规的加强：随着数据安全事件的频发，政府加强了数据安全法规的制定和执行，要求企业加强数据保护，确保数据的安全和合规性。

数据体系的转变不仅是技术进步的必然结果，也是组织适应数字化转型，实现数据驱动决策的关键。通过构建以价值为中心的数据体系，组织能够更好地利用数据资产，推动业务创新和增长。

第 3 章 CHAPTER

数据战略的设计、实施与管理

在数字时代,数据成为组织极为宝贵的资产。对于任何组织来说,要想真正管理和利用好数据,必须首先制定一个清晰明确、针对性强的数据战略。这个数据战略不是一个抽象的概念,而是具体到能够指导组织进行数据收集、处理、存储、分析和应用等各个环节的行动指南。

数据战略的核心是确保数据能够支撑组织的业务战略,实现业务目标。这要求组织对所需数据的种类、来源、质量和可用性有一个清晰的认识。组织需要识别出哪些数据是关键的,哪些数据能够为决策提供支持,哪些数据能够转化为业务价值。此外,还需要考虑如何通过技术创新和流程优化来实现这些数据的高效获取和处理。

要对数据战略进行有效管理,组织需要运用科学的管理方法,包括计划、组织、领导和控制等手段。这意味着组织需要对数据战略的制定和实施过程进行严格的监控和评估,确保数据战略与组织的业务目标和市场环境保持一致。此外,组织还需要通过持续的沟通和培训提高组织内部对数据战略的认识和理解,确保数据战略的顺利执行。

本章通过以下内容来描述数据战略的设计、实施与管理：
- 数据战略的定义及其核心要素分析。
- 数据战略的设计和实施方法。
- 数据战略管理的定义、不同阶段的管理要点。
- 数据战略管理的完整体系：数据战略管理目标、核心职能和保障体系。
- 通过商业银行的数据战略案例，展现了银行业数据战略框架。

3.1 什么是数据战略

数据战略作为组织整体战略规划的关键组成部分，对于确保数据的有效管理和利用至关重要。本节将详细讨论数据战略的定义，以及它如何与组织的其他战略相互关联和支撑，这将帮助我们更好地理解数据战略的核心价值以及它在组织发展中的作用。

3.1.1 数据战略的定义

国家标准 GB/T 36073—2018《数据管理能力成熟度评估模型》对数据战略的定义是："数据战略是组织开展数据工作的愿景、目的、目标和原则。它包含数据战略规划、数据战略实施和数据战略评估。"

组织数据战略应该包括使用信息以获得竞争优势和支持组织目标的业务计划。组织数据战略必须来自对业务战略固有数据需求的理解：组织需要什么数据，如何获取数据，如何管理数据并确保其可靠性，以及如何利用数据。

组织数据战略就是组织在动态适应和利用环境变化的过程中，为建立、保持和发挥竞争优势而在数据领域采取的一系列长期、整体和重大的决策或者行动。

1）组织数据战略的目的就是在动态适应和利用环境变化的过程中不断建立、发挥和强化数据竞争优势，以支撑业务战略实现。

2）为了不断建立、发挥和强化数据竞争优势，组织数据战略包括主要基于价值追求所做出的数据决策、主要基于理性选择的数据决策，以及基于行动有效的数据决策。

3）为了动态适应和利用环境变化，组织数据战略所包括的决策既有事前、主动和理性的数据决策，也包括事中、被动和非理性的数据决策。

4）为了在动态适应和利用环境变化的过程中不断建立、保持和发挥数据竞争优势，组织数据战略所包括的一系列长期、重大和根本性数据决策或行动之间必须具有一致性和稳定性。

3.1.2 数据战略的核心要素

数据战略是组织在数据管理与利用方面的总体规划和长远规划，不仅关系到组织如何收集、处理和分析数据，还涉及如何通过数据来驱动决策和创新。数据战略包括四个核心要素，即目标、范围和内容、实施策略、实施路径，如图 3-1 所示。

目标
组织对数据未来的宏伟设想，为组织在数据海洋中的航行指明方向

范围和内容
组织在数据领域的战略选择，明确了组织在哪些数据领域进行深耕细作，在哪些领域则选择性地涉足或避免

实施策略
数据战略的核心竞争力所在，它关乎组织如何在数据领域取得成功

实施路径
数据战略从蓝图走向现实的桥梁。它要求组织在明确战略目标、范围和内容以及实施策略的基础上，制订出一系列具体、可执行的行动计划

图 3-1　数据战略的核心要素

（1）数据战略目标——愿景与目标的双重奏　数据战略的愿景是组织对数据未来的宏伟设想，它如同灯塔一般，为组织在数据海洋中的航行指明方向。这一愿景应体现组织的长期追求，不仅关注技术层面的突破，还强调数据如何赋能业务、推动创新、增强市场竞争力，以及实现可持续发展。而目标则是这一愿景的具体化、阶段化，是组织在短期内需要达成的、可衡量的数据战略成果。目标的设定应既具有挑战性又具有可实现性，确保愿景能够脚踏实地地逐步推进，同时也不忽视当前面临的数据管理挑战与业务需求。

（2）数据战略范围和内容——精准定位，界定边界　数据战略的定位是组织在数据领域的战略选择，它明确了组织在哪些数据领域进行深耕细作，在哪些领域则选择性地涉足或避免。这一过程涉及对组织内外部环境的深入分析，包括市场需求、竞争态势、技术趋势以及组织自身的资源与能力等。通过精准定位，组织能够明确数据管理的边界和重点，确保资源的高效配置和战略的有效执行。同时，这也为组织在数据领域的差异化竞争提供了有力支撑。

（3）数据战略实施策略——制胜逻辑的深度剖析　制胜逻辑是数据战略的核心竞争力所在，它关乎组织如何在数据领域取得成功。这要求组织在制定实施策略时，不仅要考虑"怎么做"（技术路径和操作方法），还要深入思考"由谁做"（团队构建与人才配置）、"做的条件"（所需的资源投入与环境支持），以及"成功原因"（背后的逻辑链条与关键因素）。通过深入剖析制胜逻辑，组织能够确保数据战略的实施路径既符合市场规律又贴近组织实际，从而在激烈的竞争中脱颖而出。

（4）数据战略实施路径——行动计划的精细规划与执行　行动计划是数据战略从蓝图走向现实的桥梁。它要求组织在明确战略目标、范围和内容以及实施策略的基础上，制订出一系列具体、可执行的行动计划。这些计划应明确"谁"负责执行，"在什么时间"开始与结束，"做什么事"以及"达成什么目标"。为了确保行动计划的有效执行，组织还需建立相应的监控机制、评估体系和调整机制，遵循 PDCA（Plan-Do-Check-Action，计划—执行—检查—行动）的闭环管理原则，定期对行动计划进行复盘和检讨，及时发现问题并采取措施加以解决。通过精细规划与执行，组织能够确保数据战略目标的顺利实现。

3.1.3　数据战略与其他战略的关系

数据战略在现代组织中的作用不容小觑，它不仅是一个相对独立的计划，还与其他战略是紧密相连、相互支持的综合体。在组织中，数据战略与其他战略紧密相连，共同支撑组织的总体目标和愿景。数据战略与其他战略的关系如图 3-2 所示。

（1）支持组织的业务战略　数据战略为业务战略提供了坚实的数据基础和

深刻的洞察力。通过对市场数据的分析，组织能够洞察市场趋势，预测客户需求变化，以及评估竞争对手的行为模式。这种基于数据的洞察能够帮助组织在激烈的市场竞争中做出更为明智的决策，从而在业务发展上取得先机。

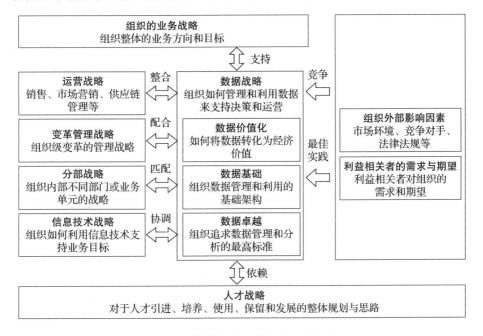

图 3-2　数据战略与其他战略的关系

（2）与运营战略相整合　与运营战略相整合，数据战略能够显著提升运营效率。通过对供应链、生产流程、库存管理等运营环节的数据分析，组织能够优化资源配置，减少浪费，提高响应速度，从而实现更高效、更灵活的运营管理。

数据是创新的源泉。挖掘和分析大量数据能够揭示潜在的商业机会和创新点，组织可以利用这些信息来开发新的产品、服务或业务模式，从而推动创新战略的实施，保持组织的竞争力。

（3）与变革管理战略相配合　在组织的变革过程中，数据战略能够提供关键的洞察和支持。通过数据分析，组织能够识别变革的需求和方向，监控变革的进展，评估变革的效果，从而确保变革顺利进行。

（4）与分部战略相匹配

- 与合规和风险管理战略相一致：在数据的收集、处理和使用过程中，组织必须遵守相关的法律法规，如数据安全法、个人信息保护法等。数据战略需要与合规和风险管理战略紧密结合，确保数据的安全和合规性，避免潜在的法律风险。
- 与客户关系管理战略相融合：客户是组织最宝贵的资产。数据战略通过分析客户数据，能够更好地理解客户的需求和偏好，从而提供更加个性化的服务和产品。这不仅能够提高客户满意度，还能够增强客户的忠诚度，支持客户关系管理战略的实施。
- 与财务战略相协调：数据战略能够帮助组织更准确地预测收入和成本，优化预算分配，提高投资回报率。通过对财务数据的深入分析，组织能够做出更明智的投资决策，支持财务战略的制定和执行。
- 支持可持续发展战略：数据战略在推动组织的可持续发展方面发挥着重要作用。通过对环境和社会影响数据的分析，组织能够评估其运营对环境的影响，制定相应的改进措施，实现经济、环境和社会的协调发展。

（5）与信息技术战略相协调　在数字时代，数据战略和信息技术战略是推动组织前进的两个轮子。数据战略需要确保数据的生命周期管理与组织的IT架构和系统无缝对接，数据的采集、存储、处理、分析和安全等各个环节都需要与信息技术战略保持一致，以实现数据的最大价值。

（6）依赖人才战略　数据战略的成功实施依赖一支由数据管理专员、数据架构师、数据建模师、数据科学家、数据分析师和数据工程师等组成的专业团队。因此，数据战略与人才战略紧密相连，组织需要通过招聘、培训和激励等手段建立和维护一支高效的数据管理团队。

总的来说，数据战略是组织战略体系中不可或缺的一部分。它不仅需要与其他战略相互协调，还需要在组织的整体战略规划中发挥核心作用。通过有效的数据战略，组织能够更好地利用数据资源，实现业务的增长和创新，提升运营效率，满足合规要求，培养关键人才，优化财务表现，支持可持续发展，并在变革中保持领先。数据战略的实施将为组织带来深远的影响，推动组织向着更加智能、高效和可持续的方向发展。

3.2 数据战略的设计与实施

数据战略的设计与实施过程如图 3-3 所示,这是一个复杂且系统化的过程,它要求从组织的整体业务战略出发,确保数据战略与组织的长期目标和愿景相一致。

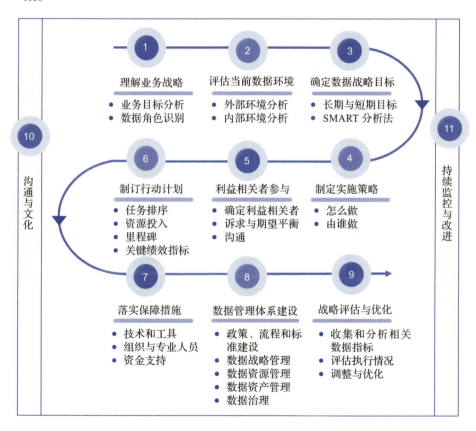

图 3-3 数据战略的设计与实施过程

1)理解业务战略。
- 业务目标分析:深入理解组织的业务目标意味着不仅要知晓当前的目标

设定,还要预测未来的市场趋势、竞争态势以及客户需求变化。这通常涉及与业务部门紧密合作,通过市场调研、竞争对手分析、客户访谈等手段获取第一手资料。同时,也要关注组织的长期愿景和使命,确保数据战略能够支撑这些目标的实现。

- 数据角色识别:在明确业务目标后,组织需要识别数据在这些目标实现过程中的具体作用。数据是决策支持的基础、产品创新的源泉、运营优化的工具。通过数据分析,组织可以发现新的市场机会,优化资源配置,提升客户满意度,等等。因此,数据角色识别是连接业务战略与数据战略的桥梁。

2)评估当前数据环境。

- 外部环境分析:主要关注市场趋势、法律法规、行业标准等外部因素对数据管理的影响。例如,随着数据保护法规的日益严格,组织需要确保其数据处理活动符合相关法律法规的要求。同时,行业标准的变化也可能对数据战略产生重要影响。

- 内部环境分析:全面审视组织的业务流程、技术基础设施和数据管理现状,以及利益相关者对数据的需求。这包括数据收集、存储、处理、分析和使用的全过程。此外,还需关注数据质量、数据安全以及数据治理的现状。通过 SWOT(Strength-Weakness-Opportunity-Threat,优势、劣势、机会、威胁)分析,组织可以清晰地识别出数据管理中的强项和弱项。

3)确定数据战略目标。

- 长期与短期目标:长期目标应反映组织对数据管理的愿景和期望达成的最终状态,如成为行业内的数据驱动型组织;短期目标则更加具体,如提升数据质量、优化数据处理流程等。这些目标应相互衔接,共同推动数据战略的实现。

- SMART 分析法:从明确性(Specific)、可衡量性(Measurable)、可达成性(Attainable)、相关性(Realistic)、时限性(Time-based)五个方面对目标进行设定。例如,一个具体的短期目标可以是"在接下来的三个月内,将客户数据准确性提升至95%以上"。

4)制定实施策略。
- 怎么做:制定实施策略时,需要明确采用哪些技术、方法和工具来实现数据战略目标。这可能包括引入先进的数据分析技术,升级数据存储和处理平台,优化数据治理流程等。同时,还需要考虑如何整合现有资源,避免重复建设和资源浪费。
- 由谁做:明确数据管理的组织结构、角色分工、职责及决策权是确保实施策略顺利执行的关键。这通常涉及跨部门合作,需要设立专门的数据管理部门或团队来负责数据战略的规划和执行。同时,还需要明确各级管理层的职责和权限,确保决策的高效性和一致性。

5)利益相关者参与。确保所有关键利益相关者,包括业务部门、IT部门、法务部门、合规部门以及外部合作伙伴等参与到战略制定过程中,这至关重要。召开研讨会、座谈会等收集利益相关者的意见和建议,不仅可以确保数据战略更加全面和可行,而且能增强利益相关者对数据战略的理解和认可度,为后续实施工作打下坚实基础。

6)制订行动计划。制订具体的行动计划是确保数据战略有序推进的关键。行动计划应基于差距分析,在对任务排序的基础上,明确每个阶段的任务、资源投入、责任人、完成时间和预期成果。通过设定里程碑和关键绩效指标(Key Performance Indicator,KPI),组织可以实时跟踪进展并评估效果。此外,还需要建立灵活的调整机制以应对可能出现的变化和挑战。

7)落实保障措施。选择合适的技术和工具来支持数据战略的实施至关重要。这包括数据管理工具、数据分析工具、数据仓库、大数据平台等。同时,需要确保有足够多的专业人员来操作这些工具并解决可能出现的问题。为此,组织应加大对数据人才的引进和培养力度,并提供必要的培训和支持。另外,还需要为数据战略的实施提供必要的资金支持。

8)数据管理体系建设。数据管理体系建设是一个全面的过程,涵盖以下内容:政策、流程和标准建设,旨在确保数据管理的合规性和效率;数据战略管理,旨在制定和实施数据相关的长远规划;数据资源管理,涉及数据的采集、存储和维护；数据资产管理，关注数据的价值发掘和利用；数据治理，通过建章立制、监督和指导，确保数据的质量和安全。这些组成部分共同构成了一个综合的数据管理体系，旨在提升组织的数据管理能力，以支持业务决策和运营。

9）战略评估与优化。定期评估数据战略的实施效果是确保其持续改进和优化的关键。通过收集和分析相关数据指标（如数据质量提升率、业务决策准确率等），组织可以评估数据战略的实际效果并发现存在的问题和不足。基于评估结果，组织可以对数据战略进行必要的调整和优化以更好地适应业务发展和市场需求。

10）沟通与文化。内部沟通是确保数据战略得到广泛理解和支持的重要途径。组织可以通过内部会议、培训、宣传等方式普及数据战略的重要性和意义，增强员工的数据意识。同时，还需要培养数据驱动的组织文化以激发员工的创新精神和协作意识。

11）持续监控与改进。组织可以利用数据分析和报告工具，实时监控数据战略的关键指标。建立反馈机制，收集员工和客户的建议，不断优化数据管理实践。

通过这些步骤，组织可以确保其数据战略与业务战略紧密对接，支持组织的长期发展和竞争力提升。设计数据战略时，需要跨部门合作、高层的支持以及持续的投入和努力。

在整个数据战略的设计和实施过程中，组织需要确保高层领导的积极参与和支持，确保数据战略与组织的其他关键战略（如技术战略、人才战略等）保持一致。此外，组织还应该关注数据战略的可持续性，确保数据管理活动符合环境、社会和治理（ESG）的要求，以及组织对社会责任的承诺。

组织的数据战略应该是一个动态的、适应性强的计划，能够随着组织内外部环境的变化而不断演进。这要求组织持续关注新兴的数据技术和趋势，并考虑如何将这些技术融入数据战略中，以保持自身的竞争力。

最后，组织的数据战略应该被视为一个生态系统，其中各个组成部分相互依赖、相互促进。通过设计和实施有效的数据战略，组织能够更好地利用数据资产，实现业务的增长和创新，提升运营效率，满足合规要求，培养关键人才，优化财务表现，支持可持续发展，并在变革中保持领先。

3.3 数据战略管理

在当今的数字时代，数据战略管理作为组织顶层设计的关键一环，不仅定义了如何规划、获取、整合、利用和保护其数据资产，还指引着组织在数据驱动的道路上稳健前行。本节将深入探讨数据战略管理的定义、要点和体系。

3.3.1 数据战略管理的定义

组织数据战略管理是指对组织数据战略的制定、实施和评价与控制活动进行管理。它是一种过程管理，即通过全过程的管理来提高组织数据战略制定、实施、评价与控制等各项活动的有效性和效率。

1）数据战略制定：根据业务战略意图和宗旨、社会责任和价值观，对组织的外部环境和内部环境进行理性和科学的分析，对外部机会、威胁和内部优势、劣势进行诊断，重新确定组织的数据战略承诺与使命。根据组织数据战略的时间跨度，为组织数据战略意图和宗旨的实现确定阶段性的目标和实现该目标的路线图及资源配置。

2）数据战略实施：将计划好的数据战略完整并准确地变成现实的数据战略。对数据战略目标进行分解，构建数据战略实施的计划体系，布局数据资源和数据资产，制定相应的数据管理职能战略，提供必要的管理支持，包括组织、机制、人员和文化上的支持。

3）数据战略评价和控制：根据不同阶段的数据战略实施情况和最终目标的实现情况进行评价和控制，并对数据战略实施的计划和措施进行及时调整，对组织数据管理者的行为进行监督与激励。也可能终止数据战略实施，重新开始新一轮的数据战略制定过程。

3.3.2 数据战略管理的要点

围绕数据战略生命周期的关键环节——制定、实施、评价和控制，数据战略管理的要点如图 3-4 所示。

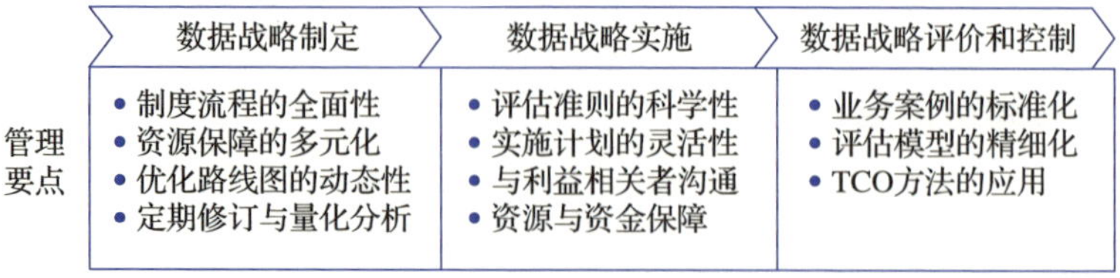

	数据战略制定	数据战略实施	数据战略评价和控制
管理要点	• 制度流程的全面性 • 资源保障的多元化 • 优化路线图的动态性 • 定期修订与量化分析	• 评估准则的科学性 • 实施计划的灵活性 • 与利益相关者沟通 • 资源与资金保障	• 业务案例的标准化 • 评估模型的精细化 • TCO方法的应用

图 3-4　数据战略管理的要点

1. 数据战略制定阶段：深度解析与细化

在数据战略制定阶段，组织需要在所有利益相关者之间达成共识，核心在于构建一个全面、有前瞻性且可操作的数据管理蓝图。这一蓝图需紧密契合组织的整体战略方向，并深入洞察数据在推动业务增长、优化运营、提升决策效率等方面的潜力，从宏观及微观两个层面确定开展数据管理及应用的动因，并综合反映数据提供方和消费方的需求。

（1）阶段目标

- 战略愿景明确化：除了建立和维护数据战略外，还需明确数据战略如何助力组织实现长远愿景，如通过数据驱动的创新提升市场竞争力、优化客户体验等。

- 后续计划精细化：建立详细的监控和评估框架，不仅关注战略执行的进度，还需评估战略对业务目标的贡献度，确保战略与业务目标的一致性。

（2）阶段工作

- 制度流程的全面性：制定数据战略管理制度时，需涵盖数据采集、处理、分析、应用、安全等全生命周期的各个环节，明确利益相关者的职责，规范数据战略的管理过程，确保流程的无缝衔接和高效运行。

- 资源保障的多元化：除了传统的资金、人力支持外，还需考虑技术、工具、培训等其他资源的投入，以支持数据战略的顺利实施。

- 优化路线图的动态性：编制数据战略优化路线图时，应充分考虑外部环境变化（如技术革新、市场趋势）和内部需求调整（如业务重组、战略转型），确保路线图具有足够的灵活性和前瞻性。

- 定期修订与量化分析：通过定期的审查会议和量化分析工具，对战略执行效果进行全面评估，及时调整战略方向和实施策略，确保数据战略始终与组织目标保持一致。

2. 数据战略实施阶段：精准执行与灵活调整

数据战略实施是组织完成数据战略规划并逐渐实现数据职能框架的过程。实施过程中评估组织数据管理和数据应用的现状，确定与愿景、目标之间的差距；依据数据职能框架制定阶段性数据任务目标，并确定实施步骤。在数据战略实施阶段，关键在于将战略蓝图转化为具体的行动计划和实际成果，同时保持对实施过程的监控和调整能力。

（1）阶段目标

- 实施情况的实时监控：建立定期报告和评估机制，确保管理层和利益相关者能够及时了解战略实施进展和存在的问题。
- 差距分析与方向明确：通过对比分析现状与目标之间的差距，明确后续改进的方向和重点，确保战略实施始终朝着既定目标前进。
- 资源优先级排序：结合组织的实际情况和业务价值驱动原则，对数据职能任务进行优先级排序，确保关键任务得到足够多的资源和支持。

（2）阶段工作

- 评估准则的科学性：建立基于事实和数据的评估准则，确保评估结果的客观性和准确性。在组织范围内全面评估实际情况，确定各项数据职能与愿景、目标之间的差距；同时，根据评估结果及时调整评估准则，以适应战略实施的新要求。
- 实施计划的灵活性：制订实施计划时，需充分考虑可能遇到的风险和挑战，结合组织业务战略，利用业务价值驱动方法评估数据管理和数据应用工作的优先级，并制定相应的应对措施。在实施过程中，根据工作进展和外部环境变化灵活调整计划内容。
- 与利益相关者沟通：定期发布数据战略推进工作报告、组织专题会议等，加强与利益相关者的沟通与交流，确保其了解战略实施的进展和成效。

- 资源与资金保障：确保数据和技术部门能够获得必要的资源支持（如硬件、软件、网络等）和资金保障（如预算、投资等），以支持数据战略的顺利实施。

3. 数据战略评价和控制阶段：科学评估与持续优化

数据战略评估过程中应建立对应的业务案例和投资模型，并在整个数据战略实施过程中跟踪进度，同时做好记录供审计和评估使用。在数据战略评价和控制阶段，重点在于通过科学的评估方法和严格的控制机制来确保战略目标的实现和战略效益的最大化。

（1）阶段目标

- 业务案例的实用性：建立的业务案例需紧密结合组织实际和业务需求，能够清晰展示数据战略带来的商业价值和潜在回报。同时，组织还需要不断迭代和优化业务案例，确保其始终符合组织目标和业务驱动要求。
- 投资模型的可持续性：构建的投资模型应具备长期视角和灵活性，以适应不断变化的市场条件和组织需求。这包括对投资回报率（ROI）的持续监控和评估，以及对投资风险的识别和管理。模型还应包含对环境、社会和治理（ESG）因素的考量，确保投资决策符合可持续发展原则。
- 记录与审计的规范性：对业务案例、资金支持方法及活动进行规范记录和跟踪审计，确保数据的真实性和完整性。同时，进行定期的后评估来总结经验教训并优化后续工作。

（2）阶段工作

- 业务案例的标准化：根据标准工作流程和方法建立数据管理和应用的相关业务案例模板，确保案例的规范性和可比性。同时，鼓励高层管理者和业务部门的积极参与和支持以确保案例的实用性和可操作性。
- 评估模型的精细化：制定详细的数据任务效益评估模型和管理办法，以确保评估结果的准确性和可靠性。同时，利用成本收益准则来指导数据职能项目实施优先级安排并将其纳入审计范围，以确保评估过程的透明度和公正性。

- TCO（Total Cost of Ownership，总拥有成本）方法的应用：构建专门的数据管理和数据应用 TCO 方法，以衡量评估数据管理实施切入点和基础实施的变化，并据此调整资金预算。使用统计方法或其他量化方法来分析数据管理的成本评估标准和资金预算的有效性，以确保资金使用的合理性和高效性。

3.3.3 数据战略管理体系

组织数据战略管理体系包括三部分：数据战略管理目标、核心职能和保障体系，如图 3-5 所示。

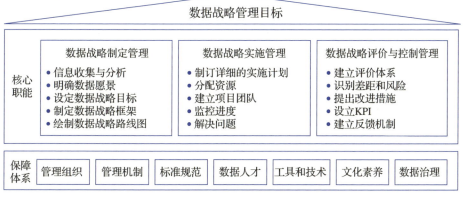

图 3-5 组织数据战略管理体系

1. 数据战略管理目标

组织数据战略管理目标是在数据战略制定、实施、评价与控制过程中执行有效的举措，监督与控制数据战略设计和实现的全生命周期状态，保障数据战略设计科学、落地性强，保证数据战略按计划实施并能根据外部与内部环境变化及时迭代更新，支撑组织业务战略实现，为组织提供竞争优势。

组织数据战略管理目标是一个多维度、动态调整的体系，旨在通过精细化的管理手段，确保数据战略成为组织发展的核心驱动力。具体而言，它可进一步细化为以下几点：

1）科学性与前瞻性：确保数据战略的制定基于深入的市场调研、业务需求分析和技术趋势预测，使战略既符合当前实际又具备前瞻性，能够引领组织在数据领域保持领先地位。

2）落地性与可操作性：设计清晰、具体的实施路径和行动计划，确保数据战略能够转化为实际的工作任务和项目，被组织内部各级人员理解和执行。

3）灵活性与适应性：建立快速响应机制，使数据战略能够根据外部环境（如政策法规变化、技术进步）和内部需求（如业务模式调整、战略目标变更）的变化进行及时迭代和优化，保持战略的灵活性和适应性。

4）价值创造与竞争优势：有效实施数据战略，推动组织在数据资产管理、数据驱动决策、数据产品创新等方面的能力提升，最终转化为业务增长、成本降低、客户满意度提升等实际成果，为组织创造持续的价值并构建竞争优势。

2. 核心职能

核心职能是数据战略管理目标得以实现的基石。核心职能包括组织为实现数据战略管理目标，在数据战略制定、实施、评价与控制过程中所完成的一系列举措，具体包括以下三个方面：

1）数据战略制定管理：负责数据战略的规划与设计，包括明确数据愿景、设定数据战略目标、制定数据战略框架和路线图等。此过程需广泛收集内外部信息，确保战略的科学性和前瞻性。

- 信息收集与分析：广泛收集内外部信息，进行分析以确保战略的科学性和前瞻性。
- 明确数据愿景：设定组织的长期数据愿景，反映数据在组织中的作用和价值。
- 设定数据战略目标：根据业务目标，定义短期和长期的量化数据战略目标。
- 制定数据战略框架：构建数据战略的总体框架，包括数据战略管理原则、政策和标准等。
- 绘制数据战略路线图：制定实现数据战略目标的具体步骤和时间表。

2）数据战略实施管理：将制定的数据战略转化为具体的行动计划，并推动其在组织内部的落地执行。这包括制订详细的实施计划、分配资源、建立项目团队、监控进度、解决实施过程中的问题等。

- 制订详细的实施计划：根据战略目标，细化具体的执行步骤和方法。
- 分配资源：合理分配所需的人力、财力和物力资源。
- 建立项目团队：组建跨部门团队，明确团队成员的角色和职责。
- 监控进度：跟踪实施进度，确保各项任务按计划进行。
- 解决问题：及时解决实施过程中遇到的问题，调整计划以应对挑战。

3）数据战略评价与控制管理：建立数据战略的评价体系和控制机制，定期对战略执行情况进行评估，识别差距和风险，并提出改进措施。同时，设立 KPI 和建立反馈机制，确保数据战略与组织目标保持一致，并根据需要进行调整和优化。

- 建立评价体系：建立评价体系，包括评价指标和方法等，定期评估数据战略的执行情况。
- 识别差距和风险：通过评价发现实施过程中的差距和潜在风险。
- 提出改进措施：基于评价结果，提出改进数据战略实施的具体措施。
- 设立 KPI：设立 KPI 来衡量数据战略对业务目标的贡献。
- 建立反馈机制：构建反馈循环，确保数据战略与组织目标保持一致，并根据反馈进行调整。

3. 保障体系

为了保障数据战略管理工作的顺利执行，组织需要构建全面而坚实的保障体系，具体包括以下几个方面：

1）数据管理组织：建立由高层领导挂帅、跨部门协作的数据战略管理组织体系，明确各级管理人员的职责和权限，确保数据战略方向的一致性和决策的高效性。同时，建立数据战略管理委员会或类似机构，由其负责数据战略的审议、批准和监督。

2）数据管理机制：制定数据战略管理的各项规章制度，包括数据战略管理制度、数据治理规范、数据安全政策等，将数据战略管理流程固化在政策中，确保管理的规范性和有效性。同时，建立定期审查和更新机制，确保制度与政策与时俱进。

3）数据标准规范：对数据战略生命周期中的关键管理环节进行标准化设计，如数据收集、处理、存储、分析、应用等环节的流程、接口和标准，确保数据战略实施的标准化和一致性。此外，还应建立数据质量管理体系和数据安全标准，保障数据的准确性和安全性。

4）数据人才：重视数据战略管理人才的培养和引进工作，建立人才培养计划和激励机制，为组织培养一支既懂业务又懂技术的复合型数据战略管理人才队伍。同时，建立人才晋升通道和职业发展规划，激发人才的积极性和创造力。

5）数据工具和技术：利用现代信息技术手段建设数据战略管理工具（平台），实现数据战略管理的数字化、智能化和可视化。通过工具对数据战略的全生命周期进行量化管理和监控，提高管理效率和准确性。同时，利用大数据、人工智能等技术手段对数据进行深度挖掘和分析，为战略决策提供有力支持。

6）数据文化素养：培育组织内部的数据文化氛围，通过培训、宣传、交流等多种方式提高全员的数据文化素养和意识。使全体员工认识到数据战略的重要性和意义，自觉将数据战略融入日常工作中去，形成全员参与、共同推动的良好局面。

7）数据治理：建立数据战略管理的管理机制和流程，包括数据战略管理相关的政策、标准和程序；监督数据战略管理政策和标准的执行，发现问题，对数据战略管理体系进行修正，确保数据战略在整个生命周期中得到恰当的管理。

3.4 案例：商业银行的数据战略

在当前商业银行积极拥抱科技战略与数字化转型的浪潮中，尽管业界已普遍认识到构建完整、统一且自上而下的数据战略的重要性，但对于数据战略的具体界定、涵盖范畴及其核心价值，行业内尚未形成统一认识。同时，数据战略如何与业务战略、科技战略相互融合、协同作用，仍是商业银行亟须深入探索的课题。尤为关键的是，目前商业银行领域尚缺乏可借鉴的、具有标杆意义的数据战略实践案例。

鉴于上述背景，普华永道携手中国光大银行，共同发布了《商业银行数据战略白皮书》[一]，旨在为行业提供一套全面、可行的数据战略框架，作为商业银行数据能力建设的指导性蓝图。

3.4.1 商业银行的数据战略框架

商业银行的数据战略作为驱动其业务创新与优化服务的核心引擎，旨在通过系统性地整合、优化与利用内外部数据资源，构建全面的数据生态体系。这一过程不仅涵盖新旧数据的整合、数据流转链条的梳理以及数据生产者与使用者之间的高效对接，还深入支撑体系的建设，共同绘制出商业银行的数据全景图。数据战略的核心在于通过全局视角的规划与协调，将数据的力量转化为提升经营绩效、增强客户服务体验及在行业中获取竞争优势的关键动力。

该战略框架自顶向下精心构建，每一层级都承载着特定的使命与功能，如图 3-6 所示。

（1）战略愿景　作为整个战略蓝图的灵魂，它高瞻远瞩地定义了商业银行在数据领域的长远发展方向，是全体利益相关者共同愿景的结晶。这一愿景聚焦于数据管理的卓越追求，以数据为杠杆，撬动更广泛、更深层次的业务变革与增长愿景。

（2）战略目标　作为愿景与实际行动之间的桥梁，战略目标将宏大的愿景细化为一系列具体、可衡量的阶段性任务。这些目标根据商业银行的自身条件与外部环境的变化灵活调整，确保战略路径的可行性与适应性。

（3）总体原则　这些原则如同战略实施的指南针，为制定和实施各项战略举措提供了根本性的指导方针。它们确保了战略推进过程中的决策一致性、方向正确性及资源高效配置。

[一] 普华永道，中国光大银行.商业银行数据战略白皮书 [R/OL]. (2021-11-07)[2024-06-17]. https://max.book118.com/html/2023/1204/8010021020006013.shtm.

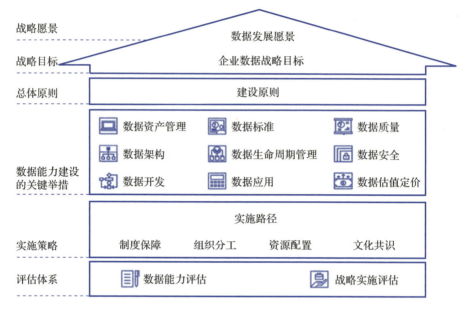

图 3-6 商业银行的数据战略框架

（4）数据能力建设的关键举措 作为战略落地的关键步骤，举措需紧密围绕战略目标与总体原则制定，并结合银行实际情况灵活调整。这些举措涵盖数据治理体系的完善、数据技术的创新应用、数据分析能力的提升等多个维度，旨在全方位推动数据价值的深度挖掘与广泛应用。

在构建商业银行的数据战略时，应聚焦于以下九大关键举措，以全面推动数据资产的增值与业务效能的提升：

1）数据资产管理强化：构建全方位的数据资产管理体系，明确数据内容，优化运营流程并强化平台支撑能力。此体系旨在解决数据透明度与易用性问题，确保数据可见、易懂、可信，促进数据普惠，让数据资产成为全行共享的宝贵资源。

2）数据标准统一化：依托统一的元数据模型，实施元数据驱动的数据标准管理机制，实现精准的业务到 IT 语义的转换，增强业务与 IT 之间的协同性，确保 IT 系统准确反映业务实际。通过业务系统间相关数据标准、数据映射关系和数据规则的描述，为系统集成提供坚实支撑。

3）数据质量精细化管理：实施左移式与差异化相结合的数据质量管理策略。从源头控制数据质量，减少错误发生，同时依据数据等级划分建立分级质量管理机制，应用先进质量管理工具，形成问题根因分析—问题管理—评价与衡量—响应问责的数据质量闭环管理，持续提升数据检核与预警能力。

4）数据资源架构优化：构建流批一体的融合型计算引擎，满足低延迟与高吞吐双重需求。同时，打造数据中台，融合 AI 与 BI 技术，打破数据孤岛，实现数据资产的统一加工与全域共享，通过算法、模型为导向的深度加工，挖掘数据深层价值。

5）数据生命周期精细化管理：根据数据生命周期阶段，实施不同数据类型的数据分级存储策略，优化存储资源配置。通过自动化监测数据使用情况，借助元数据地图优化数据加工路径，提升数据处理效率，降低存储与计算成本。

6）数据安全保障加固：构建基于数据分级管理的全面数据安全体系，从管控框架、技术架构及运营机制等方面提升基础安全风险防护与新兴安全挑战应对能力。特别关注个人信息保护，确保符合《中华人民共和国个人信息保护法》，提升隐私管理水平，满足监管合规需求。

7）数据开发敏捷化：引入 DataOps 体系，利用自动化工具与协作机制，简化数据分析应用的开发流程，实现具有持续集成、持续交付与质量保障等优点的敏捷型数据分析体系。促进 IT 与业务深度融合，加速数据洞察的获取与应用。

8）数据应用创新：围绕商业银行业务场景，推动数据应用的数字化升级。运用 AI 等技术，在客户营销、风险管理、运营优化、产品创新及监管合规等领域实现精细化管理，识别并抓住业务创新机遇。

9）数据估值与定价机制探索：面对数据资产化的挑战，建立科学、统一的数据估值与定价机制。结合商业银行的特点，探索数据银行、数据信托等创新商业模式，推动数据在更高层次上的协同与共享，为数字经济可持续发展贡献力量。同时，这些创新模式也将为银行自身发展注入新动力，开拓新的业务增长点。

（5）实施策略　数据战略实施策略是确保数据战略得以有效执行的关键环节，涉及将战略目标细化为具体的行动计划，并确保这些计划能够在组织内部得到有效实施。这一策略层面包括实施路径规划及制度保障、组织分工、资源配置、文化共识等保障措施。

1）为确保战略的有效落地，实施策略应优先聚焦于短期目标的实现路径与资源调配，力求快速显现项目成效，为后续更大规模的数据驱动转型项目积累宝贵经验。在资源配置方面，商业银行可采取一系列前瞻性举措，如设立首席数据官（Chief Data Officer，CDO）职位，通过高层领导的直接参与和推动，形成自上而下的数据文化变革动力。同时，加大对数据专业人才的培育与引进力度，不断提升团队的数据素养与决策能力，为数据战略的深入实施奠定坚实的人才基础。

2）商业银行还需以实际业务场景为依托，积极探索数据赋能业务的新模式、新机制，通过构建与数据应用相匹配的制度和流程体系，引导并促进数据文化的积极发展与良性循环。这一过程不仅要求技术层面的创新与突破，还需文化层面的深度融合与共识，以确保数据战略能够真正融入商业银行的日常运营与决策之中，成为业务创新与转型升级的核心驱动力。

（6）评估体系　数据战略的评估体系包括数据能力评估和数据战略实施评估两部分。

1）数据能力评估是确保商业银行数据战略与建设目标相一致的关键环节。它全方位审视银行的数据能力，不仅作为定期自我审查的工具，还用于与同行业其他银行的数据能力进行比较。这种评估为银行的数据战略规划提供了坚实的基础，帮助银行在实施过程中进行深入分析，从而能够动态地调整资源分配，确保及时实现战略规划的目标。

2）数据战略实施评估专注于重点项目的执行情况，从实际操作层面评价数据战略的成效。这种评估推动了银行数据能力的持续提升，确保了评估工作的准确性和有效性，为银行在数据管理和应用方面提供了持续改进的方向。

商业银行的数据战略是一个多维度、多层次的系统工程，它要求银行在明确愿景与目标的基础上，坚持正确的总体原则，通过一系列切实有效的举措，不断推动数据资产的增值与业务价值的提升。

3.4.2 商业银行的数据战略实施路径

根据数据战略框架,商业银行的数据战略实施路径可分为三大步骤:数据战略制定、数据战略实施和数据战略评价。

1. 数据战略制定

1)分析数据战略现状。数据战略的起点在于深入的现状分析,这一过程需从两个维度并行展开,如图 3-7 所示。

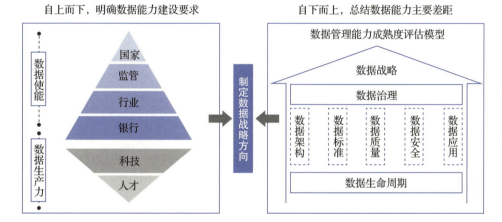

图 3-7 数据战略现状分析过程

- 自上而下:从宏观视角出发,融合国家战略导向、监管政策要求、行业发展趋势及银行自身发展需求,特别是科技革新与人才储备的考量,逐层细化至数据使能与数据生产力的具体建设要求,确保数据战略与外部环境及内部发展需求紧密契合。
- 自下而上:依托数据管理能力成熟度评估模型,对商业银行的数据管理现状进行全面评估,精准识别数据能力的主要短板与差距,为后续策略制定提供精准的数据支撑。

2)制定数据战略愿景。数据战略愿景的制定需围绕以下两大核心要素:

- 利益相关者视角：确保愿景既反映所有利益相关者的核心诉求，又紧密贴合商业银行的整体发展方向与使命，形成广泛共识与共鸣。
- 价值链与生产要素考量：明确数据在商业银行战略及价值链中的核心地位，判断数据是实现业务愿景的辅助工具还是驱动银行未来发展的核心引擎，以此为基础构建数据战略愿景的蓝图。

3）设定数据战略目标。数据战略目标的设定需综合考量以下几个方面：

- 外部形势：深入分析国家政策、监管导向、科技进步、行业动态及行业标杆的实践经验，为目标设定提供宏观背景与参考坐标。
- 自身情况：全面审视商业银行的数据现状、数据能力、科技战略、核心诉求、现实条件及资源配置，确保目标既具挑战性又具可行性。
- 目标分期：将战略目标细化为短期、中期与长期三个阶段，短期聚焦痛点解决，中期推动管理升级与业务创新，长期则着眼于确立在数字化竞争中的独特地位与优势。

4）确定数据战略实施的总体原则。结合现状分析与战略目标，商业银行在实施数据战略时应遵循以下原则：

- 业务战略匹配：确保数据战略与业务战略高度协同，共同推动银行整体发展。
- 组织级统筹：强化组织层面的统筹协调，确保数据战略实施过程中的资源高效配置与信息共享。
- 渐进式演进：采取分阶段、分步骤的实施策略，逐步推进数据能力的提升与战略的深化。
- 短期长期收益平衡：在追求长期战略目标的同时，注重短期成效的积累，确保战略实施的可持续性。
- 目标可量化：设定可量化、可追踪的目标指标，便于对战略实施效果进行客观评估与调整。

5）制定数据能力建设举措。为确保数据战略目标的实现，商业银行需基于自身基础条件与资源投入情况制定具体的数据能力建设举措。

- 内部基础条件：以数据战略目标为导向，结合数据治理、数据资源架构、数据应用等现有基础,制订有针对性的能力提升计划。
- 资源投入:明确资源分配优先级,评估预期投资回报率,确保资源投入与战略举措的有效匹配,为举措的顺利实施提供坚实保障。

2. 数据战略实施

1)优化组织与人员配置。数据战略的有效实施离不开与之相匹配的组织架构与人才布局。商业银行需要深刻认识到,数据战略的转型不仅是技术层面的革新,更是人才与组织模式的深刻变革。因此,商业银行需通过全面的人才盘点与战略目标对比,精心绘制组织分工的蓝图,并据此制定一系列人才引进、员工培训及组织重构方案。

在人才建设方面,商业银行应高度重视培养与引进复合型人才,即那些既精通银行业务又掌握先进数据技术的专业人才。为此,商业银行需调整薪酬与晋升机制,以更具吸引力的待遇吸引外部优秀人才,同时加大对现有员工的培训力度,通过设计有针对性的培训课程、派遣数据科学家入驻业务部门等方式,全面提升员工的数据素养与实战能力。

2)构建完善的制度保障体系。制度保障是数据战略落地中不可或缺的一环。商业银行需根据自身的业务流程与组织架构特点,将数据战略细化为一系列可操作的流程规范、职责划分与资源配置要求,形成一套既符合银行实际又具有高度可执行性的数据管理制度。这套制度将有效规范员工行为,降低操作风险,为数据战略的稳步推进提供坚实的制度保障。

3)积极培育数据文化。数据文化是数据战略落地的精神支柱。商业银行应深刻认识到,没有深入人心的数据文化,就无法真正实现数据驱动的业务变革。因此,商业银行需将数据文化的培育作为战略实施的重要内容之一,通过宣传教育、案例分享、激励机制等多种手段,营造一种鼓励数据创新、尊重数据价值的文化氛围。

正如 Gartner[一]所强调的,文化与数据素养是数据领导者面临的两大挑战。商业银行需从意识层面入手,提升全体员工的数据敏感度与觉察力,激发员工

[一] Gartner 是知名的 IT 研究和咨询公司,提供数据治理相关的咨询服务。

参与数据战略的积极性与创造力。只有这样，数据战略才能在商业银行内部生根发芽、开花结果，真正推动银行向数据驱动型组织转型。

3. 数据战略评价

在执行数据战略的过程中，为确保数据战略目标的顺利达成，商业银行需定期进行战略实施评估。此评估应紧密围绕既定规划目标，从投入成本、产出效益、时间进度及保障措施等多个维度，全面审视数据战略的实施情况。此评估通过设定 KPI，对战略实施效果进行量化评估，以便及时调整策略，优化资源配置。商业银行数据战略实施评估指标如图 3-8 所示。

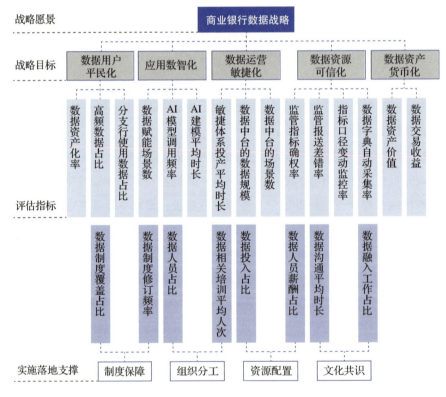

图 3-8 商业银行数据战略实施评估指标

同时，商业银行以 DCMM（Data Management Capability Maturity Assessment Model，数据管理能力成熟度评估模型）为基础，融入 DAMA（Data Management

Association,数据管理协会)数据管理体系中数据资产管理等核心概念,在考虑银行业务特有需求的基础之上,形成了一套切合商业银行业务需求的数据能力评估框架,如图 3-9 所示。

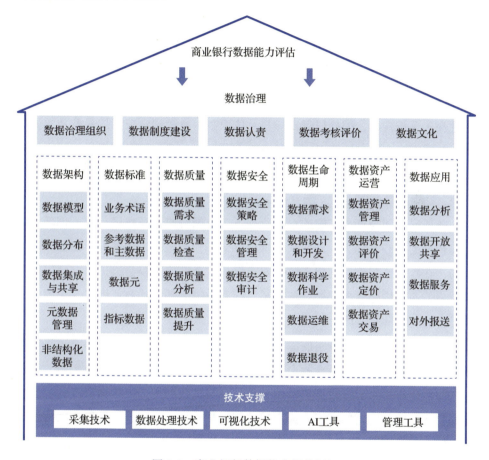

图 3-9　商业银行数据能力评估框架

这一评估框架不仅能够为商业银行的数据战略规划提供坚实的依据,还能在数据战略的实施过程中提供落地的分析和持续的监督,帮助银行动态调整资源配置,确保数据战略目标的顺利完成。通过这种评估,商业银行能够不断提升数据管理的成熟度,优化数据资产的使用,增强数据驱动的决策能力,最终实现数据价值的最大化。

3.4.3 总结

在数字化浪潮席卷全球的今天，数据战略已成为商业银行响应国家号召、遵循监管指引、捕捉行业机遇、驱动自身持续发展的关键路径与必然选择。鉴于数据能力建设的系统性、复杂性以及商业银行数据管理水平的差异性，数据战略的推进必须采取整体布局、协同推进的策略，确保内部共识凝聚，形成强大的战略合力。

为实现数据战略的顺利落地与高效执行，商业银行应遵循以下路径：首先，通过深入分析现状，明确愿景目标与总体原则，科学制定数据战略及其实施举措；其次，在战略实施阶段，优化组织人员配置，建立健全制度保障体系，并着力培育积极向上的数据文化氛围；最后，持续开展战略实施评估与数据能力评估，确保战略方向正确，能力不断提升。

在顶层规划与落地实施的双轮驱动下，数据将成为商业银行业务创新、数字化转型的核心驱动力。商业银行将能够更加积极地融入国家"十四五"规划大局，在数据要素市场构建、数据安全保护、个人信息权益维护等方面展现责任担当，通过构建数据资产估值体系，探索数据驱动的新商业模式，为国家数字经济的高质量发展贡献力量。

更重要的是，数据战略的深化与普及并不局限于商业银行内部，还将逐步扩展到整个金融行业乃至全社会，形成跨行业、跨领域的数据战略生态。这一生态的构建将极大促进数据资源的开放共享与高效利用，使数据资产真正成为全民共享、共创财富的基石，为实现共同富裕、推动国家长远发展战略提供坚实支撑。

第4章 数据资源的设计、建设与管理

历经信息化建设阶段,大多数组织已经有了相当数量的数据,但是这些数据往往存在数据孤岛现象,经常出现标准不统一、数据模型不一致、数据定义不同、数据质量不高等问题。为了解决这些问题,满足业务对数据的需求,并减少对信息化系统(业务系统)的冲击,组织需要将数据从 OLTP 类的业务系统迁移到 OLAP 类的数据环境(数据仓库、数据中台、数据湖、大数据平台等)中进行治理,经过数据治理,数据由无序变为有序,形成企业级标准数据资源。治理完毕以后,组织要对数据资源进行日常的系统化、规范化控制,包括数据资源架构管理、数据质量管理、数据风险管理等,来确保数据资源的准确性、完整性、可用性和安全性,为后续数据资源转化为有价值的数据资产做好准备。

本章通过以下内容来描述组织数据资源及其生命周期实现以及数据资源如何进行管理:

- 组织数据资源的定义、特点及其生命周期分析。
- 如何设计和实施组织数据资源?
- 组织数据资源管理体系的核心职能与管理逻辑。

4.1 什么是数据资源

4.1.1 数据资源的定义

数据资源是指组织合法拥有或控制的有序的、有潜在价值的数据，涵盖了从简单的数字、文本到复杂的图像、音频和视频等各种形式的数据。数据资源化是指将无序、混乱的原始数据开发为数据资源的过程，包括数据采集、整理、分析等行为，最终形成可用、可信、标准的高质量数据资源，其本质是提升数据质量。该阶段的数据尚未体现出完整的场景应用价值，此阶段数据的价值除成本外，主要为数据的质量因素。数据资源作为数据资产的前身，具有类似的广泛性和价值潜力。

数据资源的主要特点如下：

- 合法性与控制性：数据资源是组织合法拥有或控制的信息载体，这意味着数据的获取、存储、处理和分享都需要符合相关法律法规及组织的内部政策，确保数据使用的合法性和合规性，确保不侵犯他人的隐私权、知识产权等合法权益。

- 有序性和使用价值：数据资源不是杂乱无章的，而是经过一定程度的组织和整理，具有一定的结构性和逻辑性，从而便于后续的处理和分析。同时，这些数据资源具有潜在的使用价值，能够满足组织或个人的特定需求。

- 形式多样性：数据资源涵盖了从简单的数字、文本到复杂的图像、音频和视频等各种形式的数据。这种多样性使得数据资源能够更全面地反映现实世界的各个方面，为不同领域的应用提供丰富的信息基础。

- 质量导向：数据资源化的过程强调提升数据质量，尤其是数据标准化的过程。这意味着在数据采集、整理、分析等各个环节中，都需要关注数据的准确性、完整性、一致性和可用性等方面，以确保最终形成的数据资源具有高质量。

- 价值潜力：虽然数据资源在资源化阶段尚未体现出完整的场景应用价值，但其价值潜力是巨大的。高质量的数据资源可以为后续的数据分析、挖掘和应用提供坚实的基础，从而帮助组织或个人发现新的商业机会、优化决策过程、提高运营效率等。
- 资产前身：数据资源被视为数据资产的前身，这意味着它们具有类似的广泛性和价值潜力。随着数据技术的不断发展和应用场景的不断拓展，数据资源的价值将逐渐得到释放和体现，可以转化为具有明确商业价值的数据资产。
- 广泛存在性：数据资源广泛存在于组织的各个角落，包括业务系统、数据库、文件服务器、云存储等多种存储介质中。随着物联网、移动互联网等技术的发展，数据资源的产生和收集变得更加便捷和广泛。
- 动态性：数据资源是不断变化的，新的数据不断产生，旧的数据可能逐渐失去价值。因此，数据资源管理需要关注数据的时效性，及时更新和优化数据资源，确保其能够反映最新的业务状态和市场需求。
- 风险性：虽然数据资源具有巨大的价值潜力，但同时也伴随着一定的风险。数据泄露、篡改、丢失等安全问题可能给组织带来重大的经济损失和声誉损害。因此，在管理数据资源的过程中，必须重视数据安全和隐私保护。

4.1.2 数据资源的生命周期

数据资源也具有生命周期，如图 4-1 所示。数据资源的生命周期可以被理解为从数据资源的生成、处理到最终销毁的完整过程。每个关键环节都有特定的活动和目标，以确保数据资源的有效管理。以下是数据资源生命周期的关键环节及其主要活动：

1）设计：在数据资源的生命周期开始之前，组织需要根据各类数据需求进行数据资源架构设计和通用管理设计，以满足业务需求和合规性要求。

2）采集：数据采集是数据资源生命周期的起始点，涉及从各种来源收集数据，如业务系统、传感器、用户输入等。

3）存储：数据资源存储涉及将采集的数据保存在适当的存储系统中，以便于访问和分析。这包括数据库、数据仓库或云存储解决方案等。

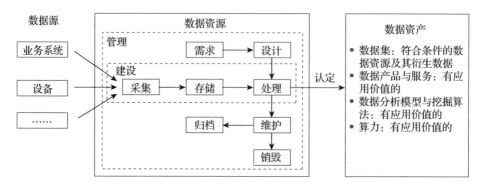

图 4-1 数据资源的生命周期

4）处理：数据资源经过清洗、转换等治理活动，从原始数据集转化为有序的数据集，即数据资源。

5）认定：数据资源经过认定，变为数据资产，可以正式使用，包括组织内部的共享、数据产品开发、外部的流通交易等。

6）维护：数据资源需要定期维护，包括数据资源的更新、备份和安全措施，以确保数据资源的质量和可用性。

7）归档：随着数据的老化，一些数据资源可能不再需要频繁访问，但仍然需要保留以满足合规性要求或历史记录的需要。这些数据资源可以被归档到长期存储解决方案中。

8）销毁：当数据资源不再需要或达到其法定保留期限时，需要进行销毁，以释放存储空间并保护隐私。数据销毁需要遵循适当的程序和法规要求。

数据资源的生命周期可以划分为设计、建设、管理三个主要方面。数据需求提供设计和建设的基础，提供对数据的要求，即输入。数据资源的设计阶段规划和设计数据资源的基本结构和管理要求，是需求的落实。数据资源的建设阶段基于设计，完成数据资源的采集、存储、处理，主要实现数据资源的从无到有。而上述过程需要有效的管理，通过管理实现数据资源的有序、高质量以及合规，其主要工作被划分为数据资源的管理阶段。

在数据资源的整个生命周期中，数据资源管理是关键。数据资源管理体系需要确保数据在每个阶段都受到质量监控和适当的保护。此外，数据资源生命周期管理还涉及合法合规管理。

4.2 数据需求解析

数据需求阶段的主要目标是明确数据资源需要满足的各类需求、约束和目标，并为数据资源架构设计做准备。为此，需要了解以下数据内容：

1）数据来源：根据不同领域的数据需求，要识别所需数据的来源（如内部系统、外部合作伙伴等）。

2）数据类型：识别所需数据源中包含的数据类型。需要识别类型广泛的非结构化数据和半结构化数据，例如文本、日志、邮件、图片、音频、视频、即时消息、论坛帖子、网页、地理位置信息、传感器数据采集记录等。需要识别主数据、交易数据、统计数据等数据的分布情况和质量情况。

3）元数据：识别上述数据源中各类数据对应元数据的情况。

同时，数据需求阶段还需要进行权威数据源识别与认证，评估每个数据源的可靠性、准确性、及时性、完整性和相关性。基于评估结果，认证哪些数据源是权威的，即它们提供的数据是符合组织标准和数据需求的。

4.2.1 数据需求

1. 数据需求的定义

数据需求是指在项目、业务流程或系统开发中，为了实现特定的目标或功能，所需要的数据类型、数据量、数据质量、数据格式以及数据的获取、处理、存储和使用方式等方面的具体要求。数据需求通常包括以下几个方面：

- 数据类型：需要收集或处理的数据种类，如文本、数字、图像、音频、视频等。
- 数据量：所需的数据规模，可能涉及数据的容量、数量等。
- 数据质量：数据的准确性、完整性、一致性、及时性等。
- 数据格式：数据的存储和表示方式，如 CSV、JSON、XML 等。
- 数据来源：数据的获取渠道，可能来自内部系统、外部供应商、公开数据源等。

- 数据获取：收集数据，包括数据采集的方法和工具。
- 数据处理：对数据进行清洗、转换、分析等操作，以满足特定的需求。
- 数据存储：数据的存储方式有数据库、数据仓库、云存储等。
- 数据安全：确保数据的安全性，包括数据加密、访问控制等。
- 数据隐私：遵守相关的隐私法规，保护个人和敏感数据不被滥用。
- 数据使用：数据如何被利用，包括数据分析、报告生成、决策支持等。
- 数据共享和交换：在不同的系统或组织之间共享数据的需求。
- 数据生命周期管理：数据从创建、使用到销毁的整个周期的管理。

数据需求的明确和准确对于确保项目成功和业务流程的顺畅至关重要。在项目规划和执行过程中，通常会通过数据需求分析来确定和细化这些需求。

2. 数据需求的主要来源

数据需求的主要来源是多元化且复杂的范畴，这些来源既涵盖企业内部运营和管理的各个方面（内部数据需求），也涉及外部合作伙伴、监管机构等外部因素（外部数据需求）。

（1）内部数据需求

- 业务部门需求：各业务部门（如市场营销、销售、客户服务等）根据其特定职能和需求，需要不同类型的数据来支持日常运营和决策制定。例如，市场营销部门需要市场趋势和消费者行为数据来优化营销策略；销售部门需要销售数据和业绩追踪来制定销售策略和预测未来趋势。
- 管理层决策支持：高层管理人员需要汇总和分析的数据来评估公司整体运营状况，以便做出战略决策。财务部门则专注于财务数据，用于预算规划、成本控制和财务分析。
- 内部流程优化：为了提高运营效率，企业内部流程改进项目通常需要数据来识别瓶颈、评估效果并推动持续改进。
- 技术研发与创新：技术团队在研发新产品、优化现有系统或测试新技术时，需要大量数据作为支撑，如用于机器学习模型训练、算法优化等。
- 安全与风险管理：安全团队需要数据来监控和识别潜在的安全威胁；风

险管理团队则依赖数据来评估和减轻各种业务风险。
- 竞争对手分析：为了制定有效的市场策略，竞争情报部门需要收集和分析竞争对手的公开数据。
- 用户行为分析：产品团队通过分析用户行为数据，了解用户需求和使用习惯，以优化产品设计和提升用户体验。

（2）外部数据需求
- 合作伙伴、供应商或客户需求：这些外部实体在业务协同或合作过程中，可能需要企业提供某些数据以支持其决策或流程。例如，供应链数据共享、客户订单状态更新等。
- 法规与合规要求：外部监管机构（如政府机构、行业协会等）对特定行业或企业有严格的法规和合规要求，企业需要收集、整理并报告相关数据以满足这些要求。这些数据可能涉及财务报告、客户隐私保护、产品安全等多个方面。
- 外部监管需求：除了直接的法规合规外，外部监管机构还可能要求企业提供额外的数据以支持其监管工作，如风险监测数据、统计和调查数据等。这些数据有助于监管机构了解市场动态、评估行业风险并制定相应的政策。

3. 数据需求的生命周期

数据需求的生命周期是指从识别数据需求开始，到这些需求被满足、使用、维护，直至最终退役的整个过程。这个过程通常包括以下几个主要环节：

1）需求识别：数据需求生命周期的起始阶段，涉及识别和定义业务或项目所需的数据类型、数据量、数据质量等。

2）需求分析：在这个阶段，对识别出的数据需求进行深入分析，以确定它们对业务目标的支持程度，以及实现这些需求所需的资源和技术。

3）需求规划：根据分析结果，制定满足数据需求的详细规划，包括时间表、预算、资源分配和技术选型。

4）需求定义：明确定义数据需求的具体细节，包括数据的结构、格式、来源、获取方式、存储需求等。

5）需求批准：将定义好的数据需求提交给相关利益相关者和决策者审批，确保需求与组织的目标和策略一致。

6）需求实施：在这个阶段，开始实际的实施工作，包括数据采集、数据集成、数据存储和数据管理等。

7）需求部署：将实施完成的数据解决方案部署到生产环境中，使其可以被业务流程和用户使用。

8）需求监控和维护：在数据需求部署后，需要对其进行持续的监控和维护，确保数据的质量和性能满足业务需求。

9）需求优化：根据使用反馈和业务发展，对数据需求进行优化，提高效率和效果。

10）需求变更管理：随着业务环境的变化，数据需求可能会发生变化，需要进行变更管理，以适应新的需求。

11）需求退役：当数据需求不再支持业务目标或被新的解决方案替代时，需要进行退役处理，包括数据的归档、删除或转移。

12）需求回顾和总结：在数据需求生命周期的最后阶段，对整个过程进行回顾和总结，以积累经验并改进未来的数据需求管理。

数据需求的生命周期是一个动态的过程，组织需要不断地评估和调整以适应组织内外部环境的变化。通过有效的数据需求管理，组织可以确保数据资源得到合理利用，支持业务的持续发展和创新。

4. 数据需求、数据资源架构和数据资产架构的关系

数据需求、数据资源架构和数据资产架构是组织数据管理的三个关键组成部分，它们相互关联并共同支撑组织的数据战略和业务目标。数据需求、数据资源架构和数据资产架构的关系如图 4-2 所示。

（1）数据需求与数据资源架构的关系

- 指导和规划：数据资源架构提供了一个框架，帮助项目团队理解如何收集、存储和使用数据来满足特定的业务需求。

- 确保一致性：数据资源架构通过定义统一的数据模型和标准，确保数据需求的一致性，避免数据的不一致性和冗余。

- 支持决策：数据资源架构使管理层能够访问和分析数据，支持基于数据的业务和技术决策。
- 优化资源利用：通过数据资源架构，组织可以更有效地分配和利用数据资源，满足数据需求，同时减少浪费。

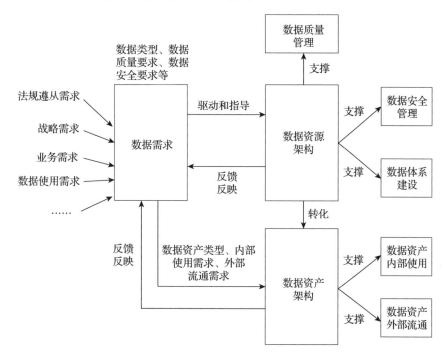

图 4-2　数据需求、数据资源架构和数据资产架构的关系

（2）数据资源架构与数据资产架构的关系

数据资源架构不仅关注数据的管理和使用，还包括数据的获取、存储、维护和保护。它定义了数据流、数据存储结构和数据访问方式。

数据资产架构则侧重于数据的价值和使用，包括数据资产的类型、内部使用需求、外部流通需求，以及数据资产如何转化为业务价值。

（3）数据需求与数据资产架构的关系

数据需求推动数据资产架构的发展，因为需求定义了数据资产的使用方式和价值创造的潜力。

数据资产架构通过识别和分类数据资产，支持数据需求的满足，并促进数据的内部使用和外部流通。

数据资源架构的支撑作用如下：

- 数据质量管理：数据资源架构包括数据类型、数据质量要求和数据安全要求，确保数据的准确性和可靠性。
- 法规遵从需求：数据资源架构支持组织遵守数据保护法规和其他相关法律要求。
- 数据体系建设：数据资源架构为数据体系的建设提供指导，包括数据的收集、整合和分析。

数据资产架构的转化作用如下：

- 数据资产类型：数据资产架构识别和分类数据资产，包括其内部使用和外部流通的潜力。
- 内部使用需求：数据资产架构支持数据在组织内部的使用，提高运营效率和决策质量。
- 外部流通需求：数据资产架构还考虑数据的外部价值，如数据共享、数据销售或数据合作。

数据资源架构与数据资产架构的共同点如下：

- 两者都支持数据治理，确保数据的质量、安全和合规性。
- 两者都促进数据的集成和共享，提高数据的可用性和价值。
- 两者都适应业务需求的变化，支持数据战略的持续演进。

数据资源架构与数据资产架构的不同点如下：

- 数据资源架构更侧重于数据的管理和维护；而数据资产架构更侧重于数据的价值实现和商业利用。
- 数据资源架构定义了数据的技术基础和操作流程；数据资产架构则关注数据如何为组织带来经济利益。

通过上述关系，我们可以看到，数据需求是推动数据资源架构和数据资产架构发展的基础，而这两个架构则是实现数据需求、优化数据管理和提升数据价值的关键工具。组织需要综合考虑这些要素，以确保数据战略的有效实施和业务目标的达成。

5. 数据需求与数据资产需求

数据需求和数据资产需求是数据管理和数据资产化过程中的两个关键概念，它们之间存在密切的关系。本书 5.2.1 节详细介绍了数据资产需求。

（1）数据需求　在项目、业务流程或系统开发中，为了实现特定的目标或功能，对数据的具体要求。数据需求的明确和准确对于确保项目成功和业务流程的顺畅至关重要。

数据需求包括数据类型、数据量、数据质量、数据格式、数据来源、数据获取、数据处理、数据存储、数据安全、数据隐私、数据使用、数据共享和交换、数据生命周期管理等方面的要求。

（2）数据资产需求　在数据资源管理的基础上，组织为了实现业务目标、提高决策效率、增强市场竞争力等，对数据资产的具体要求和期望。它通常来源于组织内部的业务部门、数据分析团队、产品开发团队等，也可能来自外部市场、合作伙伴或客户。

数据资产需求包括业务决策支持、风险管理、产品开发与创新、市场营销与销售、客户关系管理、运营效率提升、合规性与数据治理等方面。

（3）二者的关系

- 数据需求是数据资产需求的基础。在定义数据资产需求时，需要识别和理解数据需求，以确保数据资产能够满足当前和未来的业务需求。
- 数据资产需求反映了组织对数据的商业价值和战略意义的认识，它指导数据资产的管理和利用，以实现组织目标。
- 数据需求管理有助于形成和优化数据资产，数据资产的有效管理又能够更好地满足数据需求，这是一个相互促进的过程。
- 数据需求的满足情况直接影响数据资产的质量和发展，数据资产的质量和多样性又决定了数据需求的实现程度。

在实践中，数据需求和数据资产需求应该通过统一的框架和流程来管理，以确保数据资源的有效治理和数据资产的价值最大化。通过这种方式，组织可以确保数据资产的持续增值，同时满足不断变化的数据需求。

一般将数据需求与数据资产需求统一放在数据资产需求中统一管理，这是为了构建一个高效、协同且可持续的数据生态体系，确保数据作为核心资产能够被有效识别、整合、治理、利用并保护。这一做法旨在打破数据资源孤岛，提升数据资源质量，加速数据资产价值变现，同时降低数据管理和使用的成本及风险，其具体意义如下：

- 数据标准化与一致性：在数据资产管理中统一管理数据需求，能够确保数据需求与数据资产的标准一致，避免不同部门或项目间因数据资产定义、格式、质量标准的差异而导致的误解和错误使用。这有助于提升数据资产的互操作性和可比性。
- 提升数据资产可见性与可访问性：将数据需求整合到数据资产管理中可以清晰地展现哪些数据资源已被识别为资产，哪些数据还存在缺口或需要优化。这不仅提高了数据资产的可见性，还使得相关人员能够更容易地找到并访问所需数据资产，促进数据的资产共享和利用。
- 优化资源配置与决策支持：统一的数据资产管理有助于企业更准确地评估数据资产的价值、分布和利用率，从而优化资源配置，避免重复建设和浪费。同时，基于全面、准确的数据资产信息，企业能够做出更加科学、合理的决策，支持业务发展和战略规划。
- 强化数据资产安全与合规：数据资产管理中包含了对数据安全的全面考虑，制定和执行严格的数据资产访问控制、加密、脱敏等措施，可以确保数据资源在采集、处理、存储、传输和使用过程中的安全性和合规性。同时，统一的数据资产管理也有助于企业更好地遵守相关法律法规和行业标准，降低合规风险。
- 促进数据治理与持续改进：将数据需求纳入数据资产管理范畴，有助于建立持续的数据治理机制。通过对数据质量、数据生命周期、数据权限等方面的持续监控和评估，企业可以及时发现并解决问题，推动数据质量的不断提升和数据管理的持续优化。

但是需要注意，在数据资源架构设计的初期阶段，数据需求的搜集与管理是至关重要的环节。这一过程不仅涉及对业务目标、流程以及用户需求的深入理解，还需要前瞻性地预见未来可能的数据使用场景和增长趋势。数据需求的搜集工作应当是多维度、全方位的，包括但不限于数据来源的确定、数据格式的规范、数据质量的期望、数据处理的需求以及数据安全的考量等。

为了确保数据需求的有效管理，企业需要建立一套科学的数据需求管理机制。这包括明确数据需求的提出、审批、变更和验证的流程，确保每一个数据需求都经过充分的讨论、评估和批准，以减少后期因需求不明确或变更频繁而导致的资源浪费和项目进度受阻。

同时，数据资源架构设计阶段还应注重数据需求与现有数据资产的匹配与整合。通过对现有数据资产的盘点和评估，企业可以识别出哪些数据需求已经得到满足，哪些还需要进一步开发或采购。这种匹配与整合的工作有助于优化数据资源的配置，避免重复建设和数据冗余。

此外，随着业务的不断发展和变化，数据需求也会随之调整。因此，在数据资源架构设计阶段，企业就需要考虑到数据需求的灵活性和可扩展性。通过采用模块化、可配置的设计思想，企业可以更容易地应对未来数据需求的变更和扩展，保持数据资源架构的稳定性和可持续性。

4.2.2 元数据

1. 元数据的定义和内容

元数据（Metadata）是关于数据的数据，它描述了其他数据的特征、上下文、质量、来源等信息。元数据在数据管理和数据分析中起着至关重要的作用，它帮助组织理解和管理其数据。可以从数据需求中提取元数据，也可以利用元数据来表达各类数据需求。

元数据的特性如下：

- 描述性：元数据描述了数据的属性和特征，如数据类型、格式、来源等。
- 结构性：元数据定义了数据的组织结构，包括数据模型、关系和层次。
- 管理性：元数据支持数据的管理和维护，包括数据的版本控制、访问控制和质量保证。

- 技术性：元数据提供了数据的技术规格，如存储要求、处理算法和系统依赖性。

在各种理论中，关于元数据的说法并不相同。如果按照元数据使用场景对元数据进行分类，可分为以下四类：

- 业务元数据：描述数据的业务含义和业务上下文，如业务术语、业务规则等。
- 管理元数据：涉及数据管理过程的信息，如数据所有者、数据管理员等。
- 技术元数据：描述数据的技术方面，如数据存储、数据库结构、数据模型等。
- 操作元数据：描述数据操作和维护过程的信息，如数据备份、数据迁移等。

如果按照针对对象的类型对元数据进行分类，则可以把元数据分为以下两大类：

- 结构化元数据：与数据的结构和组织相关的元数据，如表结构、字段定义等。
- 非结构化元数据：描述非结构化数据（如文本、图片、视频）的特征和上下文的元数据。

2. 元数据的生命周期

元数据的生命周期指的是从元数据的创建、维护、使用到最终退役的整个过程，这个过程对于确保数据的完整性、可访问性和一致性至关重要。元数据的生命周期通常包括以下几个关键阶段：

（1）创建（Creation） 当新的数据资源或资产被创建时，相应的元数据也需要被创建。这包括数据资源或资产的定义、结构、格式、来源、创建时间、创建者等基本信息。创建阶段还涉及确定哪些元数据是必需的，以及如何捕获和存储这些元数据。

（2）维护（Maintenance） 随着数据资源或资产的更新和变化，元数据也需要相应地更新。这包括修改数据资源或资产的结构、更新质量信息、添加新的属性或字段等。维护阶段还包括定期检查元数据的准确性和完整性，以确保其反映当前数据的状态。

（3）使用（Usage） 元数据的主要目的是被使用，以支持数据发现、访问、集成、治理等多种活动。

- 用户在查找、理解或使用数据资源或资产时，会依赖元数据提供的信息和上下文。
- 数据治理、安全、合规性等活动也依赖于元数据来确保数据资源或资产的质量和安全。

（4）退役（Retirement） 当数据资源或资产不再需要时，相应的元数据也需要被退役。这通常发生在数据被删除、归档或迁移到另一个系统时。退役阶段需要确保元数据被正确地从系统中移除或标记为过时，以避免混淆或误导。

3. 各种类型的元数据举例

（1）业务元数据

- 业务术语：业务领域中的专业术语和定义。
- 业务规则：业务逻辑和规则，如定价策略、折扣规则等。
- 业务流程：业务操作的流程和步骤。

举例：对于一个销售订单，业务元数据可以包括订单状态、支付条款、客户类别等。

（2）管理元数据

- 数据所有者：负责数据的个人或团队。
- 数据管理员：负责数据维护和更新的个人或团队。
- 数据质量标准：数据质量的评估标准和要求。

举例：一份财务报告的管理元数据包括报告所有者的姓名、最后更新日期、数据质量检查结果等。

（3）技术元数据

- 数据库元数据：数据库的名称、版本、表结构、索引信息等。
- ETL 元数据：数据抽取、转换、加载过程中的步骤、转换逻辑等。
- 数据模型元数据：数据模型的层次结构、实体－关系模型等。

举例：一个数据库表的元数据包括表名、列名、数据类型、主键、外键等。

（4）操作元数据

- 数据备份信息：数据备份的时间、备份类型、备份位置等。
- 数据迁移记录：数据迁移的时间、源系统、目标系统等。
- 系统维护日志：系统维护的时间、维护内容、维护人员等。

举例：一个数据仓库的操作元数据包括上次数据加载的时间、数据来源系统、加载频率等。

（5）结构化元数据

- 数据库架构：数据库的架构设计，如模式、表、视图等。
- 字段属性：字段的长度、精度、是否允许为空等。
- 关系信息：表之间的关系，如一对多、多对多等。

举例：一个客户信息表的结构化元数据包括表中的字段名、字段类型、字段长度等。

（6）非结构化元数据

- 文件属性：文件的创建时间、修改时间、文件大小等。
- 内容描述：对文件内容的描述或摘要。
- 来源信息：文件的来源或作者信息。

举例：一张图片的非结构化元数据包括图片的拍摄日期、分辨率、使用的相机型号等。

元数据的管理对于确保数据的可访问性、可理解性和可用性至关重要。通过有效的元数据管理，组织可以提高数据质量，促进数据共享，并支持更好的决策制定。

4. 元数据的作用

元数据的作用非常广泛，它在数据管理和数据分析中扮演着至关重要的角色。以下是元数据的一些关键作用：

- 数据理解：元数据提供了数据的上下文和含义，帮助用户理解数据的内容、来源和用途。

- 数据定位：通过元数据，用户可以快速定位到所需的数据资源，无论是在本地系统还是远程数据源。
- 数据访问控制：元数据记录了数据的访问权限和安全要求，有助于实施数据访问控制和保护数据隐私。
- 数据质量管理：元数据包含数据质量标准和数据质量评估结果，有助于监控和改进数据质量。
- 数据集成：元数据定义了不同数据源之间的映射和转换规则，支持数据集成和数据交换。
- 数据治理：元数据支持数据治理活动，提供了数据管理所需的信息，如数据所有者、数据责任、数据政策等。
- 数据维护：元数据记录了数据的维护历史和维护活动，有助于数据的持续维护和更新。
- 数据备份和恢复：元数据提供了数据备份和恢复所需的信息，如备份时间、备份位置、数据版本等。
- 数据生命周期管理：元数据记录了数据从创建到退役的整个生命周期，支持数据生命周期管理。
- 数据分析和报告：元数据提供了数据分析和报告所需的关键信息，如数据指标定义、数据计算方法等。
- 数据合规性：元数据记录了数据的合规性要求和合规性状态，有助于确保数据的合规使用。
- 数据可审计性：元数据提供了数据操作的审计线索，支持数据的可审计性和可追溯性。
- 数据共享和交换：元数据定义了数据共享和交换的规则和标准，促进了数据的共享和交换。
- 数据可扩展性：元数据支持数据资源架构的可扩展性，记录了数据模型的扩展规则和方法。
- 数据监控：元数据提供了数据监控所需的信息，如数据使用情况、性能指标等。

- 数据创新：元数据支持数据驱动的创新，提供了创新所需的数据信息和数据洞察。
- 技术选型和优化：元数据提供了技术选型和优化所需的信息，如技术性能、技术限制等。
- 沟通和协作：元数据促进了不同团队和部门之间的沟通和协作，通过共享元数据来达成共识。

总之，元数据是数据管理的基石，它为数据的获取、使用、维护和治理提供了关键的信息和支持。通过有效的元数据管理，组织可以提高数据的可用性、可理解性和价值。

5. 元数据与数据资源架构 / 数据资产架构

元数据定义了数据资源架构中的关键信息，它为数据资源 / 资产架构提供了丰富的细节和上下文，帮助组织理解和管理其数据资源 / 资产，如图 4-3 所示。

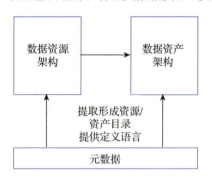

图 4-3 元数据与数据资源 / 资产架构

（1）元数据与数据资源架构的关系

- 定义和描述：元数据提供了数据资源架构的定义和描述，包括数据的结构、格式、来源和处理方式。它帮助组织理解数据资源的组成和特性。
- 资源目录：元数据是构建和维护数据资源目录的基础，该目录是组织内数据资源的索引，允许用户发现和访问数据。
- 数据治理：在数据资源架构中，元数据支持数据治理活动，如数据质量控制、数据安全和合规性管理。

- 数据集成：元数据定义了不同数据源之间的映射和转换规则，是实现数据集成和互操作性的关键。
- 技术基础：元数据为数据资源架构提供了技术基础，包括数据模型、数据流和技术接口等。

（2）元数据与数据资产架构的关系

- 资产识别：元数据帮助识别和分类数据资产，明确资产的业务价值和使用场景。
- 资产评估：通过元数据，组织可以评估数据资产的质量、风险和合规性，为数据资产的管理和优化提供依据。
- 资产跟踪：元数据记录了数据资产的创建、变更和使用历史，支持数据资产的跟踪和审计。
- 资产利用：元数据提供了数据资产的上下文信息，帮助用户更好地理解数据资产的使用方式和潜在价值。
- 资产生命周期管理：元数据支持数据资产从创建到退役的整个生命周期管理，包括数据资产的登记、发布、使用、退役等操作。

元数据是数据资源架构和数据资产架构的基石，它为数据的识别、描述、管理和利用提供了必要的信息和上下文。有效的元数据管理对于确保数据资源和资产的价值实现、风险控制和合规性至关重要。通过元数据，组织能够更好地理解和利用其数据资源，从而在数据驱动的决策和业务创新中获得竞争优势。

元数据管理是数据资源/资产架构管理不可或缺的一部分，它通过提供必要的信息和上下文，支持数据资源/资产的定义、识别、描述、管理和利用，确保数据资源和资产的价值实现、风险控制和合规性。

4.3 数据资源设计

数据资源设计是指详细规划和设计组织内部数据资源的过程。该过程主要涉及对数据资源架构的规划和设计，确定数据资源的分类、存储和管理方式，以及对数据资源通用管理基础的设计。

4.3.1 数据资源设计概述

数据资源设计的作用在于为系统化地组织、管理和利用企业的数据资源提供统一设计，确保数据资源的准确性、一致性、可用性和安全性，以支持业务决策、优化运营流程、驱动创新，并为企业创造竞争优势。通过构建合理的数据资源，企业能够高效地访问、整合和分析数据，挖掘数据价值，从而加速业务增长并提升市场竞争力。

数据资源设计应该在组织层面对数据资源进行规范化设计，包括组织数据资源设计规范、组织数据资源的关键组件、组件之间的关系、组件关系的演变与拓展规则，以及组件管理规则。数据资源设计的主要内容如图 4-4 所示。数据资源设计主要包括两部分：数据资源架构设计和数据资源通用管理设计。每个部分都包含了一系列关键的组成部分和考虑因素。

- 数据资源架构设计：构建一个高效、可扩展且安全的数据环境的基础框架，涵盖了从数据模型的逻辑设计到物理存储布局及分布策略，再到数据流动与交互机制的全链条规划。数据资源架构设计包括架构框架、数据模型、物理存储及其分布、数据流的设计。

- 数据资源通用管理设计：制定一套系统性的规则和方法，以实现对组织内数据资源的有效治理。数据资源通用管理设计包括建立统一的数据标准，确保数据质量、格式和命名规范的一致性；明确数据分类标准，以便对数据进行合理归类；明确数据分级标准，根据数据敏感度、价值等因素设置不同的保护级别。这些管理措施有助于提升数据资源管理的效率与规范性，为数据资源的有效利用提供坚实保障。

1. 架构框架

架构框架是一个指导性的结构，它定义了如何组织和文档化一个系统或企业的数据资源架构。它提供了一套共同的语言、模型和工具，帮助架构师和利益相关者理解和交流架构的不同方面。架构框架通常包括一系列的模型、视图、指南和最佳实践。架构框架一般包括架构元模型和架构视图。架构元模型为内在结构，架构视图为外在表现形式。

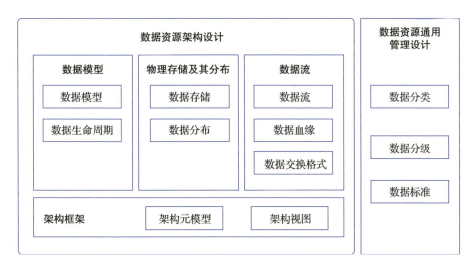

图 4-4 数据资源设计的主要内容

（1）架构元模型（Architectural Metamodel） 对于架构中的各种概念形成规范的、清晰的定义（如业务流程、功能、数据实体、系统等），使参与架构设计的人员使用相同的概念和词典。并定义存在于不同架构元素之间的关联关系（关系定义、分类、属性等），使不同架构领域和层级之间能够相互引用和验证。架构元模型使架构信息能够以结构化的形式保存。

架构元模型是一个抽象的模型，它定义了架构框架中使用的基本概念和它们之间的关系。这些概念包括数据、应用、服务、系统、技术等。元模型是构建具体架构模型的基础，它提供了一种方式来理解和描述架构元素及其相互作用。

架构元模型是企业架构和系统设计中的一个关键概念，它为构建和理解复杂系统提供了一种结构化的方法。架构元模型的主要作用如下：

- 提供一个共同的词汇表，使得架构师和团队成员能够使用相同的术语。
- 允许架构师定义和扩展架构模型，以适应特定的业务需求。
- 作为架构框架的核心，指导架构视图的创建和维护。

以下是一个简化的架构元模型示例，它展示了一些基本的架构概念及其相互关系。

1）核心概念：
- 系统：组织内用于支持业务流程的一组相互关联的组件。
- 应用：执行特定功能的软件系统，如订单处理或客户关系管理。
- 服务：由一个或多个应用提供的业务功能，可以被其他应用或系统使用。
- 数据：信息系统中存储、处理的信息，如客户记录或交易数据。
- 技术：支持系统运行的硬件、软件、协议和标准。

2）关系：
- 系统包含应用：一个系统可以由多个应用组成，共同工作以支持业务目标。
- 应用提供服务：应用通过其功能提供服务，这些服务可以被其他应用或系统消费。
- 服务操作数据：服务在执行过程中可以读取、修改或生成数据。
- 技术支撑系统：技术为系统提供必要的基础设施，包括服务器、网络和存储解决方案。

3）扩展概念：
- 用户：与系统交互的个人或自动化代理。
- 接口：不同应用或服务之间交互的点，可以是API（Application Programming Interface，应用程序编程接口）、用户界面或其他通信协议。
- 流程：组织内完成特定业务目标的一系列步骤或活动。

4）元模型示例图：

对上述概念和关系进行标准化，可以得到如图4-5所示的元模型。

5）描述：
- 系统：由多个应用组成，每个应用实现特定的业务功能，并提供服务。这些服务可以被其他应用或外部用户使用。
- 数据：业务流程中的关键元素，被服务操作和生成。
- 技术：为系统提供必要的硬件和软件支持，确保系统的稳定运行。

- 用户：通过应用与系统交互，执行业务流程。
- 接口：定义了应用之间的交互方式，允许服务的集成和数据的交换。
- 流程：描述了业务活动的顺序和逻辑，涉及多个应用和服务。

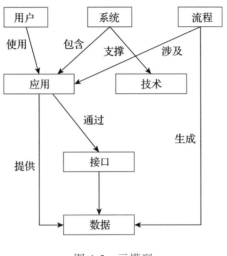

图 4-5　元模型

这个元模型提供了一个高层次的框架，用于理解和设计企业 IT 架构。它可以根据具体的业务需求和技术环境进行扩展和定制。

（2）架构视图（Architectural View）　以图形形式展示架构元模型中的架构元素及其相互关系，使架构设计成果直观可视。每种架构视图包含一至多个架构元素及其相互关系，不同元素和关系以规范化的格式进行展现。

架构视图是从不同角度对架构的描述，每个视图都关注架构的特定方面。视图帮助利益相关者理解和分析架构的不同方面，例如数据流、系统组件、安全策略等。常见的架构视图包括以下内容：

- 逻辑视图：关注数据和业务逻辑的组织。
- 物理视图：关注系统的物理部署和硬件配置。
- 开发视图：关注软件的开发和模块化。
- 进程视图：关注业务流程和数据流。
- 安全视图：关注安全策略和控制。

架构视图的主要作用如下：
- 提供特定利益相关者所需的信息。
- 支持架构的分析和决策过程。
- 作为沟通工具，帮助团队成员理解架构的不同方面。

将架构元模型和架构视图结合起来，架构框架就成了一个全面的指导工具，帮助组织设计、实现和管理其数据资源架构。通过这种方式，架构框架不仅提供了一个结构化的思考和文档化架构的方法，还确保了架构的一致性和可维护性。

2. 数据模型

数据模型是数据库管理系统中的核心概念，它描述了数据的逻辑结构和数据之间的联系。数据模型定义了数据如何被组织、如何被表示，以及数据之间的关系。它通常包括以下几个方面：

- 实体：数据模型中的实体代表现实世界中的"事物"，如人、地点、物品等。
- 属性：实体所具有的特性或特征，如一个人的姓名、年龄、地址等。
- 关系：实体之间的联系，可以是一对一、一对多或多对多的关系。
- 约束：确保数据正确性和一致性的规则，如实体的某个属性不能为空，或者两个实体之间的关系必须是唯一的。
- 键：用于唯一标识实体的属性或属性组合，如主键和外键。

（1）数据模型的分层　数据模型通常按照不同的抽象层次进行分层。数据模型的分层如图 4-6 所示。

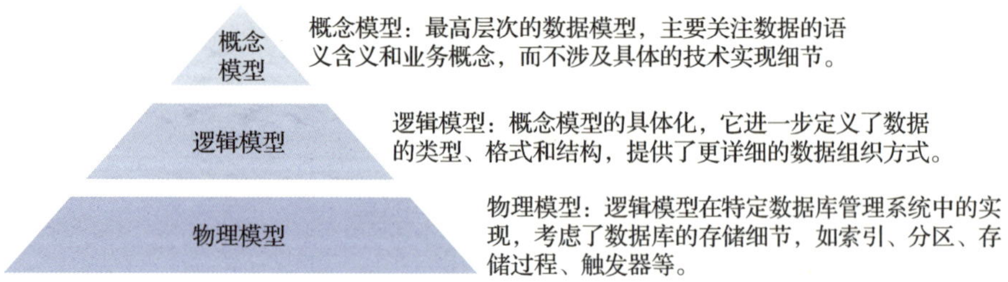

概念模型：最高层次的数据模型，主要关注数据的语义含义和业务概念，而不涉及具体的技术实现细节。

逻辑模型：概念模型的具体化，它进一步定义了数据的类型、格式和结构，提供了更详细的数据组织方式。

物理模型：逻辑模型在特定数据库管理系统中的实现，考虑了数据库的存储细节，如索引、分区、存储过程、触发器等。

图 4-6　数据模型的分层

1）概念模型（Conceptual Model）：最高层次的数据模型，主要关注数据的语义含义和业务概念，而不涉及具体的技术实现细节。它独立于任何数据库管理系统，以用户容易理解的方式描述数据的含义和数据之间的逻辑关系。

作用：提供了一个业务导向的数据视图，帮助理解数据的业务意义和实体之间的关系。

特点：通常使用实体-关系模型来表示，强调概念的逻辑结构。

2）逻辑模型（Logical Model）：概念模型的具体化，进一步定义了数据的类型、格式和结构。逻辑模型仍然独立于特定的数据库管理系统，但提供了更详细的数据组织方式。关系模型是逻辑模型的一种，它使用表格来组织数据，并通过主键和外键来表示数据之间的关系。

作用：作为概念模型和物理模型之间的桥梁，提供了一个更加详细的数据结构，同时仍然保持一定的抽象级别。

特点：定义了数据类型、格式、约束等，但不考虑数据库的存储细节。

3）物理模型（Physical Model）：物理模型是逻辑模型在特定数据库管理系统中的实现。它考虑了数据库的存储细节，如索引、分区、存储过程、触发器等。物理模型是数据库管理员和数据库开发者用来创建和优化数据库的模型。

作用：指导数据库的创建和优化，确保数据模型在数据库系统中的有效实现。

特点：涉及具体的存储结构、索引、分区、存储过程、视图等物理存储细节。

数据模型的分层有助于在不同的设计阶段使用适当的抽象级别，从而提高数据管理系统的灵活性和可维护性。同时，分层也有助于在不同的团队和利益相关者之间进行有效的沟通。

（2）OLTP 和 OLAP 环境下的数据模型　在 OLTP 和 OLAP 环境中，数据模型的设计和应用有着明显的区别，以满足各自不同的业务需求和性能要求。

1）OLTP 环境中的数据模型：主要用于处理日常的事务性操作，例如银行交易、电子商务订单处理、库存更新等。在 OLTP 系统中，数据模型通常具有以下特点：

- 规范化程度高：为了减少数据冗余和提高数据一致性，OLTP 的数据模型通常采用高度规范化的设计。
- 操作类型：主要是插入、更新和删除操作，以支持日常事务的执行。
- 性能要求：要求高响应时间，以确保事务能够快速完成。
- 数据一致性：强调 ACID（Atomicity-Consistency-Isolation-Durability，原子性、一致性、隔离性、持久性）性质，确保事务处理的可靠性。
- 数据量：通常处理的数据量相对较小，但事务频率很高。

2）OLAP 环境中的数据模型：主要用于数据分析和决策支持，例如销售分析、市场趋势预测、财务报告等。在 OLAP 系统中，数据模型通常具有以下特点：

- 多维数据模型：采用星型模型或雪花模型，将数据组织成多个维度和度量值，便于进行复杂的分析和聚合操作。
- 操作类型：主要是读取和聚合操作，如计算总销售额、平均销售额等。
- 性能要求：对数据聚合和分析性能有很高的要求，以支持复杂的查询和报告。
- 数据一致性：通常采用更灵活的一致性模型，如最终一致性，以支持高并发的查询操作。
- 数据量：通常处理的数据量很大，包括历史数据和汇总数据。

OLTP 和 OLAP 环境下数据模型的具体对比如下：

- 应用场景：OLTP 系统用于事务处理；OLAP 系统用于数据分析。
- 数据模型设计：OLTP 系统倾向于规范化设计，减少数据冗余；OLAP 系统倾向于多维数据模型，方便分析。
- 操作类型：OLTP 系统执行插入、更新和删除操作；OLAP 系统执行查询和聚合操作。
- 性能要求：OLTP 系统强调事务处理速度；OLAP 系统强调查询和分析性能。
- 数据一致性：OLTP 系统强调 ACID 性质；OLAP 系统可以采用更灵活的一致性模型。

- 数据量：OLTP 系统处理的数据量相对较小；OLAP 系统处理的数据量很大，包含历史数据。
- 数据更新频率：OLTP 系统中数据更新频繁；OLAP 系统中数据更新频率较低，但查询频率高。

总的来说，OLTP 和 OLAP 的数据模型根据其应用场景的不同，有着不同的设计重点和优化方向。OLTP 侧重于事务处理的速度和一致性，而 OLAP 侧重于数据分析的灵活性和效率。

（3）数据模型案例　通过一个简化的例子，展示在 OLAP 和 OLTP 环境下数据模型的不同。

OLTP 环境下的数据模型示例如图 4-7 所示。假设有一个在线零售商店的 OLTP 系统，其数据模型包括客户、订单、产品及订单详情表。

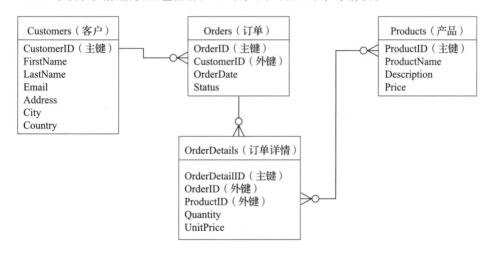

图 4-7　OLTP 环境下的数据模型示例

在这个模型中，每个表都具有明确的业务含义，并且表之间通过外键关联。这种设计有助于快速处理事务，如创建新订单、更新库存等。

OLAP 环境下的数据模型示例如图 4-8 所示。对于同一个在线零售商店，其 OLAP 系统的数据模型包括维度表和事实表。

在这个模型中，维度表提供了数据分析的上下文（时间、客户、产品），而事实表存储了度量值（销售数量、总销售额）以及指向维度表的外键。这种设计便于进行复杂的数据分析，如计算每个季度的总销售额、每个产品的盈利能力等。

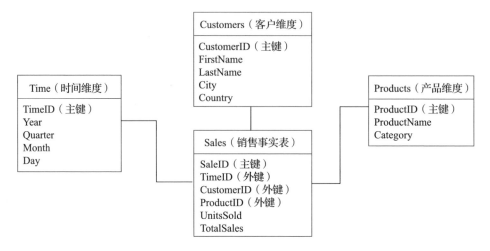

图 4-8　OLAP 环境下的数据模型示例

OLTP 和 OLAP 环境下的数据模型示例对比如下：

- 表结构：OLTP 模型中的表通常更扁平化；而 OLAP 模型中的表可能更复杂，包含多个维度表和事实表。
- 数据冗余：OLAP 模型可能会有意引入数据冗余，以提高查询性能；OLTP 模型则尽量避免数据冗余。
- 数据更新：OLTP 模型中的数据更新频繁；而 OLAP 模型中的数据更新频率较低，但会定期刷新以包含新的事务数据。
- 查询类型：OLTP 模型设计用于快速响应简单的事务查询；OLAP 模型设计用于处理复杂的分析查询，如聚合和多维分析。
- 性能优化：OLTP 系统优化了插入、更新和删除操作的性能；OLAP 系统优化了读取和聚合操作的性能。
- 数据范围：OLTP 系统通常只包含近期数据；OLAP 系统可以包含历史数据，用于长期趋势分析。

此示例展示了 OLAP 和 OLTP 数据模型在设计和应用上的主要差异，以及它们如何针对不同类型的业务需求进行优化。

请注意，图 4-7、图 4-8 的图形化表示是高度简化的，仅用于展示 OLTP 和 OLAP 数据模型的基本结构和关系。在实际应用中，这些模型可能会更加复杂，包含更多的表和关系。

3. 数据生命周期

（1）基本定义　数据生命周期涵盖了数据在组织中的整个存在周期，包括数据的创建或获取、存储、处置、维护、使用、归档和删除等环节。在数据的整个生命周期中，数据可以被清理、转换、合并、增强或聚合。

数据生命周期中的关键活动如图 4-9 所示。

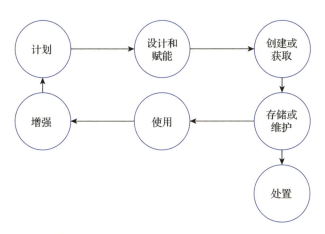

图 4-9　数据生命周期中的关键活动

一般而言，数据生命周期包括以下几个环节：

1）计划：确定数据产生的目标和需求，制定相应的数据生命周期计划和管理策略。

2）设计和赋能：设计数据资源架构、流程和政策，确保数据的有效管理和使用。

3）创建或获取：生成或收集所需的数据，确保数据的质量和完整性。

4）存储或维护：确保数据的安全存储、备份和维护，以备不时之需。

5）使用：利用数据进行分析、决策支持和业务流程优化。

6）增强：通过清洗、转换和集成等手段，提高数据的可用性和价值。

7）处置：在数据不再需要时，进行合规的销毁或归档，以确保数据的生命周期结束得当。

这些环节共同构成了数据生命周期管理的全过程，确保数据从产生到最终处理的每一个阶段都能得到妥善管理。

（2）不同种类数据的生命周期不同　不同种类的数据由于其特性、用途和法规要求的不同，其生命周期也会有所不同。每种数据的生命周期都受到其特定用途、业务需求和法规要求的共同影响。

1）个人数据（如用户信息、客户资料）的生命周期：从用户注册或提供信息开始，经过使用（如营销、服务提供）、存储、更新，直到用户请求删除或根据数据保护法规（如 GDPR）规定的时间限制后自动删除。

举例：用户在电子商务网站注册时提供的姓名、地址、电话号码等个人信息，这些数据在订单处理、物流追踪、售后服务等过程中被使用，并在用户注销账户或根据法规要求被删除。

2）交易数据（如支付记录、订单详情）的生命周期：从交易发生开始，经过验证、处理、存储，用于财务分析、审计、税务申报等，最后根据业务需求和法规要求保留一定时间后销毁或归档。

举例：在线购物平台的每一笔订单详情，包括商品信息、支付金额、支付时间等，这些数据在订单完成后会被存储，用于后续的售后服务、退货处理以及财务和税务审计，最后根据规定时间（如几年）后销毁。

3）日志数据（如系统日志、应用日志）的生命周期：从系统或应用运行产生日志开始，经过实时分析（如监控、故障排查）、存储，用于安全审计、性能优化等，最后根据日志的重要性和存储成本，到达保留时间后进行删除或归档。

举例：服务器上的系统日志记录了服务器的运行状态、错误信息等，这些数据对于快速定位问题、保障系统安全至关重要，但随着时间的推移，旧的日志数据可能不再需要，因此会定期清理。

4）研究数据（如科学实验数据、市场调研数据）的生命周期：从数据收集开始，经过清洗、分析、报告撰写，用于学术研究、产品开发、市场策略制定等，最后根据研究项目的完成情况和数据保护政策进行长期存储或销毁。

举例：医药公司在药物研发过程中收集的临床试验数据，这些数据在药物研发的不同阶段被用来评估药物的安全性和有效性，并在药物上市后继续用于长期监测和安全性研究，最终可能根据法规要求长期存储。

5）社交媒体数据（如用户发布的帖子、评论）的生命周期：从用户发布内容开始，经过平台审核、展示、存储，用于内容推荐、广告投放、用户行为分析等，最后根据平台政策、用户请求或法规要求删除或归档。

举例：用户在社交媒体平台上发布的帖子和评论，这些数据在平台上展示给其他用户，同时被用于个性化推荐和广告投放，但用户有权要求删除自己的内容，或者平台会根据其政策定期清理旧数据。

4. 物理存储及其分布

数据资源的物理存储及其分布是指数据在物理介质上的实际存储方式和位置。数据可以存储在不同类型的存储介质上，如硬盘驱动器（Hard Disk Drive，HDD）、固态硬盘（Solid State Disk，SSD）、磁带、光盘等。数据的分布则涉及数据在不同存储介质、服务器、数据中心或地理位置上的分散存储情况。

数据资源的物理存储及其分布一般通过以下方式形成：

- 存储介质选择：根据数据的大小、访问频率、安全性要求等因素，选择合适的存储介质。
- 数据分类：将数据按照重要性、访问频率、敏感性等进行分类，以确定不同类别数据的存储策略。
- 存储架构设计：设计合适的存储架构，如直接附加存储（Direct Attached Storage，DAS）、网络附加存储（Network Attached Storage，NAS）、存储区域网络（Storage Area Network，SAN）等。
- 数据备份和复制：为了数据的安全性和可靠性，实施数据备份和复制策略，将数据复制到多个位置。

- 云存储：随着云计算的发展，许多组织选择将数据存储在云平台上，这涉及数据在云服务提供商的数据中心中的分布。
- 地理位置分布：根据业务需求和合规性要求，数据可能需要存储在特定的地理位置。
- 数据迁移：随着技术的发展和业务需求的变化，数据可能需要从一个存储介质或位置迁移到另一个。
- 数据归档：对于长期保存但访问频率较低的数据，可能会被归档到成本更低的存储介质上。
- 数据销毁：对于不再需要或过期的数据，需要按照规定进行安全销毁。
- 数据管理政策：组织需要制定数据管理政策，包括数据存储、访问、保护和销毁等方面的规定。

通过这些方式，组织可以确保数据资源的物理存储及其分布既满足业务需求，又符合安全和合规性要求。

以下是环球制造集团示例。环球制造集团是一家虚拟的、在全球多个国家和地区设有生产基地和销售网络的大型跨国公司。公司生产多种产品，从机械设备到电子产品，拥有庞大的客户数据库、生产数据、财务记录和供应链信息。

1）数据存储需求分析：

- 大数据量：每日生产和销售产生的数据量巨大。
- 高安全性要求：涉及客户信息和财务数据，需要高等级的安全保护。
- 法规遵从：不同国家和地区有各自的数据保护法规。
- 数据访问速度：需要快速访问生产数据和市场分析报告。

2）存储介质选择：

- SSD：用于存储操作系统、关键应用和频繁访问的数据。
- HDD：成本效益高，用于存储大量较少访问的数据。
- 磁带库：用于长期归档财务记录和历史生产数据。

3）数据分类与存储策略：

- 实时数据：存储在高性能的 SSD 上，确保快速访问。
- 备份数据：复制到 HDD 和磁带库，确保数据安全。

- 归档数据：迁移到成本较低的磁带存储。

4）存储架构设计：
- DAS：用于特定服务器的本地数据存储。
- NAS：为设计和研发团队提供文件共享服务。
- SAN：为关键业务应用提供高速数据访问。

5）数据备份和复制：实施定期备份策略，将数据复制到远程数据中心和云平台。

6）云存储：使用云服务提供商的存储服务，将部分数据存储在云中，以利用其弹性和可扩展性。

7）地理位置分布：数据中心分布在北美、欧洲和亚洲，以满足当地访问速度需求和法规要求。

8）数据迁移：随着业务扩展，将旧系统数据迁移到新的云基础设施。

9）数据归档与销毁：根据数据保留政策，将旧数据归档到磁带或安全销毁。

10）数据管理政策：制定严格的数据管理政策，包括访问控制、加密传输、定期审查和安全审计。

环球制造集团通过这种多层次、地理位置分散的存储策略，确保了数据的高可用性、安全性和合规性。同时，通过智能的数据分类和生命周期管理，优化了存储成本和性能。

本例展示了一个组织如何根据自身的业务需求和合规要求，设计和实施一个综合的数据资源物理存储及分布策略。

5. 数据流

（1）数据流　在数据资源形成和管理过程中，数据流通常指的是数据从生成、处理、存储到最终使用或销毁的整个过程中，数据的移动和转换。数据流可以是实际的数据传输，也可以是数据在系统中的逻辑流动。

数据流的表达方式有多种，以下是一些常见的方法：
- 数据流图（Data Flow Diagram, DFD）：一种图形化工具，用于表示数据流动的路径以及数据在系统中的转换过程。
- 流程图（Flowchart）：一种更通用的图形化表示方法，可以用来表示数据流，但通常更侧重于业务流程或工作流。
- 实体-关系模型（Entity-Relationship Model，ER 模型）：在数据库设计中，ER 模型用于表示数据实体之间的关系，也可以间接表达数据流。
- 统一建模语言（Unified Modeling Language, UML）：UML 提供了多种图，如序列图和活动图，可以用来表示数据流和处理过程。
- 状态转换图（State Diagram）：在某些情况下，数据流可以与系统状态的转换相关联，状态转换图可以用来表示这种关系。
- 数据流矩阵（Data Flow Matrix）：一种表格形式的表示方法，用于列出系统中所有数据流的来源、目的地和处理过程。

数据流的表示方法不限于上面几种，上面仅列出了常见的几种数据流标识方式。不同的表达方式适用于不同的场景和需求，选择哪种方式取决于数据流的复杂性、所需的详细程度以及目标受众。下面对常见的数据流表示方法进行介绍。

1）数据流图：数据流的常见表示方法。数据流图从数据传递和加工角度，以图形方式来表达系统的逻辑功能、数据在系统内部的逻辑流向和逻辑变换过程，是结构化系统分析方法的主要表达工具及用于表示软件模型的一种图示方法。

数据流图包含以下四种基本符号元素：
- 数据流：用箭头表示，箭头方向即数据流动方向，数据流名标在数据流线上面。
- 数据处理：也称加工，对数据进行处理的单元，用圆或椭圆表示，数据处理名称写在方框内。
- 数据存储：用双杠（带一边开口，一边闭合）表示，为数据处理提供输入流或为输出数据流提供存储仓库。
- 外部实体：软件系统外部环境中的实体，包括人、组织或其他软件系统，用方框表示。它一般只出现在数据流图的顶层图中，表示系统中数据的来源和去处。

数据流图可以清晰地展示系统内部数据的流向和处理过程,有助于理解和分析系统的功能和性能。图 4-10 所示是一个数据流图的示例。

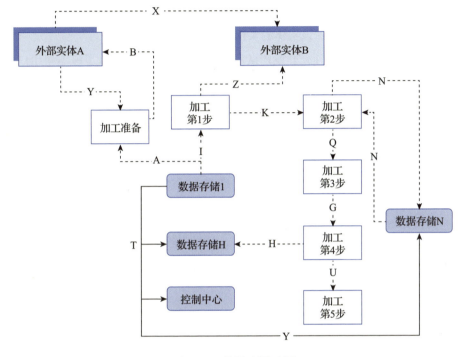

图 4-10　数据流图示例

2) CRUD 矩阵:用于在数据管理和软件开发中描述和规划对数据实体的创建、读取、更新和删除操作。CRUD 代表以下四个基本操作:

- 创建(Create):添加新的数据记录到系统中。
- 读取(Read):从系统中检索数据记录。
- 更新(Update):修改现有的数据记录。
- 删除(Delete):从系统中移除数据记录。

CRUD 矩阵通常以表格的形式出现,列出不同的数据实体(如用户、订单、产品等),并针对每个实体指明哪些用户或角色可以执行上述四种操作。矩阵通常包括以下列:

- 实体:数据表或对象的名称。

- 创建：谁可以创建该实体的实例。
- 读取：谁可以读取该实体的数据。
- 更新：谁可以修改该实体的数据。
- 删除：谁可以删除该实体的实例。

通过使用 CRUD 矩阵，开发团队和利益相关者可以清晰地了解不同用户或系统组件对数据的访问权限和操作能力，从而帮助设计数据库结构、API 接口以及数据访问策略。它也是确保数据安全和合规性的重要工具。

下面通过一个简单的在线书店系统来理解 CRUD 矩阵的应用，如图 4-11 所示。在这个系统中，主要的实体包括"用户""书籍"和"订单"。

	客户	店员	经理
用户	R.U.C	R.D.C	R.U.D.C
书籍	R	C.R.U.D	R.D
订单	C.R.U	C.R.U.D	D.R

图 4-11　CRUD 矩阵

- 用户：可以进行创建（注册）、读取（查看个人信息）、更新（修改个人信息）和删除（注销账户）操作。
- 书籍：可以进行创建（新增书籍）、读取（浏览书籍）、更新（修改书籍信息）和删除（下架书籍）操作。
- 订单：用户下单后，可以进行创建（生成新订单）、读取（查看订单详情）、更新（修改订单状态）和删除（取消订单）操作。

通过构建这样的 CRUD 矩阵，开发团队和利益相关者可以清晰地看到系统中各个实体的操作和它们之间的关系。

（2）数据血缘（Data Lineage）　又称数据血统、数据起源、数据谱系、数据沿袭，是指在数据的全生命周期中，从数据的产生、处理、加工、融合、流转到最终消亡，数据之间自然形成的一种类似人类血缘的关联关系。简单来说，就是数据之间的上下游来源去向关系——数据从哪里来，到哪里去。数据血缘不仅涉及数据的物理流动，还包括数据的逻辑关系和转换过程。

数据血缘非常重要，具有以下作用：
- 对于理解数据的来源、加工方式、映射关系以及数据出口至关重要。
- 有助于企业更好地管理数据资产，确保数据质量和安全。
- 有助于数据问题的排查和解决，提升数据治理水平。

1）数据血缘的分类：数据血缘主要分为以下五类，每种血缘类型在数据治理中都起着独特的作用。
- 逻辑血缘：描述数据在逻辑层面上的关系，如数据元素之间的关联和依赖关系，不考虑数据的物理存储方式。例如，数据库中不同表之间通过外键关联，这种关联就是逻辑血缘的一种表现形式。
- 物理血缘：描述数据在计算机系统中的存储和移动路径，关注数据在物理设备上的存储位置，数据在不同系统之间的传输路径，以及数据在各个结点上的处理过程。例如，数据从源数据库通过 ETL 工具被加载到数据仓库，再被传输到分析平台的过程就是物理血缘的一部分。
- 时间血缘：数据的时间依赖关系，包括数据的创建、修改和访问时间。帮助企业理解数据在不同时间点的状态和变化过程，有助于进行数据审计、追踪数据变化历史，以及进行时间序列分析。
- 操作血缘：主要关注数据在操作层面的变化，如数据的创建、修改、删除等操作。这种血缘关系有助于追踪数据的操作历史，确保数据的安全性和可追溯性。
- 业务血缘：描述数据在业务层面的关联关系，如业务流程中数据的流动和依赖，有助于理解业务逻辑、优化业务流程、提高业务效率。

2）数据血缘的应用场景：
- 数据开发：数据血缘分析能够为业务域划分提供清晰的依据，帮助团队准确了解不同业务模块之间的数据交互和依赖关系。追踪数据流动路径，可以优化数据模型设计，提升数据开发的效率和质量。
- 数据资源处理：数据血缘分析有助于提升数据质量，追踪数据的来源和变更记录可以识别并解决数据质量问题，监控数据资产异常，及时发现并处理数据波动，确保数据资源的稳定性和可靠性；优化数据存储和计算资源的配置，提高资源使用率，降低基础设施成本。
- 数据安全：数据血缘分析在保障数据隐私、加强数据安全管理、处理数据泄露等方面发挥着关键作用。追踪数据的来源和流动路径，能够确保数据在处理和使用过程中符合隐私保护要求，减少数据泄露的风险。

3）数据血缘的建立与管理通常包括以下几个步骤：
- 明确目标与需求：对企业当前数据管理现状进行调研，评估数据管理成熟度，确定数据血缘建设目标。
- 制定需求范围：对全员进行普及和培训，了解不同角色对数据血缘的需求，完善数据血缘的详细计划。
- 构建系统：搭建数据血缘系统，包括数据采集、处理追踪、可视化、分析和报告等功能。
- 数据收集与初始化：确定数据血缘的收集方法，进行数据清洗和收集，确保数据的完整性和准确性。进行系统初始化，确保系统能够有效地处理和更新数据血缘信息。
- 可视化与监控：实现数据血缘的可视化，帮助用户直观地理解数据流动和关系。
- 设置自动预警机制，实时监控数据血缘系统的运行状态，及时响应潜在问题。

综上所述，数据血缘对于提升数据质量、优化数据资产管理、保障数据安全等方面具有重要意义。通过建立完善的数据血缘体系，企业可以更好地理解和管理数据资源，为业务决策提供有力支持。

4）数据血缘的案例：假设有一个大型电商平台，该平台每天处理数百万笔交易。平台的数据团队需要分析销售数据，以优化库存管理、定价策略和促销活动。

图4-12所示为数据血缘的案例，描述数据从源到最终用户的流动过程。
- 交易数据库：原始数据的起点，存储所有交易记录。
- 数据仓库：通过ETL过程从交易数据库抽取、转换和加载数据。

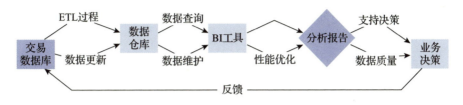

图 4-12 数据血缘的案例

- BI 工具：数据分析师使用这些工具查询数据仓库，生成报告和洞察。
- 分析报告：BI 工具的输出，包括销售趋势、产品性能等分析结果。
- 业务决策：分析报告支持的业务决策，如库存管理、定价策略等。
- 反馈循环：业务决策的结果可能会反馈到数据源，要求数据更新或维护。

数据血缘的关键点如下：

- 数据流动：数据从交易数据库开始，经过数据仓库，到达 BI 工具，最终支持业务决策。
- 数据转换：在数据仓库中，数据经过抽取、转换和加载，以适应分析需求。
- 数据查询：数据分析师通过 BI 工具查询数据仓库，获取所需数据。
- 数据反馈：业务决策的结果可能会影响数据的更新和维护。

图 4-12 的图形化表示可以帮助团队成员理解数据的来源、处理过程和最终用途，从而更好地管理和优化数据资源。

（3）数据交换格式　用于在不同系统、应用程序或组织之间传输数据的标准格式。这些格式旨在确保数据的互操作性、一致性和可读性，使得数据可以在不同的环境和平台之间无缝地共享和处理。

1) 类型：

- XML（Extensible Markup Language）：一种标记语言，用于存储和传输数据，具有自我描述性，易于人类阅读和机器解析。
- JSON（JavaScript Object Notation）：一种轻量级的数据交换格式，易于人阅读和编写，同时也易于机器解析和生成。
- CSV（Comma-Separated Values）：一种简单的文本格式，用于存储表格数据，如电子表格或数据库。

- XML Schema：定义 XML 数据结构的语言，用于描述 XML 文档的结构和数据类型。
- Protocol Buffers：由 Google 开发的轻量级、高效的结构化数据存储格式，适用于序列化数据。
- Avro：由 Apache Hadoop 使用的数据序列化系统，设计用于与 Hadoop 生态系统中的其他组件一起使用。

2）应用场景：
- Web 服务：在 RESTful API 中，JSON 和 XML 常用于客户端和服务器之间的数据交换。
- 数据集成：在不同数据库和应用程序之间传输数据时，使用标准化的数据交换格式可以简化集成过程。
- 大数据处理：在处理大量数据时，高效的数据交换格式（如 Avro、Protocol Buffers）可以提高数据处理的速度和效率。

3）特性：
- 互操作性：允许不同系统和应用程序之间无缝交换数据。
- 可扩展性：支持数据模型的扩展，以适应新的需求和功能。
- 可读性：易于人类阅读和理解，便于调试和维护。
- 效率：高效的数据交换格式可以减少数据传输的时间和资源消耗。

4）设计要点。在进行数据资源架构设计时，设计数据交换格式是一个关键步骤，因为它直接影响数据的互操作性、效率和可维护性。以下是设计数据交换格式时需要考虑的几个关键点：

- 确定数据交换的需求。用例分析：明确数据交换的用例，包括数据的发送方、接收方、交换的频率和数据的用途。数据内容：确定需要交换的数据类型、结构和量级。
- 选择合适的数据交换格式，在常用的格式中选择。XML：适用于需要高度可扩展和自描述性的场景，但可能在处理速度和数据大小方面不是最优。JSON：轻量级，易于阅读和编写，适合 Web 应用和 API。CSV：简单、易于生成和解析，适合表格数据和少量数据交换。二进制格式：

如 Protocol Buffers 或 Avro，适合大规模数据交换，具有高效的序列化和反序列化性能。
- 考虑数据的可扩展性和维护性，需要考虑版本控制和元数据设计。版本控制：设计数据交换格式时，考虑未来可能的变更，确保格式的向后兼容性。元数据设计：包括足够的元数据，以支持数据的解释和处理。
- 确保数据的完整性和一致性，需要进行数据验证和错误处理。数据验证：制定数据验证规则，确保接收到的数据符合预期的格式和标准。错误处理：设计错误处理机制，以应对数据交换过程中可能出现的问题。
- 考虑性能和效率，可以考虑压缩和批处理两种方式。压缩：对于大量数据，考虑使用压缩技术减少传输时间和带宽消耗。批处理：在适当的情况下，使用批处理技术来优化数据传输。
- 安全性设计：对敏感数据进行加密，以保护数据在传输过程中的安全。确保只有授权的用户或系统可以访问数据。
- 制定数据交换协议：选择合适的通信协议（如 HTTP，FTP，SFTP 等）来支持数据的传输。并定义清晰的 API 或服务契约，以便于数据的交换和集成。
- 测试和验证：对数据交换格式的各个组件进行单元测试，确保它们按预期工作。在系统集成阶段，测试数据交换格式是否能够在实际环境中正常工作。
- 文档和标准化：详细记录数据交换格式的设计和使用说明，便于开发者和用户理解和使用。尽可能遵循行业标准和最佳实践，以提高数据交换格式的通用性和可接受性。

通过这些步骤，组织可以设计出一个既满足当前需求又具备未来适应性的数据交换格式，从而支持有效的数据资源架构设计。

6. 数据分类与分级

（1）组织数据需要分类分级管理 《中华人民共和国数据安全法》第二十一条：

"国家建立数据分类分级保护制度，根据数据在经济社会发展中的重要程度，以及一旦遭到篡改、破坏、泄露或者非法获取、非法利用，对国家安全、公共利益或者个人、组织合法权益造成的危害程度，对数据实行分类分级保护。国家数据安全工作协调机制统筹协调有关部门制定重要数据目录，加强对重要数据的保护。

"关系国家安全、国民经济命脉、重要民生、重大公共利益等数据属于国家核心数据，实行更加严格的管理制度。

"各地区、各部门应当按照数据分类分级保护制度，确定本地区、本部门以及相关行业、领域的重要数据具体目录，对列入目录的数据进行重点保护。"

随着数据安全上升到国家安全层面和国家战略层面，数据的分类分级已经成为组织数据安全治理的必选题。

（2）数据分类分级的定义　数据分类分级是数据安全治理领域的一个专业名词，从名字上就能看出这个名词其实包含了两部分的内容：数据分类和数据分级。

数据分类是指根据数据的属性、特征、价值、重要性和敏感性等因素，按照相应的规则对数据做不同维度的区分整理，并构建合适的数据分类体系。数据分类是做好数据管理的第一要务，无论是对数据资源做数据标准管理、数据模型管理、数据质量管理、数据价值管理，还是对外提供数据资产相关服务，都需要先做好数据分类。

数据分级是指在数据分类的基础上，根据数据的敏感程度和数据遭到篡改、破坏、泄露或非法获取、非法利用后对受害者造成的影响程度，将数据按不同级别划分，从而实现数据的差异化保护。数据分级更多是从安全合规性要求、数据保护要求的角度出发，称之为数据敏感度分级更为贴切。

总体而言，数据分类分级的对象通常是数据项、数据集。其中，数据项是指在数据库表中定义的某一列字段，数据集则是指由若干个数据项组成的集合（数据库表、数据文件等）。无论何时，数据分类与数据分级都密不可分。因此，在组织进行数据资产管理或数据安全治理的过程中，数据资源的分类与分级一般都是联合进行的，可称之为组织数据资源分类分级。

（3）案例：华为基于数据特性的分类管理框架　华为根据数据特性及治理方法的不同对数据进行了分类定义：内部数据和外部数据、结构化数据和非结构化数据、元数据。其中，结构化数据又进一步划分为基础数据、主数据、事务数据、报告数据、观测数据和规则数据⊖。

华为数据分类管理框架如图 4-13 所示。

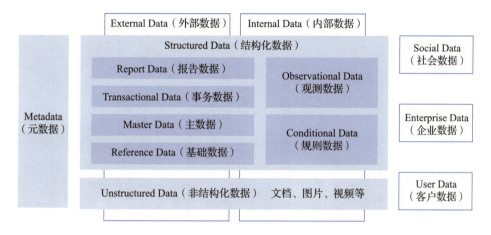

图 4-13　华为数据分类管理框架

对上述数据分类的定义及特征描述见表 4-1。

（4）组织数据的常见分级方法　组织数据的常见分级方法主要基于数据的敏感性、价值、影响范围以及业务需求等多个维度。以下是一些常见的分级方法。

1）按特性分级。

- 基于价值：数据可以按照其对组织的重要性或价值进行分级，如公开数据、内部数据、重要核心数据等。这种分级方法有助于组织识别和保护最有价值的数据资产。
- 基于敏感程度：数据可以根据其敏感程度进行分级，如公开、秘密、机密、绝密等。这种分级方法有助于确保敏感数据得到适当的保护，防止数据泄露或滥用。

⊖ 华为公司数据管理部. 华为数据之道 [M]. 北京：机械工业出版社，2020.

表 4-1 数据分类定义及特征描述

分类维度	数据分类名称	定义	特征	举例
按数据所属为外部/内部分类	外部数据	华为通过公共领域获取的数据	客观存在，其产生、修改不受我司的经营运营的影响	国家、币种、汇率
	内部数据	组织内经营运营产生的数据	在组织的业务、流程中产生或在业务管理规定中定义，受组织经营影响	合同、项目、组织
从数据存储特性为结构化或非结构化分类	结构化数据	可以存储在关系数据库里，用二维表结构来逻辑表达实现的数据	1）可以用关系数据库存储 2）先有数据结构，再产生数据	国家、币种、组织、产品、客户
	非结构化数据	形式相对不固定，不方便用数据库二维逻辑表来表现的数据	1）形式多样，无法用关系数据库存储 2）数据量通常较大	网页、图片、视频、音频、XML
	基础数据	用结构化的语言描述属性，用于分类或目录整编的数据，也称作参考数据	1）通常有一个有限的允许/可选值范围 2）静态数据，非常稳定，可以用作业务IT的开关、职责/权限的划分或统计报告的维度	合同类型、国家、币种
	主数据	具有高业务价值的，可以在组织内跨流程跨系统被重复使用的数据，具有唯一、准确、权威的数据源	1）通常是业务参与方，可以用业务事件的数据范围 2）取值不受限于预先定义就客观存在 3）在业务事件发生之前就客观存在，可以在组织内跨流程，比较稳定 4）主数据的补充描述可归入主数据独立存在	实体型组织、客户、人员基础配置
	事务数据	用于记录组织经营过程中产生的业务事件，其实质是主数据之间活动产生的数据	1）有较强的时效性，通常是一次性的 2）事务数据无法脱离主数据独立存在	工程量清单、支付指令、主生产计划

第4章 数据资源的设计、建设与管理

分类	类型	定义	特点	示例
从数据存储特性为结构化或非结构化分类	观测数据	观测者通过观测工具获取观测对象行为/过程的记录数据	1）通常数据量较大 2）数据是过程性的，主要用作监控分析 3）可以由机器自动采集	系统日志、物联网数据、运输过程中产生的全球定位系统数据
	规则数据	规则数据是结构化描述业务规则变量（一般为决策规则、关联关系表、评分卡等形式）的数据，是实现业务规则的核心数据	1）规则数据形式不可实例化，只以逻辑实体形式存在 2）规则数据的结构在纵向和横向两个维度上相对稳定，变化形式多为内容刷新 3）规则数据的变更对业务活动的影响范围大	员工报销规则、出差补助评分规则
	报告数据	对数据进行处理加工后，用作业务决策依据的数据	1）通常需要对数据加工处理 2）通常需要将不同来源的数据进行清洗、转换、整合，以便更好地进行分析 3）维度、指标值都可归入报告数据	收入、成本
从描述数据的手段上分类	元数据	定义一个组织所使用的物理数据、技术和业务流程、数据规则和约束以及数据的物理与逻辑结构的信息	描述性标签，描述了数据（如数据库、数据元素、数模型）、相关概念（如业务流程、应用系统、软件代码、技术架构）以及它们之间的联系（关系）	数据标准、业务术语、指标定义

123

- 基于司法影响范围：数据还可以根据其可能涉及的司法影响范围进行分级，如中国境内、跨区、跨境等。这种分级方法有助于组织在处理数据时遵守相关法律法规，避免法律风险。

2）基于业务需求分级。根据组织的特定业务需求，数据可以进行更细粒度的分级。例如，某些业务可能需要高度敏感的数据，而其他业务可能只需要一般敏感度的数据。这种分级方法有助于组织根据业务需求灵活调整数据访问权限和管理策略。

3）参照标准规范分级。在某些情况下，组织需要参照特定的标准规范对数据进行分级。例如，政府数据分级可以参照GB/T 31167—2014，将非涉密数据分为公开、敏感数据等。这种分级方法有助于确保数据分级与行业标准保持一致，提高数据的合规性。

需要注意的是，数据分级并不是一成不变的，随着组织业务的发展、法律法规的变化以及技术的进步，数据分级可能需要进行调整和优化。因此，组织需要定期评估数据分级的有效性，并根据实际情况进行调整。同时，数据分级也需要与组织的数据安全策略、数据治理策略等相结合，共同构建一个完整的组织数据的全生命周期管理体系。

（5）组织数据分类分级可参考的标准　随着法律政策的颁布和推进，各行业领域数据分类分级相关标准规范的制定进入快车道。金融、电信、工业、医疗健康、政务等领域也纷纷面向各领域数据，制定了相应的分类分级标准或政策。

在国家标准层面，可以参考GB/T 38667—2020《信息技术　大数据　数据分类指南》。该标准提供了大数据分类过程及其分类视角、分类维度和分类方法等方面的建议和指导，适用于指导大数据分类。

数据分类分级的行业标准现状如图4-14所示。

7. 数据标准

在数据资源架构中，数据标准是指一系列规范和规则，它们确保数据资源架构及组件的一致性、准确性、完整性和可理解性。数据标准是组织内部和跨组织之间数据交换和共享的基础，它们有助于提高数据质量，降低数据管理成本，并促进业务流程的自动化和优化。

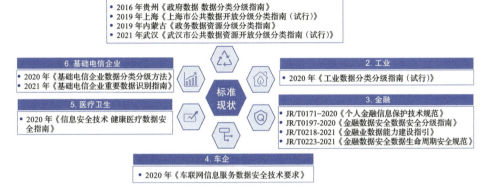

图 4-14　数据分类分级的行业标准现状

在数据资源架构中，数据标准通常包括以下几个方面：
- 数据定义标准：明确数据元素的业务含义、定义和用途。
- 数据命名标准：规定数据元素的命名规则，以确保名称的一致性和可理解性。
- 数据格式标准：数据类型（如整数、浮点数、字符串等）、长度、精度等格式要求。
- 数据结构标准：定义数据元素之间的关系，例如使用 ER 模型来描述。
- 数据质量标准：规定数据的准确性、完整性、一致性、可靠性和时效性要求。
- 数据安全和隐私标准：确保数据的安全性，遵守相关的隐私保护法规和标准。
- 元数据管理标准：规定元数据的收集、存储、更新和管理的规则。
- 数据交换标准：定义数据交换的格式、协议和接口标准，如 XML、JSON、API 等。
- 数据生命周期管理标准：规定数据从创建、存储、使用到归档或销毁的整个生命周期的管理规则。

- 数据分类和分级标准：根据数据的重要性和敏感性对数据进行分类和分级。
- 数据访问和权限标准：规定谁可以访问数据，以及他们可以执行哪些操作。
- 数据治理标准：数据治理的组织结构、职责、流程和政策。
- 数据集成和互操作性标准：确保不同系统和应用程序之间数据的无缝集成和互操作。
- 数据备份和恢复标准：规定数据备份的频率、存储位置和恢复流程。
- 数据审计和监控标准：确保数据的合规性，通过审计和监控来跟踪数据的使用和变更。

通过制定和实施这些数据标准，组织可以确保数据在数据资源架构设计过程中的标准化。

需要注意的是，上述的基础数据标准在数据资源架构设计过程中进行设计，但是在数据管理保障体系的数据标准规范中进行统一管理。

4.3.2 数据资源设计的实现

数据资源设计的实现过程是一个系统而细致的工作，旨在确保组织内部的数据资源得到规范化、高效和安全的管理。这个过程一般分为 5 个阶段，每个阶段都有其特定的主要工作内容。数据资源设计的实现过程如图 4-15 所示。

1. 需求分析与规划

主要工作内容如下：

1）需求收集：与组织内各部门沟通，了解其对数据资源的需求，包括数据类型、使用频率、存储需求等。

2）需求分析：对收集到的需求进行深入分析，明确数据资源设计的目标和要求。

3）规划制定：根据需求分析结果，制定数据资源设计的整体规划，包括设计原则、设计范围、设计时间表等。

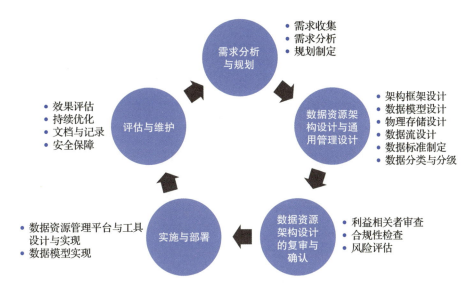

图 4-15　数据资源设计的实现过程

在这一阶段，务必要确保规划的合理性和可行性，同时要与组织的整体战略和业务目标保持一致。

2. 数据资源架构设计与通用管理设计

主要工作内容如下：

1）架构框架设计：确定数据资源架构的整体框架，包括数据的逻辑结构、物理存储布局及分布策略等。

2）数据模型设计：根据业务需求设计数据模型，包括实体、属性、关系等，确保数据的一致性和完整性。

3）物理存储设计：设计数据的物理存储方式，包括数据库的选择、表的设计、索引的设计等。

4）数据流设计：规划数据的流动与交互机制，包括数据的采集、存储、处理、分析和应用等环节。

5）数据标准制定：建立统一的数据标准，包括业务术语、主数据、参考数据、指标数据、元数据等基础标准等，以确保数据的一致性和可互操作性。

6）数据分类与分级：明确数据的分类标准和分级标准，根据数据的敏感度、价值等因素设置不同的保护级别。

这一阶段的目标是制定一套系统性的规则和方法，实现对组织内数据资源的规范化、高效设计。

3. 数据资源架构设计的复审与确认

主要工作内容如下：

1）利益相关者审查：与关键利益相关者（如 IT、业务部门、合规部门）进行审查，确保架构设计得到广泛认可，并且数据资源架构设计满足当前和未来的业务需求。

2）合规性检查：确保数据资源架构设计符合数据保护法规和行业标准。

3）风险评估：识别可能影响数据资源架构实施的风险因素，并制定缓解策略。

4. 实施与部署

主要工作内容如下：

1）数据资源管理平台与工具设计与实现：搭建数据资源管理平台和工具，验证是否能够支持设计的数据资源架构实现，并确保它们能够处理预期的数据量和复杂性。

2）数据模型实现：将逻辑数据模型转换为物理数据模型，并部署到平台与工具中，包括数据库的创建等。

在这一阶段，要确保数据资源设计的顺利实施，后期要注重用户的反馈和需求变化，以便及时进行调整和优化。

5. 评估与维护

主要工作内容如下：

1）效果评估：对数据资源设计的效果进行评估和分析，包括数据资源的可用性、准确性、安全性等方面。

2）持续优化：根据评估结果和用户需求的变化，对数据资源设计进行持续优化和改进。

3）文档与记录：建立和维护数据资源设计的文档和记录体系，以便后续的管理和维护工作。

4)安全保障:加强数据安全保障措施,包括数据备份、恢复、加密等,确保数据资源的安全性和可用性。

这一阶段的目标是确保数据资源设计的长期有效性和可持续性,为组织的数字化转型和业务发展提供有力支持。

4.3.3 数据资源架构的特性

1. 作用

数据资源架构的作用如图 4-16 所示。

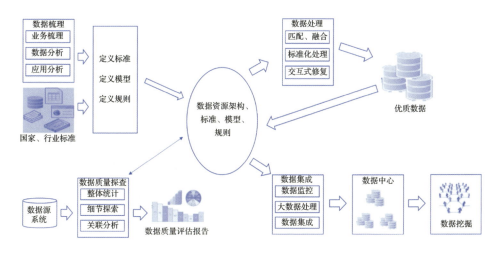

图 4-16 数据资源架构的作用

数据资源架构反映的是组织层级对数据资源的需求,而组织层级的数据资源需求则来源于组织的业务架构、业务流程、岗位职责、外部对数据的约束等,反映的是内外部环境下组织业务战略布局对数据资源的需求。

数据资源架构可以在数据处理、数据质量探查、数据集成时,提供关于数据的定义、组件以及组件之间的关系,即组织的数据资源模型、数据资源分布、数据资源标准,以便按照标准处理数据,发现质量问题。

同时,在进行数据资源处理、数据资源质量探查、数据资源集成时,组织有时也会发现数据资源架构存在的问题，此时可进行反馈，经过评审后可完善组织已有的数据资源架构。

2. 状态

组织的数据资源架构具有不同的状态，一般包括现在状态、未来状态和过渡状态，如图 4-17 所示。

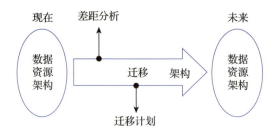

图 4-17　数据资源架构的状态

1）现在状态：组织现有数据资源架构。

2）未来状态：组织业务所期望的数据需求情况下，组织未来应具有的数据资源架构，即数据资源架构蓝图。

3）过渡状态：组织数据资源架构现在状态过渡到未来状态的过程中，可能会有若干的过渡状态，一般是暂态的。

3. 范围

数据资源架构既涉及 OLTP 系统中的数据资源，也涉及 OLAP 中的数据资源。图 4-18 所示是 OLTP 到 OLAP 过程中主要数据类型的转换映射关系。

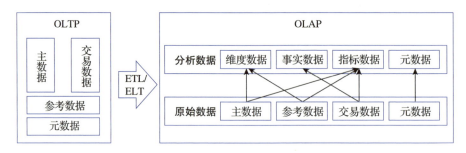

图 4-18　OLTP 到 OLAP 过程中主要数据类型的转换映射关系

第 4 章 数据资源的设计、建设与管理

同时，组织数据建模与设计也分为两个层次——业务级建模和企业级建模，如图 4-19 所示。

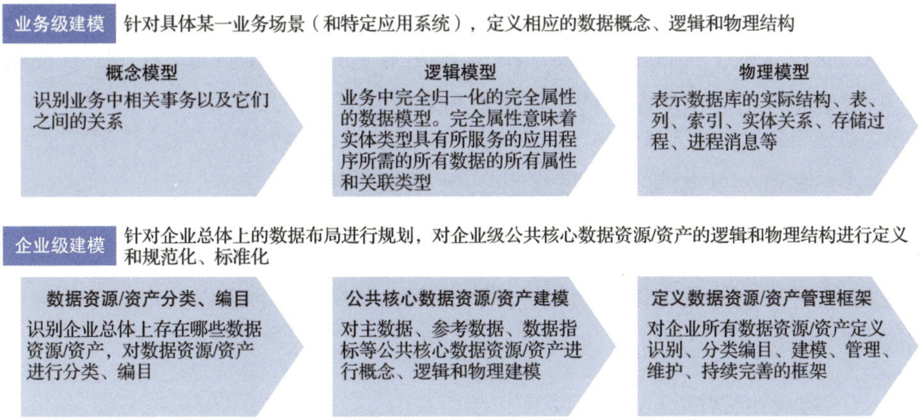

业务级建模 针对具体某一业务场景（和特定应用系统），定义相应的数据概念、逻辑和物理结构

- **概念模型**：识别业务中相关事务以及它们之间的关系
- **逻辑模型**：业务中完全归一化的完全属性的数据模型。完全属性意味着实体类型具有所服务的应用程序所需的所有数据的所有属性和关联类型
- **物理模型**：表示数据库的实际结构、表、列、索引、实体关系、存储过程、进程消息等

企业级建模 针对企业总体上的数据布局进行规划，对企业级公共核心数据资源/资产的逻辑和物理结构进行定义和规范化、标准化

- **数据资源/资产分类、编目**：识别企业总体上存在哪些数据资源/资产，对数据资源/资产进行分类、编目
- **公共核心数据资源/资产建模**：对主数据、参考数据、数据指标等公共核心数据资源/资产进行概念、逻辑和物理建模
- **定义数据资源/资产管理框架**：对企业所有数据资源/资产定义、识别、分类编目、建模、管理、维护、持续完善的框架

图 4-19 组织数据建模与设计的两个层次

（1）业务级建模

目的：针对具体的业务场景和特定的应用系统，进行数据概念、逻辑和物理结构的定义。

内容：在这一层次，建模的焦点是特定的业务流程和应用需求。这涉及对业务流程中涉及的数据元素进行识别、分类和定义，以及设计数据模型来支持这些流程。

特点：业务级建模更加关注于业务操作的细节，如交易处理、客户管理等，以及如何通过数据模型来优化这些操作。

（2）企业级建模

目的：对企业总体上的数据资源/资产布局进行规划，定义和规范化、标准化企业级公共核心数据资源/资产的逻辑和物理结构。

内容：在企业级建模中，重点是在整个组织范围内对数据进行统一的管理和控制。这包括定义数据资源/资产标准、数据治理策略、数据资源/资产架构以及数据资产的共享和整合机制。

特点：企业级建模更侧重于数据的全局视角，确保数据在整个组织中的一

致性和可重用性，同时支持跨业务单元的数据共享和分析。

这两个层次的建模工作是相辅相成的。业务级建模提供了对特定业务流程的深入理解，而企业级建模则确保了资源/资产在整个组织中的一致性和有效管理。通过这两个层次的建模，组织能够更好地控制数据资源/资产，提高数据的质量和可用性，从而支持业务决策和运营效率。

4.3.4 案例：大型零售连锁企业的数据资源设计

一个大型零售连锁企业（称之为"环球购物"），该企业希望建立一个统一的数据资源来支持其多渠道销售、库存管理、客户关系管理以及市场分析等业务需求。

1. 已有数据资源情况

环球购物在北美洲的纽约、欧洲的伦敦、亚洲的上海设有数据中心。每个数据中心都具备高可用性和灾难恢复能力。环球购物的电子商务平台和POS（Point of Sale，销售时点）系统都支持多语言和多货币交易。环球购物的CRM系统能够集成线上线下的客户数据，并支持跨渠道的营销活动。环球购物的主要数据如下：

（1）销售数据 来自POS系统和电子商务平台，包括交易时间、交易金额、产品详情、支付方式等。

- POS系统：数据实时传输至数据中心，包括每笔交易的详细信息（如交易ID、时间戳、商品存货单位、数量、单价、总价、支付方式等）。
- 电子商务平台：除了上述信息外，还包括用户浏览行为、购物车内容、支付状态（待支付、已支付、退款等）、优惠券使用情况等。

（2）库存数据

- 库存数据：来自库存管理系统，详细记录每个仓库中每种产品的库存量、入库时间、出库时间、库存预警阈值、补货请求状态等。系统还应支持多仓库间的库存调拨和分配。
- 补货周期：基于历史销售数据和库存流动情况，系统自动计算最佳补货时机和数量。

（3）客户数据
- 客户数据：来自 CRM 系统，集成多渠道客户数据（线上线下购买记录、咨询记录、会员等级、积分情况等），支持客户画像构建，包括年龄、性别、地域、购买偏好等。
- 偏好设置：客户可自行设置接收营销信息的渠道（邮件、短信、App 推送）和频率。

（4）市场数据　来自市场调研报告和社交媒体分析，包括市场趋势、竞争对手情况、消费者行为分析等。
- 市场调研报告：定期收集行业报告、竞争对手分析、消费者调研结果等，以 PDF、Excel 等格式存储。
- 社交媒体分析：利用大数据分析工具抓取社交媒体上的品牌提及、产品评价、用户反馈等，进行情感分析和趋势预测。

（5）内部管理数据　包括员工信息、财务数据、供应链信息等。
- 员工信息：员工基本信息、职位、职责、绩效等。
- 财务数据：收支记录、利润报表、成本分析等。
- 供应链信息：供应商信息、采购订单、物流跟踪等。

（6）非结构化数据　如客户服务记录、产品评论、社交媒体帖子等。
- 客户服务记录：语音记录、聊天记录（文本、图片、视频）、工单系统等。
- 产品评论：来自电商平台、社交媒体、用户论坛等的评论数据，需进行情感分析和关键词提取。
- 社交媒体帖子：监控品牌相关的社交媒体帖子，进行舆情分析。

2. 需求分析

（1）业务需求识别
- 个性化营销：基于客户购买历史和偏好，推送定制化营销信息，提高转化率。
- 库存优化：通过销售预测和库存预警，减少库存积压和缺货情况。
- 客户满意度提升：快速响应客户咨询和投诉，提供个性化服务。
- 市场趋势洞察：整合市场数据和社交媒体分析，快速响应市场变化。

（2）数据源识别与评估

- 数据源识别：数据来源包括 POS 系统、电子商务平台、库存管理系统、CRM 系统、社交媒体和市场调研报告。
- 实时性评估：POS 系统和电子商务平台数据需要高实时性，库存管理系统次之，市场调研报告和社交媒体分析可容忍一定的延迟。
- 准确性评估：所有数据源均需定期验证其准确性，特别是销售数据和库存数据，直接影响业务决策。
- 权威性评估：市场数据和社交媒体分析需依赖权威的数据源和可靠的分析工具。

3. 架构设计

（1）架构框架设计

1）架构元模型：明确销售、库存、客户、市场等业务实体之间的关系，如"客户"可以"购买"多个"产品"，"产品"有对应的"库存"量等。

2）架构视图：

- 销售流程视图：展示从客户下单到支付完成的全过程，包括订单生成、支付验证、库存扣减等环节。
- 库存管理视图：展示库存的入库、出库、调拨、补货等流程，以及与销售流程的交互。
- 客户管理视图：展示客户信息的收集、分析、应用过程，包括客户画像构建、个性化营销推送等。
- 市场分析视图：展示市场数据的收集、分析和应用，如趋势预测、竞争对手分析、消费者行为研究等。包括市场调研系统、社交媒体监听工具、数据分析平台之间的数据整合。

（2）静态设计

1）逻辑数据模型：使用 ER 模型设计，包含以下主要实体和关系。

- 产品（存货单位、名称、价格、描述）。
- 交易（交易 ID、时间、客户 ID、产品 ID、数量、金额）。

- 客户（ID、姓名、联系方式、购买历史、偏好）。
- 库存（仓库 ID、产品 ID、库存量、补货周期）。
- 市场趋势（时间、趋势类型、分析结论）。
- 关系如"产品 - 交易"（一对多）、"客户 - 交易"（多对多）等。

2）数据生命周期设计：
- 交易数据：实时备份，定期（如每月）归档至冷存储。
- 库存数据：每日更新，历史数据保留一年。
- 客户数据：长期保存，定期清理无效或过时信息。

3）数据存储策略：
- 高频访问数据：交易数据和库存数据属于高频访问数据，应采用高性能的数据库系统（如 MySQL、PostgreSQL）进行存储，并确保有足够的读写性能以满足实时性需求。这些数据库可以部署在高性能的服务器集群上，并通过负载均衡技术优化访问效率。
- 大数据量存储：客户数据、市场数据和部分非结构化数据（如产品评论、社交媒体帖子）由于数据量大，可以采用分布式存储系统（如 Hadoop HDFS、Ceph）进行存储。这些系统能够处理 PB 级别的数据存储，并提供高可靠性和可扩展性。
- 冷数据存储：对于历史销售数据、归档的库存记录等不常访问的数据，可以转移到冷存储介质（如磁带库、云存储中的冷存储层）中以节省成本。这些数据在需要时可以快速恢复，但访问速度会比在线存储慢。
- 数据缓存：为了提高数据访问速度，可以在应用层或数据库层部署缓存系统（如 Redis、Memcached）。缓存系统可以存储热点数据，减少数据库的访问压力，并显著提升数据检索速度。

4）数据分布策略：
- 地理位置分布：根据客户的地理位置和访问模式，将客户数据和与之相关的销售数据存储在离用户更近的数据中心，以减少网络延迟并提高响应速度。例如，如果企业在全球多个地区都有业务，可以设置多个数据中心，并根据用户的 IP 地址或地理位置信息将数据分发到最近的数据中心。

- 业务逻辑分布：根据业务逻辑的不同，将相关数据分布到不同的数据库或数据仓库中。例如，销售数据和库存数据可以存储在 OLTP 数据库中，用于支持日常的业务操作；而市场数据、客户分析等数据可以存储在 OLAP 数据仓库中，用于支持复杂的数据分析和报表生成。

基于上述策略，全球数据中心分布如下：

- 北美洲数据中心：存储北美洲地区的客户数据、交易数据和库存数据，以减少延迟，提高访问速度。
- 欧洲数据中心：存储欧洲地区的数据，同样考虑访问速度和数据的实时性。
- 亚洲数据中心：存储亚洲地区的数据，考虑到亚洲市场的快速增长和数据量。
- 全球市场分析中心：集中存储和分析全球市场数据，包括社交媒体分析和市场调研报告。

（3）动态设计

1）数据流：

- 销售数据流：从 POS 系统和电子商务平台收集交易数据，经过清洗和转换后，存储到销售数据库中。同时，销售数据会触发库存扣减操作，并更新库存数据库。
- 库存数据流：库存管理系统根据销售数据和补货规则，生成补货请求，并监控库存状态。当库存量低于预警阈值时，触发补货操作。
- 客户数据流：CRM 系统收集来自多个渠道的客户数据，包括购买历史、偏好设置等，并构建客户画像。这些数据会用于个性化营销和客户服务。
- 市场数据流：市场调研报告和社交媒体分析数据定期导入到市场分析数据库中，用于市场趋势洞察和竞争对手分析。

2）数据血缘：建立数据血缘系统，记录数据的来源、处理过程和变化历史。通过数据血缘，可以追踪每个数据项的生命周期，确保数据的准确性和可追溯性。例如，对于一条销售记录，可以追溯其来源于哪个 POS 系统、何时被创建、何时被修改以及修改前后的内容。

3）数据接口：定义不同系统间的数据交换格式和协议，确保数据能够无缝集成。可以采用 RESTful API、SOAP、Kafka 等消息队列技术或数据集成工具（如 Talend、Informatica）来实现数据接口的定义和管理。

4. 管理策略设计

1）数据分类：将数据分为交易数据、客户数据、产品数据和市场数据等，并定义每类数据的管理策略。

- 交易数据：销售点的交易记录、在线交易数据等，具有高频访问和实时性要求。
- 客户数据：客户的个人信息、购买历史、偏好设置等，对个性化服务至关重要。
- 产品数据：产品详情、库存信息、产品分类等，对库存管理和销售策略有直接影响。
- 市场数据：市场趋势分析、竞争对手情报、消费者行为研究等，对市场分析和决策支持至关重要。

2）数据分级：根据数据的敏感性和重要性进行分级，如将客户个人信息和支付信息定为最高敏感级。

- 一级（最高敏感级）：客户个人信息和支付信息，需要最严格的安全措施和保密协议。
- 二级（高敏感级）：客户购买历史和偏好设置，对个性化营销至关重要。
- 三级（中敏感级）：产品数据和部分市场数据，对业务运营有较大影响，但敏感性较低。
- 四级（低敏感级）：一般性市场趋势和公开信息，对业务决策有一定参考价值，但敏感性最低。

3）数据标准制定：制定数据的命名、格式、标准等规范，确保数据的一致性和准确性。

- 命名标准：制定统一的数据字段命名规则，确保不同系统和模块间的数据能够无缝对接。

- 格式标准：规定数据存储和传输的格式，如日期时间格式、数值格式等，避免数据解析错误。
- 质量标准：确立数据质量要求，包括准确性、完整性、一致性和时效性等。
- 安全标准：针对不同级别的数据制定相应的安全控制措施，如加密传输、访问控制等。

此外，环球购物还应建立数据治理委员会，负责监督数据标准的制定和执行，确保数据管理策略与企业战略一致，并适应法律法规的变化。通过定期审查和更新数据标准，环球购物能够持续提升数据管理的效率和效果。

5. 实施

为确保架构框架的高效开发，环球购物将采用敏捷开发方法论，分阶段实施架构框架的开发。

1）建立一个跨部门的项目团队：IT、销售、库存、市场和客户服务等部门的代表，确保架构设计能够满足不同业务部门的需求。

- 项目团队组建：组建由项目经理、业务分析师、数据架构师、开发人员和质量保证工程师组成的团队。
- 需求分析整理：将前期的需求分析进行整理，明确架构开发的具体目标和预期成果。
- 开发工具选择：选择合适的开发工具和平台，如使用 ER/Studio 进行数据建模，使用 JIRA 进行项目管理等。
- 原型设计：设计架构原型，并与业务部门进行多次迭代，确保架构设计符合实际业务需求。
- 用户验收测试：在开发过程中，定期进行用户验收测试，收集用户反馈并及时调整架构设计。

2）架构框架开发：基于需求分析，开发架构元模型和视图，确保架构与业务需求一致。

- 元模型设计：定义架构的核心组件、关系及交互方式。

- 视图开发：提供多种视图（如逻辑视图、物理视图、开发视图）以支持不同利益相关者的需求。

3）逻辑数据模型构建：设计符合业务需求的逻辑数据模型，并与现有的物理数据模型进行映射。

- 实体识别：根据业务需求识别关键实体及其属性。
- 关系定义：明确实体间的关系（如一对一、一对多、多对多）。
- 模型验证：通过模拟和测试验证逻辑数据模型的有效性。

4）生命周期与存储策略制定：为不同类型的数据制定生命周期管理策略和存储策略，如交易数据的实时备份和定期归档。

- 实时备份：对交易数据等关键数据进行实时备份，以防数据丢失。
- 定期归档：对非活跃数据进行定期归档，以节省存储空间。
- 数据清理：定期清理无效或过时数据，保持数据的整洁。

5）数据流和接口定义：明确数据在不同系统间的流动路径和交换格式，确保数据的无缝集成。

- 数据映射：明确数据在源系统与目标系统间的映射关系。
- 交换格式：定义数据交换的标准格式（如 JSON、XML）。
- 接口协议：制定数据接口的通信协议和安全措施。

6）分类与分级实施：实施数据分类和分级策略，确保数据管理的有效性和安全性。

- 政策制定：根据数据分类和分级制定详细的管理政策。
- 权限分配：根据政策分配数据访问权限。
- 审计与监控：实施数据访问的审计和监控机制。

7）标准制定与执行：制定并执行数据标准，通过培训和宣贯确保所有相关人员理解和遵守。

- 标准制定：制定详细的数据管理标准，包括命名、格式、质量等方面。
- 培训：对相关人员进行数据标准培训。
- 宣贯：通过内部通讯、会议等方式宣贯数据标准的重要性。

6. 维护与迭代

架构迭代：定期回顾和更新架构，以适应业务发展和技术变化。

- 定期评估：定期评估架构的适应性和有效性。
- 需求收集：收集业务部门对架构的反馈和需求。
- 技术跟踪：关注新技术和趋势，评估其对架构的影响。
- 迭代计划：制定架构迭代的详细计划和时间表。

7. 文档与培训

1）文档编制：编制详细的架构文档，包括设计说明、管理策略、操作手册等。

- 设计文档：详细描述架构设计、模型、策略等。
- 管理文档：包括数据分类、分级、标准等管理政策。
- 操作手册：提供架构操作、维护、故障排除的指导。

2）培训与宣贯：对相关人员进行架构理念和操作的培训，确保架构的顺利实施和使用。

- 培训课程：设计针对不同角色的培训课程，如数据管理员、开发人员、业务分析师等。
- 实操演练：通过模拟场景进行实操演练，提高人员的实战能力。
- 反馈机制：建立培训反馈机制，持续优化培训内容和方法。
- 文化建设：将数据管理纳入企业文化，培养全员的数据意识和责任感。

通过以上细化的架构设计过程，环球购物能够确保其数据资源架构能够有效支持业务运营，同时具备良好的扩展性和灵活性，以适应未来的变化。

4.4 数据资源建设

在数字化转型的浪潮中，数据资源建设是企业挖掘数据价值、提升竞争力的基础性工作。这一过程涵盖了从数据收集、整理、存储到优化利用的各个环节，其成功与否直接关系到组织数据战略的实施效果。本节详细阐述了数据资源建设的过程，提炼关键要点，剖析常见挑战，并探索有效的解决方案，为组织构建丰富、高质量的数据资源体系提供指导。

4.4.1 建设流程

数据资源建设是指将数据资源架构设计应用到数据资源本身进行数据治理的过程，通过这一过程，组织能够将无序的数据资源转化为有序、高效、可管理的数据资源。这包括将数据从 OLTP 系统迁移到 OLAP 环境，进行数据治理、存储、优化和处置，以形成完整的、可供组织使用的数据资源。

图 4-20 所示是基于数据资源架构设计实现数据资源建设的一般流程。

明确数据资源建设目标	数据评估与选择	数据迁移	数据资源存储与运维
• 建设目标 • 建设需求	• 数据源识别 • 数据价值评估 • 数据合规性评估 • 数据质量评估	• 迁移计划制定 • ETL过程设计 • 数据抽取 • 数据清洗和转换 • 数据加载 • 数据验证	• 存储结构优化 • 索引创建 • 数据分区 • 备份和恢复 • 性能监控 • 安全措施实施 • 维护计划

图 4-20　数据资源建设的一般流程

1）明确数据资源建设目标。在开始数据资源建设之前，需要明确建设的目标和需求。这包括确定数据的范围、类型、规模、用途以及预期的成果。目标的明确有助于后续步骤的顺利进行。

2）数据评估与选择。

- 数据源识别：确定所有潜在的数据源，并对它们的数据进行特征分析。
- 数据价值评估：分析数据对业务决策的支持程度，确定数据的优先级。
- 数据合规性评估：检查数据是否符合数据隐私法规和组织政策。
- 数据质量评估：评估数据的准确性、完整性和一致性，确定数据清洗和预处理的需求。

3）数据迁移。

- 迁移计划制定：制定详细的迁移计划，包括迁移步骤、时间表、资源分配和风险管理策略。

- ETL 过程设计：设计抽取、转换和加载过程，确保数据从源系统到目标系统的无缝迁移。
- 数据抽取：使用 ETL 工具从 OLTP 系统中提取数据，并确保数据的抽取不会影响源系统的性能。
- 数据清洗和转换：清理数据，处理不一致性和错误，将数据转换为数据资源架构中的格式。
- 数据加载：将清洗和转换后的数据加载到 OLAP 系统中，确保数据的完整性和准确性。
- 数据验证：通过数据质量检查和测试，验证迁移数据的完整性和准确性。

4）数据资源存储与运维。

- 存储结构优化：根据数据访问模式和查询需求，优化数据存储结构，如使用列式存储或数据压缩技术。
- 索引创建：为常用的查询字段创建索引，以提高数据检索的速度和效率。
- 数据分区：实施数据分区策略，如按照时间、地理或其他业务逻辑进行分区，以提高查询性能和数据管理的灵活性。
- 备份和恢复：制定和实施数据备份和恢复策略，确保数据的安全性和可恢复性。
- 性能监控：监控数据存储和查询性能，识别瓶颈并进行优化。
- 安全措施实施：确保数据存储的安全，包括访问控制、加密和监控。
- 维护计划：制定定期维护计划，包括硬件检查、软件更新和性能调优。

需要注意的是，上述数据资源存储与运维中的一些工作是通过数据资源管理中的数据资源生命周期管理的职能实现的。

4.4.2 建设要点

数据资源建设的关键要点如下：

- 业务对齐：确保数据资源建设与组织的战略目标和业务需求保持一致，优先实现对于业务来说有价值的数据。
- 数据质量：保证数据资源的准确性、完整性和一致性，这是数据资源建设的基础。在数据资源建设时,数据质量是通过 ETL 工具在数据资源进行迁移过程中基于数据资源架构进行数据清洗和转换获取的。
- 数据安全与合规:遵循数据保护法规,确保个人数据的安全和隐私。在数据资源建设时,数据安全与合规首先是通过 ETL 工具在数据资源进行迁移过程中基于数据资源架构进行数据分类分级奠定了基础,后续通过数据资源风险管理实现。
- 技术选型:选择合适的技术和工具来支持数据迁移、存储和管理。
- 性能优化:优化数据存储和查询性能,确保数据资源存储和查询的效率。
- 可扩展性:设计可扩展的数据资源架构,以适应数据量增长和业务发展。
- 用户培训与参与:培训关键用户,确保他们理解数据资源的价值和使用方法。
- 持续改进:数据资源建设是一个持续的过程,需要定期评估和改进。

4.4.3 常见问题及解决方案

(1)数据质量问题

问题:数据不准确、不完整或不一致。

解决方案:在数据清洗和转换过程中进行数据质量监控流程,确保数据资源在迁移前后的质量。还可以引入数据质量评估工具,定期进行数据质量评分和报告。此外,建立数据质量标准和指标体系,明确数据质量要求,并通过自动化工具持续监控和改进数据质量。

(2)技术选型不当

问题:选择的技术不能满足性能、可扩展性或安全性要求。

解决方案:进行彻底的技术评估,选择市场上成熟且广泛支持的解决方案。在选择技术时,除了考虑性能、可扩展性和安全性,还应考虑技术的成熟度、社区支持、成本效益分析以及与现有系统的兼容性。同时,建立技术选型评审机制,确保技术决策的合理性和透明性。

(3)数据迁移风险

问题:数据迁移过程中的数据丢失或损坏。

解决方案：制定详细的迁移计划，实施数据备份和恢复策略。在迁移计划中，应包括风险评估和应对策略，如迁移前的全面测试、迁移过程中的实时监控以及迁移后的验证和审计。此外，建立跨部门的迁移团队，确保迁移过程中的沟通和协调。

（4）性能瓶颈

问题：数据查询性能不佳。

解决方案：优化数据资源架构模型，使用索引和分区技术提高性能。还可以考虑引入缓存机制、负载均衡和数据压缩技术来提高性能。同时，定期进行性能测试和调优，确保系统能够应对不断变化的业务需求。

（5）数据治理不足

问题：缺乏有效的数据治理，导致数据管理混乱。

解决方案：建立数据治理框架，包括数据治理委员会、数据管理流程和数据质量控制机制。同时，引入数据治理工具，如数据目录、数据分类和数据生命周期管理，以提高数据管理的效率和效果。

（6）用户参与度低

问题：用户不了解数据资源的价值，使用率低。

解决方案：通过用户反馈机制收集用户意见，不断优化数据资源的用户体验。同时，建立用户社区，鼓励用户分享最佳实践和经验，提高用户对数据资源使用的参与度和满意度。

（7）合规性问题

问题：数据处理不符合法律法规要求。

解决方案：建立合规性监控机制，实时跟踪法律法规的变化，并及时更新数据管理政策。定期进行合规性审查，确保数据资源活动合法合规。同时，进行定期的合规性培训，提高员工的合规意识和能力。

（8）可扩展性问题

问题：数据资源架构不能适应数据量的快速增长。

解决方案：在设计数据资源架构时，考虑未来业务增长和数据量变化的可能性，采用模块化和微服务架构，以便于系统的扩展和维护。同时，评估和选择合适的云服务提供商,利用云服务的弹性和可扩展性。

通过关注这些要点并解决可能遇到的问题,组织可以有效地实现数据资源建设,从而提高决策质量、增强竞争力和优化运营效率。

4.5 数据资源管理

数据资源作为数据资产的核心来源之一,其管理不仅关乎数据价值的最大化实现,更直接影响组织的运营效率和决策质量。本节深入探讨了数据资源管理的体系框架,揭示其内在的管理逻辑,同时阐述了数据生命周期与系统开发生命周期之间的紧密联系,旨在为企业构建一套高效、有序的数据资源管理体系提供理论支撑与实践指导。

4.5.1 数据资源管理体系框架

组织需要对数据集从 OLTP 类业务系统迁移到 OLAP 类数据环境的过程、数据资源的日常运作(数据资源的生命周期)进行管理,实现数据资源质量可信、安全合规,保护个人隐私。可以将实现上述功能的体系称为数据资源管理体系。

数据资源管理体系框架如图 4-21 所示,数据资源管理体系主要包括两部分:核心职能与保障体系。

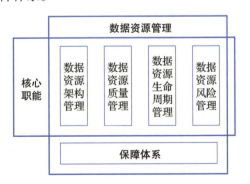

图 4-21 数据资源管理体系框架

1. 核心职能

数据资源管理体系的核心职能包括数据资源架构管理、数据资源质量管理、数据资源生命周期管理、数据资源风险管理。

- 数据资源架构管理：在组织内部对数据资源的存储、组织、流动和使用方式进行规划、设计和监督的过程，旨在确保数据资源的结构能够支持业务需求，提高数据的可用性和一致性，并促进数据资源的有效利用。
- 数据资源质量管理：通过一系列策略和流程来确保数据资源的准确性、完整性、一致性和可靠性的过程，包括数据资源的收集、清洗、验证、监控和维护等活动，目的是提高数据资源的质量，使其能够支持有效的决策和业务运营。
- 数据资源生命周期管理：对数据资源从创建到最终销毁的整个过程中进行的系统化管理。
- 数据资源风险管理：识别、评估、监控和控制数据资源在生命周期中可能面临的风险的过程。这些风险包括数据丢失、数据泄露、数据滥用、数据损坏、数据过时、数据不一致性以及非授权访问等。数据资源风险管理的目的是保护数据资源免受这些风险的影响，确保数据的安全性、完整性、可用性和合规性。

2. 保障体系

保障体系可以参考组织数据战略管理体系中的保障体系，只是范围限制在组织数据资源管理方面的投入和资源支持。同样也包括管理组织、管理机制、标准规范、数据人才、平台工具、技术创新、文化素养、数据治理等方面。

- 管理组织：建立专门的数据管理部门或团队，负责协调和监督数据资源管理的各个方面；明确团队中各个角色的岗位、职责、权限和工作内容，确保数据资源管理工作的有效开展；加强数据管理团队的建设，提升团队成员的专业能力和协作能力，形成高效、专业的数据管理团队。
- 管理机制：制定详细的数据资源管理制度和流程，明确各项工作的执行标准和操作规范，确保数据资源管理工作的有序进行。建立数据资源管理的监督机制，对数据资源管理工作的执行情况进行定期检查和评估，及时发现和纠正问题。
- 标准规范：制定统一的数据标准，包括数据资源命名、数据资源格式、数据资源编码等，确保数据资源的一致性和可理解性。建立数据资源质量评估体系，明确数据资源质量的评估标准和评估方法，确保数据资源的准确性、完整性、一致性和可靠性。制定数据资源安全政策和隐私保护规范，确保数据的保密性、完整性和可用性，防止数据泄露和滥用。
- 数据人才：加强数据人才的培养和引进，提升数据资源团队的专业能力和创新能力。通过培训、交流等方式，不断提高团队成员的数据素养和业务能力。建立有效的人才激励机制，激发团队成员的积极性和创造力，促进数据资源管理工作的持续发展和创新。
- 平台工具：选用成熟稳定的数据资源管理平台和技术工具，实现对数据资源的集中管理、统一调度和监控。这些平台工具应具备高效、可靠、易用等特点。配备必要的数据采集、清洗、分析、可视化等工具，提高数据资源治理的效率和准确性。同时，加强工具的整合和协同，形成一体化的数据资源管理工具链。
- 技术创新：加强数据资源管理相关技术的研发和创新，不断推出新技术、新方法，提高数据资源管理的效率和水平。积极推广和应用新技术、新方法，如人工智能、大数据、区块链等，提升数据资源管理的智能化和自动化水平。
- 文化素养：培育和推广数据文化，提高全员的数据意识和数据素养。通过宣传、培训等方式，让员工了解数据资源的重要性、治理和应用场景。倡导合作共享的精神，鼓励各部门之间、团队之间以及员工之间的数据资源共享和合作，形成协同共进的良好氛围。
- 数据治理：构建完善的数据资源治理体系，通过制定和执行相关资源政策、流程和工具，确保数据资源的高效、安全、合规管理。加强数据资源治理的实施力度，确保各项治理措施得到有效执行。同时，建立数据资源治理的评估和改进机制，不断优化和完善数据资源治理体系。

综上所述，数据资源管理的保障体系是一个涉及多个方面的综合性系统。加强管理组织、管理机制、标准规范、数据人才、平台工具、技术创新、文化素养和数据治理等方面的建设，可以确保数据资源的有效管理、高质量、安全性和合规性，为企业的发展提供有力支持。

4.5.2 核心职能之间的管理逻辑

数据资源管理体系的四个核心职能——数据资源架构管理、数据资源质量管理、数据资源生命周期管理和数据资源风险管理——相互关联并协同工作，共同确保数据资源的有效管理和使用。数据资源管理核心职能之间的逻辑关系如图 4-22 所示。

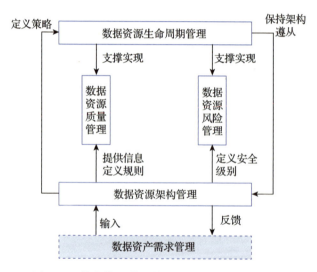

图 4-22 数据资源管理核心职能之间的逻辑关系

- 数据资源架构管理：作为体系的基础核心职能，它不仅定义了数据资源的整体框架、数据模型、数据流向等关键要素，还为其他职能的运行提供了稳固的基础支撑。该职能通过精心设计的架构，确保了数据资源的一致性、可访问性和可扩展性，为后续的质量管理、生命周期管理和风险管理奠定了坚实基础。
- 数据资源质量管理：该职能紧密依托于数据资源架构中对数据资源的定

义、需求和约束，特别是通过元数据这一关键桥梁，深入理解数据的业务含义、规则和标准。基于元数据，质量管理职能能够制定详细的数据质量规则，实施持续的数据质量监测，及时发现并纠正数据质量问题。值得注意的是，数据资源质量管理贯穿于数据生命周期的全过程，从数据产生到消亡，每个阶段都需要严格的质量控制。

- 数据资源生命周期管理：该职能专注于数据资源从创建、加工、存储、使用到归档或销毁的整个生命周期的系统化管理和监控。它不仅利用元数据定义了各类数据的生命周期管理策略，还通过自动化工具和流程，确保数据在不同阶段得到恰当的处理和保护。生命周期管理的有效实施为数据资源质量管理提供了时间维度上的保障，同时也为风险管理提供了必要的监控点和控制手段。

- 数据资源风险管理：基于数据资源架构中的分类分级机制，数据资源风险管理职能能够针对不同类型的数据制定差异化的保护策略，降低数据泄露、滥用或损坏的风险。这一职能的实现高度依赖于数据资源生命周期管理的成果，因为它需要在数据的整个生命周期中，根据数据的状态和价值变化，动态调整风险管理措施。此外，风险管理还涉及隐私保护级别的定义，确保在合法合规的前提下，最大限度地发挥数据资源的价值。

- 数据资产需求管理：在数据资源架构的设计与管理过程中扮演着至关重要的角色，通过系统地收集、分析和整理来自业务、用户及系统等多方面的数据（资产）需求，为数据资源架构的构建、优化和管理提供关键性的输入，确保数据资源能够精准满足业务需求，支撑组织的战略决策和运营活动。

在进行组织数据资源管理的时候，有一点是需要注意的，数据生命周期与系统开发生命周期存在关联，如图 4-23 所示。

一般来说，在信息化系统建设初期进行信息系统规划时，对其需要处理的数据也进行了规划；在具体进行信息系统设计时，会对系统中运转的数据进行规范定义；而信息系统开发、测试、部署直到上线这个过程，会同期实现对应数据的开发。从图 4-23 中我们能够看出，上述过程其实是 OLTP 系统的实现过程。随着信息化系统建设的展开，其对应的业务数据也同步实现了。

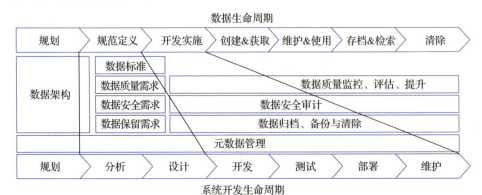

图4-23 数据生命周期与系统开发生命周期的关系

而在组织中，上述信息化建设过程只是提供了众多的数据源。如果要利用上述数据进行分析、形成数据产品或者直接交易，则需要根据具体的需求，对要利用的数据重新进行全生命周期的规划、设计和实现，这个过程涉及从已有数据源中进行已有业务数据的提取，按照需求整合形成满足需求的数据资源，并对数据资源进行存储、使用、归档、清除等操作。这个过程涉及数据从OLTP系统到OLAP系统的全生命周期操作和规范化管理。

4.5.3 数据资源架构管理

数据资源架构管理是一个综合性的管理过程，旨在通过系统化的方法和策略，确保组织的数据资源得到有效、合理的规划、使用和管理。

数据资源架构管理是一个动态的过程，它需要组织不断地评估、调整和优化其数据资源架构，以适应不断变化的业务需求和技术环境。通过这种管理，组织能够确保数据资源的有效形成和利用，支持决策制定，增强竞争力，并实现长期的战略目标。

1. 数据资源架构管理体系

数据资源架构管理是在数据资源架构全生命周期内对数据资源架构的设计、实施与评估进行管理的活动。

组织数据资源架构管理体系如图 4-24 所示，包括三部分：数据资源架构管理目标、核心职能和保障体系。

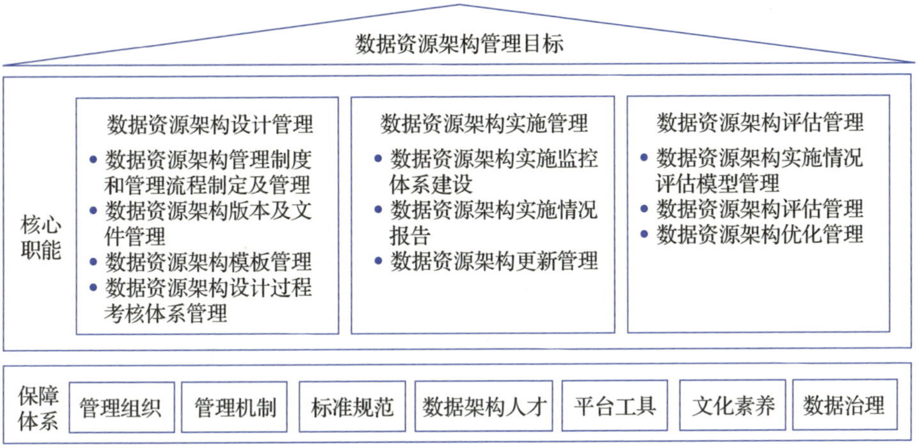

```
                    数据资源架构管理目标

        ┌─────────────────┬─────────────────┬─────────────────┐
        │ 数据资源架构设计管理 │ 数据资源架构实施管理 │ 数据资源架构评估管理 │
        │ • 数据资源架构管理制度│ • 数据资源架构实施监控│ • 数据资源架构实施情况│
  核心  │   和管理流程制定及管理│   体系建设          │   评估模型管理      │
  职能  │ • 数据资源架构版本及文│ • 数据资源架构实施情况│ • 数据资源架构评估管理│
        │   件管理           │   报告             │ • 数据资源架构优化管理│
        │ • 数据资源架构模板管理│ • 数据资源架构更新管理│                   │
        │ • 数据资源架构设计过程│                   │                   │
        │   考核体系管理      │                   │                   │
        └─────────────────┴─────────────────┴─────────────────┘

  保障  │ 管理组织 │ 管理机制 │ 标准规范 │ 数据架构人才 │ 平台工具 │ 文化素养 │ 数据治理 │
  体系
```

图 4-24 组织数据资源架构管理体系

（1）数据资源架构管理目标　组织数据资源架构管理的目标是通过在数据资源架构设计、实施、评价与控制过程中执行有效的举措，监督与控制数据资源架构设计与实现的全生命周期状态，保障数据资源架构设计科学、落地性强，保证数据资源架构按计划实施，并能根据实际业务以及 IT 系统建设情况，及时迭代更新，为其他的数据资源管理职能提供参考和指导。

（2）核心职能　组织为实现数据资源架构管理目标，在数据资源架构制定、实施、评价中所完成的一系列举措监督和控制活动。具体包括数据资源架构制定管理、数据资源架构实施管理和数据资源架构评估管理。

1）数据资源架构设计管理。

- 数据资源架构管理制度和管理流程制定及管理：制定数据资源架构全生命周期管理制度，细化管理流程，形成管理策略和管理办法，并管理制度的发布、落地和更新等。
- 数据资源架构版本及文件管理：管理数据资源架构的不同版本，实现数据资源架构不同版本的向下兼容。并对不同版本架构的生成、废止、删除、归档等进行管理。

- 数据资源架构模板管理：对数据资源架构生命周期中的各类模板进行管理，管理模板的设计、申请、使用、更新、删除等。
- 数据资源架构设计过程考核体系管理：制定数据资源架构设计过程考核指标，形成关键考核里程碑，对数据资源架构生命周期过程进行考核。

2）数据资源架构实施管理。

- 数据资源架构实施监控体系建设：根据数据资源架构遵从要求，建设数据资源架构实施监控平台，对信息系统及数据工程中对数据资源架构的遵从情况进行监控，促使信息系统及数据工程在建立可研、设计、实现、测试、上线全过程对数据资源架构遵从，保持一致。
- 数据资源架构实施情况报告：监控数据资源架构的实施情况，形成监测报告，发现异常，及时上报和处理。
- 数据资源架构更新管理：在架构实施过程中，管理数据资源架构更新过程，发现数据资源架构需要更新时，评估数据资源架构变更对对应数据的影响，并采取相关措施。

3）数据资源架构评估管理。

- 数据资源架构实施情况评估模型管理：制定数据资源架构实施情况评估模型，保证评估模型的客观性和科学性，必要时进行模型的优化和完善。
- 数据资源架构评估管理：利用数据资源架构实施情况评估模型，对数据资源架构进行评估。
- 数据资源架构优化管理：根据评估结果，制定数据资源架构的优化和完善计划，定期进行数据资源架构的迭代。

（3）保障体系　数据资源架构管理工作的顺利执行必须具备一定的条件，即保障。

- 管理组织：建立数据资源架构管理组织，决策重大数据资源架构建设投资，监控数据资源架构设计与实现，发现数据资源架构问题，及时处理。

- 管理机制：建立数据资源架构管理的各项规章制度，将数据资源架构管理流程和机制固化在政策中，推动数据资源架构管理政策的落地实施。
- 标准规范：对数据资源架构生命周期的关键管理环节进行标准化，形成统一的流程、接口，推动数据资源架构标准的制定与实施。
- 数据架构人才：培养组织数据资源架构管理人才，建立数据资源架构管理人才激励机制，形成有效的数据资源架构人才晋升通道。
- 平台工具：建设数据资源架构管理平台或工具，利用工具量化数据资源架构管理过程，监测数据资源架构全生命周期的实现与优化。
- 文化素养：培育组织数据文化，全员宣贯组织数据资源架构实施的意义、内涵与具体内容，推动全员提升数据资源架构意识，接受并执行数据资源架构。
- 数据治理：建立数据资源架构管理的规章制度，监控规章制度的落地实施，确保数据资源架构与实际数据保持一致。

2. 数据资源架构管理体系的实施

数据资源架构管理体系的实施是一个系统性、复杂性的过程，需要遵循一定的步骤和原则，其实施过程如图 4-25 所示。

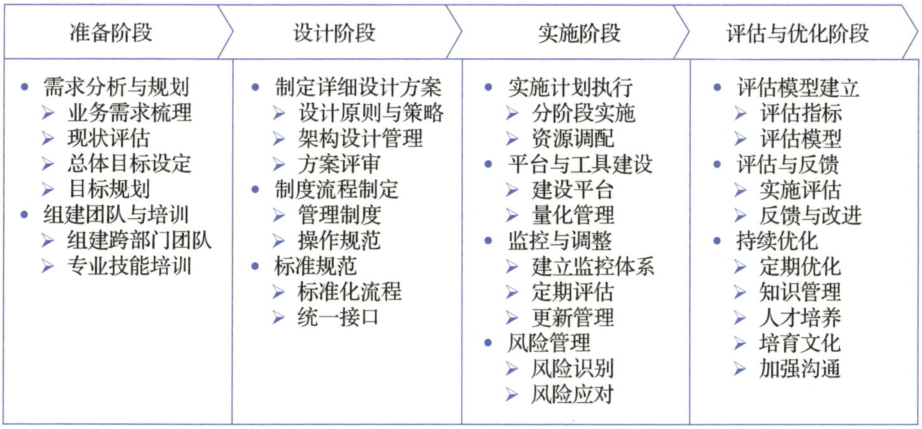

准备阶段	设计阶段	实施阶段	评估与优化阶段

• 需求分析与规划
  ➢ 业务需求梳理
  ➢ 现状评估
  ➢ 总体目标设定
  ➢ 目标规划
• 组建团队与培训
  ➢ 组建跨部门团队
  ➢ 专业技能培训
	• 制定详细设计方案
	  ➢ 设计原则与策略
	  ➢ 架构设计管理
	  ➢ 方案评审
	• 制度流程制定
	  ➢ 管理制度
	  ➢ 操作规范
	• 标准规范
	  ➢ 标准化流程
	  ➢ 统一接口
		• 实施计划执行
		  ➢ 分阶段实施
		  ➢ 资源调配
		• 平台与工具建设
		  ➢ 建设平台
		  ➢ 量化管理
		• 监控与调整
		  ➢ 建立监控体系
		  ➢ 定期评估
		  ➢ 更新管理
		• 风险管理
		  ➢ 风险识别
		  ➢ 风险应对
			• 评估模型建立
			  ➢ 评估指标
			  ➢ 评估模型
			• 评估与反馈
			  ➢ 实施评估
			  ➢ 反馈与改进
			• 持续优化
			  ➢ 定期优化
			  ➢ 知识管理
			  ➢ 人才培养
			  ➢ 培育文化
			  ➢ 加强沟通

图 4-25 数据资源架构管理体系的实施过程

（1）准备阶段

1）需求分析与规划。

- 业务需求梳理：与业务部门紧密合作，深入理解业务需求，明确数据资源架构需要解决的核心问题。
- 现状评估：对现有数据资源架构进行评估，识别现有架构的优势、不足及潜在风险。
- 总体目标设定：明确数据资源架构管理的总体目标，并分解为具体、可衡量的子目标，以支持组织的业务发展和IT系统建设。
- 目标规划：基于需求分析和现状评估，制定详细的实施计划，包括时间表、资源分配和预期成果。

2）组建团队与培训。

- 组建跨部门团队：负责监控数据资源架构的设计与实现，决策重大建设投资。
- 专业技能培训：为团队成员提供数据资源架构管理、数据治理、数据分析等相关技能培训，提升团队整体能力。

（2）设计阶段

1）制定详细设计方案。

- 设计原则与策略：明确数据资源架构设计的基本原则、策略和标准，如数据标准化、数据安全性、数据共享与隐私保护等。
- 架构设计管理：基于业务需求，管理数据资源架构设计过程，包括数据模型、数据流向、数据存储方案等。
  - 制度流程制定：制定数据资源架构的管理制度、流程和策略，确保设计符合组织需求。
  - 版本与文件管理：管理不同版本的数据资源架构，确保版本的向下兼容性和文档的完整性。
  - 模板管理：对数据资源架构的模板进行管理，包括设计、申请、使用、更新、删除等。
  - 设计过程考核：制定考核指标，对数据资源架构的设计过程进行考核。

- 方案评审：组织专家团队对设计方案进行评审，确保方案的合理性、可行性和前瞻性。

2）制度流程制定。

- 管理制度：制定数据资源架构管理各项规章制度，明确管理流程、职责分工、考核标准等。
- 操作规范：编制详细的操作手册和流程指南，确保团队成员能够按照既定流程进行工作。

3）标准规范。

- 标准化流程：对数据资源架构的生命周期的关键管理环节进行标准化。
- 统一接口：形成统一的流程、接口，推动数据资源架构标准的制定与实施。

（3）实施阶段

1）实施计划执行。

- 分阶段实施：将实施计划分解为多个阶段，逐步推进，确保每个阶段都有明确的目标和成果。
- 资源调配：根据项目需求，合理分配人力、物力和财力资源，确保项目顺利进行。

2）平台与工具建设。

- 建设平台：建设数据资源架构管理平台或工具，提高管理效率和准确性。
- 量化管理：利用工具量化数据资源架构管理过程，监测全生命周期的实现与优化。

3）监控与调整。

- 建立监控体系：建立数据资源架构实施监控平台，实时监测项目进展和成效。
- 定期评估：定期对实施情况进行评估，发现问题及时调整方案，确保项目目标达成。
- 更新管理：在架构实施过程中管理更新过程，评估变更对数据的影响并采取措施。

4）风险管理。

- 风险识别：识别项目实施过程中可能遇到的风险，如技术难题、资源不足、政策变化等。
- 风险应对：制定风险应对策略和预案，确保在风险发生时能够迅速响应，降低损失。

（4）评估与优化阶段

1）评估模型建立。

- 评估指标：根据管理目标，设计科学合理的评估指标，如数据质量、系统性能、用户满意度等。
- 评估模型：基于评估指标，建立数据资源架构实施情况评估模型，确保评估结果的客观性和准确性。

2）评估与反馈。

- 实施评估：利用评估模型对数据资源架构实施情况进行全面评估。
- 反馈与改进：根据评估结果，向相关部门和人员反馈评估意见，并制定改进计划和措施。

3）持续优化。

- 定期优化：将数据资源架构管理作为一项持续性工作，定期进行优化和调整，以适应业务发展和技术变革。
- 知识管理：总结项目经验和教训，形成知识库，为后续项目提供参考和借鉴。
- 人才培养：培养具备数据资源架构管理能力的专业人才，建立人才激励机制，形成晋升通道。
- 培育文化：培育组织的数据文化，提高全员对数据资源架构的认识和重视程度。推动全员提升数据资源架构意识，接受并执行数据资源架构。
- 加强沟通：加强与利益相关者的沟通，推动数据资源架构管理落地。

通过以上步骤的实施，组织可以系统地构建和管理数据资源架构，确保数据资源架构的科学性、实用性和可维护性，为组织的业务发展和IT系统建设提供有力支持。

4.5.4 数据资源质量管理

数据资源质量管理是指对数据资源从计划、获取、存储、维护、应用、消亡等整个生命周期的每个阶段里可能引发的各类数据质量问题，进行识别、度量、监控、预警等一系列管理活动，并通过改善和提高组织的管理水平来进一步提升数据质量。这一过程旨在确保数据在使用中能够发挥其最大的价值，并最终为企业或组织带来经济效益。

说明：此小节的数据资源质量为常说的数据质量。

1. 数据质量的定义

根据《DAMA数据管理知识体系指南》，"数据质量"一词既指高质量数据的相关特征，也指用于衡量或改进数据质量的过程。

数据质量是达到数据使用者的期望和需求，也就是说，如果数据满足数据使用者应用需求的目的，就是高质量的；反之，如果不满足数据使用者应用需求的目的，就是低质量的。因此，数据质量取决于使用数据的场景和数据使用者的需求。

所有数据都有一定程度的质量，该程度在一定意义上是可评估、可测量的。

2. 数据质量维度

数据质量类似于人类健康。影响健康的因素有很多，比如饮食、运动、情绪等，准确测量这些影响健康的因素非常困难。同样，准确测量数据质量中影响业务的数据元素也非常困难。数据质量差对业务而言是"不健康"的，数据质量维度将帮助大家认识数据质量对业务的重要性。

数据质量维度就是用来测量或评估影响数据质量的因素，通过测量维度来对数据质量进行量化，通过改进数据质量维度来提高数据质量。针对不同的数据集，数据质量维度可能不同，一般包含数据的一致性、完整性、唯一性、准确性、真实性、及时性、关联性等[⊖]，如图4-26所示。

⊖ 用友平台与数据智能团队．一本书讲透数据治理：战略、方法、工具与实践[M].北京：机械工业出版社，2021．

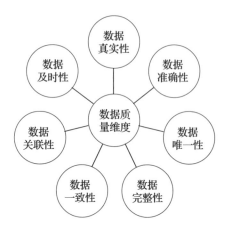

图 4-26　数据质量维度

（1）一致性　数据一致性主要体现在多个数据源之间的元数据和数据记录的一致性。

多源数据的元数据的一致性主要包括命名一致性、数据结构一致性和约束规则一致性。

数据记录的一致性主要包括数据编码的一致性、命名及含义的一致性、数据分类层次的一致性和数据生命周期的一致性等。

（2）完整性　数据完整性主要体现在三个方面：第一，数据模型的完整性，例如唯一性约束的完整性、参照数据的完整性；第二，数据记录的完整性，例如数据记录是否丢失或数据是否不可用；第三，数据属性的完整性，例如数据属性是否存在空值等。

（3）唯一性　数据唯一性用于识别和度量冗余数据。冗余数据是导致业务无法协同、流程无法追溯的重要因素。

（4）准确性　数据准确性也叫可靠性，用于分析、识别和度量不准确或无效的数据。数据准确性体现为数据描述是否准确，数据计算是否准确，数据的值是否准确等。

（5）真实性　数据真实性用于度量数据是否真实、是否正确地表达了所描述事物和现象的真实构造。真实可靠的原始数据是数据分析的灵魂。

（6）及时性　数据的及时性是指能否在需要的时候获得数据。数据也是有时效性的，过期数据的价值将大打折扣。

（7）关联性　数据关联性用来度量存在关系的数据，即关联关系是否缺失或错误。数据的关联关系包括函数关系、相关系数、主外键关系、索引关系等。数据之间存在关联性问题会影响数据分析的结果。

3. 数据质量管理的定义

百度百科对数据质量管理的定义如下："数据质量管理，是指对数据从计划、获取、存储、共享、维护、应用到消亡的生命周期的每个阶段可能引发的数据质量问题，进行识别、测量、监控、预警等一系列管理活动，并通过改善和提高组织的管理水平使数据质量获得进一步提高。数据质量管理的终极目标是通过可靠的数据提升数据在使用中的价值，并最终为组织赢得经济效益。"⊖

4. 数据质量管理流程

目前，在数据质量的管理方面成熟的体系框架并不多。虽然数据质量管理还没有成熟的方法论，但是产品和服务的质量管理体系已非常成熟。国际上有权威的质量管理体系 ISO 9001、六西格玛等，这些质量管理体系同样适用于数据质量管理。

在《一本书讲透数据治理：战略、方法、工具与实践》中提到，数据质量管理包含正确定义数据标准，并采用正确的技术、投入合理的资源来管理数据质量。数据质量管理策略和技术的应用是一个比较广泛的范畴，它可以作用于数据质量管理的事前、事中、事后三个阶段。数据质量管理应秉持预防为主的理念，坚持将"以预控为核心，以满足业务需求为目标"作为工作的根本出发点和落脚点，加强数据质量管理的事前预防、事中控制、事后补救的各种措施，以实现组织数据质量的持续提升。数据质量管理流程如图 4-27 所示。

（1）事前预防　即防患于未然，是数据质量管理的上上之策。数据质量管理的事前预防可以从组织人员、标准规范、制度流程三个方面入手。

⊖ 百度百科. 数据质量管理. https://baike.baidu.com/item/%E6%95%B0%E6%8D%AE%E8%B4%A8%E9%87%8F%E7%AE%A1%E7%90%86/3894936?fr=ge_ala.

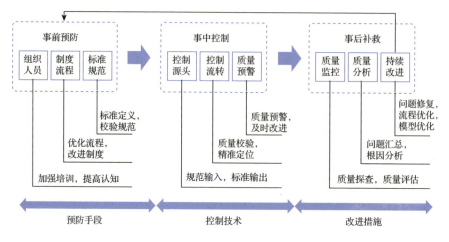

图 4-27 数据质量管理流程

- 组织人员:建立数据质量管理的组织体系,明确角色职责并为每个角色配置适当技能的人员,以及加强对相关人员的培训和培养,这是保证数据质量的有效方式。
- 制度流程:数据质量管理是一个闭环管理流程,包括业务需求定义、数据质量测量、根本原因分析、实施改进方案和控制数据质量。
- 标准规范:数据标准的有效执行和落地是数据质量管理的必要条件。数据标准包括数据模型标准、主数据和参考数据标准、指标数据标准等。

(2)事中控制 指在数据的维护和使用过程中监控和管理数据质量。通过建立数据质量的流程化控制体系,对数据的创建、变更、采集、存储、传输、处理、分析等各个环节的数据质量进行控制,如图 4-28 所示。

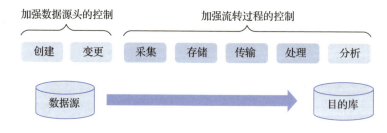

图 4-28 数据质量管理的事中控制

- 加强数据源头的控制：了解数据的来源对于组织的数据质量至关重要，从数据的源头控制好数据质量，让数据"规范化输入、标准化输出"是解决组织数据质量问题的关键所在。
- 加强流转过程的控制：数据质量问题不止发生在源头，如果以最终用户为终点，那么数据采集、存储、传输、处理、分析中的每一个环节都有可能出现数据质量问题。所以，要对数据全生命周期中的各个过程都做好数据质量的全面预防。

（3）事后补救　事实上，不论采取了多少预防措施，进行了多么严格的过程控制，数据问题总有"漏网之鱼"。只要是人为干预的过程，总会存在数据质量问题，即使抛开人为因素，数据质量问题也无法避免。为了尽可能减少数据质量问题，减轻数据质量问题对业务的影响，组织需要及时发现它并采取相应的补救措施。

5. 数据质量管理体系

参考六西格玛质量管理体系，我们可将数据质量管理视为一个完整的体系，将合适的人员、流程、方法和技术进行有机整合，通过一系列原则、思路、方法和工具，在数据收集、清洗、验证、监控和报告等环节对数据质量的定义、测量、分析、改进和控制等一系列过程进行闭环管理，找出改进数据质量各维度的数据问题，提高数据质量，在可控的成本范围之内，实现数据质量管理的利润最大化。

数据质量管理体系包括三部分：数据质量管理目标、核心职能和保障体系，如图 4-29 所示。

（1）数据质量管理目标　确保数据的准确性和可靠性，满足组织在决策制定、业务运营和合规性等方面的需求，推动组织的可持续发展。

（2）核心职能　组织为实现数据质量管理目标，对数据质量的定义、测量、分析、改进等一系列过程中所完成的一系列举措监督和控制活动。具体包括事前预防，事中控制，事后补救。

1）事前预防。
- 数据质量管理制度和流程管理：制定数据质量管理制度，细化管理流程，形成管理策略和管理办法，包括管理制度的发布、落地和更新等。

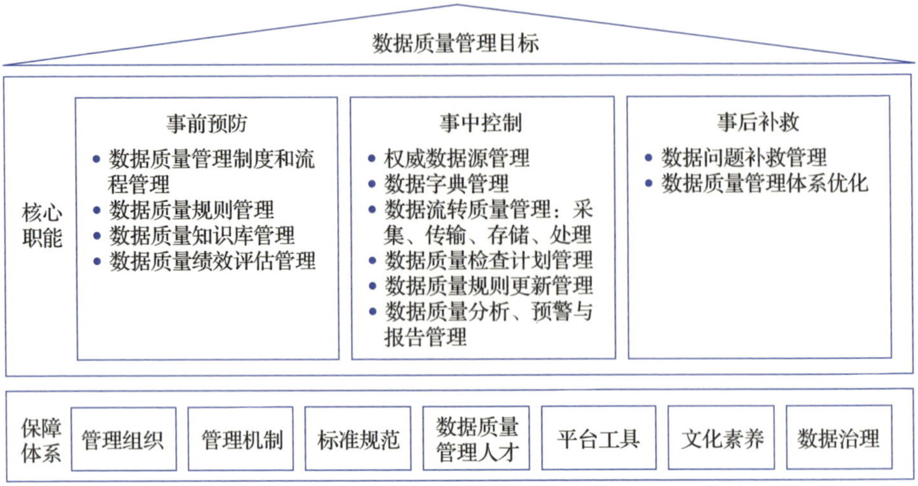

```
                        数据质量管理目标
┌─────────────────────────────────────────────────────────────┐
│         事前预防              事中控制              事后补救    │
│      • 数据质量管理制度和流   • 权威数据源管理     • 数据问题补救管理 │
│ 核心   程管理                • 数据字典管理       • 数据质量管理体系优化│
│ 职能 • 数据质量规则管理       • 数据流转质量管理：采              │
│      • 数据质量知识库管理       集、传输、存储、处理             │
│      • 数据质量绩效评估管理   • 数据质量检查计划管理              │
│                             • 数据质量规则更新管理              │
│                             • 数据质量分析、预警与              │
│                               报告管理                        │
└─────────────────────────────────────────────────────────────┘
┌─────────────────────────────────────────────────────────────┐
│ 保障 │管理组织│管理机制│标准规范│数据质量 │平台工具│文化素养│数据治理│
│ 体系 │       │       │       │管理人才│       │       │       │
└─────────────────────────────────────────────────────────────┘
```

图 4-29 数据质量管理体系

- 数据质量规则管理：基于数据资源架构和数据标准，分析数据质量维度，制定数据质量规则，分析数据质量规则的常用场景，并利用工具对数据质量规则进行持续监控和优化。

- 数据质量知识库管理：沉淀组织数据质量知识，吸取数据质量管理经验，管理已有的历史数据质量知识，例如各类质量规则模板、质量报告、质量分析方法等，促进数据质量知识内部共享。

- 数据质量绩效评估管理：设置数据质量管理考核 KPI，通过专项考核计分的方式对组织各业务域、各部门的数据质量管理情况进行评估。以数据质量的评估结果为依据，将问题数据归结到相应的分类，并按所在分类的权重进行量化。总结发生数据质量问题的规律，利用数据质量管理工具定期对数据质量进行监控和测量，及时发现存在的数据质量问题，并督促落实改正。

2）事中控制。

- 权威数据源管理：确定组织数据的权威数据源标准，管理权威数据源，包括权威数据源的认定、审批、废止、利用等。

- 数据字典管理：通过定义数据的属性、来源、访问权限和维护流程，支持数据的标准化使用和有效共享。数据字典管理还包括对数据字典的版本控制、审计和合规性检查，以保障数据的安全性和可靠性。
- 数据流转质量管理：针对数据资源的生命周期的关键环节（包括采集、存储、传输、处理等），制定数据质量控制策略，并进行监控，做好数据生命周期全程的数据质量预防和监控。
- 数据质量检查计划管理：制定数据质量检查计划，并监控计划的执行情况。
- 数据质量规则更新管理：在日常的数据质量监测过程中，如果发现数据质量规则有问题，则需评估数据质量规则变更的影响，及时变更数据质量规则，并进行关联检测，及时发现数据质量问题。
- 数据质量分析、预警与报告管理：利用数据质量工具，监测数据质量情况，发现问题，分析数据质量问题产生的根本原因，发出质量预警，并进行汇报，提交监测报告。

3）事后补救。
- 数据问题补救管理：制定数据质量问题补救计划，并根据计划，利用数据质量工具，对有问题的数据进行清理和处理，并在这个过程中监控是否会带来新的问题。
- 数据质量管理体系优化：通过持续的数据质量测量和探查，不断发现数据质量管理问题，改进数据质量监测和优化方法，提升数据质量管理效能。

（3）保障体系　数据质量管理工作的顺利执行必须具备一定的条件，即保障。
- 管理组织：建立数据质量管理组织，明确角色职责，并为每个角色配置适当技能的人员。
- 管理机制：建立数据质量管理的各项规章制度，包括数据质量管理权责划分、管理流程设计等，确保数据质量管理工作的规范化和高效性。建立数据质量管理的问题反馈和解决机制，推动管理机制的优化。

- **标准规范**：对数据质量管理过程中的关键环节进行标准化，形成统一的流程、接口，推动数据质量管理标准的制定与实施。
- **数据质量管理人才**：培养组织数据质量管理人才，建立数据质量管理人才激励机制，形成有效的数据质量管理人才晋升通道。
- **平台工具**：选择或开发适合的数据质量管理工具，支持数据质量管理的全过程实施。构建数据质量管理平台，提供统一的数据质量规则视图和访问接口，方便用户查找和使用数据质量规则。
- **文化素养**：提供数据质量管理的培训和支持，提高员工对数据质量的认识，在日常工作中落实数据质量要求，提升数据质量。
- **数据治理**：建立数据质量管理的规章制度，监控数据质量规章制度的落地实施，确保数据质量体系的运行正常。

4.5.5 数据资源生命周期管理

1. 管理内容

数据资源生命周期管理旨在优化数据的存储、使用、维护和处置，确保数据在其有效期内得到充分利用，同时在数据不再具有业务或合规价值时，能够及时、安全地处理，以减少不必要的存储成本和潜在风险。

需要注意的是，数据资源的规划、创建和存储、处理（治理）一般是通过数据资源的建设来实现的。所以此处的数据资源生命周期管理主要涉及对数据资源形成之后各环节进行管理，即数据资源的维护、归档和删除等环节。数据资源共享和开发不包括在内，其被合并入数据资产的共享和开发之中统一管理。

所以数据资源生命周期管理主要涉及的管理内容包括但不限于以下内容：

1）数据资源存储周期管理：根据法规和业务需求，定义数据在不同存储环境（在线、近线、离线）的存储时长，这些时长依据数据类别（特殊数据、重要数据、一般数据）和业务需求设定。

2）数据资源到期处理：数据迁移前和销毁前的到期处理分析。数据迁移到期处理涉及数据的有效性分析（活性、时效性）和影响性评估（被依赖度、关联度、重要性、业务关联），并依据分析结果执行迁移操作。数据销毁到期处理则侧重于评估数据的价值与维护成本，决定是否销毁数据。

3）数据资源迁移：将数据从一个存储层级转移到另一个层级的过程，分为全量迁移和部分迁移，需遵循特定的迁移规则和技术手段，确保迁移前后数据的完整性和一致性。

4）数据资源备份：制定不同的备份策略（如增量备份、差分备份、全量备份）可以保障数据安全，并设定备份的频率、时间点以及备份数据的保留周期。

5）数据资源归档：将不再频繁使用的数据迁移到成本较低的存储介质上。

6）数据资源销毁：在数据失去业务价值且存储成本超过其价值时，对数据进行永久性删除，确保数据不可恢复，同时记录销毁过程以备审计。

7）监控与告警：通过监控工具定期检查数据存储周期，对即将到期的数据进行告警，确保及时执行相应的到期处理。

8）管理流程：建立数据资源存储周期监控流程、数据资源迁移流程、数据资源备份流程和数据资源销毁流程，明确各流程中的职责分配、操作步骤和协作机制。

9）考核与评价：设立数据生命周期管理的考核指标，如数据处理的及时性、备份的完整性等，并对执行情况进行定期考核与评价，确保数据管理工作的持续改进。

总之，数据资源生命周期管理是一个综合性的管理框架，覆盖数据资源的全生命周期，旨在提升数据资源管理的效率、安全性和合规性。

2. 如何实施

组织数据资源生命周期管理的实施是一个系统化的过程，它涉及规划、执行、监控和优化数据在组织中的流动和管理。一般而言，实施数据资源生命周期管理可以分为以下几个步骤：

1）制定数据资源生命周期管理策略。
- 确立管理原则：明确数据资源生命周期管理的总体策略，包括数据存储周期、到期处理、备份要求等，确保策略符合业务需求、数据访问频度和数据价值成本比。

- 数据分类：将数据分为特殊数据、重要数据和一般数据，每类数据的存储周期（在线、近线、离线）和处理方式各异。
- 设计存储周期：基于数据类别、业务关联度、访问频率和价值成本比，为数据设定合理的在线存储时长、近线存储时长和离线备份时长。

2）建立数据资源生命周期管理体系。

- 组织架构与职责：设立数据资源生命周期管理的组织结构，明确业务部门、信息中心等在数据资源生命周期管理中的职责，确保各环节有人负责。
- 制定管理细则：依据数据资源生命周期各阶段（创建、存储、迁移、备份、销毁），制定具体的操作规范、流程和标准。

3）数据资源生命周期管理体系落地。选择合适的平台或者工具，固化数据资源生命周期管理流程和管理策略，落实具体的生命周期管理操作，包括数据的创建和采集、存储、迁移、备份、使用、归档、销毁等。

4）数据存储周期监控。

- 监控与告警：利用监控工具对数据存储周期进行监控，对即将到期的数据进行预警，提醒数据管理人员进行处理。
- 定期处理：根据预警，对数据进行到期处理分析，对可迁移、备份或销毁的数据执行相应操作。

5）审计和合规性审查。利用相关工具，定期进行合规性审计，并能根据新的法规更新数据管理政策。

6）持续优化与评估。

- 效果评估：定期评估数据资源生命周期管理的执行效果，包括数据存储效率、管理成本和数据安全情况。
- 流程优化：根据评估结果，不断调整优化数据管理策略、流程和技术，确保数据资源生命周期管理体系的高效运行。
- 技术升级：采用新技术以提高数据管理的效率和安全性。

通过上述步骤的实施，组织可以构建起一个高效、成本优化的数据资源生命周期管理体系，从而实现数据的有效管理与利用。

4.5.6 数据资源风险管理

数据资源风险管理是确保数据安全、可靠和有效利用的重要过程，它涉及识别、评估、控制和监控与数据相关的各种风险。

说明：此小节的数据资源风险为常说的数据风险。

1. 数据风险的定义及内容

数据风险指的是在数据的收集、存储、处理、传输、使用和销毁等全生命周期过程中存在的可能导致数据泄露、损坏、丢失、被非法访问或使用的可能性。这些风险可能源自内外部多种因素，对组织的运营、财务、法律遵从、声誉和客户信任等方面构成威胁。

常见的数据风险包括但不限于以下内容：

- 数据泄露风险：敏感信息意外或非法地被公开或被未经授权的个人访问，可能通过网络攻击、内部人员误操作、第三方合作伙伴泄露等方式发生。

- 数据篡改风险：数据在未经授权的情况下被修改、删除或增加，导致数据失去原始性和准确性。数据篡改可以是有意为之（如恶意攻击）或无意造成的（如系统故障）。

- 数据丢失或损坏风险：由于硬件故障、自然灾害、人为错误或恶意攻击等原因导致数据无法恢复，造成信息资源的永久性损失。

- 数据滥用：通常发生在数据被用于未经授权的目的，如超范围、超用途或超时间使用。数据滥用可以是由内部人员或外部攻击者利用系统漏洞或权限不当导致的。

- 违规传输：数据在传输过程中可能面临被截获、篡改或丢失的风险。如果数据未按照相关规定进行加密或未经授权就擅自传输，就可能导致严重的安全问题。

- 非法访问：当未经授权的人员能够访问敏感数据时，就构成了非法访问。这可能是由弱密码、系统漏洞或社交工程等手段导致的。非法访问可能导致数据泄露或篡改等严重后果。

为了降低这些风险，组织需要采取一系列的安全措施，如加强数据加密、访问控制、数据备份和恢复机制等。同时，定期进行安全审计和风险评估也是必不可少的环节。通过这些措施，组织可以更好地保护自己的数据资源免受各种威胁的侵害。

2. 数据风险管理的过程

数据风险管理是一个系统化的过程，旨在识别、评估、处理和监控数据风险，以保护组织的数据资源和确保业务连续性。图 4-30 所示是数据风险管理的一般过程。

（1）风险识别　识别可能影响数据安全和完整性的所有潜在风险。

活动：审查现有的数据管理流程和系统；识别数据资源在生命周期的每个阶段可能面临的风险；收集来自员工、系统日志和安全事件的信息。

（2）风险评估　评估已识别风险的可能性和影响。

活动：对每个风险进行定性和定量分析；确定风险的优先级，基于可能性和影响；评估现有控制措施的有效性。

（3）风险处理　决定如何管理每个风险，以降低其对组织的潜在影响。

活动：制定风险处理策略，如风险规避、转移、接受或缓解；实施风险缓解措施，如技术控制、政策变更或员工培训；为无法完全规避的风险购买保险或建立应急计划。

（4）风险监控　持续监控风险和控制措施，确保它们仍然有效。

活动：建立监控系统，跟踪关键风险指标；定期审查和更新风险管理计划；监控行业动态和法规变化，评估对风险的影响。

（5）风险报告和沟通　确保风险信息在组织内部和外部利益相关者之间得到有效沟通。

活动：定期向管理层报告风险管理的状态；在必要时，向外部利益相关者（如客户、供应商、监管机构）通报风险；确保所有沟通都是透明、及时和准确的。

（6）培训和意识提升　提高员工对数据风险的认识，培养安全意识。

第 4 章 数据资源的设计、建设与管理

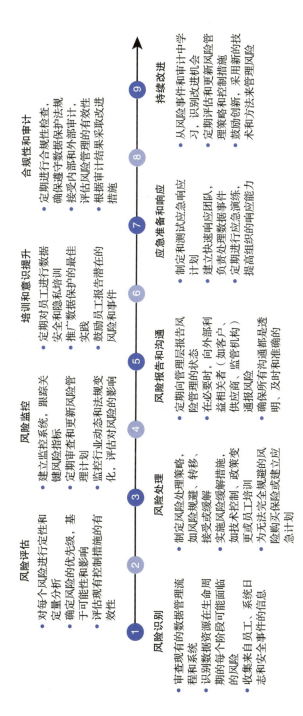

图 4-30 数据风险管理的一般过程

活动：定期对员工进行数据安全和隐私培训；推广数据保护的最佳实践；鼓励员工报告潜在的风险和事件。

（7）应急准备和响应　准备应对数据风险事件，最小化其影响。

活动：制定和测试应急响应计划；建立快速响应团队，负责处理数据事件；定期进行应急演练，提高组织的响应能力。

（8）合规性和审计　确保数据风险管理遵守相关法律法规，并接受独立审计。

活动：定期进行合规性检查，确保遵守数据保护法规；接受内部和外部审计，评估风险管理的有效性；根据审计结果采取改进措施。

（9）持续改进　持续改进数据风险管理过程，以应对不断变化的风险环境。

活动：从风险事件和审计中学习，识别改进机会；定期评估和更新风险管理策略和控制措施；鼓励创新，采用新的技术和方法来管理风险。

通过这个结构化的过程，组织可以有效地管理数据风险，保护其数据资源，同时支持业务的稳定和可持续发展。

3. 数据风险管理体系的内容

为了实现数据风险管理，构建一个完善的数据风险管理体系是必不可少的。这个体系应当综合技术、管理、人员和法律等各个方面的要素，以确保数据的安全性和完整性。数据风险管理体系如图4-31所示，主要包括以下几个核心部分内容：

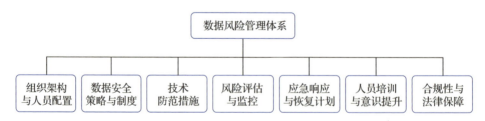

图4-31　数据风险管理体系的内容

- 组织架构与人员配置：设立专门的数据安全管理团队或领导小组，负责制定和执行数据安全策略。明确各部门的职责和协作方式，形成紧密配合的组织架构。

- 数据安全策略与制度：制定全面的数据安全策略，包括数据的分类、访问控制、加密标准等。建立数据安全管理制度，规范数据的采集、存储、处理和共享流程。
- 技术防范措施：部署先进的安全技术，如防火墙、入侵检测系统、数据加密技术等。定期对系统进行安全漏洞扫描和修复，确保系统的健壮性。
- 风险评估与监控：实施定期的数据安全风险评估，识别潜在的威胁和漏洞。建立实时的数据监控机制，及时发现并应对安全事件。
- 应急响应与恢复计划：制定详细的数据安全应急响应计划，包括事故报告、紧急处理措施等。建立数据备份和恢复机制，确保在发生安全事件后能迅速恢复数据。
- 人员培训与意识提升：定期对员工进行数据安全培训和意识提升活动。确保员工了解数据安全的重要性和操作流程，提高整体的安全防护意识。
- 合规性与法律保障：确保数据风险管理活动符合相关法律法规的要求。与法律顾问紧密合作，应对可能涉及的法律问题。

4. 数据风险管理体系建设

数据风险管理体系建设过程如图 4-32 所示，可以分为以下几个阶段：

（1）前期准备与风险评估

- 风险评估与需求分析：对组织现有的数据环境进行全面调研，识别潜在的安全风险和威胁。了解各部门和业务对数据安全的需求和期望，明确业务目标与安全目标。
- 数据安全治理评估：区别于合规的网络安全建设，数据安全保障体系应依据事实进行构建。通过数据安全治理专家团队评估，确定业务的关联关系、数据流向，找出管理、技术及运营风险。

（2）策略制定与规划设计

- 制定数据安全策略和政策：根据需求分析和风险评估结果，建立数据安全管理体系。明确数据安全的责任分工，规范数据采集、存储、处理等行为准则。

- 数据分类与标记：对数据进行分类和标记，依据数据的敏感程度和价值确定安全措施。

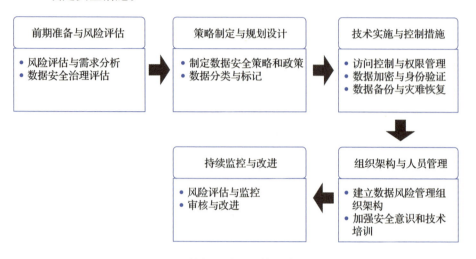

图 4-32　数据风险管理体系建设过程

（3）技术实施与控制措施

- 访问控制与权限管理：建立完善的访问控制机制和权限管理系统，限制用户对数据的访问和操作。设定用户角色和职责，并配置相应的权限，确保数据安全性和可控性。
- 数据加密与身份验证：实施数据加密处理，防止数据在传输和存储过程中的泄露和篡改。建立身份验证机制，确保只有经过身份认证的用户才能访问数据。
- 数据备份与灾难恢复：建立数据备份机制，并定期备份数据至安全可靠的地方。制定灾难恢复策略，确保数据在发生泄露或系统故障时能及时恢复。

（4）组织架构与人员管理

- 建立数据风险管理组织架构：设立风险管理委员会、安全管理部门及内部审计部门等。
- 加强安全意识和技术培训：对员工进行数据安全培训，提升整体安全防护意识和技能。

（5）持续监控与改进
- 风险评估与监控：定期进行数据安全风险评估，及时发现潜在威胁。实时监控数据安全状况，及时响应安全事件。
- 审核与改进：通过内部审计和外部审计，确保数据安全管理体系的有效性。根据审核结果和实际情况，持续改进和优化数据风险管理体系。

以上步骤构成了一个完整的数据风险管理体系建设流程，从前期准备到技术实施，再到组织架构和人员管理，最后到持续监控与改进，每个步骤都至关重要，共同确保数据的安全性和完整性。

第 5 章 | CHAPTER

数据资产的建设、管理与流通

在深入探讨组织数据资产管理及其后续价值转化的过程时，首先需要明确一个核心观念：数据资源从无序到有序的管理是价值创造的第一步，而真正的价值实现则依赖于这些有序数据资源的有效利用、流通与交易。

经过系统的数据资源管理，组织不仅可以实现数据从杂乱无章到井然有序的转变，更为关键的是，这可为后续的数据价值挖掘奠定坚实的基础。之后的阶段，组织需采取以下策略来推动数据资源的价值化转型：

1）精准筛选与开发数据资产：识别并分析数据资产的需求，基于业务需求、市场趋势及战略目标，筛选出具有高价值潜力的数据资源。随后，通过合理的开发与组合，形成不同种类的数据资产，以满足内外部多样化的需求。

2）构建高效的数据资产管理体系：建立全面的数据资产管理框架，涵盖资产的识别、登记、使用、流通等全生命周期管理，确保数据资产的高效、合规使用。

而上述价值化过程，是组织面对国家政策的积极引导、市场需求的快速增长以及组织内部对数据挖掘的迫切需求的必然选择。这一选择不仅响应了国家关于数据要素市场化配置的号召，也是满足市场多样化、个性化数据需求的重要途径。同时，数据资产的流通与开放能够激发数据创新活力，促进数据产品的精细化与定制化开发，为组织带来全新的经济增长点。

组织在数据资产管理方面需要持续努力，从数据资产管理到价值创造再到流通与开放，形成一套完整的数据生态体系。只有这样，才能充分释放数据的潜在价值，为组织带来持续的经济效益与社会效益。

本章通过以下内容来描述数据资产的建设、管理与流通：

- 剖析什么是数据资产。
- 了解数据资产管理的对象，以便为这些对象的管理进行铺垫。
- 了解数据资产的生命周期，知晓数据资产是怎么运作的。
- 构建组织数据资产，明确数据资产形成过程。
- 构建数据资产管理体系框架，明确体系建设内容。
- 具体分析数据资产管理体系各项核心职能的建设内容，明确单一职能的建设过程。
- 剖析什么是数据资产流通，并与数据流通进行区分。
- 分析数据资产流通的对象，以便为这些对象的流通管理做好准备。
- 了解数据资产流通的过程，明确数据资产在组织外部流通时的注意事项。
- 构建数据资产流通管理体系框架，明确体系建设内容。
- 以上海银行为例说明数据资产体系如何建设。

5.1 什么是数据资产

在数字经济时代，数据资产已成为组织核心竞争力的重要组成部分，深刻理解其内涵对于企业价值的重塑与提升至关重要。本节深入探讨了数据资产的定义，明确数据资产管理的核心对象，并剖析了数据资产管理中需要把握的关键点，旨在为组织全面认识和有效管理数据资产提供新视角与新思路。

5.1.1 数据资产的定义

在数字经济的整体框架下，基于宏观核算和会计核算的视角都极大地丰富了人们对数据资产的认识。

《中国国民经济核算体系（2016）》指出："资产是根据所有权原则界定的经济资产，即资产必须为某个或某些经济单位所拥有，其所有者因持有或使用它们而获得经济利益。"基于宏观核算的视角，李静萍（2020）指出，数据具备成为资产所需的明确的经济所有权归属和收益性。遵循这两个基本属性，参考国民经济核算国际标准《2008年国民账户体系》，许宪春等（2022）将数据资产定义为拥有应用场景且在生产过程中被反复或连续使用一年以上的数据[⊖]。

根据《组织会计准则——基本准则》，组织过去的交易或者事项形成的、由组织拥有或者控制的、预期会给组织带来经济利益的资源，在同时满足以下条件时，确认为资产：①与该资源有关的经济利益很可能流入组织；②该资源的成本或者价值能够可靠地计量[⊖]。

参考《组织会计准则》对"资产"的定义，判断一个数据资源是否符合数据资产的定义可以从以下几个标准来考虑：

- 该数据资产是由组织过去的事项形成的。
- 由组织拥有或控制。
- 预期为组织带来经济利益。
- 成本或价值可以可靠计量。

若进一步参考"无形资产"的定义，还需符合；

- 能够从组织中划分出来。
- 源自合同性权利或其他法定权利这两条标准。

综上，数据资源称为数据资产需要满足以下条件：

1）"该资产是由组织过去的事项形成的"——通常来讲，大部分数据是

⊖ 中国信息通信研究院. 数据要素白皮书（2022年）[R/OL]. (2023-01-07)[2024-08-15]. http://www.caict.ac.cn/kxyj/qwfb/bps/202301/t20230107_413788.htm.

⊖ 中华人民共和国财政部. 企业会计准则：基本准则[EB/OL]. (2006-02-15)[2024-07-15]. https://xj.mof.gov.cn/caizhengjiancha/200805/t20080524_40447.htm.

在组织的生产经营活动中产生的，是由过去的事项形成的。但是，数据是动态的，并且持续更新的数据才更有价值。数据的价值不仅体现在现有的数据，还在于未来可以持续更新或扩充该类数据的能力。这是数据资产有别于传统无形资产的方面，却也可能导致数据资产无法完全满足会计准则对资产的定义。

2）"由组织拥有或控制"——这条标准涉及数据的权属问题。对于数据的权属，目前中国尚未有完整的法律体系。通常情况下，对于依托于互联网平台产生的数据，如搜索引擎的用户在搜索引擎平台输入的数据，这类数据一方面来源于用户的行为，另一方面也来源于平台的信息系统，对这种可能产生权益交叉的问题，目前平台和用户在遵照法律原则规定的前提下，通过合同的方式确定其权益的分配，进而确保平台可利用该数据为组织创造价值，同时用户可基于合同保障自身合法权益。

3）"预期为组织带来经济利益"——组织在运营中可能产生大量的数据，数据在被有效地挖掘、整合后可以产生巨大的价值。但并不是所有的数据都值得被利用，如果数据的取得、维护成本大于其产生的收益，或组织无法通过自用或外部商业化对其有效变现，那么这部分数据就不存在经济利益，即没有被视为数据资产的意义。

4）"成本或价值可以可靠计量"——数据的成本主要包括获取成本、加工处理成本、存储等持有成本，其中，加工处理成本、持有成本可以直接对应至相关数据对象，相对方便计量，但大部分数据为组织生产经营的附加产物，获取成本通常难以从业务中划分出来而难以可靠计量。此外，数据的价值主要取决于数据的应用场景，同一数据在不同的应用场景下的价值差异可能很大，这也是导致数据资产价值难以计量的重要因素之一。综上，数据的成本或价值均难以可靠计量，成为"数据"确认为会计准则定义下"资产"或"无形资产"的阻碍之一。

5.1.2 常见的数据资产分类

在本书中，数据资产主要包括以下几大类：

1. 各类数据集

（1）按产生特性分类　如果按照数据集的产生特性，数据资产的数据集可以分为以下两类：

1）经过治理的数据集（经过认定的数据资源）：基于原始数据集，通过治理以后生成的新数据集。

2）衍生数据集：基于数据资源，通过数据加工、转换、聚合等操作生成的新数据集，如统计报表、汇总指标、趋势预测结果等。它们为特定业务场景提供了更加直观、有价值的信息。

（2）按时间特性分类　如果按照数据集的时间特性，数据资产的数据集可以分为以下两类：

1）实时数据集：强调数据的时效性，通过实时数据流技术（如 Kafka、Flume 等）实时捕获并传输的数据集，常用于实时监控、预警等场景。

2）离线数据集：相对于实时数据集，离线数据集通常在数据产生一段时间后进行批量处理和分析，适用于周期性报告、深度分析等非实时需求。

2. 数据产品与服务

常见数据产品与服务包括以下几类：

1）定制化数据服务：根据客户需求，提供个性化的数据报告、分析洞察、预测模型等。

2）数据 API：封装好的数据接口，允许第三方开发者或系统通过 API 调用获取所需数据，促进数据的开放共享。

3）数据可视化产品：将复杂的数据通过图表、仪表盘等形式直观展现，提升数据理解和沟通效率。

3. 数据分析模型与挖掘算法

常见的数据分析模型包括以下几类：

1）统计模型：如回归分析、方差分析等，用于描述和解释数据之间的关系。

2）预测模型：如时间序列分析、机器学习模型（决策树、随机森林、神经网络等），用于预测未来趋势或结果。

3）优化模型：如线性规划、整数规划等，用于在给定约束条件下寻求最优解。

常见的数据挖掘算法包括但不限于以下几类：

1）聚类算法：将数据分为多个相似群体，以便发现隐藏的模式或群体特征。

2）分类算法：将数据分为预定义的类别，用于预测新数据的类别归属。

3）关联规则挖掘：发现数据项之间的频繁模式和关联关系，如购物篮分析。

4. 算力

算力是数据处理和计算能力的总称，是支撑大数据分析、机器学习等高级数据应用的关键资源。

5.1.3 数据资产的关键点

数据资产的关键点在于其价值性、权属性、可控制性、可量化性、时效性和安全性等方面。组织需要建立完善的数据资产管理体系，加强数据资产的保护和管理，以充分发挥数据资产的价值和潜力。

- 价值性：数据资产未来能够为组织带来经济利益，是组织的重要财富。其价值不仅体现在组织内部，还可以转化为组织的现金流，甚至作为组织的资产质押，用于融资等活动，提高组织的融资能力。
- 权属性：数据资产具有明确的权属，包括勘探权、使用权、所有权等。明确的数据权属有助于保护数据资产的合法性和合规性，避免数据滥用和侵权行为。
- 可控制性：数据资产必须能够被组织或个人有效地控制和管理。这意味着数据资产应具有明确的访问权限、加密措施以及数据备份和恢复计划等，以确保数据资产的安全性和可用性。
- 可量化性：数据资产的价值和重要性能够被量化和评估。采用适当的评估方法和工具对数据资产进行价值评估，可以为组织的决策和战略规划提供依据。

- 时效性：数据资产的价值往往与其时效性密切相关。随着时间的推移，某些数据可能逐渐失去价值，而新的数据则可能不断涌现。因此，数据资产管理需要关注数据的更新和时效性，确保数据资产的持续价值。
- 安全性：数据资产的安全性至关重要，包括数据的保密性、完整性和可用性。组织必须采取有效的安全措施，如数据加密、访问控制、安全审计等，以防止数据泄露、篡改和丢失等风险。

5.1.4 数据资产的生命周期

本书 2.3.2 节数据资产化阶段部分从资产的形成到生命周期结束对数据资产的生命周期进行了详细介绍，这里对其主要环节进行总结，将数据资产生命周期划分为数据资产形成、数据资产管理、数据资产流通三个业务职能。

1）数据资产形成：数据资产生命周期的起始阶段，涉及需求的收集与分析、数据资产架构设计以及数据资产开发与登记的过程。该职能通过明确数据资产需求、设计合理的数据资产架构，并经过一系列的开发和质量控制措施，最终形成符合组织需求的数据资产。

2）数据资产管理：对数据资产进行全面规划、控制和提供，涵盖了从数据资产的登记、分类、使用、共享到合规性监控的各个环节。该职能通过制定管理政策、标准流程，实施严格的访问控制和共享策略，确保数据资产的安全、有效管理和持续增值。

3）数据资产流通：数据资产发挥价值的核心环节，旨在促进数据资产在合法、安全的前提下高效流通。该职能通过设计和优化流通机制、保障合法性与安全性，确保数据资产在更广泛的范围内被使用、共享和创造价值，从而推动数据经济的繁荣和发展。

5.2 数据资产建设

一般来说，组织数据资产的建设有以下过程：数据资产需求识别、数据资产架构设计、数据资产开发、数据资产登记与形成等。

5.2.1 数据资产需求识别

1. 什么是数据资产需求

数据资产需求指的是组织在进行数据资源管理的基础上,为了实现业务目标、提高决策效率、增强市场竞争力等目的,对数据资产的具体要求和期望。这些需求通常来源于组织内部的业务部门、数据分析团队、产品开发团队等,也可能来自外部市场、合作伙伴或客户。

常见的数据资产需求如图 5-1 所示。

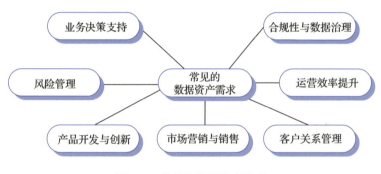

图 5-1 常见的数据资产需求

1)业务决策支持:需要数据来支持日常运营决策,如销售数据分析、客户行为分析等。需要数据来支持战略规划,如市场趋势预测、竞争对手分析等。

2)风险管理:需要数据来识别和评估业务风险,如信用风险评估、欺诈检测等。需要数据来监控和报告风险相关指标。

3)产品开发与创新:需要数据来指导产品设计,如用户需求分析、产品性能优化等。需要数据来推动新业务模式的创新,如 DaaS。

4)市场营销与销售:需要数据来优化营销策略,如客户细分、个性化推荐等。需要数据来提高销售效率,如潜在客户识别、销售漏斗管理等。

5)客户关系管理:需要数据来提升客户满意度和忠诚度,如客户反馈分析、服务优化等。需要数据来开发新的客户关系管理工具和服务。

6)运营效率提升:需要数据来优化内部流程,如供应链管理、库存控制等。需要数据来提高资源利用率,如能源管理、设备维护预测等。

7）合规性与数据治理：需要数据来确保遵守法律法规，如数据保护法规、行业标准等。需要数据来支持数据治理活动，如数据质量控制、数据安全等。

2. 数据资产需求识别的主要内容

数据资产需求识别是指组织在进行数据资源管理的基础上，识别和确定对数据资产的具体需求的过程。这个过程涉及理解组织内外的业务需求、市场趋势、技术发展和法规要求等，以确定哪些数据资产对于组织来说是重要的，以及如何管理和利用这些数据资产来支持决策、优化运营、创新产品和服务，最终实现经济效益。

数据资产需求识别的主要内容如图 5-2 所示，包括但不限于以下内容：

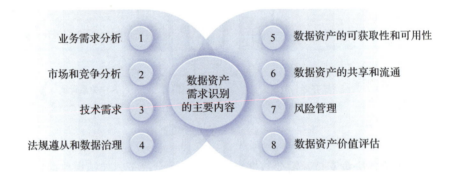

图 5-2 数据资产需求识别的主要内容

1）业务需求分析：识别组织内部各业务部门对数据的需求，如销售数据、客户数据、市场数据等。理解业务流程和决策过程中数据的使用方式和需求。

2）市场和竞争分析：分析市场趋势和客户需求，确定数据资产在市场定位和产品开发中的作用。考虑竞争对手的数据资产使用情况，以制定差异化策略。

3）技术需求：识别支持数据资产收集、存储、处理和分析的技术需求。考虑新兴技术（如大数据、人工智能、云计算等）对数据资产的影响。

4）法规遵从和数据治理：识别与数据资产相关的法律法规要求，如数据保护法、隐私法等。确定数据治理政策和流程，以确保数据资产的合规使用。

5）数据资产的可获取性和可用性：确定组织能够获取和使用的数据资产类

型和来源。评估数据资产的质量和可用性,确保数据的准确性和完整性。

6)数据资产的共享和流通:确定数据资产在组织内部和外部的共享机制。考虑数据资产的商业化潜力和交易模式。

7)风险管理:识别数据资产相关的潜在风险,如数据泄露、数据滥用等。制定风险缓解措施和数据安全策略。

8)数据资产价值评估:评估数据资产对组织的经济价值和战略价值,确定数据资产的潜在收益和成本效益。

通过数据资产需求识别,组织可以更清晰地了解其数据资产的构成、价值和潜在用途,从而制定有效的数据资产管理策略,促进数据资产的有效利用和价值最大化。

3. 实施数据资产需求识别

数据资产需求识别和分析是数据资产管理的关键步骤,可以帮助组织明确需要管理哪些数据资产,以及如何有效地管理和利用这些资产。图 5-3 所示是详细的数据资产需求识别过程。

1)明确业务目标与战略。

- 业务战略对接:将数据资产管理与组织的整体业务战略相对接,明确数据资产如何支持业务目标。
- 业务需求调研:通过与业务部门沟通,了解业务目标、关键业务流程和决策需求。

2)识别数据资产。

- 数据资产清单:列出组织内现有的数据资产,包括数据集、数据产品与服务、数据分析模型与挖掘算法、算力等。
- 数据资产评估:评估每项数据资产的价值、使用频率、重要性等。

3)数据资产需求收集。

- 内部需求调研:通过问卷、访谈、工作坊等方式,收集内部各部门对数据资产的需求。
- 外部需求分析:分析市场趋势、客户需求、法规要求等,确定外部对数据资产的需求。

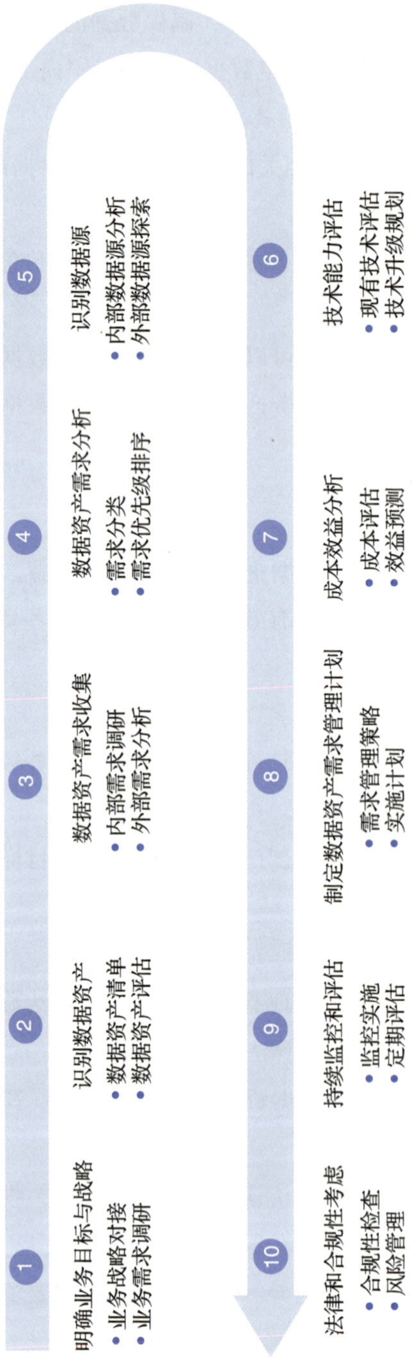

```
1  明确业务目标与战略
   • 业务战略对接
   • 业务需求调研

2  识别数据资产
   • 数据资产清单
   • 数据资产评估

3  数据资产需求收集
   • 内部需求调研
   • 外部需求分析

4  数据资产需求分析
   • 需求分类
   • 需求优先级排序

5  识别数据源
   • 内部数据源分析
   • 外部数据源探索

6  技术能力评估
   • 现有技术评估
   • 技术升级规划

7  成本效益分析
   • 成本评估
   • 效益预测

8  制定数据资产需求管理计划
   • 需求管理策略
   • 实施计划

9  持续监控和评估
   • 监控实施
   • 定期评估

10 法律和合规性考虑
   • 合规性检查
   • 风险管理
```

图 5-3　详细的数据资产需求识别过程

4）数据资产需求分析。
- 需求分类：将需求分为操作性需求、分析性需求、战略性需求等。
- 需求优先级排序：根据业务重要性、紧急程度等因素，对需求进行优先级排序。

5）识别数据源。
- 内部数据源分析：识别组织内部可以满足需求的数据源。
- 外部数据源探索：探索可能需要从外部获取的数据源。

6）技术能力评估。
- 现有技术评估：评估现有技术基础设施是否能够支持数据资产的存储、处理和分析。
- 技术升级规划：规划技术升级路径，以满足未来数据资产增长和管理的需求。

7）成本效益分析。
- 成本评估：评估满足数据需求所需的成本。
- 效益预测：预测数据资产化带来的经济效益和战略价值。

8）制定数据资产需求管理计划。
- 需求管理策略：制定数据资产需求管理的策略和流程。
- 实施计划：制定详细的实施计划，包括时间表、责任分配和里程碑。

9）持续监控和评估。
- 监控实施：监控数据资产需求识别和满足过程的实施情况。
- 定期评估：定期评估资产数据需求的变化，及时调整数据资产管理计划。

10）法律和合规性考虑。
- 合规性检查：确保数据资产需求识别和满足过程符合相关法律法规。
- 风险管理：评估和管理与数据相关的法律和合规风险。

通过上述步骤，组织可以系统地识别和分析其数据资产需求，确保数据资产能够有效支持业务运营和战略发展，同时为数据资产的管理和利用提供清晰的指导。

5.2.2 数据资产架构设计

在明确了数据资产的需求之后，组织还需要有针对性地对数据资产进行架构设计，以满足数据资产的需求。数据资产架构设计与开发需要组织根据自身的实际情况和业务中对数据资产的需求进行定制化的设计和实施。通过科学的数据资产架构设计和有效的管理规则制定，组织可以最大化地发挥数据资产的价值，为企业的数字化转型和业务发展提供有力的支撑。

1. 数据资产架构的定义

数据资产架构是建立在数据资源架构基础之上的，专注于数据资产的管理和优化，以实现数据价值最大化的系统性设计。

数据资产架构主要包括以下内容：

（1）数据资产分类与分级
- 分类标准：根据数据资产的业务影响、敏感性等制定分类标准。
- 分级策略：确定数据资产的敏感性和重要性级别。

（2）数据资产架构框架及模型
- 架构框架：提供一套共同的语言、模型和工具，定义数据资产的标准组件、组件之间的关系等，包括架构元模型和架构视图。
- 逻辑数据资产模型：独立于物理存储的逻辑模型设计。
- 物理存储与分布：数据资产存储策略和分布策略的制定。

（3）数据资产确权基础
- 权利形式：定义数据资产的基本权利形式，以及数据资产的权利分配规则。
- 权利主体：明确数据资产的权利主体，包括所有者、使用者、管理者等。

（4）数据资产管理规则
- 数据资产标准：制定统一的数据资产的定义和使用规范。
- 管理策略：制定数据资产的维护、更新和淘汰策略。

2. 数据资产架构与数据资源架构的关系与区别

数据资源架构和数据资产架构的关系如图 5-4 所示。数据资源架构会为数据资产架构提供支撑,而数据资产的应用需求会对数据资源架构提出要求。

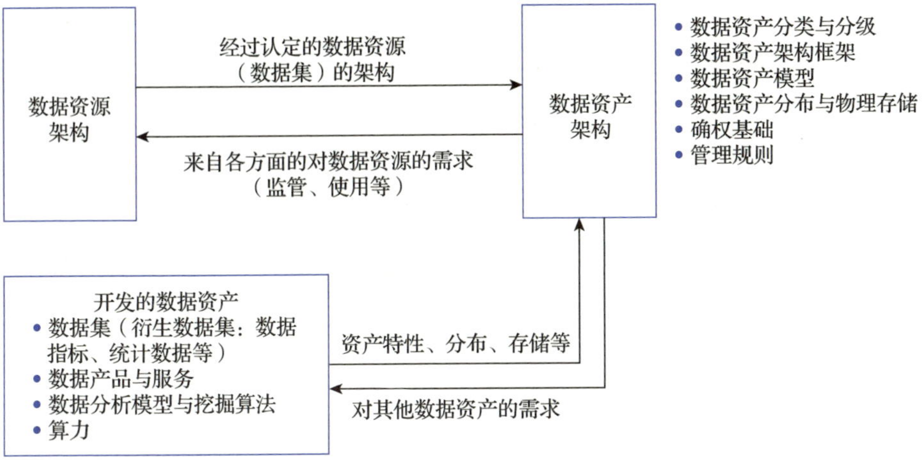

图 5-4 数据资源架构和数据资产架构的关系

数据资产架构与数据资源架构在重点、范围、目标等方面存在明显差别。

- 重点:数据资源架构侧重于数据资源的规范化设计和管理;而数据资产架构侧重于数据资产的价值实现和优化利用。
- 范围:数据资产架构通常包含数据资源架构的部分内容,但更进一步关注数据资产的商业应用和价值创造。
- 目标:数据资源架构的目标是确保数据资源的质量和可用性;数据资产架构的目标是最大化数据资产的商业价值,为数据资产的管理和利用定义基本规则。

说明:由于数据资源架构和数据资产架构有比较强的关联性,因此它们经常可以放在一起进行设计和管理。

3. 数据资产架构的实施

基于已经识别的数据资产需求,数据资产架构的实施过程如图 5-5 所示。

(1)数据资产分类与分级

1)分类分级标准制定。

- 分类标准制定:根据业务需求、法律法规要求和数据特性,制定分类标准。包括但不限于数据的业务价值、使用频率、共享需求等。
- 敏感性评估：评估数据的隐私性、机密性和完整性要求。确定数据泄露、滥用或不当访问可能带来的风险。
- 业务影响分析：评估各类数据资产对企业业务运营的影响程度，如关键业务流程的依赖度、数据资产丢失或泄露可能导致的业务中断风险等。
- 分级标准制定：根据业务影响分析结果，以及各类数据资产的隐私性、机密性和完整性要求，确定数据资产分级标准。这通常涉及对法律法规的遵守，如 GDPR、个人信息保护法等。

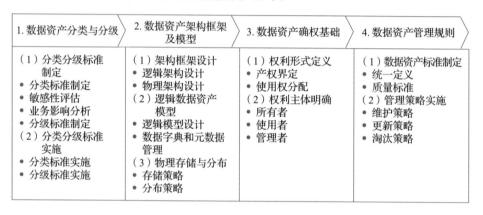

图 5-5 数据资产架构的实施过程

2）分类分级标准实施。
- 分类标准实施：为数据资产分配相应的标签和元数据，以便在系统中轻松识别和区分不同级别的数据资产。
- 分级标准实施：根据分级标准，将数据资产划分为不同的敏感性和重要性级别，如公开级、内部级、机密级和绝密级等，制定数据资产的分级策略，确定不同级别数据资产的访问控制、保护措施和处理流程。

（2）数据资产架构框架及模型

1）架构框架设计。
- 逻辑架构设计：设计数据资产的逻辑架构，明确数据资产在不同系统、应用和流程之间的流动和交互方式。

- 物理架构设计：规划数据资产的物理存储架构，包括存储设备的选择、网络布局、备份和恢复策略等。

2）逻辑数据资产模型。

- 逻辑模型设计：建立独立于物理存储的逻辑数据模型，确保数据的一致性和可重用性。
- 数据字典和元数据管理：创建和维护数据资产字典，记录数据资产的定义、结构、关系等信息，以便进行数据资产治理。

3）物理存储与分布。

- 存储策略：根据数据资产的访问频率、容量需求和安全要求，制定合适的存储策略，如使用关系数据库、分布式文件系统、数据仓库或数据湖等。
- 分布策略：考虑数据资产的地理分布和访问延迟，设计合理的数据资产分布策略，以提高数据资产访问的效率和可用性。

（3）数据资产确权基础

1）权利形式定义。

- 产权界定：明确数据资产的产权归属，包括数据的原始创作者、收集者、加工者等。
- 使用权分配：制定数据资产的使用权分配规则，确保合法合规地使用数据。

2）权利主体明确。

- 所有者：确定数据资产的所有者，通常是数据的原始创作者或合法持有者。
- 使用者：明确数据资产的使用者，包括内部员工、合作伙伴、第三方服务等。
- 管理者：指定数据资产的管理者，负责数据的日常运维、安全保护和合规性管理。

（4）数据资产管理规则

1）数据资产标准制定。

- 统一定义：制定统一的数据资产定义和使用规范，确保数据资产在整个组织内部的一致性和可比性。

- 质量标准：设定数据资产的质量标准，包括数据资产的准确性、完整性、时效性、一致性等。

2）管理策略实施。数据资产管理策略包括以下几种：
- 维护策略：制定数据资产的维护策略，包括定期备份、更新和修复等。
- 更新策略：根据业务需求和技术发展，制定数据资产的更新策略，确保数据的时效性和准确性。
- 淘汰策略：对于不再使用或价值较低的数据资产，制定淘汰策略，以释放存储资源和提高系统性能。

数据资产架构的实施策略如图 5-6 所示。

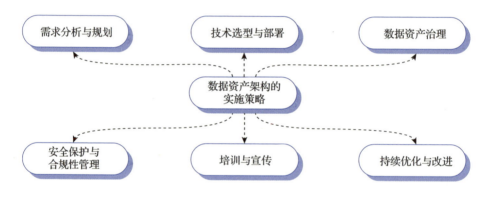

图 5-6　数据资产架构的实施策略

1）需求分析与规划：深入理解业务需求，明确数据资产架构的目标和范围，制定详细的实施计划。

2）技术选型与部署：根据需求选择合适的技术和工具，如 ETL 工具、数据仓库、数据湖、数据加密技术等，并进行部署和配置。

3）数据资产治理：建立数据资产治理体系，制定数据资产架构的治理流程，确保数据资产架构的准确性、完整性和一致性。

4）安全保护与合规性管理：加强数据资产的安全保护，制定安全策略和措施，确保数据免受未经授权的访问和泄露。同时，遵守相关法律法规和行业标准，确保数据使用的合规性。

5）培训与宣传：对员工进行数据资产管理的培训和宣传，提高全员的数据意识和技能水平。

6）持续优化与改进：根据业务发展和技术变化，持续优化和改进数据资产架构，确保其适应性和有效性。

通过以上步骤和策略的实施，组织可以基于已经识别的数据资产需求，有效地实现数据资产架构的实施，以实现数据价值的最大化。

5.2.3 数据资产开发

数据资产形成和管理过程涉及的数据资产开发类型主要包括数据集、数据产品与服务、数据分析模型与挖掘算法。每类数据资产的具体开发过程都有其特点，具体如下：

（1）数据集（治理后数据资源）

- 需求分析：收集和分析用户对治理后数据资源的需求。
- 数据资产归类：将满足需求的治理后的数据资源进行归类，归入数据资产某个科目。

（2）数据集（衍生数据集：数据指标、统计数据等）

- 指标定义：根据业务需求，定义 KPI。
- 数据抽取：从原始数据集中抽取所需数据，用于计算指标。
- 数据处理：进行必要的数据转换和计算，生成统计数据和指标。
- 数据验证：确保衍生数据集的准确性和一致性。
- 数据呈现：设计数据报告和仪表板，展示指标和统计结果。
- 数据分发：将衍生数据集提供给内部或外部用户使用。

（3）数据产品与服务

- 需求分析：收集和分析用户对数据产品与服务的需求。
- 产品设计：设计数据产品的架构、功能和用户界面。
- 数据开发：开发数据服务，如 API、数据报告、分析工具等。
- 原型测试：开发原型并进行测试，根据反馈进行迭代优化。
- 部署实施：将数据产品部署到生产环境，供用户使用。

- 用户培训与支持：为用户提供培训和持续的技术支持。
- 产品迭代：根据用户反馈和市场变化，不断迭代改进数据产品。

（4）数据分析模型与挖掘算法

- 业务理解：深入理解业务目标和数据分析需求。
- 数据准备：选择合适的数据集，并进行数据预处理。
- 模型设计：设计分析模型或挖掘算法，如预测模型、分类算法等。
- 算法选择：选择合适的统计方法或机器学习算法。
- 模型训练：使用选定的算法对数据进行训练，构建模型。
- 模型评估：评估模型的性能和准确性，进行调整和优化。
- 模型部署：将训练好的模型部署到生产环境，供业务使用。
- 监控与维护：持续监控模型的表现，并根据需要进行维护和更新。

（5）算力

- 需求分析：分析组织对计算资源的需求，包括处理能力、存储需求等。
- 资源规划：根据需求规划算力资源，包括硬件采购、云服务租赁等。
- 系统集成：将计算资源整合到现有的数据资产管理平台中。
- 性能优化：优化算力资源的使用效率，确保计算任务的高效执行。
- 资源监控：监控算力资源的使用情况，确保系统的稳定性和可靠性。
- 扩展与升级：根据业务发展需要，对算力资源进行扩展和升级。

以上每类数据资产的开发过程都需要遵循数据资产管理的政策，确保数据资产的质量、安全性和合规性。同时，数据资产管理团队需要与业务部门紧密合作，确保数据资产的开发能够满足业务需求，并为组织带来价值。

5.2.4 数据资产登记与形成

数据资产的登记与形成过程如图5-7所示，不同种类的数据资产经过登记、合规性审核、发布等环节形成数据资产。

1）数据资产识别与科目管理。

- 数据资源梳理：进行全面的数据资源审计，包括数据的来源、类型、格式、存储位置等。编制数据资源清单，列出所有现有的数据资源，包括数据库、数据仓库、文件存储、云服务等中的数据集。
- 潜力评估：评估数据资源的潜在价值，考虑其对业务决策、客户体验、运营效率的影响。
- 资产科目管理：为不同类型的数据资产定义科目，建立相应的管理流程，便于后续的管理和跟踪。

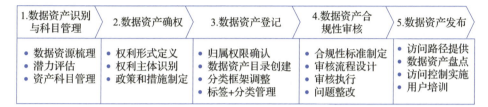

图 5-7　数据资产的登记与形成过程

2）数据资产确权。
- 权利形式定义：明确数据资产的权利类型，如所有权、使用权、收益权等。
- 权利主体识别：确定数据资产的权利主体，包括数据的创建者、所有者、管理者和使用者。
- 政策和措施制定：制定数据资产管理政策，包括数据使用协议、访问控制、数据共享规则等。

3）数据资产登记。
- 归属权限确认：对新形成的数据资产进行详细的归属和权限登记，确保权责明确。
- 数据资产目录创建：建立数据资产目录，将识别和分类的数据资产纳入数据资产目录中，记录数据资产的详细信息，如名称、描述、所有者、创建日期、更新频率等。
- 分类框架调整：根据业务发展和数据资产的变化，定期审查和调整分类框架。
- 标签+分类管理：使用标签系统对数据资产进行分类和标记，便于检索和管理。

4）数据资产合规性审核。
- 合规性标准制定：基于法律法规和行业最佳实践，制定数据资产的合规性标准。
- 审核流程设计：设计合规性审核流程，包括审核周期、审核方法、责任分配等。
- 审核执行：定期对数据资产进行合规性审核，包括数据的收集、处理、存储和传输等环节，确保其符合法律法规和组织政策。
- 问题整改：对于审核中发现的不合规问题，制定整改计划，并跟踪整改进度，直至数据资产合规。

5）数据资产发布。
- 访问路径提供：为授权用户提供清晰的数据资产访问路径，包括在线平台、API 等。
- 数据资产盘点：定期进行数据资产盘点，更新数据资产目录，移除过时或不再使用的数据资产。
- 访问控制实施：确保数据资产的访问控制得到有效实施，防止未授权访问。
- 用户培训：对用户进行数据资产使用和管理系统的培训，提高数据资产的利用效率。

5.3 数据资产管理体系

数据资产管理（Data Asset Management，DAM）是规划、控制和提供数据资产的一组业务职能，是在数据资源管理的基础上，对数据资产应用与服务能力的建设与打造，既包括对内的支撑，也包括对外的支撑，为数据资产流通做好准备。

数据资产管理涵盖了登记、使用、处置和监督等与数据资产实现相关的计划、政策、流程、方法、项目和程序，旨在控制、保护、交付和提高数据资产的价值。

数据资产管理体系如图 5-8 所示，主要包括两部分：核心职能与保障体系。

```
┌─────────────────────────────────────────────────────────────────────────┐
│                          数据资产管理                                      │
│  ┌──────────────┬──────────────┬──────────────┬────────────────────┐     │
│  │ 数据资产需求  │ 数据资产价值  │ 数据资产流通  │ 数据资产生命周期管理 │     │
│  │ 管理         │ 管理         │ 管理         │                    │     │
│  │ •需求识别与收集│•数据资产的价值│•数据资产内部 │•数据资产科目管理    │     │
│  │ •需求分析     │  评估       │  使用管理    │•数据资产识别与登记  │     │
│  │ •需求响应     │•成本效益分析 │•数据资产外部 │•数据资产分类分级    │     │
│核│•需求跟踪      │•投资回报预测 │  流通管理    │•数据资产确权        │     │
│心│•变更管理      │•数据资产的投入│•数据资产监测 │•数据资产目录管理    │     │
│职│•版本控制      │  产出管理    │  与评估      │•数据资产审核与发布  │     │
│能│•需求优化      │             │             │•数据资产下线        │     │
│  │              │             │             │•数据资产运维管理    │     │
│  ├──────────────┴──────────────┴──────────────┴────────────────────┤     │
│  │数据资产│ 数据资产架构设计管理 │数据资产架构实施管理│数据资产架构评估管理│   │
│  │架构管理│                    │                 │                  │   │
│  ├────────┬──────────┬────────┬────────┬────────┬────────┬──────────┤   │
│  │数据资产 │数据资产  │风险评估 │风险管理 │风险管理 │合规性管理│持续监控、│   │
│  │风险管理 │识别与分类│        │计划制定 │计划实施 │        │审计与改进│   │
│  └────────┴──────────┴────────┴────────┴────────┴────────┴──────────┘   │
└─────────────────────────────────────────────────────────────────────────┘
┌─────────────────────────────────────────────────────────────────────────┐
│保障│管理组织│管理机制│标准规范│数据资产  │平台工具│文化素养│数据治理       │
│体系│       │        │        │管理人才 │        │        │              │
└─────────────────────────────────────────────────────────────────────────┘
```

图 5-8　数据资产管理体系

1. 核心职能

数据资产管理体系的核心职能如下。

- 数据资产需求管理：组织在明确业务目标和战略的基础上，识别和定义对数据资产的具体需求，包括数据资产的类型、结构、质量要求等。这一过程涉及需求的收集、分析、优先级排序以及需求变更的管理等，确保数据资产能够满足组织运营和决策的需要。
- 数据资产价值管理：专注于评估、提升和实现数据资产的经济价值，包括数据资产的价值评估、成本效益分析、投资回报预测以及数据资产的投入产出管理。通过这一职能，组织能够确保数据资产的有效利用，并最大化其对业务增长和盈利能力的贡献。
- 数据资产流通管理：数据资产在组织内部及与外部合作伙伴之间的共享、交换、分发和变现。这一职能确保数据资产的流动性和可访问性，同时管理和控制数据资产的访问权限，保障数据资产在流通过程中的安全、合规性。

- 数据资产架构管理：对企业数据资产进行系统性规划、整合、保护与利用的过程。通过科学的数据资产分类、分级架构、设计及管理规则制定，组织能够确保数据资产的安全性、一致性、可访问性和价值最大化。
- 数据资产风险管理：针对数据资产在组织内外部使用时可能的数据风险，建立完善的体系化的数据安全策略措施，全方位进行数据资产安全与合规管控，确保数据资产在组织内部使用和外部流通时的安全和合规。
- 数据资产生命周期管理：涵盖了数据资产从登记、使用、流通、维护到最终退役的整个生命周期。这一职能包括数据资产的识别、分类、保护、维护、流通和处置等环节，确保数据资产在整个生命周期中得到有效管理，以支持组织的业务连续性和长期发展。

2. 保障体系

保障体系可以参考数据资源管理体系中的保障体系，只是范围限制在组织数据资产管理方面的投入和资源支持，同样也包括管理组织、管理机制、标准规范、数据资产管理人才、平台工具、文化素养、数据治理等方面。

- 管理组织：建立一个清晰的组织架构和团队，负责数据资产管理的各个方面，包括数据资产管理策略的制定、数据流程的监督以及跨部门的协调工作，确保数据资产的有效管理和利用。
- 管理机制：制定和执行数据资产管理的政策、流程和程序，以确保数据资产的获取、维护、使用和处置符合组织的目标和法规要求，同时通过持续的监督和评估来优化数据管理实践。
- 标准规范：制定一套统一的数据资产管理标准和规范，包括数据资产的分类、分级、设计、实施、评估和流通的标准等，为数据资产的管理和使用提供统一的指导和约束，以促进数据资产的一致性、互操作性和合规性，提高数据资产的整体管理效率。

- 数据资产管理人才：培养和吸引具备数据资产管理、数据分析和治理技能的专业人才，通过提供培训、职业发展机会和激励机制，构建一个高效的数据资产管理团队，支持组织的数据战略。
- 平台工具：投资和部署先进的数据资产管理平台和工具，以支持数据资产的存储、处理、共享、流通、分析和可视化，提高数据资产处理的自动化水平，增强数据资产的可访问性和可用性。
- 技术创新：跟踪和采纳新兴技术，如人工智能、机器学习、区块链等，以创新的方式解决数据资产管理中的挑战，提高数据资产的价值创造潜力。
- 文化素养：在组织内部培育一种重视数据和数据驱动决策的文化，通过教育和培训提高全员的数据资产意识，鼓励数据共享和协作，以支持数据资产的有效利用和安全合规。
- 数据治理：建立一个全面的框架和组织结构，负责监督数据资产的管理和使用，确保数据的质量和安全，同时符合法律法规和组织政策，支持数据资产的长期价值，确保数据资产管理活动与组织的整体战略和目标一致。

在整个管理过程中，组织的各个业务部门、管理部门需要在数据生命周期过程中作为数据资产的权属角色、数据资产使用角色参与具体流程，包括盘点、识别、认定、确权、登记、流通、处置过程，执行审核、申请、确认等不同的工作。同时，数据资产管理也需要系统端在线化、自动化的支持，减少人工投入导致的数据资产管理成本增加、数据资产管理静态化等问题。

5.4 数据资产管理的核心职能

在数据资产日益成为组织核心资产的背景下，数据资产管理的核心职能显得尤为关键。本节全面剖析了数据资产管理的六大核心职能——数据资产需求管理、数据资产价值管理、数据资产流通管理、数据资产架构管理、数据资产风险管理以及数据资产生命周期管理。这六大职能如同驾驭组织数字财富的六驾马车，共同推动组织实现数据资产的最大化利用与价值创造。

5.4.1 数据资产需求管理

数据资产需求管理是数据资产管理中的一个重要组成部分，它涉及对组织内部和外部的数据需求和约束进行系统的识别、分析和管理，以确保数据资产能够满足这些需求，并为组织带来价值。

数据资产需求管理一般包括需求识别与收集、需求分析、需求响应、需求跟踪、变更管理、版本控制、需求优化等职能。

（1）需求识别与收集　发现和汇总组织内外部对数据资产的具体需求。

工作内容：确定数据资产需求来源，包括业务部门、客户、市场趋势等；收集数据资产需求信息，可以通过问卷、访谈、会议等方式。

（2）需求分析　对收集到的需求进行深入分析，以理解其背后的业务目标和动机。

工作内容：分解数据资产需求，理解每个数据资产需求的具体内容和业务影响；确定数据资产需求的优先级和紧急程度。

（3）需求响应　根据分析结果制定对数据资产需求的响应策略和计划，并进行实际操作。

工作内容：制定满足数据资产需求的初步方案；与数据资产需求提出方沟通，确保方案的可行性；根据数据资产需求，进行数据集/数据产品授权等操作。

（4）需求跟踪　监控数据资产需求的状态，确保数据资产需求得到及时和正确的响应。

工作内容：建立数据资产需求跟踪机制，记录需求的状态变化；更新数据资产需求状态，确保所有相关方了解最新进展。

（5）变更管理　在数据资产需求发生变化时，系统地管理这些变更，以减少对项目的影响。

工作内容：评估变更对项目的影响；制定变更控制流程，确保变更得到适当管理。

（6）版本控制　数据资产管理需求文档和相关工件的不同版本，以确保一致性和可追溯性。

工作内容：实施版本控制系统，管理文档的更新和变更；确保所有相关方访问的是最新版本的文档。

（7）需求优化　通过改进需求定义和优先级设置，提高数据资产需求的质量和价值。

工作内容：定期审查数据资产需求，以识别改进机会，例如改进数据资产架构；重新排序数据资产需求，以最大化资源利用和业务价值。

通过这些步骤，数据资产需求管理有助于确保组织的数据资产能够满足当前和未来的业务需求，同时为数据驱动的决策提供支持。这个过程需要跨部门的协作、高层的支持以及持续的投入，以确保数据资产的有效利用和价值最大化。

5.4.2　数据资产价值管理

数据资产价值管理是指对数据资产的价值进行识别、评估、维护和提升的过程。它涉及一系列活动，旨在确保数据资产能够为组织带来最大的经济利益，并支持数据驱动的决策制定。

数据资产价值管理是数字经济时代组织管理的重要组成部分，它不仅关系到组织的当前运营效率，还关系到组织的长期发展和市场地位。随着数据的重要性日益增加，数据资产价值管理将成为组织战略规划的关键部分。

数据资产价值管理一般包括数据资产的价值评估、成本效益分析、投资回报预测以及数据资产的投入产出管理等职能。

（1）数据资产的价值评估　对数据资产的经济价值进行量化分析的过程，以确定其对组织的潜在价值。

工作内容如下：

1）选择合适的评估方法，如实物价值评估、市场价值评估、收益价值评估或战略价值评估，或者设计评估模型，包括经济效益、战略价值、市场潜力等指标。

2）对数据资产进行量化评估，确定其价值。

3）建立数据资产价值评估流程机制，开展定期评估；基于评估结果，优化数据资产的投资和管理策略。

（2）成本效益分析　一种评估数据资产投资效益的方法，通过比较不同数据资产投资方案的成本和收益来确定最具成本效益的方案。

工作内容如下：

1）成本识别：识别与数据资产相关的所有成本，包括直接成本和间接成本。

2）收益识别：确定数据资产带来的所有潜在收益。

3）成本效益比：计算成本与收益的比例，评估投资的效益。

4）方案比较：比较不同数据资产投资方案的成本效益比，选择最优管理方案。

（3）投资回报预测　预测数据资产投资在未来可能带来的回报，帮助组织做出投资决策。

工作内容如下：

1）投资分析：分析数据资产投资的规模、时机和方式。

2）回报预测：预测数据资产投资的财务回报，包括利润、现金流等。

3）时间价值：考虑资金的时间价值，使用净现值、内部收益率等财务指标。

4）情景分析：在不同市场和经济情景下进行投资回报预测。

（4）数据资产的投入产出管理　对数据资产投资和产出进行系统管理，确保数据资产的有效利用和价值最大化。

工作内容如下：

1）资源分配：合理分配资源，包括资金、技术和人力资源，以支持数据资产的创建和维护。

2）产出监控：监控数据资产的使用情况和产出效益，确保符合预期目标。

3）效率优化：通过流程优化和技术改进提高数据资产的使用效率。

4）绩效评估：定期评估数据资产投入产出的绩效，包括投资回报率等关键指标。

通过这些管理活动，组织可以更好地理解和利用其数据资产，实现数据资产价值的最大化，并支持数据驱动的决策制定和业务增长。

5.4.3 数据资产流通管理

按照数据资产流通的场景，数据资产流通可分为内部使用和外部流通。对应的管理内容可以划分为数据资产内部使用管理、数据资产外部流通管理、数据资产监测与评估。

（1）数据资产内部使用管理　对组织内部使用数据资产的活动进行规划、控制和监督的过程。

工作内容如下：

1）使用政策制定：制定明确的数据资产使用政策，规定哪些数据资产可以在内部使用，以及使用的条件和限制。

2）权限控制：根据员工的职责和需要，设置不同的数据资产访问权限，确保数据安全。

3）数据共享机制：建立内部数据资产共享平台，便于员工根据授权访问和使用数据。

4）合规性监督：监督内部数据使用活动，确保遵守相关法律法规和组织政策。

5）数据资产使用培训：对员工进行数据资产使用和数据资产保护的培训，提高数据意识。

（2）数据资产外部流通管理　涉及数据资产在组织外部的共享、交换和交易的管理。

工作内容如下：

1）合作伙伴审查：审查外部合作伙伴的资质和信誉，确保数据资产流通的安全性。

2）数据资产合同管理：制定和执行数据共享或交易合同，明确数据资产使用的范围、权利和义务。

3）数据资产安全协议：与外部实体签订数据资产安全协议，确保数据资产在传输和存储过程中的安全。

4）合规性评估：评估外部数据资产流通的合规性，确保符合法律法规要求。

5）收益分配：如果数据资产的外部流通涉及商业利益，需要制定收益分配机制。

（3）数据资产监测与评估　对数据资产的使用效果、价值和风险进行持续监测和定期评估的过程。

工作内容如下：

1）使用效果监测：监测数据资产在内部和外部的使用效果，评估其对业务的支持和促进作用。

2）价值评估：定期对数据资产的价值进行评估，包括市场价值和对组织的战略价值。

3）风险管理：识别和管理数据资产流通过程中的潜在风险，如数据泄露、滥用等。

4）性能指标制定：制定数据资产使用和流通的性能指标，用于评估和改进。

5）报告和审计：生成数据资产使用和流通的报告，进行内部和外部审计。

通过上述管理活动，组织能够确保数据资产的有效利用，同时保护数据资产的安全和合规性，实现数据资产价值的最大化。

5.4.4　数据资产架构管理

数据资产架构管理是组织为实现数据资产架构管理目标，在数据资产架构制定、实施、评价中，所完成的一系列举措监督和控制活动，具体包括数据资产架构制定管理、数据资产架构实施管理、数据资产架构评估管理三部分。

（1）数据资产架构制定管理　组织在明确业务需求、技术环境及未来发展方向的基础上，规划并设计数据资产的整体架构框架、分类与分级标准、确权基础以及管理规则的过程。

工作内容如下：

1）需求分析：收集并分析业务需求、技术需求及合规性要求，明确数据资产管理的目标和范围。

2）架构设计管理：管理数据资产的逻辑架构和物理架构设计过程，涉及数据资产登记、处理、存储、分析、使用、流通等各个环节。

3）分类与分级管理：根据数据资产的业务影响、敏感性等因素制定数据资产的分类标准，并确定数据资产的敏感性和重要性级别。

4）确权基础设计管理：定义和管理数据资产的权利形式，明确产权、使用权等，并管理权利主体，如所有者、使用者和管理者。

5）管理规则制定：制定统一的数据资产定义、使用规范以及维护、更新和淘汰等管理策略。

（2）数据资产架构实施管理　按照制定的数据资产架构方案进行具体实施、部署和运维，确保数据资产架构的有效落地和稳定运行。

工作内容如下：

1）系统部署：根据资产架构管理设计，部署相关的硬件、软件等设施。

2）数据资产迁移与整合：监测现有数据资产按照新的架构进行迁移、整合和清洗，确保数据资产的准确性和一致性。

3）权限与访问控制：设置数据资产的访问权限，确保数据的安全性和合规性。

4）培训与支持：对相关人员进行培训，提供技术支持和运维服务，确保他们能够熟练使用新的架构。

5）监控与优化：实施数据资产架构的监控和性能优化，及时发现并解决问题。

（3）数据资产架构评估管理　对数据资产架构的实施效果进行评估，以验证其是否满足业务需求，并根据评估结果提出改进建议和优化措施的过程。

工作内容如下：

1）评估指标设定：根据业务需求和技术要求，设定合理的评估指标，如数据资产架构质量、系统性能、安全性、合规性等。

2）数据收集与分析：收集相关数据，包括系统日志、用户反馈、业务指标等，进行数据分析，评估数据资产架构的实际效果。

3）评估报告编制：编制详细的评估报告，总结数据资产架构的优势和不足，提出改进建议和优化措施。

4）持续改进：根据评估结果，对数据资产架构进行持续优化和改进，以适应业务发展和技术变化的需求。

5.4.5 数据资产风险管理

随着数据资产在企业运营中占据越来越重要的地位，数据资产风险管理成为不可忽视的关键环节。本小节深入探讨了常见的数据资产风险类型，明确数据资产风险与更广泛的数据资源风险之间的微妙区别，并详细阐述了数据资产风险管理的实施策略与最佳实践，旨在为组织构建起一道坚实的数据安全防线，确保数据资产的安全、完整与可控。

1. 数据资产风险

常见的数据资产风险包括但不限于以下内容：

- 数据泄露：未经授权的数据访问和披露，可能导致敏感信息外泄。
- 数据篡改：数据被非法修改，影响数据的完整性和准确性。
- 数据丢失：数据的意外删除或损坏，导致数据不可恢复。
- 数据滥用：数据被不当使用，违反了数据使用协议或法律法规。
- 数据过时：数据未能及时更新，导致基于过时数据的决策失误。
- 数据隐私侵犯：未能妥善保护涉及个人隐私的数据。
- 数据安全漏洞：系统安全措施不足，导致数据面临安全威胁。
- 数据合规风险：数据管理和使用不符合相关法律法规要求，可能导致法律责任和经济损失。
- 数据侵权风险：数据在收集、处理、存储、传输、使用或共享过程中，未经数据主体明确同意或违反相关法律法规的规定，侵犯了数据主体的合法权益。

- 数据质量问题：数据不准确、不完整或不一致，影响数据分析和决策的质量。

2. 数据资产风险与数据资源风险的区别

（1）定义　数据资产风险特指那些已经被识别、评估并确认对组织有经济价值的数据集等所面临的风险；数据资源风险涉及更广泛的概念，包括所有数据，无论它们是否已经被确认为资产，以及它们可能对组织带来的潜在影响。

（2）范围　数据资产风险更侧重于那些已经被视为关键业务资产的数据及产品的风险管理；数据资源风险则包括所有数据的潜在风险，无论它们是否已经被正式分类为资产。

（3）管理重点　数据资产风险管理通常需要更严格的管理和监控，因为这些数据对组织的运营和财务表现至关重要；数据资源风险管理更侧重于识别和评估哪些数据可以或应该被当作资产来管理。

（4）经济影响　数据资产风险可能导致直接的经济损失，因为这些数据对创造收入和维持竞争优势至关重要；数据资源风险可能包括更广泛的影响，如声誉损害、法律诉讼等，这些不一定直接关联到经济价值，但对组织同样重要。

在管理数据资产和数据资源时，组织需要采取不同的策略和措施来应对不同类型的风险。《关于加强数据资产管理的指导意见》等政策文件提供了关于如何管理和降低这些风险的指导。

3. 数据资产风险管理的实施

数据资产风险管理与数据资源风险管理以及数据流通风险管理可以作为一个完整的数据风险管理体系实施。数据风险管理体系的内容和实施请参考 4.5.6 节。

5.4.6　数据资产生命周期管理

数据资产生命周期管理是一套系统化的方法，用于指导数据资产从创建到最终退役的全过程。

（1）数据资产科目管理　对数据资产进行分类和编码的过程，建立统一的数据资产分类体系，以便于管理和追踪。

工作内容：设计数据资产分类标准和编码规则；对数据资产进行分类和编码，确保每个数据资产都有唯一的标识；设计和维护数据资产科目，确保其反映最新的数据资产状态。

（2）数据资产识别　发现组织内所有数据资产的过程，为数据资产的进一步管理打下基础。

工作内容：识别组织内的所有数据资产，包括结构化和非结构化数据；记录数据资产的基本信息，如名称、类型、来源、责任人等。

（3）数据资产确权　确定数据资产的所有权和使用权，确保数据资产的合法使用和管理。

工作内容：明确数据资产的所有者和管理者等角色；确定数据资产的使用权限和共享规则；解决数据资产所有权和使用权的争议。

（4）数据资产登记　经数据资产相关权利人申请，数据资产登记机构依法依规将数据资产相关信息及权利在数据资产登记系统上予以记载和公示，并核发登记证书的行为。

工作内容如下：

1）登记申请与受理：数据资产相关权利人（如自然人、法人或非法人组织）向登记机构提交登记申请，提交材料。登记机构对申请进行初步审查，确认申请材料的完整性和合规性，并决定是否受理申请。

2）实质性审查与形式审查：进行形式审查，确保申请材料的格式、内容等符合规定要求。

3）公示与异议处理：登记机构在数据资产登记系统上对通过审查的数据资产信息进行公示，公示期内利害关系人可以提出异议。登记机构负责接收、转送异议申请，并组织异议双方进行答辩，最终根据双方提交的证据材料形成异议处理结果。

4）登记发证：公示期限届满无异议或异议不成立的，登记机构对登记申请予以核准，并颁发数据资产登记证书。该证书是数据资产所有权的官方证明，具有法律效力。

5）后续管理与服务：完成登记后，登记机构还需提供与数据资产登记业务有关的查询、信息咨询和培训服务。

6）监管与合规：数据资产登记工作还需接受相关行政管理部门的监管，确保登记活动的合法有序开展。

（5）数据资产分级　根据数据资产的重要性、敏感性等因素，将其分为不同的级别。

工作内容：制定数据资产分级标准和方法；对数据资产进行分级，确定其在组织内的重要性和敏感度；根据分级结果，制定相应的管理策略和安全措施。

（6）数据资产目录管理　维护一个包含所有数据资产信息的目录，以便于检索和使用。

工作内容：建立和维护数据资产目录，记录数据资产的详细信息；确保数据资产目录的准确性和时效性；提供数据资产目录的查询服务，方便用户检索所需数据。

（7）数据资产审核与发布　在数据资产对外提供或公开前进行审核，确保数据资产的质量和合规性。

工作内容：制定数据资产审核的标准和流程；对数据资产进行质量审核和合规性检查；审核通过后，发布数据资产供内部或外部使用。

（8）数据资产下线　将不再使用或不再符合组织需求的数据资产从系统中移除。

工作内容：确定数据资产下线的标准和流程；对不再需要的数据资产进行下线处理，包括数据资产的归档或删除；确保数据资产下线过程符合数据保护和隐私法规。

（9）数据资产运维管理　对数据资产进行日常的维护和运营，以保持其可用性和性能。

工作内容：制定数据资产运维的策略和流程；进行数据资产的日常维护，如数据资产备份、恢复、监控等；响应和处理数据资产运维中出现的问题和故障。

通过上述各个阶段的管理，组织能够确保数据资产在整个生命周期中得到有效的管理和利用，从而支持组织的业务运营和决策制定。

5.5 数据资产管理实施

数据资产管理实施是组织将数据战略转化为实际行动、释放数据潜能的关键步骤。本节详细阐述了数据资产管理实施的全过程，同时提炼出实施过程中的关键点与需要特别注意的事项，为组织顺利推进数据资产管理项目、加速数据价值转化提供实用的指导与参考。

5.5.1 实施过程

数据资产管理体系的实施应该遵循一系列明确的步骤，以确保数据资产得到有效的管理和保护。数据资产管理实施过程如图 5-9 所示。

1. 实施准备	2. 核心职能实施	3. 保障体系构建	4. 持续改进与优化
• 确立目标与战略 • 组织架构与责任分配 • 现状评估与需求分析 • 制定实施计划 • 资源评估 • 政策和标准制定 • 培训和意识提升	• 数据资产需求管理 • 数据资产价值管理 • 数据资产流通管理 • 数据资产架构管理 • 数据资产风险管理 • 数据资产生命周期管理	• 技术体系 • 制度体系 • 培训体系	• 定期审查与调整 • 引入新技术与方法 • 持续投入 • 调整和优化

图 5-9 数据资产管理实施过程

1）实施准备。

- 确立目标与战略：明确数据资产管理的目标，例如提高数据资产的内部使用、优化数据资产成本等。制定与企业整体战略相一致的数据资产管理战略，明确数据资产管理的范围和优先级，制定数据资产管理的长期和短期计划。
- 组织架构与责任分配：确定数据资产管理的领导机构和执行团队，成立专门的数据资产管理团队或委员会，负责体系的实施与监督。明确各团队和人员的职责与分工，确保责任落实到人。

- 现状评估与需求分析：对企业现有的数据资产进行全面评估，包括数据类型、来源、存储方式等。分析企业业务对数据资产的需求，以及数据资产管理中存在的问题和挑战。
- 制定实施计划：明确数据资产管理的目标、范围、时间表和预期成果。
- 资源评估：评估所需的人力、财力、技术资源，并进行预算规划。
- 政策和标准制定：制定数据资产管理的政策、标准和操作流程。
- 培训和意识提升：对相关人员进行数据资产管理的培训，提升数据意识。

2）核心职能实施。
- 数据资产需求管理：收集和分析业务需求，定义数据资产需求。
- 数据资产价值管理：评估数据资产的经济价值和战略价值，进行成本效益分析，分析数据资产的成本效益，预测投资回报。
- 数据资产流通管理：制定数据共享、交换和分发的规则和流程，设置数据资产访问权限，确保合规性。
- 数据资产架构管理：管理数据资产架构的设计、实施和评估，确保数据资产架构落地，有效支撑数据资产的利用和价值实现。
- 数据资产风险管理：识别数据资产面临的风险，制定风险防范措施和应急预案，降低数据风险的发生概率和影响程度；定期对数据资产进行安全检查和漏洞扫描，确保数据资产的安全性。
- 数据资产生命周期管理：识别组织内的数据资产，并进行分类；建立数据资产登记册，记录详细信息；制定数据资产维护计划，确保数据资产的可用性和准确性；制定数据资产退役和处置的流程。

3）保障体系构建。
- 技术体系：引入先进的数据资产管理技术和工具，如数据资产管理系统、数据备份恢复系统、数据资产监测工具等；建立数据资产管理平台，实现数据资产的集中存储、查询、分析和可视化等功能。
- 制度体系：制定完善的数据资产管理制度和规范，包括数据资产登记、处理、共享等方面的规定；建立数据资产管理的奖惩机制，激励员工积极参与数据资产管理工作。

- 培训体系：定期对员工进行数据资产管理培训和教育，提高员工的数据意识和能力；组织数据资产管理经验分享会和技术研讨会，促进员工之间的交流和学习。

4）持续改进与优化。

- 定期审查与调整：定期审查数据资产管理体系的实施效果，识别存在的问题和不足。根据审查结果和业务需求的变化，及时调整数据资产管理策略和方法。
- 引入新技术与方法：关注数据资产管理领域的新技术和方法，如人工智能、大数据分析等。适时引入新技术和方法，提升数据资产管理的效率和效果。
- 持续投入：实施数据资产管理体系需要高层的支持、跨部门的合作以及持续的投入。
- 调整和优化：随着业务需求和技术的发展，数据资产管理体系也需要不断地进行调整和优化。

通过以上步骤和内容的实施，组织可以构建一个完善的数据资产管理体系，实现数据资产的统一、顺畅和有效管理，提升组织数据的竞争力和业务价值。

5.5.2 实施的关键点

数据资产管理实施过程的关键点如图 5-10 所示。

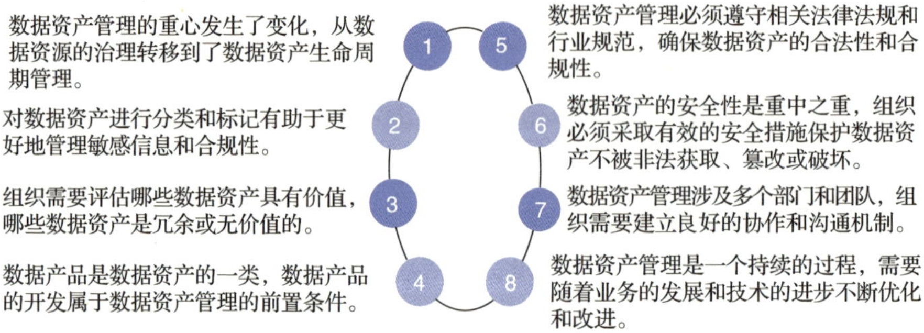

数据资产管理的重心发生了变化，从数据资源的治理转移到了数据资产生命周期管理。

对数据资产进行分类和标记有助于更好地管理敏感信息和合规性。

组织需要评估哪些数据资产具有价值，哪些数据资产是冗余或无价值的。

数据产品是数据资产的一类，数据产品的开发属于数据资产管理的前置条件。

数据资产管理必须遵守相关法律法规和行业规范，确保数据资产的合法性和合规性。

数据资产的安全性是重中之重，组织必须采取有效的安全措施保护数据资产不被非法获取、篡改或破坏。

数据资产管理涉及多个部门和团队，组织需要建立良好的协作和沟通机制。

数据资产管理是一个持续的过程，需要随着业务的发展和技术的进步不断优化和改进。

图 5-10　数据资产管理实施过程的关键点

1)部分数据资产来源于数据资源,是满足某些条件的数据资源。数据资产管理的重心发生了变化,从数据资源的治理转移到了数据资产生命周期管理,这是走向数据要素流通的中间状态和环节。

2)对数据资产进行分类和标记有助于更好地管理敏感信息和合规性。不同类别的数据资产应有不同的处理和管理策略,以满足安全和合规的要求。

3)组织需要评估哪些数据资产具有价值,哪些数据资产是冗余或无价值的。数据价值评估可以优化数据资产存储和管理策略,提高数据资产使用效率。

4)在数据资产管理中,没有特别强调数据产品的开发,因为数据产品是数据资产的一类,数据产品的开发属于数据资产管理的前置条件,一般放在需求响应中进行管理:如需求是数据集,则根据开放共享策略,提供服务接口,以传输数据集;如果需求是数据产品,则根据开放共享策略,提供数据产品调用接口,提供数据产品使用。这里,数据产品的开发不包括在数据资产管理中,只在数据资产识别和登记中进行该类数据资产的识别和登记。

但是如果要在数据资产管理中,将数据产品的开发纳入管理,则可以将其纳入需求管理,作为需求响应的分支来管理,以便形成需求—需求响应—数据产品授权使用—需求退役/结束的闭环。

5)数据资产管理必须遵守相关法律法规和行业规范,确保数据资产的合法性和合规性。这包括数据保护法规、个人信息保护法规等,组织需要在数据资产登记、审核、发布、使用和共享等环节加强合规性管理。

6)数据资产的安全性是重中之重,组织必须采取有效的安全措施保护数据资产不被非法获取、篡改或破坏,包括数据加密、访问控制、安全审计等措施,确保数据资产的保密性、完整性和可用性。

7)数据资产管理涉及多个部门和团队,组织需要建立良好的协作和沟通机制。各部门应明确职责和分工,共同推动数据资产管理的实施和改进。

8)数据资产管理是一个持续的过程,需要随着业务的发展和技术的进步不断优化和改进。组织应定期对数据资产管理进行评估和审查,及时调整管理策略和方法。

综上所述，数据资产管理的关键点涵盖了数据资产生命周期的质量、分类、价值评估、合规性、安全性、团队协作和持续改进等多个方面。通过有效的数据资产管理，组织可以充分发挥数据资产的价值，提升业务决策的质量和效率。

5.6 数据资产流通

经过了组织数据资产管理，组织的数据资源已经可以在组织内部以资产的形式共享和使用。但对于组织而言，仅仅这样是不足够的，组织的数据资产有外部流通和交易的需求，这是由多方因素造成的：国家发布了多项政策，推动数据要素的流通和交易，而组织作为数据要素的重要来源，需要积极响应国家号召；随着企业对数据需求的快速增长，不同行业和领域对数据的需求呈现出多样化和个性化的特点，数据资产流通交易能够满足这些多样化的需求，促进数据的精细化和定制化开发；组织也需要挖掘数据价值，给组织带来新的经济增长点。鉴于此，组织有必要对数据资产进行流通管理，明确数据资产的（外部）流通方式，确保合法合规流通。

5.6.1 数据流通

数据流通是一个广义的概念，泛指数据要素从一个主体或机构流转到另一个主体或机构的过程。其流通对象可以是明文数据、脱敏数据、数据服务或数据产品。在数据要素市场建设的背景下，数据流通领域受到了空前的关注，各方均在积极探索参与数据流通，进而实现充分释放数据要素价值的目标。

1. 流通数据类型

在国际层面，尤其是美国与欧盟，数据流通的分类与管理遵循着截然不同的原则，主要依据公共利益与个人权利进行划分。

美国通过《开放政府数据法案》等立法明确地将数据区分为公共数据与非公共数据两大类别，这一分类基于数据持有者的身份特性。公共数据被界定为所有政府部门所持有的、非敏感性的政府数据，依据法案，这类数据需向公众全面开放，允许任何人自由使用，旨在促进政府透明度与公众参与度。相反，非公共数据则受到更严格的访问限制，通常需要通过特定的许可协议方可获得使用权。

而欧盟则采取了另一种分类方式，其核心在于数据所描述对象的性质，将数据划分为个人数据与非个人数据。这一分类体现了欧盟对数据主体控制力差异的认可，并据此制定了差异化的权利保护措施。在 GDPR 框架下，个人数据被赋予了高度的保护，用户享有知情权、被遗忘权、数据携带权等一系列权利，以保障其个人数据的安全与隐私。对于非个人数据，欧盟则通过《非个人数据在欧盟境内自由流动的框架》及《数据法案》等立法，积极推动其自由流动与跨境传输，以促进数字经济的发展与创新。

美国与欧盟在数据流通管理上采取了不同的分类标准和策略，分别侧重于公共透明度与个人权利保护，以及数据类型的内在特性，共同推动了全球数据治理体系的多元化发展。

我国《中共中央　国务院关于构建数据基础制度更好发挥数据要素作用的意见》在探索数据产权结构性分置制度的框架内，明确倡导"建立公共数据、企业数据、个人数据的分类分级确权授权制度"。这一体系深刻洞察了数据相关权益归属的多元性，将数据领域划分为公共数据、企业数据、个人数据三大板块，每个板块均承载着独特的价值关切与治理挑战。

尽管在实际数据生态中，这三类数据的界限并非截然分明，往往存在错综复杂的交织与互动，如图 5-11 所示。但这种分类方法却提供了一个清晰的分析框架，它促使根据每类数据的本质特性，制定更具针对性的分类标准与流通准则，确保数据在保护中流通，在流通中增值。

同时，这一分类体系也为构建数据主体间权责利的动态平衡机制奠定了坚实基础。随着数据技术的飞速发展与数据应用的日益广泛，数据权益的分配与调整成了一个动态变化的过程。通过明确不同类型数据的权属关系与流通规则，组织能够更有效地协调数据开发者、所有者、使用者之间的利益关系，推动数据价值的公平分配与最大化利用。

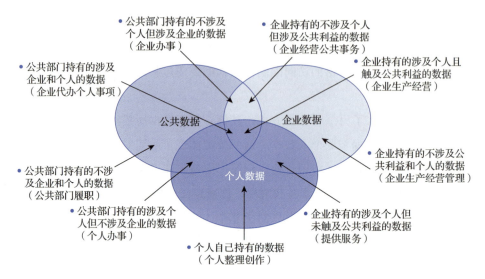

图 5-11 公共数据、企业数据、个人数据的复杂关系

2. 数据流通存在多层次多样化形态

在推动数据要素高效流通的进程中，首要任务在于深刻理解数据流通的多元表现形式，这要求从多个维度剖析其类型，包括流通主体间的供需关系、流通对象的多样化形态及交付方式的灵活性。

（1）供需关系视角下的数据流通模式　数据流通依据供需关系的不同，可划分为开放、共享与交易三种核心模式。数据开放作为最基础的形式，体现了数据提供方的无偿给予，常见于公共数据的公开不需要经济对价，促进了信息的自由流动。相比之下，数据共享强调双向互动，参与方既是数据所有者也是使用者，虽不涉及直接货币交换，但复杂的博弈过程使其在政府与行业间的多方共享中更具规模和持续性。而数据交易则通过货币或其他形式的对价实现数据的单向流通，因其能有效激发市场活力，成为数据要素市场流通的主导模式。

（2）流通对象的形态多样性　数据流通的对象广泛，涵盖了从原始数据到高级数据服务的完整链条，如图 5-12 所示。类似于石油化工产业的原料加工过程，数据产品也可依据其加工深度进行分类。原始数据相当于未经处理的原材料，标准化数据集则是初步整理后的轻加工产品；进一步，数据模型、分析结果等则属于深加工范畴,而数据应用解决方案则是对数据深度加工后形成的精加工产品,满足特定需求。

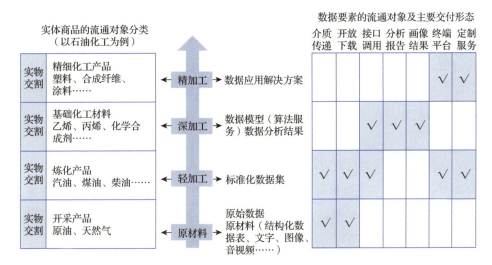

图 5-12　数据流通对象的多种形态

(3)交付形式的灵活多变　鉴于数据产品的特殊性,其交付方式远比实体商品复杂。原始数据虽可通过介质传递或开放下载简单复制,但出于安全和控制考虑,实际流通中较为罕见。随着加工深度的增加,交付形式也趋于多样化,如接口调用、终端平台访问、定制服务等,以适应不同应用场景和安全需求。在深加工和精加工层级,数据更多以模型、分析结果、解决方案等形式呈现,通过高度定制化的服务满足特定客户需求。

(4)数据流通的广泛实践与深度融合　值得注意的是,数据流通并非新生现象,而是早已深度嵌入政府治理与企业运营的方方面面。从征信报告的生成到互联网广告的精准投放,从资讯服务的个性化推荐到供应链管理的优化,无一不依赖于数据的流通、整合与应用。这些看似日常的业务活动,实则蕴含了大规模的数据流转与价值创造,只是过去未被明确界定为独立的数据流通业务形态。

总之,数据流通的复杂性在于其多维度的表现形式、多样化的流通对象以及灵活的交付方式。随着数据成为关键生产要素,进一步挖掘和优化数据流通机制，对于促进数字经济发展具有重要意义。

5.6.2 数据资产流通概述

数据资产流通是指多领域不同属性的数据资产进行关联、融合，寻找更加有价值的数据信息，并为组织带来巨大经济利益的过程。在数据资产流通中，数据资产以多种形式，按照数据资产标准和市场流通模式，从所有者传递到使用者。数据资产流通的具体形式包括数据资产共用、数据资产开放和数据资产交易等。

数据资产流通的对象可以是组织或机构，这些主体拥有或控制的数据资产，并期望通过流通实现数据资产的价值。流通的数据资产包括各种形式的数据，如用户行为数据、交易数据、市场数据等，这些数据对于提升业务决策、优化产品设计、增强市场竞争力等方面具有重要的作用。

总的来说，数据资产流通是一个复杂但至关重要的过程，它能够促进数据的价值实现，推动数字经济的发展。随着技术的不断进步和市场的不断成熟，数据资产流通将在未来发挥更加重要的作用。

1. 数据流通与数据资产流通的关系

数据资产流通是数据流通的一个特定领域，它侧重于将多领域不同属性的数据资产进行关联、融合，并寻找有价值的数据信息。这些数据信息在迭代中应用于数据资产的业务中，从而有效支撑组织业务运营，并为组织带来巨大的经济利益。

（1）对象　数据流通过程中，流通数据所有者可以是组织、企业或个人，他们拥有并愿意分享或交易其数据；而使用者则是对这些数据感兴趣并希望利用它们来实现某种价值或目标的主体。

数据资产流通过程中，流通的是组织的可流通数据资产。其流通方式取决于数据资产使用者或购买的具体需求，可以是数据集通过接口下载，也可以是通过 API 访问，还有可能直接获取数据分析结果和报告。

（2）过程　数据流通过程涉及数据的生成、传输、存储和应用等环节。在数据生成阶段，物理世界中的事件或操作被转化为可处理的数据；数据传输阶段则确保数据从一个地方安全、准确地传输到另一个地方；数据存储阶段则是将数据保存在合适的介质上以便将来使用；最终，在数据应用阶段，这些数据被用于各种业务场景，如决策支持、市场分析等。

数据资产流通的过程则更为具体，涉及数据资产的评估、定价、交易和后续利用等环节。首先，需要对数据资产进行价值评估，确定其市场价值；然后，通过谈判或竞拍等方式确定交易价格和条件；最后，在交易完成后，数据资产被传递给使用者，并在其业务中得到应用。

对比数据流通与数据资产的流通，可以说数据流通是一个更为宽泛的概念，涵盖了数据的所有流动和交换活动；而数据资产流通则更侧重于那些具有明确经济价值和商业应用的数据资产的流动和交易。在数据流通中，可能涉及各种类型的数据，包括那些没有直接经济价值的数据；而数据资产流通则主要关注那些能够为组织带来经济利益的数据资产。

总之，数据流通和数据资产流通在数字时代都具有重要的战略意义，它们不仅有助于提升组织的运营效率和创新能力，也有助于推动整个社会的数字化转型和智能化发展。

2. 数据资产流通的对象

数据资产流通的对象是组织内可流通的数据资产，即经过识别和登记以后，被认定为可以流通的数据资产。

3. 数据资产流通的过程

从实践上看，数据资产流通的过程如图 5-13 所示。

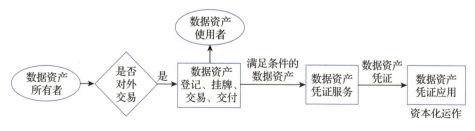

图 5-13 数据资产流通的过程

1）组织经过数据资源管理、数据资产管理过程，已经拥有了有序、可重用、可应用、可获取的数据资产。数据资产类型多样，包括了经过产品研发形成的数据产品。

一般来说，数据资产依据是否对外交易，分为两种类型的数据资产：一是自用或共享或开放的数据资产；二是服务于外部用户的、以数据及产品为主要内容的可交易的数据资产。

2）对外交易的数据资产，通过登记确权可以变成可交易数据资产。具体而言：在登记确权环节，数据资产所有者在数据交易机构进行登记，进行必要的确权和合规性审查，为数据交易机构提供交易信任的基础，为数据资产凭证服务提供凭证创建的基础。

3）可交易的数据资产通过交易交付环节，可以开展数据资产凭证服务。在交易交付环节，数据交易机构将满足数据资产条件的数据资产，基于资产交易活动的发生而获得市场价值的验证和价格，为数据资产所有者提供数据资产凭证，并进行资产估值、审计、持有权和经营权转让记录等的数据凭证管理活动，为数据资产凭证应用市场提供权威、可靠的凭证服务，例如资产入表、公司并购、首次公开发行、质押融资、政策依据等。

在数据资产流通交易基本逻辑中，数据资产是指基于数据资源加工开发的、可服务于外部具有某种共性需求的用户、以数据及数据产品等衍生物为主要内容和服务的资产。一般表现为作为产品的数据集，或者是从数据集中衍生出来的信息服务。

可交易数据资产是指满足以下基本条件的数据资产：内容合规真实可用，数据资产来源可确权，具有明确的使用场景，能提供用例和测试数据，具有可持续供给的技术能力和数据更新能力，符合可定价的要求。对可交易数据资产的确权登记十分重要，将实现数据资产价值从内部向外部的流转，数据资产凭证则是链接起数据交易与数据资产凭证应用的关键环节。

在上述过程中需要注意，数据资产流通的过程与商品的流通过程在某些方面确实存在相似之处，但也有很多独特之处。

1）从基本流程来看，数据资产流通和商品流通都涉及从一方到另一方的转移过程。在商品流通中，商品从生产者经过各个环节最终转移到消费者手中，完成价值的实现；而数据资产流通则是将数据资产从拥有者传递到需求者/使用者，实现数据价值的挖掘和应用。

2）两者都涉及所有权的转移。在商品流通中，商品的所有权从卖家转移到买家，实现商品价值的交换；而在数据资产流通中，虽然数据的所有权可能并不直接转移，但数据的使用权、经营权等权益会在不同主体之间进行流转，从而实现数据资产的价值。

3）两者在流通过程中都需要保证安全性和完整性。商品流通中需要防止商品的损坏、丢失和盗窃等问题；而数据资产流通则需要防止数据的泄露、篡改和滥用等风险。两者都需要采取有效的措施来保护流通过程中的安全和完整。

然而，数据资产流通与商品流通也存在显著的差异。

1）数据资产具有非排他性和可复制性，即一份数据资产可以同时被多个主体使用；而商品则具有排他性和唯一性。

2）数据资产的价值往往难以直接衡量，其价值取决于数据的质量、数量、应用场景等多种因素；而商品的价值则通常可以通过市场价格来衡量。

3）数据资产流通还涉及数据的隐私保护、合规性等问题，这是商品流通所不涉及的领域。

综上所述，数据资产流通与商品流通都需要保证流通过程的安全和完整，但数据资产流通还需要特别关注数据的隐私保护、价值评估以及合规性等问题。

随着数字经济的不断发展，数据资产流通的重要性日益凸显，组织需要更加深入地研究和理解其特点和规律，以推动数据要素市场的健康发展。

5.6.3 数据资产流通管理体系

数据资产流通管理是规划、控制和提供数据资产对外流通过程的一组业务职能，以确保组织可流通数据资产能够安全、高效地在不同主体之间进行流通和交易。数据资产流通管理可以有效管理和控制组织数据资产在外部的流通，提升流通效率和效果，给组织带来直接的经济效益和价值。

数据资产流通管理涵盖了数据资产流通策略设计与流通管理、资产流通过程监控与审计、数据资产流通优化等相关的计划、政策、流程、方法、项目和程序，旨在确保数据资产在安全合规的前提下，按照策略进行流通，给组织带来经济价值。

数据资产流通管理体系如图 5-14 所示，主要包括两部分：核心职能与保障体系。

图 5-14　数据资产流通管理体系

1. 核心职能

数据资产流通管理体系的核心职能包括以下 4 个部分。

- 数据资产流通策略设计与流通管理：规划和控制数据资产的外部流动，涉及创建和实施一系列策略和规程，以促进数据资产在组织外部或跨组织间的安全、高效、合规流通。这一过程旨在最大化数据资产的价值，同时确保数据的安全性和合规性。
- 数据资产流通过程监控与审计管理：对资产流动过程中的各个环节进行实时监督、检查和评估，确保数据资产在整个流通过程中的安全性、合规性和透明度的一系列活动。

- 数据资产流通优化管理：通过一系列策略和措施，提高数据资产在组织外部及跨组织间的流通效率和效果的过程。这一过程关注于提升数据资产的可用性、可访问性和价值实现，同时确保数据资产的安全性和合规性。
- 数据流通风险管理：在数据资产在组织外部流通过程中，对可能出现的各种风险进行识别、评估、监控和缓解的一系列管理活动。

2. 保障体系

保障体系可以参考数据资源管理体系中的保障体系，只是范围限制在组织数据资产流通管理方面的投入和资源支持，同样也包括管理组织、管理机制、标准规范、数据流通管理人才、平台工具、文化素养、数据治理等方面。

在整个管理过程中，组织的各个业务部门、管理部门需要在数据生命周期过程中作为数据资产流通的权属角色、数据资产流通角色参与具体流程，包括价格管理、利益分配等不同的工作。

同时，数据资产流通管理也需要系统端在线化、自动化的支持，减少人工投入导致的数据资产流通管理成本增加等问题。

5.6.4 数据资产流通管理的核心职能

数据资产流通管理作为促进数据价值最大化与广泛共享的重要环节，其核心职能在于确保数据资产在合法、安全的前提下高效流通。本小节围绕数据资产流通策略的设计与执行、流通过程的严密监控与审计、流通效率与效果的持续优化，以及数据流通风险的全面管理展开论述，旨在为组织构建一个既促进数据流通又保障安全可控的数据资产管理框架。

1. 数据资产流通策略设计与流通管理

组织通过创建和实施一系列策略和规程来对数据资产的外部流动进行规范化管理，以促进数据资产在组织外部或跨组织的安全、高效、合规流通。

数据资产流通策略设计与流通管理通常包括数据资产流通定责、数据资产流通过程管理、投入产出管理等活动。

（1）数据资产流通定责　明确数据资产在流通环节中的各方职责和权限，包括数据资产的所有者、接收者、使用者、管理者、管理平台等，以确保数据资产流通的合规性和安全性。

工作内容：明确数据资产流通中各参与方的角色和职责；确定数据资产所有权、使用权、收益权和处置权；制定数据资产流通的责任追究机制。其中，各参与方职责如下：

- 数据所有者职责：明确所有者需要保证数据的准确性、完整性和时效性，同时负责数据的初步审核和脱敏处理。
- 数据接收者职责：规定接收者需按照约定的用途使用数据资产，并保证数据资产的安全，不得将数据资产泄露给第三方或用于其他非法用途。
- 管理平台职责：管理平台需对数据资产流通进行监控和管理，确保数据资产的合规流通，同时提供必要的技术支持和安全保障。

（2）数据资产流通过程管理　组织对数据资产流通的全过程进行监督、控制和管理，确保数据资产按照既定的规则和流程进行流通。

工作内容：设计数据资产流通的流程和操作规程；实施数据资产的接入、交易、合作等活动。

- 数据资产接入管理：对组织外部数据资产的采购进行的管理活动。
- 数据资产交易管理：以拓展对外数据资产流通量为目标，利用营销推广等手段，将数据资产的权属转让给数据资产使用者的管理活动。
- 数据凭证管理：承载数据要素的电子化凭证，对数据资产进行电子化凭证全流程的管理活动。
- 外部合作交易：基于数据资产变现过程中遵循公平、公正、公开的原则引入外部合作伙伴，对合作伙伴的管理活动。

（3）投入产出管理　对数据资产流通过程中的投入资源和产出效益进行管理，以实现数据资产价值的最大化。

工作内容：评估数据资产流通的成本效益，包括直接成本和机会成本；制定数据资产的定价策略，包括成本加成、市场竞争和价值定价等；跟踪和分析数据资产流通带来的经济收益和非经济收益，如战略价值、客户满意度等。

- 投入产出管理：评估数据资产各贡献方的主要贡献，以便在获取数据资产价值时，进行利益分配；管理数据资产价格，以便最优化对数据资产进行运营；对数据资产变现过程进行计费、结算管理，并在财务领域进行统计分析。
- 数据资产内部贡献度管理：基于内部数据资产价值评估结果，对接数据资产应用的场景目标，科学量化评估各个参与的价值贡献的管理活动。
- 数据资产价格管理：对数据资产的价格制定、调整和执行进行有效的组织领导、协调和监督的管理活动。
- 数据资产计费管理：计算和收取用户使用数据产品或数据服务的费用的管理活动。
- 数据资产结算管理：对从事数据资产交易的双方采用货币支付或资金流转行为的管理活动。
- 数据资产财务管理：依据账户规则，收取客户使用数据产品或数据服务费用的管理活动。

在实施数据资产流通策略设计与流通管理时，组织需要考虑法律法规要求、市场环境、技术能力、组织文化等因素，以确保数据资产的有效管理和价值实现。同时，还需要建立相应的组织结构、流程和工具来支持这些活动的顺利进行。

2. 数据资产流通过程监控与审计管理

数据资产流通过程监控与审计管理主要是对数据资产在流通环节进行实时监控和定期审计，以确保数据的安全性、合规性和完整性。具体来说，这个过程可以分为以下几个方面：

（1）数据资产流通过程监控策略设计　制定和实施一系列的策略和原则，以确保数据资产在流通过程中的安全性、完整性和可追溯性。

工作内容：分析组织数据资产流通的现状和需求；确定监控的目标和原则；明确监控的重点和范围；设计监控策略，包括确定监控的指标体系、监控频率、监控手段等；制定应对策略，预设可能的风险点和应对措施。

（2）数据资产流通过程监控计划设计　根据监控策略制定具体的监控行动计划，以指导监控活动的实施。

工作内容：根据监控策略确定具体的监控任务和步骤；分配监控资源，包括人员、时间、技术等；制定监控的时间表和里程碑；明确监控结果的记录和报告方式。

（3）数据资产流通过程监控实施　按照监控计划执行具体的监控活动，以收集和分析数据资产流通的相关信息。

工作内容：依据监控计划执行各项监控任务；实时收集并记录数据资产流通的相关信息，如流动路径、时间戳、操作者等；对收集到的信息进行初步分析和处理，识别异常或风险；及时报告和处置发现的异常情况或风险。

（4）数据资产流通监控结果分析及汇报　对监控实施过程中收集到的信息进行深入分析，形成报告，以供决策层和相关人员参考。

工作内容：对收集到的监控数据进行深入分析和挖掘，识别数据资产流通的规律和趋势；评估数据资产流通的效率、安全性和合规性；撰写监控结果分析报告，明确指出存在的问题和改进建议；将报告分发给相关人员，确保信息及时、准确地传递；根据反馈和实际情况，调整和优化后续的监控策略和计划。

（5）数据资产流通审计　对数据资产流通过程进行独立的评估和验证，确保其符合法律法规和组织政策。

工作内容：检查数据资产流通记录的完整性和准确性；评估内部控制的有效性；提出改进建议。

3. 数据资产流通优化管理

数据资产流通优化管理旨在提升数据资产在组织外部及跨组织间流通的效率和效果，确保数据资产能够安全、合规地被共享和利用，同时实现数据价值的最大化。

数据资产流通优化管理通常包括数据资产流通情况评估模型管理、数据资产流通情况评估和数据资产流通优化管理活动。

（1）数据资产流通情况评估模型管理　建立和维护用于评估数据资产流通效率和效果的模型和工具。

工作内容如下：

1）模型建立：分析数据资产流通的 KPI；确定评估模型中需要包含的数据元素和指标；利用历史数据和业务需求，构建评估模型。

2）模型验证与调整：使用实际流通数据进行模型的初步验证；根据验证结果调整模型参数，以提高预测准确性。

3）模型维护：定期更新模型以反映数据资产流通的最新趋势和变化；监控模型性能，确保其持续有效性。

4）模型应用培训：对相关人员进行模型使用培训，确保评估工作的顺利进行。

（2）数据资产流通情况评估　定期对数据资产的流通情况进行评估，包括流通的频率、范围、用途和效益。

工作内容如下：

1）数据收集：汇总数据资产流通的各类指标数据，确保数据的准确性和完整性。

2）评估实施：应用评估模型对数据进行处理和分析，识别流通中的瓶颈、延迟和风险点。

3）结果分析：解读评估结果，明确数据流通中的问题和改进空间；对比历史数据，分析流通效率的变化趋势。

4）报告编制：撰写评估报告，详细阐述评估发现；提出改进建议和行动计划。

（3）数据资产流通优化管理活动　基于评估结果实施一系列优化措施，提升数据资产的流通效率和价值。

工作内容如下：

1）优化计划制定：根据评估报告确定优化目标和优先级；制定具体的优化计划和时间表。

2）实施优化措施：调整数据资产流通路径，减少不必要的环节；优化数据资产存储和传输技术，提升流通速度；加强数据资产安全措施，确保流通中的数据资产安全。

3）效果监控与评估：实时监控优化措施的实施效果；定期评估优化后的流通性能。

4）持续改进：根据效果评估结果不断调整和优化措施；建立长效机制，持续跟踪和改进数据资产流通效率。

4. 数据流通风险管理

数据流通风险管理的目的是确保数据资产外部流通过程中的安全、合规使用，同时最大限度地发挥数据资产的价值。

（1）与组织内部数据风险管理的主要区别　数据流通风险管理与组织内部数据风险管理（数据资源管理与数据资产管理的数据风险管理）的主要区别体现在以下几个方面：

1）管理范围不同。

数据流通风险管理主要关注数据在外部流动过程中的安全性和合规性，涉及数据的跨域、跨责任主体的流动。它要求对数据资产在流动中的各个环节进行严格的监控和管理，以确保数据不被非法获取、篡改或滥用。

组织内部的数据风险管理则更注重于组织内部数据资产的安全性、完整性和可用性。这包括数据的存储、处理、传输和访问控制等各个方面，以防止数据泄露、损坏或丢失等风险。

2）风险来源不同。

数据流通风险管理的风险来源主要是外部因素，如黑客攻击、恶意软件、不安全的网络连接等，这些因素可能导致数据资产在流动过程中被窃取或篡改。

组织内部数据风险管理的风险来源则更多地与内部操作、系统故障、人为错误或内部恶意行为等相关。

3）管控重点不同。

数据流通风险管理的重点在于确保数据资产流通过程中的合规性，即遵守相关法律法规和行业标准，同时保护个人隐私和数据安全。这需要对数据资产流通过程中的各个环节进行严格的审计和监控。

组织内部数据风险管理的重点则在于建立和维护一套完善的数据资产安全管理体系，包括数据资产的分类、访问控制、加密保护、备份恢复等措施，以确保数据的保密性、完整性和可用性。

4）价值取向不同。

数据流通风险管理的目标是在确保安全合规的前提下，最大限度地发挥数据资产的价值。这要求管理者在风险控制和数据资产利用之间找到平衡点，以实现数据的最佳利用。

组织内部数据风险管理则更注重于保障组织的核心资产——数据资产的安全稳定，以支持组织的正常运营和业务发展。

（2）关键环节　数据流通风险管理通常包括以下几个关键环节：

1）数据资产梳理与定级：对组织内的数据资产进行全面梳理，并根据数据的重要性、敏感性和业务影响等因素对数据进行定级分类。这有助于明确不同类型数据的保护需求和风险管理策略。

2）制定风险管理策略：针对不同级别的数据，制定相应的流通风险管理策略。这些策略应包括数据的访问控制、加密保护、数据备份和恢复等措施，以确保数据的机密性、完整性和可用性。

3）建立数据流通监控机制：在数据流通的各个环节设置监控点，对数据流动进行实时监控。这包括数据资产的传输、存储、处理和共享等环节。通过监控，组织可以及时发现异常流动和潜在风险，并采取相应的应对措施。

4）加强数据资产流通安全防护：采用先进的数据加密技术和防护措施，建立完善的数据资产流通安全管理制度，提高员工的数据安全意识，定期进行数据资产流通安全审计和漏洞扫描，及时发现并修复潜在的安全隐患。

5）实施数据资产隐私保护技术：为保护个人隐私，组织应实施数据资产隐私保护技术，如差分隐私、同态加密和安全多方计算等。这些技术可以确保数据资产在流通和共享过程中保持隐私性，防止敏感信息的泄露。

6）建立合规的数据资产跨境流动机制：对于涉及跨境数据资产流动的情

况，组织应建立合规的数据资产跨境流动机制，确保数据资产的合法性和合规性。这包括了解并遵守各国的数据保护法规，以及建立数据资产跨境传输的安全通道和加密措施。

（3）实施过程 要实施数据流通风险管理，可以按照以下步骤进行：

1）明确数据资产流通风险管理目标和原则：确保数据资产流通风险管理工作符合组织的战略需求和法律法规要求。

2）组建数据资产流通风险管理团队：成立专门的数据资产流通风险管理团队，负责数据资产流通风险管理的规划、实施和监督工作。团队成员应具备相关的专业知识和技能。

3）开展风险评估：识别数据资产流通过程中的潜在风险点和薄弱环节。评估方法可以包括问卷调查、现场检查、技术检测等。

4）制定数据资产流通风险控制措施：根据数据资产流通风险评估结果，制定相应的数据资产流通风险控制措施。这些措施可以包括技术手段、管理制度和人员培训等。

5）持续监控与改进：建立数据资产流通风险管理的持续监控机制，定期对数据资产流通风险管理措施进行评估和改进。同时，加强与外部机构的合作与交流，共同应对数据资产流通风险挑战。

通过这些环节和步骤，组织能够确保数据资产在流通过程中得到妥善管理，同时满足监管要求，降低违规风险，并保护组织及其客户的利益。

5.6.5　数据资产流通管理的关键点和注意点

1. 数据资产流通管理的关键点

1）数据资产流通的对象：组织内可流通的数据资产，前提是数据资产分类分级，确定哪些资产可以以什么形式去流通。

2）数据资产流通的安全性必须保障：数据资产在流通过程中必须得到充分保护，防止数据泄露、篡改或丢失。这包括数据加密、访问控制、安全传输等技术手段的应用，以及安全审计和事件响应机制的建立。

3）数据价值挖掘：数据资产流通管理的目的是实现数据的最大化利用。对数据资产进行深入分析，发现其中的价值，从而支持业务决策和创新发展。

4）合规性管理：数据资产流通需要遵守相关法律法规和政策要求，包括数据保护、隐私政策、跨境数据传输等方面的规定。组织需要建立完善的合规机制，确保数据资产流通的合法性和合规性。

2. 注意点

1）风险识别和评估：在数据资产流通前，需要对可能的风险进行全面识别和评估，包括技术风险、业务风险、法律风险等。这有助于组织制定针对性的风险管理措施，降低风险发生的可能性。

2）流程规范化：数据资产流通管理需要建立规范的流程和操作标准，确保数据资产在流通过程中的可追溯性和可控性。同时，还需要制定应急预案，以应对可能出现的突发情况。

3）协作与沟通：数据资产流通涉及多个部门和团队之间的协作与沟通。组织需要建立有效的沟通机制，确保各部门之间的信息共享和协同工作，提高数据资产流通的效率。

4）持续监控与改进：数据资产流通管理是一个持续的过程，组织需要定期对数据流通情况进行监控和评估，及时发现问题并进行改进。同时，还需要关注新技术和新趋势的发展，不断优化数据资产流通管理策略。

总之，数据资产流通管理的关键点和注意点涉及多个方面，组织需要从多个维度进行综合考虑和实施。科学有效的管理策略和技术手段可以确保数据资产的安全流通和最大化利用，为组织的发展提供有力支持。

5.7 案例：商业银行数据资产体系建设实践

2023年11月，在全球数商大会的数据资产创新应用论坛上，上海银行、上海数据交易所和德勤中国联合发布了《商业银行数据资产体系白皮书》，从数据资产化与数据要素市场化的关系入手，对数据资产与数据治理的关系、"三位一体"的数据资产体系、上海银行的数据资产体系实践以及数据要素流通赋能企业数据资产化等方面进行了阐述⊖。下面对其中提到的上海银行的数据资产体系实践进行总结。

5.7.1 背景与需求

（1）基本背景

《中共中央 国务院关于构建数据基础制度更好发挥数据要素作用的意见》的发布，对银行的数据资产管理提出了要求，也为数据资产管理提供了条件。由于数据资产与传统资产在特性和价值上存在显著差异，上海银行需要构建全新的管理体系，以充分激发数据资产的潜在价值。

（2）内部需求

1）明确数据资产定义与范围：上海银行虽已初步具备数据资产管理意识，但尚未形成对数据资产定义、范围及特征要素的统一共识。明确这些基础概念是做好数据资产管理工作的关键第一步。

2）健全体系化管理制度：行内虽已开展部分数据资产工作，如数据资产的梳理和数据资产门户的建设，但各项资产管理工作之间的关联、协同及基础保障制度尚不健全。上海银行需要建立健全的制度体系，以支撑数据资产管理的规范化、体系化运行。

3）明确发展规划与实施路径：上海银行需要制定数据资产专项发展规划，明确发展规划与实施路径，以确保数据资产管理工作的有序推进和持续发展。

4）显化业务价值：尽管现有数据资产管理工作已着眼于"建"与"用"的结合，但数据资产在业务层面的价值显化程度仍需进一步提升。上海银行需要通过有效的数据应用和分析，将数据资产转化为实际的业务价值和竞争优势。

5.7.2 实践目标

上海银行数据资产体系建设的实践目标如图 5-15 所示，通过建立数据资产管理、运营和评价体系，支撑全行的数字化转型战略，构建多层次数据资产应

⊖ 上海银行，上海数据交易所，德勤中国. 商业银行数据资产体系白皮书 [R/OL]. (2023-11-26)[2024-07-10]. https://max.book118.com/html/2023/1205/8123127054006013.shtm.

用场景，释放数据要素的价值，并推动数据资产的战略定位，打造开放、创新、敏捷的数据资产服务生态。

图 5-15　上海银行数据资产体系建设的实践目标

5.7.3　构思

数据资产体系是一个集价值导向、运营手段与管理抓手于一体的综合方法体系，旨在全面覆盖数据资产生命周期管理、维护及优化。该体系以数据资产运营为中心，不仅服务于数据向数据资产的转化过程，还促进数据资产价值的产生与量化，形成一套闭环的"三位一体"架构，如图 5-16 所示。

1. 数据资产管理

数据资产管理生命周期如图 5-17 所示，数据资产管理是体系的基础，涵盖从数据资产识别、分类、确权、认定、登记到处置的全生命周期管理流程。这一过程旨在从海量数据中剥离出具有应用价值和业务影响力的数据资源/产品，通过标签与分类体系进行展示与索引，明确归属权限，建立登记注册机制，完善数据资产纳入管理和最终完成生命周期后的处置工作。

- 核心环节：识别与盘点、分类、确权、认定、登记、处置。
- 参与角色：业务部门与管理部门共同参与，执行审核、申请、确认等工作。
- 技术支持：系统自动化支持，减少人工成本，提升管理效率。

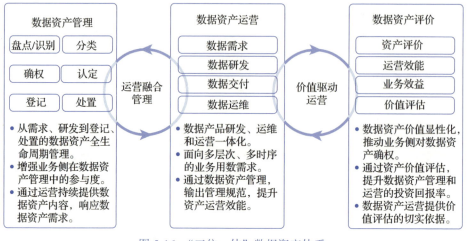

图 5-16 "三位一体"数据资产体系

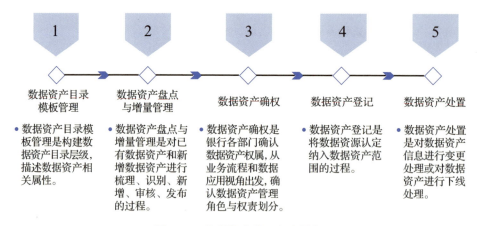

图 5-17 数据资产管理生命周期

2. 数据资产运营

数据资产运营如图 5-18 所示,它是体系的核心,聚焦于需求管理、研发过程、交付及运维管理。这一过程从用户需求出发,将数据资源转化为数据产品,并持续运维以保障数据质量与新功能的叠加。

- 一体化循环:需求、研发、交付、运维形成闭环,提升运营效能。
- 多层次需求:面向不同业务场景,提供定制化数据资产服务。
- 长期运维:保障数据质量,纳入新数据,叠加新功能与工具。

第 5 章 数据资产的建设、管理与流通

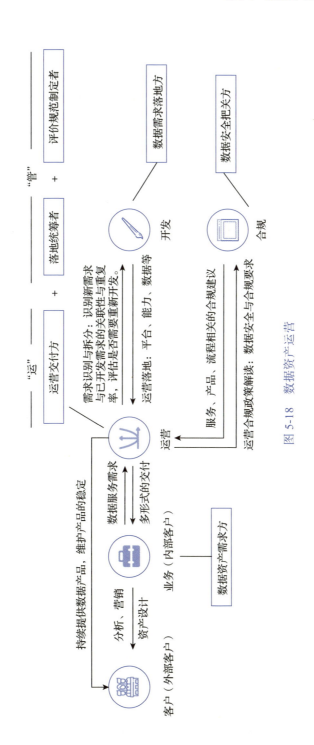

图 5-18 数据资产运营

3. 数据资产评价

数据资产评价如图 5-19 所示，它是体系的量化体现，旨在使数据资产价值显性化、可量化，为管理与运营提供反馈与改进方向，通过使用评价、运营情况评价、业务效益评价以及价值评估等多维度评价，提升投资回报率并为数据资产入表提供依据。

- 评价维度：数据资产使用热度、数据质量、业务效益、价值评估等。
- 作用：量化展示管理成果，指导运营优化，促进体系良性成长。

4. 工作机制

数据资产体系可灵活触发，既可由需求端发起，也可由管理端启动，通过需求驱动管理，管理促进应用，形成良性循环。

- 需求端触发：从数据需求出发，逐步认定数据资产，实现交付与管理。在完成数据需求后，持续运营及评价数据资产。
- 管理端触发：从资产盘点开始，纳入生命周期管理，促进需求挖掘与应用，进而实现从管理到应用的循环。

5. 相互作用

"三位一体"数据资产体系的相互作用如图 5-20 所示，"运营融合管理"与"价值驱动运营"两大机制紧密相连，确保数据资产的有效利用与价值最大化。运营是核心，管理为支撑，价值评价为驱动，三者相互作用，共同推动数据资产体系的持续优化与升级。

（1）运营融合管理　数据资产运营体系以价值实现为核心，管理则作为运营的坚实后盾。数据资产管理旨在提升运营效率，确保数据资产需求从提出到落地的顺畅进行。数据资产生命周期管理覆盖了数据资产的各个阶段，从需求识别到研发交付，再到运维处置，管理活动贯穿始终，为运营提供必要的支持与规范。运营与管理相辅相成，运营通过实践丰富资产内容，管理则通过规范促进运营的敏捷与业务融合，形成良性循环，共同推动数据资产价值的实现。

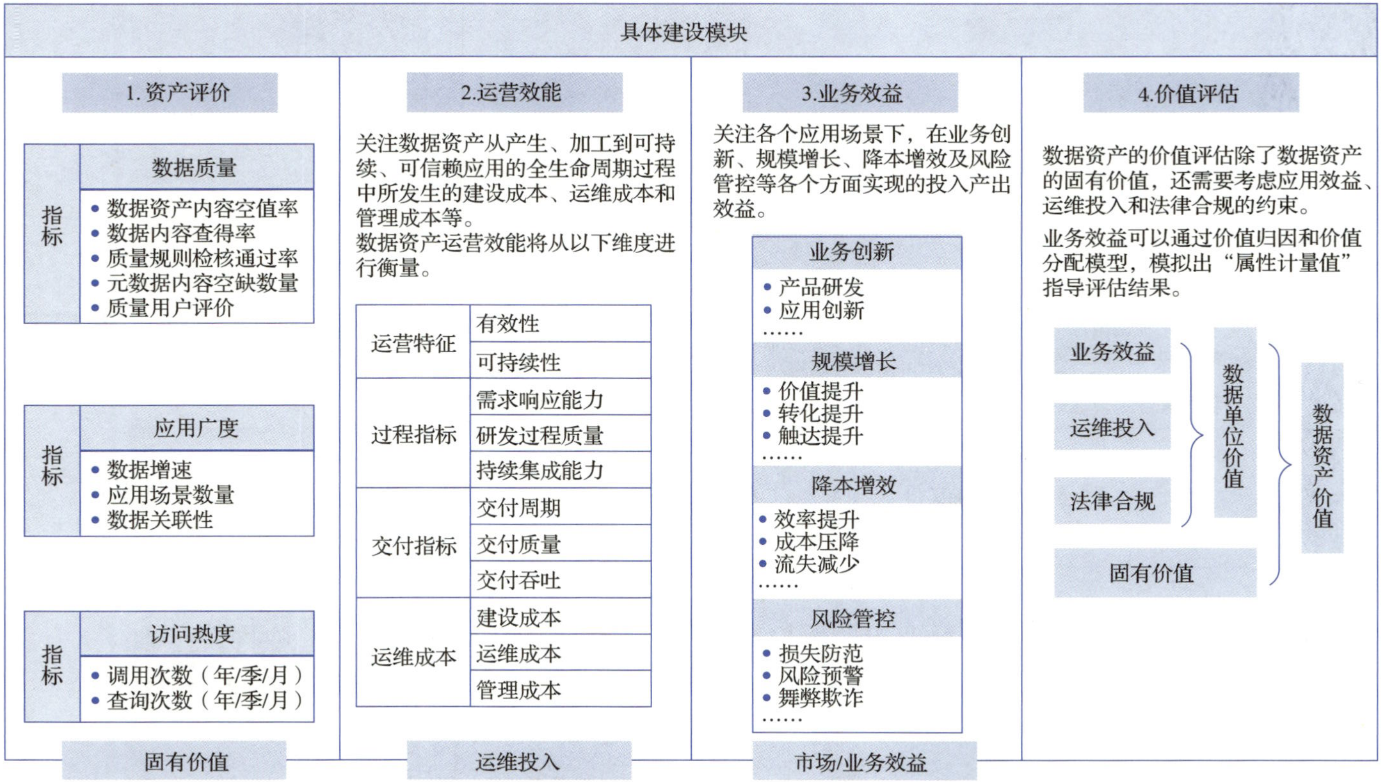

第 5 章 数据资产的建设、管理与流通

具体建设模块

1. 资产评价

指标：
- 数据质量
  - 数据资产内容空值率
  - 数据资产内容查错率
  - 质量规则核检通过率
  - 元数据内容空缺数量
  - 质量用户评价
- 应用广度
  - 数据增速
  - 应用场景数量
  - 数据关联性
- 访问热度
  - 调用次数（年/季/月）
  - 查询次数（年/季/月）

固有价值

2. 运营效能

关注数据资产从产生、加工到可持续、可信赖应用的全生命周期过程中所发生的建设成本、运维成本和管理成本等。数据资产运营效能将从以下维度进行衡量。

运营特征	有效性	
	可持续性	
过程指标	需求响应能力	
	研发过程质量	
	持续集成能力	
交付指标	交付周期	
	交付质量	
	交付吞吐	
运维成本	建设成本	
	运维成本	
	管理成本	

运维投入

3. 业务效益

关注各个应用场景下，在业务创新、规模增长、降本增效及风险管控等各个方面实现的投入产出效益。

- 业务创新
  - 产品研发
  - 应用创新
  - ……
- 规模增长
  - 价值提升
  - 转化提升
  - 触达提升
- 降本增效
  - 效率提升
  - 成本压降
  - 流失减少
- 风险管控
  - 损失防范
  - 风险预警
  - 舞弊欺诈

市场业务效益

4. 价值评估

数据资产的价值评估除了数据资产的固有价值，还需要考虑应用效益、运维投入和法律合规的约束。

业务效益可以通过归因和价值分配模型，模拟出"属性计量值"指导评估结果。

```
          ⎫
业务效益   ⎬  数据
运维投入   ⎭  单位 ⎫
              价值 ⎬ 数据
法律合规        ⎭  资产
                   价值
固有值        ⎭
```

图 5-19 数据资产评价

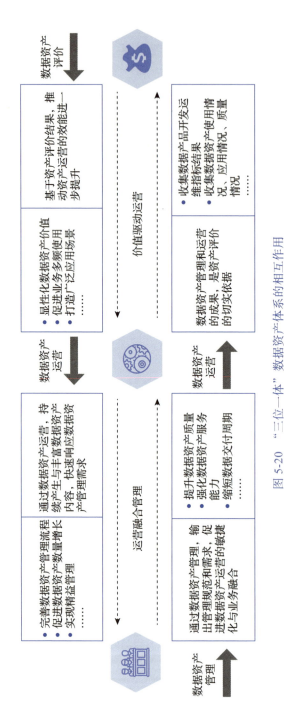

图5-20 "三位一体"数据资产体系的相互作用

（2）价值驱动运营　价值评价作为数据资产体系的关键环节，基于运营与管理的成果，为数据资产的需求与运营提供方向性指导。评价不仅关注数据资产需求上线后用户的实际使用情况，还深入剖析资产运营的重点与需求集中点，为优化运营策略提供有力依据。同时，评价也是洞察管理成效的窗口，通过定期复核评价情况，发现管理中的不足与改进空间，进而推动管理优化，进一步提升运营效能。这种以价值为驱动的运营模式，确保了数据资产体系能够持续适应业务需求，实现价值最大化。

6. 支撑体系建设

在构建"三位一体"数据资产体系时，企业需从组织团队、制度流程、平台工具、安全合规及文化建设五大维度出发，全面构建支撑能力，以确保数据资产的有效管理、高效运营与精准评价。

（1）强化组织团队建设　企业应基于现有数据组织架构，融入数据资产管理的新职能与岗位，如数据资产管理岗和数据产品管理岗，以协调并带动各部门参与数据资产体系。这些新角色需负责数据资产生命周期管理、运营及评价，同时促进与元数据管理、数据需求管理、数据应用等职能的紧密协作。整体组织架构需上下一致，明确战略规划、管理方针与执行策略，形成高效协作机制。

（2）完善制度流程体系　构建独立且兼容的数据资产制度体系，包括定性制度、流程控制细则及操作指南，确保管理工作有据可依。同时，将数据资产管理与数据合规、安全、质量、标准、开发等现有制度相融合，减少冲突。制度落实需结合管理工具与系统流程，减少人为依赖，提升自动化控制水平，确保流程一致性与高效性。

（3）优化平台工具应用　平台工具是支撑数据资产体系的关键。企业通过构建数据资产管理平台、数据治理平台等来嵌入管理流程，可以实现数据资产的有效管控与评价可视化。同时，利用数据分析应用系统、智能化小工具等提升数据资产价值，形成"数据产品组合"，增强数据资产效用。随着技术的发展，平台工具需持续迭代更新，以适应企业的实际需求与发展规划。

（4）确保安全合规管理　数据资产安全合规需兼顾现有数据安全、治理、信息安全等要求，并关注数据要素市场、数据交易等新领域的规范。在已有合规要求方面，企业应确保数据资产与数据安全分级分类要求相适配，减少安全风险；在数据交易过程中，遵循合规检查、评估、审查等流程。此外，企业需构建跨部门协作机制，共同承担数据资产合规责任。

（5）深化文化建设与宣贯　文化建设是数据资产体系成功的重要保障。企业应通过培训、宣传、竞赛等多种形式，提升各部门对数据资产概念的认知与支持度。治理层与管理层的认可与支持尤为关键，有助于自上而下推动数据资产体系建设的顺利实施。持续的文化宣贯可以消弭业务与科技间的认知差异，形成全员参与的良好氛围。

5.7.4　工作步骤

1. 明定义：厘清数据资产的范围

1）概念厘清：上海银行首先精准定义了数据资产、数据产品、数据资源三大核心概念，并明确了它们之间的关系。

2）资产分类：首先，在先行试点的四类数据资产（指标、报表、标签、API）基础上，扩展至内置模型、算法、分析应用等，形成服务层数据产品范围。随后，追溯数据产生过程，确立生产加工层数据资源（数据模型、算法模型、规则模型、库表数据），并补充管控层资源（模型规范、数据质量、数据标准、数据血缘）。

3）属性完善：对现有的数据资产属性进行梳理和重构，横向建立全局属性分类体系，设计全面的数据资产属性目录，涵盖基础、业务、技术、管理、安全五大属性类别，并创新性地引入关联属性，强化数据血缘与依赖关系的管理与展示。

2. 成规矩：建立数据资产体系

上海银行在推进数据资产化的道路上，精心构建了以管理、运营、评价为核心的"三位一体"数据资产体系，旨在全面提升数据资产的价值与效能。

（1）精细化的数据资产管理　上海银行首先聚焦于数据资产管理的制度建

设,通过详尽的制度框架明确了数据资产生命周期管理流程,包括目录模板的制定、识别、确权、登记、使用、评价及处置等关键环节。这一流程不仅覆盖了数据资产的每一个重要节点,还清晰地界定了业务部门、技术部门及数据资产统筹管理部门的具体职责与角色。通过引入自动化工具,多个管理环节实现了从线下到线上的迁移,既提升了管理效率,又确保了数据的准确性,同时强化了权责划分与操作的可追溯性。

(2)高效协同的数据资产运营　在数据资产运营层面,上海银行实现了管理与使用的深度融合。标签平台、指标平台等不仅作为数据资产的生成源泉,还承担起服务内部数据资产使用的重任。银行从运营管理的视角出发,不断优化这些平台的功能与流程,确保数据资产的管理与使用保持高度一致。此外,银行还构建了全面的运营体系,对需求管理、研发管理、运维管理等方面的工作要求与标准进行了重新定义与强化,为后续实践的稳步推进奠定了坚实基础。

(3)科学严谨的数据资产评价　为了全面评估数据资产的价值与贡献,上海银行建立了两层评价体系。第一层聚焦于数据资产在行内使用过程中的表现,通过结合技术能力与数据资产门户,实现了评价属性的明确、计算方式的规范以及评价结果的自动化统计量化。第二层则着眼于数据资产在价值提升、成本节约、风险防控等方面的量化价值,通过价值评估模型的试点应用,验证并确认了数据价值评估的可行性与有效性。这两层评价体系的建立,为上海银行精准把握数据资产的价值与潜力提供了有力支持。

3. 落系统:数据资产体系落实

上海银行在数据资产生命周期管理的实践中,巧妙地将管理流程与数据资产门户 2.0 的设计融为一体。在需求与加工阶段,上海银行通过上下游系统及各部门的紧密协作,确保属性目录的准确填写与维护;而在应用与服务环节,则依托数据资产门户 2.0 的强大功能,实现数据资产的直观展示与广泛推广。这一融合策略不仅拓宽了数据资产的受众范围,还显著提升了用户在数据资产生命周期中的参与度,从而加速了数据价值的释放,并构建了业务与数据相互滋养的良性循环。

4. 展规划：数据资产价值实现规划

随着数据资产体系的稳固建立，上海银行正积极筹划如何进一步凸显数据资产的价值，并扩大其在行内的影响力。具体策略如下：

1）全员动员，深化参与：鼓励全行各部门深入理解和应用数据资产体系，通过分阶段实施存量盘点与新增管理，激发各部门自主参与数据资产运维与管理的热情。

2）全生命周期管理优化：构建闭环运营体系，覆盖数据资产的识别、确权、登记、使用、评价及处置等各个环节，确保数据资产的统一维护、监测与高效利用。

3）业务服务能力提升：优化数据资产平台与统一目录，为业务人员提供便捷的数据获取途径，提升数据分析效率，助力业务决策的科学性与精准性。

4）价值评估体系推广：构建多维度数据价值评估方案，量化数据资产的投入产出比，推动数据价值文化的形成，为决策者提供清晰的数据资产价值分布图。

5）会计处理与评估的清晰界定：明确数据资产价值评估与会计处理之间的界限，依据财政部《企业数据资源相关会计处理暂行规定》，合理计量与归集数据资产的开发成本与相关费用，同时利用价值评估方法辅助减值测试、交易定价及财务报告信息披露等关键决策过程。

5.7.5 主要成果

上海银行构建了数据资产管理、数据资产运营和数据资产评价三位一体的数据资产体系。

1. 数据资产管理

1）搭建"三层七域一管控"目录。上海银行在数据资产管理方面，通过设计并实施"三层七域一管控"的数据资产目录分类框架，实现了数据资产的全面管理和有效控制。

- 三层结构：服务层、加工层和生产层。服务层面向业务用户，提供分析应用、API、报表、指标、标签等数据产品；加工层面向技术用户，涵盖数据模型、算法模型、规则模型等资源；生产层则包含库表数据一类数据资源。
- 七域分类：按业务领域划分，包括营销服务、运营管理、风险管理、财务管理、技术管理、综合管理与监管数据，明确了数据资产的应用范畴。
- 一管控体系：对数据资产实施规范、标准管控及血缘链路进行管理，涵盖模型规范、数据标准、质量规则与数据血缘等四类数据资源，确保数据资产的规范性和可追溯性。

2）盘点与梳理数据资产。
- 上海银行对行内各类数据资产进行全面盘点，明确各类数据资产的管理属性，包括基本属性、业务属性、管理属性、技术属性、安全属性、评价属性和关联属性等。
- 建立统一的管理标准和流程，对数据资产进行全面登记和管理，确保数据资产的准确性和完整性。

3）对数据资产进行穿透管理。
- 为进一步提升数据资产管理的精细化水平，上海银行以监管报送数据为试点，开展了数据资产目录的重构和盘点工作，完成了贴源层到集市层、集市层到应用层的数据血缘穿透分析。
- 借助人工智能技术，完成了数据资产从贴源层到集市层，再到应用层的穿透分析，确保了数据资产的可追溯性和准确性。

2. 数据资产运营

上海银行通过构建数据资产门户 2.0，实现了对数据资产服务内容的全流程管理，并持续提高了运营效率。

1）数据资产门户 2.0 整合了数据属性目录、评价体系和数据血缘等关键信息，提供了数据资产生命周期管理功能。

2）在使用环节，数据门户根据用户角色和使用行为提供个性化推荐和智能搜索功能，提升了用户体验和数据资产的使用效率。

3）在评价环节，数据门户新增了资产评价功能，支持用户进行量化打分和文字评价，为数据资产评价体系的完善提供了重要数据支持。

4）在处置环节，数据门户提供了用户工单和社区问答两种反馈方式，确保数据资产问题的及时响应和解决。

3. 数据资产评价

上海银行建立了全面的数据资产评价体系，并开展了数据资产估值试点，为数据资产的价值衡量和入表提供了有力支撑。

1）建立数据资产评价体系。

- 考虑数据热度、数据成本和数据重要性三大维度，对服务层数据资产进行量化评估。
- 采用线性赋分方式，结合数据资产的具体特性和应用场景，建立了具有普适性和个性化的评价指标体系。
- 通过在服务层四类数据资产（指标、报表、标签、API）的试点验证，证明了评价体系的可行性和可靠性。

2）开展数据资产估值试点。

- 选取"基金销售"与"反电诈"两个场景作为数据资产价值评估试点，探索了数据资产在不同应用场景下的价值实现方式。
- 形成了数据资产评估的初步模板，包括《活动数据收集表》《产品数据收集表》和《基本假设表》等，为未来行内全面推广数据资产价值评估奠定了基础。

第6章 CHAPTER

数据治理的框架、标准与方法

经过了组织数据资产建设、管理与流通,组织数据体系和数据管理体系都已经建立了起来,整个体系作为一个整体有机运转。数据治理作为对数据体系整体的监督,扮演着至关重要的角色。它确保数据的各个方面——从数据资源的创建、存储、维护、最终的退役以及数据资产的形成、使用、共享到流通——都符合组织的战略目标、法律法规以及道德标准。

数据治理作为数据管理体系的监督者,确保数据管理的各个方面都得到适当的关注和管理。通过有效的数据治理,组织能够提高数据资源的质量、安全性和价值,同时降低数据资产流通风险,确保合规,并支持业务决策和运营。

本章通过以下内容来描述数据治理:

- 剖析什么是数据治理。
- 将数据管理和数据治理进行对比,明确二者的不同。
- 分析常见的数据治理框架,了解数据治理的经典理论。
- 构建组织数据治理过程,解析组织如何进行数据治理。
- 以×农商行为例说明如何实践数据治理。

6.1 什么是数据治理

在数据驱动的时代背景下,数据治理作为企业数据管理的高级形态,其定义与理解对于构建组织数据战略、提升数据质量与价值至关重要。本节从不同组织对数据治理的多元化解读出发,深入探讨了数据治理的核心内涵,同时辨析了数据管理与数据治理之间的微妙区别与联系,为组织明确数据治理方向、制定有效的数据治理策略奠定了坚实的理论基础。

6.1.1 不同组织对数据治理的定义

数据治理是一个组织内部对数据体系进行管理和控制的框架和流程,旨在确保数据的质量、安全、合规性以及有效利用。不同的组织和标准对数据治理的定义可能有所不同,以下是一些机构对数据治理的定义:

(1) DGI (Data Governance Institute,数据治理研究所) 的定义 数据治理是一个通过一系列息息相关的过程来实现决策权和职责分工的系统,这些过程按照达成共识的模型来执行。该模型描述了谁 (Who) 能根据什么信息,在什么时间 (When) 和情况 (Where) 下,用什么方法 (How),采取什么行动 (What)[一]。

(2) DAMA 的定义 通过建立一个能够满足企业需求的数据决策体系,为数据管理提供指导和监督。

数据治理的定义是在管理数据资产过程中行使权力和管控,包括计划监控和实施。在所有组织中,无论是否有正式的数据治理职能,组织都需要对数据进行决策。建立了正式的数据治理规程及有意向性地行使权力和管控的组织,能够更好地增加从数据资产中获得的收益。数据治理的职能是指导所有其他数据管理领域的活动。数据治理的目的是确保根据数据管理制度和最佳实践正确地管理数据。而数据管理的整体驱动力是确保组织可以从其数据中获得价值,数据治理聚焦于如何制定有关数据的决策,以及人员和流程在数据方面的行为方式。

⊖ Data Governance Institute. A Practical Guide to Data Governance[M]. Burlington: Morgan Kaufmann, 2013.

（3）DCMM 的定义　对数据进行处置、格式化和规范化的过程。数据治理涉及数据治理组织、数据制度建设、数据治理沟通。

（4）业界的认识
- 狭义数据治理：对数据资产管理行使权力和控制的活动集合，主要包含规划、监控和执行等，指导其他数据管理职能的整体执行。
- 广义数据治理：围绕将数据作为企业资产而展开的一系列的具体化工作，保证数据的可信、可靠、可用，满足业务对数据质量和数据安全的期待的一系列举措。

（5）总结　数据治理的定义因不同机构和标准而异，但总体上都涉及确保数据的正确性、可用性、安全性和合规性，以支持组织的业务目标和决策过程。

数据治理不仅关注数据的管理和控制，还包括数据的战略规划、使用、保护以及与业务目标的紧密结合。

不同的定义反映了数据治理在不同视角下的重要性和复杂性，需要组织根据实际情况选择适合自己的数据治理框架和策略。

6.1.2　本书对数据治理的定义

本书认为，数据治理有两层含义：

1）数据治理是一套管理流程和政策，是数据管理框架。

数据治理是对数据管理体系的建章立制，即数据治理是组织内部对数据战略、数据资源、数据资产进行监督、控制和指导的一套管理机制和流程，包含了数据管理体系中相对宏观的内容，例如数据战略、数据管理政策、数据管理流程、数据管理组织、数据管理标准规范、数据管理沟通等。此种情况下，数据治理的大部分内容跟保障体系重合，具体包括但不限于以下几个关键组成部分：

- 数据管理组织体系与角色职责：建立数据治理委员会，负责数据治理政策、标准和规则的制定。明确数据治理中心的角色，负责数据治理的日常运营、组织和协调。数据使用者、生产者、维护者和消费者的职责界定，确保数据标准和流程的执行。

- **数据管理制度**：涵盖数据生命周期的管理规范。根据业务发展和监管要求，持续修订和优化数据制度；定期进行制度培训和宣传，确保员工理解并遵守数据管理制度。
- **数据管理流程规范**：设计数据管理流程，定义从数据发现、探查、处理到质量审查的步骤；确保流程中各参与者的任务明确，并得到有效执行；建立数据流程管理机制，涵盖管理流程、权责分配，支持流程的持续优化和修订。
- **数据管理体系设计**：设计组织的数据管理体系，涵盖主要的数据管理职能，如数据战略、数据资源架构管理、数据标准管理、元数据管理、数据质量管理、数据安全与合规管理、数据生命周期管理、主数据管理、数据资产流通管理等。

2）数据治理是一个过程集合，旨在通过对数据管理体系持续的评价、指导、监督和治理。

数据治理确保数据体系按照战略和组织路线图落地和运行，保证数据在其整个生命周期中的高质量和可控性，以支持组织的商业目标。它是一个系统性的过程集合，监督数据管理政策、标准、架构的执行，发现数据管理体系存在的问题，进行专项治理，对管理体系进行修正，确保数据（资源/资产）在整个生命周期中得到恰当的管理，旨在实现数据资源及其应用过程中的管控活动、绩效管理和优化管理。这里的监督和治理同样包括两层含义：

第一层，在数据体系建设过程中进行监督，发现问题去纠正。主要涉及以下工作：

- **制定数据治理策略**：在体系建设初期，制定明确的数据治理策略和框架，确保数据治理的目标与组织的整体战略一致。
- **建立数据治理组织**：成立专门的数据治理委员会或团队，负责监督数据治理政策的制定和执行。
- **识别关键数据元素**：确定哪些数据元素对业务至关重要，需要优先进行治理。
- **监督与评估**：建立监督机制，定期评估数据治理的效果，并根据评估结果进行调整。

- 培训与文化：对组织内部人员进行数据治理培训，提升数据意识，构建数据驱动的文化。

第二层，对已有的数据体系进行监督（可以通过数据管理能力成熟度评估），发现问题，纠正体系本身存在的问题。这个过程可能会涉及对存量的数据和新增的数据进行治理，完善数据管理体系。主要涉及以下工作：

- 数据管理能力成熟度评估：通过数据管理能力成熟度模型（如 DCMM 等）评估现有体系的成熟度，识别改进领域。
- 审查现有数据治理政策：定期审查和更新数据治理政策，确保其反映最新的业务需求和法规要求。
- 数据治理框架优化：根据业务发展和技术变化，不断优化数据治理框架。
- 存量数据治理：对现有数据资源/资产进行治理，包括数据资源清洗、整合、标准化和去重等工作。
- 持续监督与改进：建立持续的监督机制，及时发现和纠正数据体系中的问题。
- 技术与工具更新：引入先进的数据治理工具和技术，提高数据治理的效率和效果。

但无论如何，此时数据治理包括但不限于以下几个关键组成部分：

- 数据体系实施监控：监控数据体系运行情况，如果发现问题，则启动数据治理项目，进行专项数据治理，提升数据质量，纠正数据体系的错误。
- 对数据管理体系进行评价：建立组织数据管理成熟度评估模型，定期进行组织数据管理能力成熟度评估，发现组织数据管理体系上存在的问题，明确提升和改进方向，制定实施路线图。
- 指导组织数据管理体系优化：引入国内外先进的数据管理体系建设业务案例，协助数据管理组织提出组织数据管理体系优化方案，把控方案的正确性和科学性，监督数据管理体系优化过程。

综上所述，数据治理是一个全面的管理框架，它涉及组织数据管理体系的建章立制，也涉及对组织数据体系的监督、评价和指导等多个层面，其目标是确保组织数据体系按照组织数据战略目标进行落地和实施。

6.1.3 数据管理与数据治理

在数据管理和数据治理之间,数据管理的概念更为广泛和全面。数据管理涵盖了数据的全生命周期,包括数据的收集、存储、处理、分析和应用等方面,旨在有效地管理数据资源,确保数据的可靠性、完整性、可用性和安全性。

数据治理则是数据管理的一个子集,更侧重于促进数据的正确使用和价值最大化。数据治理通常涉及制定数据管理策略、规范和流程,建立数据所有权和责任制度,确保数据质量和一致性,以及监督数据使用和合规性等方面。

在实践中,数据管理和数据治理通常是相辅相成、相互促进的关系,共同推动组织对数据资源的有效管理和利用。

1. 主要区别

数据治理和数据管理是两个相关但不同的概念,它们在数据管理和使用方面各自扮演不同的角色。以下是它们之间的主要区别。

(1)定义与范畴 数据治理是一个宏观且战略性的概念,它聚焦于数据的政策制定、标准设定以及决策管理。这包括明确数据战略方向、数据权责关系,以及制定各项数据标准,旨在确保数据的安全性和合规性。简而言之,数据治理为组织提供了数据管理的指导框架和行动指南。

数据管理则侧重于数据的具体操作与执行,它涵盖了数据生命周期,包括数据的收集、存储、处理、分析和使用。数据管理的目标是确保数据资产得到高效、安全的管理,以满足组织的业务需求。

(2)目标与重点 数据治理的主要目标是确保数据的准确性、一致性和安全性,以支持业务决策的正确性,并降低数据泄露和滥用的风险。此外,数据治理的目标还包括优化数据的利用和共享,提高业务效率和创新能力。

数据管理的主要目标是将数据转化为有用的信息,以支持业务决策和运营活动。它旨在提高数据的质量和效率,减少数据的冗余和重复,并降低数据管理成本。

（3）实施与执行　数据治理的实施涉及组织架构的设立，包括数据治理委员会、数据所有者、数据管理员等角色的明确。它还需要制定统一的数据标准、政策和流程，以确保数据的一致性和完整性。

数据管理的实施则需要具体的执行方案，如数据采集、存储、整合、清洗、分析、使用等环节的操作流程。

需要说明的是，因为把数据战略管理、数据管理组织、数据管理流程与机制等单独拿出来进行了管理；所以此处的数据治理范围缩小了，不再强调数据管理框架（数据战略管理、数据管理组织、数据管理流程与机制等），更集中于治理，即对数据体系的治理。

2. 相互联系

数据治理和数据管理之间的联系如下：

（1）共生关系　数据治理为数据管理提供了一个战略性的框架和指导，确保数据在组织级得到有效管理。数据治理定义了如何制定数据策略和标准，明确了数据的角色、规则、过程和最佳实践；数据管理则是数据治理策略的具体执行者，它关注整个数据生命周期，包括数据的采集、验证、存储、可用性、性能、安全性和维护。

（2）相互支持　有效的数据治理策略能够促进数据管理的实践，确保数据管理活动的合规性和高效性；良好的数据管理又能为数据治理提供反馈，帮助改进和优化治理策略，形成一个持续改进的循环。

（3）共同目标　无论是数据治理还是数据管理，它们的最终目标都是确保数据的质量、安全性、可靠性和有效利用，从而支持业务决策，提高业务效率和竞争力。

（4）跨部门协作　数据治理和数据管理都需要跨部门的协作。数据治理委员会通常包括高管及业务、IT等部门负责人，负责制定数据策略和标准；而数据管理活动也需要IT部门和业务部门之间的紧密合作，以确保数据满足业务需求。

（5）法规和合规性　数据治理确保数据管理活动符合相关的法规要求，避免合规风险；数据管理在执行过程中也需要遵守这些法规，确保数据的合法性和规范性。

6.2 数据治理的框架和标准

数据治理作为一个已存在的概念，在全球范围内有众多机构致力于深入研究其理论和实践应用，已经取得了显著的成果。这些研究成果不仅推动了数据治理领域的学术和技术创新，还为企业构建数据治理体系和实施数据治理提供了宝贵的参考和指导。

6.2.1 国际数据治理框架

国际上，数据治理框架是管理和控制组织中数据使用的结构化方法。这些框架有助于制定政策、分配角色和职责以及维护数据质量与安全性，以符合相关监管标准。图 6-1 所示是国际上广泛认可和采用的数据治理框架。

图 6-1　国际上广泛认可和采用的数据治理框架

- DAMA 国际数据管理知识体系（DMBOK）。DAMA-DMBOK 是一个综合框架，概述了数据管理的标准行业实践。它涵盖了数据治理、架构和建模等多个方面。
- 数据治理研究所框架（DGI）。DGI 提供了一个专注于治理实践的框架。

它强调建立角色、职责和流程，以确保数据作为资产进行管理。
- CMMI（Capability Maturity Model Integration，能力成熟度模型集成）数据管理成熟度（DMM）模型。DMM模型提供了增强组织数据治理实践的综合方法。它概述了数据治理的基本组成部分，并提供了实现更高水平的数据管理成熟度的途径。
- EDM委员会的数据管理能力评估模型（DCAM）。DCAM是一个用于评估和改进数据管理和治理实践的行业标准框架。它提供了一种结构化方法，具有跨数据治理各个方面的定义原则和功能。
- ISO/IEC 38500 IT治理框架。尽管ISO/IEC 38500主要是一个IT治理框架，但它对数据治理具有重大影响。它指导组织使用IT（包括数据资产）实现业务目标，确保合规性和管理风险。
- IBM数据治理框架。IBM提供了一套数据治理解决方案，旨在帮助组织提高数据质量，确保数据安全和合规性，并促进数据的可用性和可访问性。
- Gartner数据治理框架。Gartner数据治理框架帮助组织优化其数据治理策略。

这些框架通常包括数据质量、数据集成、数据隐私与安全、数据架构、数据资产治理等核心要素。组织可以根据自身的具体需求和业务目标选择合适的框架，并根据框架的指导原则来构建或优化自己的数据治理体系。

1. DAMA 国际数据管理知识体系（DMBOK）

DAMA国际（Data Management Association International，国际数据管理协会）是一个全球性的专业组织，致力于数据管理和信息质量的提升。DAMA国际通过教育、研究和实践，推动数据管理领域的知识发展和专业实践。

DMBoK，全称为"Data Management Body of Knowledge"（数据管理知识体系），是由DAMA国际出版的一本权威指南，它详细描述了数据管理的各个方面，包括数据管理的原则、实践、技术和工具。DMBOK旨在为数据管理专业人士提供一个全面的知识框架，帮助他们更有效地管理和使用数据资源。

DMBOK 车轮图如图 6-2 所示，其中内圈表示 DAMA-DMBOK 的关键领域。

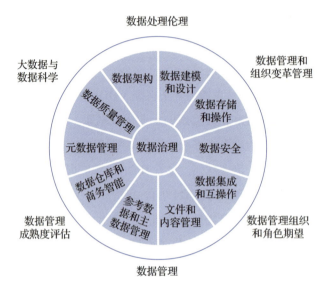

图 6-2　DMBOK 车轮图

- 数据治理：通过建立一个能够满足企业需求的数据决策体系，为数据管理提供指导和监督。
- 数据架构：定义了与组织战略协调的管理数据资产蓝图，以建立战略性数据需求及满足需求的总体设计。
- 数据建模和设计：以数据模型的精确形式，进行发现、分析、展示和沟通数据需求。
- 数据存储和操作：以数据价值最大化为目标，包括存储数据的设计、实现和支持活动以及在整个数据生命周期中，从计划到销毁的各种操作活动。
- 数据安全：确保数据隐私和机密性得到维护，数据不被破坏，数据被适当访问。
- 数据集成和互操作：与数据存储、应用程序和组织之间的数据移动和整合相关的过程。

- 文件和内容管理：用于管理非结构化媒体数据和信息的生命周期过程，包括计划、实施和控制活动，尤其是指支持法律法规遵从性要求所需的文档。
- 参考数据和主数据管理：核心共享数据的持续协调和维护，使关键业务实体的真实信息以准确、及时和相关联的方式在各系统间得到一致使用。
- 数据仓库和商务智能：计划、实施和控制流程来管理决策支持数据，并使知识工作者通过分析报告从数据中获得价值。
- 元数据管理：规划、实施和控制活动，以便能够访问高质量的集成元数据，包括定义、模型、数据流和其他至关重要的信息（对理解数据及其创建、维护和访问系统有帮助）。
- 数据质量管理：规划和实施质量管理技术，以测量、评估和提高数据在组织内的适用性。

除了关键领域之外，DAMA-DMBOK 还包含以下领域：

- 数据处理伦理：描述了关于数据及其应用过程中，数据伦理规范在促进信息透明、社会责任决策中的核心作用。数据采集、分析和使用过程中的伦理意识对所有数据管理专业人员有指导作用。
- 大数据和数据科学：描述了针对大型的、多样化数据集收集和分析能力的提高而出现的技术和业务流程。
- 数据管理成熟度评估：概述了评估和改进组织数据管理能力的方法。
- 数据管理组织和角色期望：为组建数据管理团队、实现成功的数据管理活动提供了实践指导和参考。
- 数据管理和组织变革管理：描述了如何计划和成功地推动企业文化变革。

2. 数据治理研究所框架（DGI）

数据治理研究所是一个专注于数据治理理论和实践的专业机构。DGI 框架是 DGI 组织提出的一个全面的数据治理模型，它提供了一套系统化的方法来帮助组织管理和控制其数据资产。

DGI 框架的设计采用 5W1H 法则，即：

- Why（为什么）：定义数据治理的愿景、使命和目标，明确为什么组织需要进行数据治理。
- What（是什么）：确定数据治理的对象，包括数据规则与定义、数据的决策权、数据问责制和数据管控。
- Who（谁）：识别和定义数据治理的利益相关者，包括数据所有者、数据治理办公室和数据专员。
- When（何时）：确定数据治理的实施路径和行动计划。
- Where（何地）：明确数据治理在组织中的位置，包括当前的数据治理成熟度级别。
- How（如何）：描述数据治理的流程和方法，包括数据管理的重要活动。

（1）核心组件　该框架由 10 个核心组件构成，旨在为企业提供一个清晰、明确的数据治理蓝图。DGI 数据治理框架如图 6-3 所示。

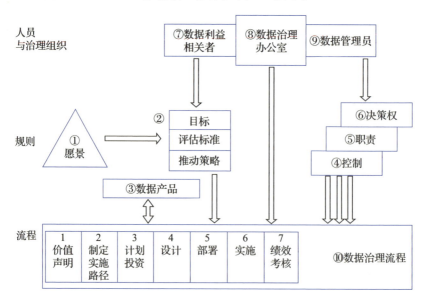

图 6-3　DGI 数据治理框架

- 愿景：明确数据治理的目标和价值，为整个框架奠定基础。

- 目标、评估标准、推动策略：制定数据治理的策略和规则，为数据治理活动提供指导。
- 数据产品：定义和描述组织所拥有的数据产品，包括数据目录、定义、元数据等。
- 控制：确保数据的准确性、完整性和可用性，通过控制措施降低数据风险。
- 职责：建立明确的问责机制，确保数据治理活动的责任得到落实。
- 决策权：明确数据治理的决策权归属，确保决策的有效性和及时性。
- 数据利益相关者：识别并明确数据治理计划的受益者，确保各方利益得到平衡。
- 数据治理办公室：制定数据治理的工作计划，明确任务、时间表和责任人。
- 数据管理员：明确数据治理的参与者，包括数据管理者、决策者、受益者等。
- 数据治理流程：建立数据治理的流程、工具和沟通机制，确保数据治理活动的顺利进行。

（2）价值驱动　DGI 数据治理框架强调价值驱动型的数据治理计划，从"为什么"开始，以一个或多个价值声明作为项目的基础。其使命是以可识别和可衡量的方式为项目的受益者提供价值，通过直接的项目成果和对协作努力的贡献实现价值。

（3）治理层次

- "小 g"治理：关注数据管理员和保管员的需求，通过提高数据资产的价值和控制风险，实现治理目标。治理产出包括数据产品、目录、定义、元数据以及控制措施和检查点等。
- "大 G"治理：关注决策机构的需求，通过实现组织清晰度、效率和效果，达到治理目标。治理产出包括决策权、与数据相关的决策、责任、监督模型、指标以及政策和规则等。

（4）总结　DGI 数据治理框架是一个全面、系统且结构化的数据治理体系，它通过明确的使命、价值、核心组件和价值驱动等因素，为组织提供了一个清晰、明确的数据治理蓝图。该框架不仅关注数据的分类、组织和交流，还强调价值驱动和治理层次的概念，确保数据治理活动的有效性和可持续性。

3. CMMI数据管理成熟度（DMM）模型

CMMI数据管理成熟度（Data Management Maturity，DMM）模型是一个独特的数据管理学科综合参考模型，由卡耐基·梅隆大学旗下机构CMMI研究所以CMMI的各项原则为基础开发。以下是关于DMM模型的详细介绍㊀。

（1）模型概述 DMM模型旨在帮助组织构建、改进和度量其企业数据管理能力，在整个组织中提供及时、准确、易访问的数据。该模型沿用了CMMI的一些基本原则、结构和证明方法，为业界提供了一个用于最新实践过程改进的综合性参考模型。DMM模型一经发布就引起了各方的关注，当前已经在国际上培训了一批评估师，并在多个行业进行了模型验证。

（2）模型结构 DMM模型包括20个数据管理过程域以及5个支持过程域，共分为6个关键类别，如图6-4所示。

- 数据管理战略：数据管理战略、沟通、数据管理职责、业务案例、提供资金等。
- 数据治理：治理管理、业务术语表、元数据管理等。
- 数据质量：数据质量战略、数据轮廓、数据质量评估、数据清洗等。
- 数据操作：数据需求定义、数据生命周期管理、数据提供等。
- 平台和架构：架构方法、架构标准、数据管理平台、数据集成、历史数据归档和保留等。
- 支持过程：度量与分析、流程管理、流程质量保证、风险管理、配置管理等。

（3）成熟度等级 DMM模型将数据管理能力成熟度分为5个等级，不同过程域等级表示最佳实践的过程改进所取得的成果会随之提高。每个等级都反映了组织在数据管理方面的不同能力和成熟度水平。

㊀ David Marco, Peter Brehm. Data Governance: Theories, Strategies, and Best Practices[M]. Los Angeles: CRC Press, 2017.

第 6 章 数据治理的框架、标准与方法

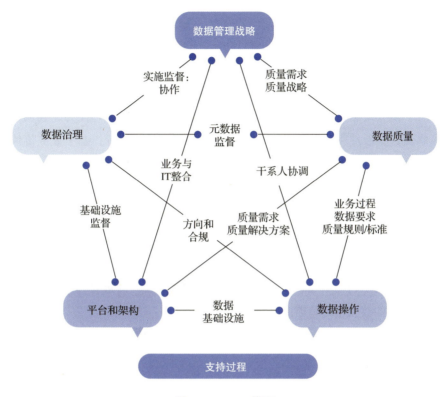

图 6-4 DMM 模型

（4）模型应用　DMM 模型是一个数据管理实践综合框架，可以帮助组织对其功能进行基准评估，确定优势和差距，促进组织建立它们自己的数据管理成熟度路线图。该模型还可以提供一个一致性以及可对比的基准用来测量长时间的进展，并利用其数据资产提高业务绩效。

（5）总结　CMMI 的 DMM 模型是一个全面的数据管理评估和改进工具，它结合了 CMMI 的成熟度和最佳实践原则，为组织提供了一个清晰的数据管理改进路径。通过 DMM 模型，组织可以了解自身在数据管理方面的现状，识别改进机会，并制定针对性的改进计划，从而提升其数据管理能力和业务绩效。

4. EDM 委员会的数据管理能力评估模型（DCAM）

EDM（Enterprise Data Management）委员会的数据管理能力评估模型（Data

Management Capability Assessment Model，DCAM）是一个由企业数据管理协会（EDM Council）主导，组织金融行业企业参与编制和验证的模型。该模型基于众多实际案例的经验总结进行编写，旨在帮助企业了解自身数据管理水平在整个行业中所处位置，并为企业提供数据管理能力成熟度评估的参考。

（1）模型概述　DCAM定义并发布了企业所需的数据管理能力，强调以数据战略和数据治理驱动开展数据管理在技术和规程最佳实践，基于业务价值和业务目标实现，开展数据管理的基本原则。它主要面向金融行业应用，切合金融行业业务需求，并在评价的过程中给出业界平均水平的参考值。

（2）能力成熟度等级　DCAM将企业数据管理的能力成熟度等级划分为如下6个层级：

- 未开始（Initial）：企业尚未开始实施数据管理。
- 概念性（Conceptual）：企业开始认识到数据管理的重要性，但尚未形成具体的数据管理策略或计划。
- 开发（Developing）：企业已经制定了数据管理策略，并开始实施一些数据管理活动。
- 已定义（Defined）：企业已经建立了完整的数据管理框架，并明确了数据管理职责和流程。
- 实现（Implemented）：企业已经将数据管理融入日常运营中，并实现了数据管理目标。
- 优化（Optimizing）：企业持续监控和改进数据管理过程，以实现更高的数据管理效率和价值。

（3）职能域构成　DCAM模型如图6-5所示，主要分为以下几个职能域：

1）数据管理战略与业务案例：数据管理的总体战略规划和业务目标。
2）数据管理流程与资金：数据管理活动的流程设计和资金支持。
3）业务和数据架构：数据模型、数据标准、数据分类等方面的设计和管理。
4）数据和技术架构：数据管理所需的技术平台和工具的选择和实施。
5）数据质量管理：数据的准确性、完整性、一致性等方面的管理和控制。

第 6 章 数据治理的框架、标准与方法

图 6-5　DCAM 模型

6）数据治理：数据所有权、数据责任、数据政策等方面的制定和执行。

7）数据操作：数据的日常操作、维护和管理等方面。

（4）评估方法　DCAM 针对每个职能域都设置相关的问题和评价标准，共包括多个能力域和子能力域。企业根据成文的、企业内部批准发行的文件进行成熟度评估，EDM 委员会针对其会员提供相应的算法模型。通过评估，企业可以了解自身在数据管理各个方面的优势和不足，进而制定改进计划。

总之，EDM 委员会的 DCAM 是一个全面、系统的数据管理评估工具，它可以帮助企业全面了解自身数据管理水平，并为企业制定数据管理战略和计划提供有力支持。

5. ISO/IEC 38500 IT 治理框架

ISO/IEC 38500 是一个国际标准，专门用于指导公司 IT 的管理。该标准提供了广泛的指导方针和在组织中进行 IT 监督的实施框架，旨在使 IT 治理成为公司治理的重要组成部分⊖。

ISO/IEC 38500 IT 治理框架简介如下：

- 目的：确保 IT 资源的有效、高效使用，并与组织的战略目标保持一致。
- 适用范围：所有类型的组织，包括公有和私有公司、政府机构和非营利组织，不论其规模大小或 IT 使用的复杂程度。
- 核心原则：职责明确、战略一致性、获取有效性、性能保证、合规性以及人的行为等六个方面。

ISO/IEC 38500 标准本身主要关注 IT 治理，但数据治理作为 IT 治理的一个重要组成部分，也在该标准中有相应的体现。数据治理关注以下几个方面：

- 数据战略：确保数据战略与组织的整体战略相一致，支持组织的业务目标。
- 数据质量：确保数据的准确性、完整性和可靠性，以支持有效的决策。
- 数据安全：保护数据免受未授权访问、破坏和丢失。
- 数据合规性：确保数据处理遵守相关的法律法规和标准。
- 数据访问和使用：管理数据的访问权限，确保数据的合理使用。
- 数据生命周期管理：从数据的创建、存储、使用到最终的归档和销毁，确保数据在整个生命周期中的有效管理。

随着对数据治理需求的增加，国际标准化组织还专门制定了 ISO/IEC 38505-1《信息技术：IT 治理及其在组织中的应用—数据治理》，这是一个基于 ISO/IEC 38500 框架的数据治理国际标准，提供了数据治理的定义、原则、模型和实践指南。

ISO/IEC 38505-1 标准包括以下内容：

- 数据治理框架：包括目标、原则和模型，帮助组织评估、指导和监督数据利用的过程。
- 数据治理责任：明确数据治理的责任主体和责任范围，包括数据的收集、

⊖ Information technology — Governance of IT for the organization: ISO/IEC 38500: 2024(en) [S/OL]. [2024-07-10]. http://www.iso.org/obp/ui/en/#iso: std:iso - iec:38500: ed-3: v1: en.

存储、报告、决策、发布和处置等。
- 数据治理特征：包括数据的价值、风险和约束，指导组织如何从数据中提取价值，同时管理相关风险和遵守法律法规。

ISO/IEC 38505-1 阐述了数据治理的意义，明确了治理主体的职责以及对数据治理监督机制的要求，提出了数据治理框架（包括目标、原则和模型）以帮助治理主体评估、指导和监督数据利用的过程。

- 在目标方面，ISO/IEC 38505-1 认为数据治理应在提升利用数据价值的同时，确保合规约束和风险管控。
- 在原则方面，ISO/IEC 38505-1 沿用了 IT 治理的六条基本原则：职责（Responsibility）、战略（Strategy）、获取（Acquisition）、绩效（Performance）、合规（Conformance）和人员行为（Human behavior），并具体阐述了这些原则如何指导数据治理中的决策。
- 在模型方面，ISO/IEC 38505-1 认为治理主体应运用评估（Evaluate）-指导（Direct）-监督（Monitor）的 EDM 模型来开展数据治理工作，如图 6-6 所示。

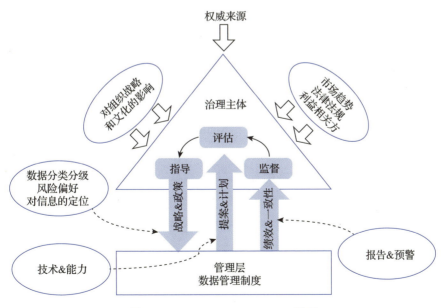

图 6-6　ISO/IEC 38505-1 EDM 模型

ISO 38505-1 EDM 模型用于评估、指导和监督，具体如下：
- 评估：当前及未来的数据使用情况。例如评估数据方面的公司战略与商业模式、技术工具的应用情况等。
- 指导：编制及实施战略和政策，以确保数据使用符合业务目标。围绕评估情况制定数据战略及相应的治理体系政策。
- 监督：政策及战略的落地执行情况。建立相应的监督机制以确保在组织内部推行相关措施，例如将相关治理指标纳入 KPI 考核体系等。

其中，数据治理范围需涵盖数据治理责任图——收集、存储、报告、决策、发布和处置。

6. IBM 数据治理框架

IBM 数据治理框架是一个用于组织、管理数据治理的综合方法和工具集合。该框架帮助组织建立一种可持续的数据治理模式，确保数据资产的质量、安全和一致性。通过实施该框架，组织能够加强对数据的控制和管理，提高数据质量，降低数据风险，并为组织的战略和决策提供更可靠的基础[⊖]。

（1）核心组件　IBM 数据治理框架包含以下四个核心组件：
- 数据治理原则：提供了数据治理活动的核心指导和价值观。它们定义了组织对数据的期望、责任和义务，以支持数据驱动的决策。
- 数据治理流程：描述了在整个数据生命周期中进行的数据治理活动。这包括数据收集、数据存储、数据访问、数据维护和数据处理等方面的活动。
- 数据治理角色和责任：定义了不同的数据治理角色和他们的职责。这些角色包括数据负责人、数据审查员、数据经理和数据治理委员会成员等。每个角色都有明确的责任来推动数据治理实践的实施和维护。
- 数据治理工具和技术：帮助组织实施和管理数据治理实践。例如，数据目录和数据分类工具可以帮助整理和标准化数据资产；数据质量工具可以帮助监控和改进数据质量；元数据管理工具可以跟踪和管理数据的定义和关系等。

⊖ SOARES S. The IBM Data Governance Unified Process[M]. New York: MC Press, 2010.

（2）IBM 数据治理模型　分为目标、支持条件、核心规程和支持规程四个层次。

IBM 数据治理模型如图 6-7 所示。

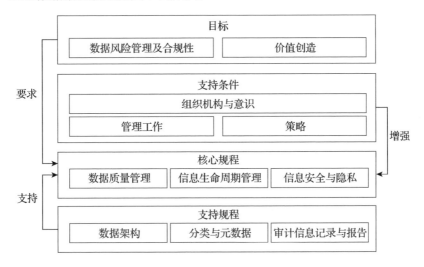

图 6-7　IBM 数据治理模型

1）目标。目标是数据治理计划的预期结果，通常致力于降低风险和价值创造。数据风险管理和合规性：用来确定数据治理与风险管理的关联度及合规性，用来量化、跟踪、避免或转移风险。价值创造：通过有效的数据治理，实现数据资产化帮助组织创造更大的价值。

2）支持条件。组织机构与意识：数据治理需要建立相应的组织机构（如数据治理委员会、数据治理工作组等），并安排全职人员开展数据治理工作。同时，需要建立起数据治理的相关制度并且获得高管的重视。管理工作：组织应制定数据质量控制的规程和制度，用来管理数据以实现数据资产的增值和风险控制。策略：组织应在数据战略层面设置明确的目标和方向。

3）核心规程。数据质量管理：提升数据质量，保障数据的一致性、准确性和完整性的各种方法。信息生命周期管理：对各种类型数据（如结构化数据、非结构化数据、半结构化数据）进行全生命周期的管理。信息安全与隐私：保护数据资产，制定和执行降低数据安全风险的各种策略、实践和控制方法。

4)支持规程。数据架构：系统体系结构设计，支持向适当的用户提供和分配数据。分类与元数据：通过元数据的技术，对组织的业务元数据、技术元数据进行梳理，形成数据资产的统一资源目录。审计信息记录与报告：数据合规性、内部控制、数据管理审计相关的一系列管理流程和应用。

（3）IBM 数据治理流程　IBM 数据治理流程如图 6-8 所示，共有 10 个必需步骤和 4 个可选专题，以及支持有效的数据治理计划的相关 IBM 软件工具和最佳实践。10 个必需步骤是为有效的企业治理计划奠定基础所不可或缺的。4 个可选专题是主数据治理、分析数据治理、数据安全和隐私以及信息生命周期治理。

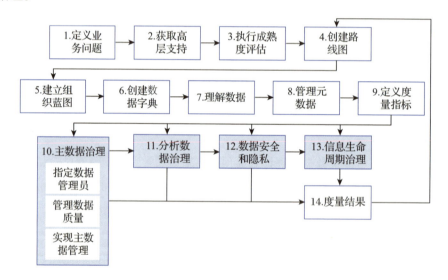

图 6-8　IBM 数据治理流程

1）定义业务问题。数据治理计划失败的主要原因是：它们无法识别实际的业务问题。组织亟须围绕一个特定的业务问题，比如失败的审计、数据破坏或出于风险管理用途对改进数据质量的需要，定义数据治理计划的初始范围。一旦数据治理计划开始解决已识别的问题，业务职能部门将支持它将范围扩展到更多区域。

2）获取高层支持。得到关键 IT 和业务高层对数据治理计划的支持很重要。

获得此支持的最佳方式是以业务案例和"快捷区域"的形式建立价值。

3）执行成熟度评估。每个组织需要对其数据治理成熟度执行评估，最好每年执行一次。数据治理组织需要评估组织当前的成熟度水平，当前状态和想要的未来成熟度水平。这通常在12~18个月后，这段时间必须长到足够生成结果，短到确保关键利益相关者的持续支持。

4）创建路线图。数据治理组织需要开发一个路线图来填补11个数据治理成熟度类别的当前状态与想要的未来状态之间的空白。例如：数据治理组织可以检查"照管"的成熟度空白，确定企业需要任命数据照管人来专门负责目标主题区域，比如客户、供应商和产品。数据治理计划也需要包含"快捷区域"——计划可带来近期业务价值的区域。

5）建立组织蓝图。数据治理组织需要建立章程来治理其操作，确保它拥有足够的成熟度来在关键形势下获胜。数据治理组织最好有3层架构。顶层是数据治理委员会，它由依靠数据作为企业资产的关键职能和业务领导组成。中间层是数据治理工作组，它由经常会面的中层经理组成。最后一层由数据管理员组成，它负责每天的数据质量。

6）创建数据字典。业务词汇的有效管理可帮助确保相同的描述性语言适用于整个组织。数据字典或业务术语库是一个存储库，包含关键词汇的定义。它用于在组织的技术和业务端之间实现一致性和达成一致。例如："客户"的定义是什么，客户是某个进行购买的人还是某个考虑购买的人，前员工是否仍然分类为"员工"，词汇"合作伙伴"和"经销商"是否同义，这些问题可通过创建一个通用的数据字典来回答。一旦实现，数据字典可应用到整个组织，确保业务词汇通过元数据与技术词汇相关联，而且组织拥有单一、共同的理解。

7）理解数据。有人曾经说过："您无法控制您还未理解的东西。"如今很少有应用程序是独立存在的。它们由系统和"系统的系统"组成，包含散落在企业各个角落但整合或至少相互关联的应用程序和数据库。关系数据库模型实际上使情况更糟了，它使业务实体的存储分散化。但是所有一切是如何关联的，数据治理团队需要发现整个企业中关键的数据关系。

8）管理元数据。元数据是关于数据的数据。它是有关任何数据工件，比如其技术名称、业务名称、位置、被认为的重要性和与企业中其他数据工件关系的特征信息。在查询阶段，数据治理计划将从数据字典生成大量业务元数据和大量技术元数据。此元数据需要存储在一个存储库中，所以它可以在多个项目之间共享和利用。

9）定义度量指标。数据治理需要拥有可靠的度量指标来度量和跟踪进度。数据治理团队必须认识到，每当度量某个东西时，其性能就会改进。因此，数据治理团队必须挑选一些KPI来度量计划的持续性能。

前9个步骤是企业数据治理的基本流程，第10步需要企业在4个可选的数据治理专题（主数据治理、分析数据治理、数据安全和隐私以及信息生命周期治理）中至少选择一个。

10）主数据治理。企业内最有价值的信息（与客户、产品、材料、供应商和账户相关的关键数据）统称为主数据。主数据常常是重复的，并分散在整个企业的各种业务流程、系统和应用程序中。主数据治理是一种持续的实践，企业为实现业务目标而定义准则、策略、流程、业务规则和度量指标，管理它们的主数据的质量。

11）分析数据治理。企业已投入了巨额资金建立数据仓库来获取竞争洞察。但是，这些投资并不总是得到了结果，导致企业越来越多地审查其对分析的投资。"分析数据治理"专题定义为更好地协调业务用户与对分析基础架构的投资的策略和过程。

12）数据安全和隐私。数据治理领导（尤其是向首席信息安全官报告的领导）常常必须围绕数据安全和隐私的问题采用相应的策略和措施。

13）信息生命周期治理。非结构化内容占典型企业中的数据的80%以上。随着组织从数据治理转向信息治理，组织开始考虑这种非结构化内容的治理。

14）度量结果。数据治理组织必须通过不断监控度量指标来确保持续改进。在第9步中，数据治理团队设置度量指标。在此步骤中，数据治理团队依据这些度量指标向来自IT和业务部门的高层利益相关者报告进度。整个数据治理统一流程需要以持续循环的形式操作。该流程需要度量结果并循环回到高层支持者，以获得数据治理计划的持续支持。

7. Gartner 数据治理框架

据 Gartner 对于数据治理的定义,"数据治理"是"一种技术支持的学科,其中业务和 IT 协同工作,以确保企业共享的主数据资产的一致性、准确性、管理性、语义一致性和问责制"。Gartner 认为数据治理对于数据管理计划是必不可少的,同时控制不断增长的数据量以改善业务成果。越来越多的组织意识到数据治理是必要的,但是这些组织缺乏实施企业范围的治理计划的经验,不具有实际的、切实的结果。

Gartner 提出了数据治理与信息管理的参考模型,将数据治理分为四个部分:规范、计划、建设和运营,如图 6-9 所示。Gartner 数据治理模型的四个部分定义了企业数据治理的四个阶段重点应关注的内容。

图 6-9　Gartner 数据治理与信息管理参考模型

- 规范。主要是数据治理的规划阶段,定义数据战略、确定数据管理策略、建立数据管理组织,以及进行数据治理的学习和培训,并对企业数据域进行梳理和建模,明确数据治理的范围及数据的来源去向。
- 计划。数据治理计划是在规划基础之上进行数据治理的需求分析,分析数据治理的影响范围和结果,并理清数据的存储位置和元数据语义。
- 建设。设计数据模型、构建数据架构、制定数据治理规范,搭建数据治理平台,落实数据标准。
- 运营。建立长效的数据治理运营机制,坚持执行数据质量监控和实施,数据访问审计与报告常态化,实施完整的数据生命周期管理。

6.2.2 国内数据治理标准

国内数据治理框架和标准的发展随着大数据技术的应用和数字经济的兴起而日益成熟，多个组织和机构已经制定了一系列数据治理相关的框架和标准，比如 GB/T 34960 系列标准和 DCMM。

1. GB/T 34960《信息技术服务　治理》

GB/T 34960《信息技术服务　治理》是中国国家标准，它规定了信息技术服务治理的模型、框架、原则以及实施要求。该标准系列旨在指导组织如何有效、高效地利用信息技术资源，以支持组织的战略目标和业务运营。

（1）组成部分　GB/T 34960《信息技术服务　治理》由以下部分组成：

- GB/T 34960.1—2017《信息技术服务　治理第 1 部分：通用要求》。该部分规定了信息技术治理（简称 IT 治理）的模型和框架，实施 IT 治理的原则，以及开展信息技术顶层设计、管理体系和资源的治理要求。

- GB/T 34960.2—2017《信息技术服务　治理第 2 部分：实施指南》。该部分提出了信息技术治理通用要求的实施指南，分析了实施 IT 治理的环境因素，规定了 IT 治理的实施框架、实施环境和实施过程。

- GB/T 34960.3—2017《信息技术服务　治理第 3 部分：绩效评价》。该部分涉及对 IT 治理活动的效果进行评估和衡量。

- GB/T 34960.4—2017《信息技术服务　治理第 4 部分：审计导则》。该部分涉及对 IT 治理实践进行监督和检查的指导原则。

- GB/T 34960.5—2018《信息技术服务　治理第 5 部分：数据治理规范》。该部分提出了数据治理的总则和框架，规定了数据治理的顶层设计、数据治理环境、数据治理域及数据治理过程的要求。

（2）标准应用　GB/T 34960《信息技术服务　治理》标准被广泛应用于以下方面：

- 建立 IT 治理体系：帮助组织建立科学的治理体系，并进行自我评价，总结经验，发现问题，采取措施改进。

- 信息技术审计：通过信息技术审计，监督和检查 IT 治理的实践，确保治理体系的有效性和系统的稳定性。
- 软件或解决方案的研发、选择和评价：为组织研发、选择和评价与 IT 治理相关的软件或解决方案提供指导。
- 第三方评价：支持第三方对组织的 IT 治理能力进行评价，帮助组织发现存在的问题和不足，及时完善和提升。

（3）总结　GB/T 34960《信息技术服务　治理》为组织的信息技术服务治理提供了全面的指导和规范，涵盖了从通用要求、实施指南到绩效评价、审计导则和数据治理规范等多个方面。通过遵循该标准，组织可以更有效地实施 IT 治理，确保 IT 支持并拓展其战略和目标。

2. 国家标准 GB/T 36073—2018《数据管理能力成熟度评估模型》

国家标准 GB/T 36073—2018《数据管理能力成熟度评估模型》是我国数据管理领域首个正式发布的国家标准。

（1）概述　该标准旨在帮助企业利用先进的数据管理理念和方法，建立和评价自身数据管理能力，持续完善数据管理组织、制度和流程，充分发挥数据在促进企业向信息化、数字化、智能化发展方面的价值。

（2）结构组成　DCMM 构建于八个核心能力域之上，如图 6-10 所示，这些能力域涵盖了数据管理全过程的关键环节，相互关联且互为支撑，共同构成一个完整、立体的数据管理体系。这八个能力域如下：

1）数据战略：定义组织对数据资源的战略规划、愿景设定以及与业务目标的紧密融合。

2）数据治理：制定并执行数据相关政策、流程、角色与责任，以实现数据资产的有效管控。

3）数据架构：设计和维护数据的逻辑与物理结构，包括数据模型、存储、集成与交换机制。

4）数据应用：开发、部署和维护数据驱动的应用程序和服务，以支持决策、运营和创新。

5）数据安全：保护数据免受未经授权的访问、泄露、篡改或破坏，确保数据隐私与合规。

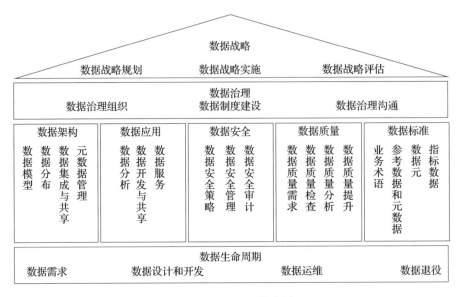

图 6-10 DCMM 能力域

6）数据质量：确保数据的准确、完整、及时、一致和适用，满足业务需求与决策要求。

7）数据标准：制定并推行数据相关的术语、分类、编码、格式等标准规范。

8）数据生命周期：管理数据的产生、存储、使用、归档和销毁的全过程。

每个能力域下又包含若干二级过程域，共同构成 DCMM 的完整框架。

（3）能力等级划分　DCMM 将数据管理能力成熟度划分为五个等级，自低向高依次如下：

1）初始级（1级）：组织对数据管理有初步认识，但尚未建立系统的数据管理体系。

2）受管理级（2级）：组织已建立基本的数据管理体系，并开始实施数据管理活动。

3）稳健级（3级）：组织的数据管理体系已较为完善，数据管理活动得到有效执行。

4）量化管理级（4级）：组织能够量化评估数据管理效果，持续优化数据管理体系。

5)优化级(5级):组织的数据管理体系达到行业领先水平,能够持续创新并引领行业发展。

(4)评估流程 DCMM评估流程包括评估准备阶段、自评估阶段、正式评估阶段和结果反馈阶段。组织可以通过DCMM评估了解自身数据管理能力的现状,明确提升路径,并通过持续改进推动数据资源的有效利用与价值释放。

(5)总结 GB/T 36073—2018作为我国数据管理领域的首个国家标准,为企业和组织提供了一个科学、系统化的框架来评估和提升自身的数据管理能力。通过实施DCMM评估,组织可以明确数据管理的发展方向和重点任务,推动数据驱动型企业的建设和发展。

6.3 数据治理方法

组织数据治理是一个系统化的过程,旨在确保数据的质量、安全性和有效利用。组织数据治理的一般方法和步骤,以及每个阶段的主要活动,如图6-11所示。

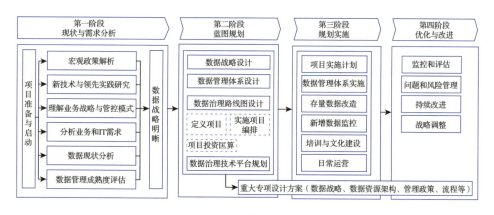

图 6-11 组织数据治理方法

6.3.1 现状与需求分析

目标:评估企业当前的数据管理状况,明确数据治理的需求和目标。

现状与需求分析阶段的工作内容如图 6-12 所示。

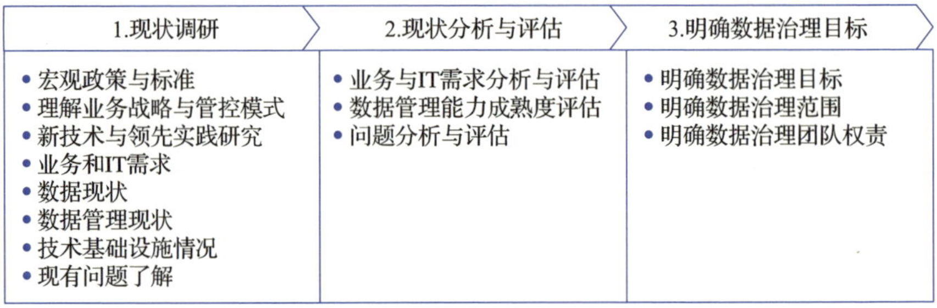

1.现状调研	2.现状分析与评估	3.明确数据治理目标
• 宏观政策与标准 • 理解业务战略与管控模式 • 新技术与领先实践研究 • 业务和IT需求 • 数据现状 • 数据管理现状 • 技术基础设施情况 • 现有问题了解	• 业务与IT需求分析与评估 • 数据管理能力成熟度评估 • 问题分析与评估	• 明确数据治理目标 • 明确数据治理范围 • 明确数据治理团队权责

图 6-12 现状与需求分析阶段的工作内容

1）现状调研：调研数据现状、数据管理现状、业务需求等。

2）现状分析与评估：了解业务流程和数据使用情况，收集和分析业务部门对数据治理的需求；分析企业现有的数据管理能力，包括数据质量、数据安全、数据架构等方面；识别当前数据管理中存在的问题和风险，如数据不一致、数据冗余等。

3）明确数据治理目标：基于现状评估和业务需求，明确数据治理的具体需求。

1. 现状调研

现状调研是数据治理项目的起点，它帮助组织了解当前的数据环境、管理实践和业务需求。

（1）调研方法

- 访谈：与关键利益相关者进行一对一或小组访谈，收集他们对数据现状的看法和需求。
- 问卷调查：设计问卷并分发给不同部门的员工，了解他们对数据使用和管理的体验。
- 工作坊：组织跨部门的工作坊，通过集体讨论来识别数据管理的问题和改进点。
- 数据分析：利用数据分析工具评估现有数据的质量、一致性和使用情况。
- 文档审查：审查现有的数据管理政策、流程文档和操作手册。

- 技术评估：评估现有的数据管理系统和技术基础设施。
- 案例研究：研究类似组织的数据治理实践，提取可行的解决方案。

（2）调研范围
- 数据资源：数据的类型、来源、格式、存储位置和使用情况。
- 数据管理：数据的收集、存储、处理、共享和保护等方面的实践。
- 业务流程：数据如何支持业务流程，以及数据在流程中的作用。
- 技术基础设施：数据管理所依赖的技术平台和工具。
- 政策和标准：现有的数据管理政策、标准和法规遵从情况。
- 风险和合规：数据管理中存在的风险和合规性问题。

（3）不同调研对象的内容

1）业务部门：
- 了解部门的关键业务需求和数据使用场景。
- 收集对数据质量和可用性的反馈。
- 识别业务流程中的数据瓶颈和改进需求。

2）IT部门：
- 评估现有的数据管理系统和技术能力。
- 收集关于数据架构、数据安全和数据集成的见解。
- 了解数据管理的技术挑战和限制。

3）数据管理人员：
- 收集关于数据治理流程和政策的反馈。
- 了解数据管理的日常操作和维护情况。
- 识别数据管理过程中的痛点和问题。

4）高层管理者：
- 了解组织对数据治理的战略方向和期望。
- 收集对数据治理项目的支持和资源分配的意见。
- 确定数据治理与组织整体战略的一致性。

5）数据分析师和数据科学家：
- 收集关于数据质量和分析需求的反馈。

- 了解数据在决策支持中的作用和潜力。
- 识别数据驱动的业务机会和挑战。

6）合规和法务部门：

- 评估数据管理的合规性和风险管理。
- 收集关于数据保护和隐私法规的见解。
- 了解数据治理在法律遵从中的作用。

7）外部合作伙伴和供应商：

- 了解与外部实体共享数据的实践和需求。
- 收集关于数据交换和合作的数据管理需求。

通过这些调研活动，组织可以获得全面的视角，识别数据治理的需求和挑战，为制定有效的数据治理策略和行动计划奠定基础。

2. 现状分析与评估

在数据治理之前，进行数据管理成熟度评估是为了全面了解组织当前的数据管理水平，并识别出改进和提升的机会。这种评估通常涉及对组织的数据管理流程、策略、技术和组织结构等方面的综合分析。

组织通过第三方机构进行数据管理成熟度评估的一般过程如下：

（1）准备阶段　收集、分析客户资料进行解读，充分理解被评组织的背景，共同确定评估的范围，成立联合评估小组，制定评估计划明确项目团队及各方职责，如表 6-1 所示。

表 6-1　联合评估小组案例

组织层级	评估组	职责分工
决策层	领导小组	定期听取项目进展，提供项目方向性指导；协调解决项目重大问题
管理层	数据管理办公室	直接领导与组织部门，负责相关各业务领域、各环节的决策支持、监督执行和组织落实。包括落实专项领导小组分配的工作，制定并审议相关工作流程和各项制度，组织推进各部门及单位开展评估工作
	外部专家组	提供指导和建议；对交付成果提出指导意见

(续)

组织层级	评估组	职责分工
执行层	管理部门	项目管理、项目风险把控；定期汇报、沟通、跟进、协调解决问题；协助业务和 IT 部门开展评估工作
	业务部门	负责本部门的数据管理能力建设，对本部门的数据管理能力最终负责；负责本部门的业务范围以外的数据管理能力协助，解释并执行本部门评估工作协助数据管理部门开展工作；负责识别和分析本部门在数据管理中发生的问题，并提出改进建议
	信息技术部门	提供评估支撑，具体落实技术工作，实现业务部门、数据管理部门的评估相关工作

1）确定评估目标和范围：明确评估的目的和目标，比如提升数据质量、优化数据管理流程等。

- 业务范围：根据企业主营业务情况，优选的业务部门或业务区域来代表企业典型的数据管理能力而确定出来的范围。如营销、人资、财务、设备等。
- 组织范围：根据业务范围匹配企业组织结构单元，明确数据管理组织、业务部门、IT 部门及数据支撑团队等，参与评估的组织单元。
- 评估范围：依据企业所处行业领域、战略方针等因素，选定模型中对应的数据管理能力域，开展定制化的数据管理能力评估。

2）选择评估模型：选择一个适合组织需求和特点的成熟度模型。

（2）实施阶段　召开启动会，明确工作目标及工作内容，开展模型培训宣贯，解读评估内容及评估方法，通过问卷调查、现场访谈等形式，获得客户的基本现状。

- 数据收集：收集与数据管理相关的信息，包括流程文档、政策文件、技术架构等，如表 6-2 所示。
- 评估执行：根据选定的模型，执行评估过程，包括问卷调查、访谈、现场检查等。
- 结果分析：对收集的数据进行分析，确定组织在数据管理各方面的成熟度水平。

表 6-2　评估需收集的资料

资料类型	内容	名称示例
数据战略	定义业务战略、职能子战略、信息化战略、数据战略及其实施路线图、效益评估和资金计划等	《××单位"十四五"战略规划》
		《××单位职能子战略规划》
		《××单位信息化规划》
		《××数据规划报告》
		《信息化项目立项/预算管理办法》
		《战略发展情况报告》
		《战略修订记录》
数据架构	定义企业级或数据平台级数据架构蓝图及其规划、设计、实施、维护相关的组织职责、工作内容、工作流程和工作模板	《数据架构管理办法》
		《数据平台规划报告》
		《企业级数据架构设计报告》
		《数据集成规范》
		《数据分布关系》
		《元数据规范》
		《企业级数据模型》
		《××平台数据模型》
数据治理	定义××单位数据职能体系、工作制度、组织架构及职责、数据职能及工作模板	《××单位数据资产管理办法》
		《数据治理工作报告》
		《数据治理管理办法》
		《数据治理沟通计划》
数据标准	定义业务术语、指标、主数据、参考数据、数据元等各类数据标准及其管理目标、原则、组织职责、工作内容、工作流程、工作模板、技术平台	《业务术语定义》
		《指标数据标准》
		《主数据管理办法》
		《数据元标准》
		《参考数据管理办法》
		《××主数据标准》
		《××参考数据标准》
		《标准差异性分析报告》
数据质量	定义数据质量需求、规则及其管理目标、原则、评估、报告、问题管理等相关的组织职责、工作内容、工作流程、工作模板、技术平台	《数据质量规则库》
		《数据质量评估模型》
		《××数据质量报告》
		《数据质量管理办法》
		《数据质量平台技术方案》

(续)

资料类型	内容	名称示例
数据应用	应用数据对内提供分析支撑，规范外部数据的引入和内部数据的开放共享，基于数据对外提供数据服务	《BI系统建设方案》 《外部数据管理规范》 《外部数据清单》 《开放数据目录》 《数据服务列表》 《数据服务管理办法》
数据安全	定义数据安全管理的共性内容，包括数据安全分类标准，数据安全授权访问，数据安全审计报告等相关的组织职责、工作内容、工作流程、工作模板和技术平台	《数据安全级标准》 《数据安全授权访问策略》 《数据安全管理办法》 《数据安全审计报告》 《数据安全管理平台技术方案》
数据生命周期	定义企业级或平台级的数据需求及数据需求的分析、设计、开发、运维管理办法	《信息化项目管理办法》 《××平台开发规范》 《××平台运维规范》 《××平台需求规格说明书》 《××数据分析应用设计报告》 《××分析应用管理办法》
通用	以上各项数据职能工作开展中的会议纪要、工作报告、汇报材料、领导讲话等通用材料，作为数据工作实际执行情况的支撑资料	《××评审报告》 《××汇报材料》 《××会议纪要》

（3）制定报告阶段　结合客户评估现状，依据评估模型及成熟度等级标准，形成成熟度评估结果，揭示关键发现，提出关键建议，总结形成评估报告。

- 报告编制：编制评估报告，包括当前成熟度水平、存在的问题和改进建议。
- 制定改进计划：基于评估结果，制定数据管理改进计划和行动步骤。
- 实施和监控：执行改进计划，并定期监控改进效果。

总体报告主要内容包括：数据管理能力成熟度水平评价总体得分及总体评价；数据战略详细评估结果；数据治理详细评估结果；数据架构详细评估结果；数据标准详细评估结果；数据质量详细评估结果；数据安全详细评估结果；数据应用详细评估结果；数据生命周期详细评估结果。

3. 常见的数据治理目标

在 DGI 数据治理框架中提到，数据治理典型的 6 个侧重领域包括：政策、标准、战略，数据质量，隐私/合规/安全，架构/集成，数据仓库与 BI，管理支持。

（1）致力于政策、标准、战略制定的数据治理　一般领导体系跨多个职能部门的情况就需要这样的数据治理方案。例如，一个从孤立开发应用到扩大到整个企业系统的公司会发现，它们的开发团队都会依赖于数据架构师和建模师的意见。由跨职能数据管理员支持的数据治理策略能够给架构师带来更多有价值的信息。

企业数据管理、业务流程再造、平台标准化、数据与系统采购等企业项目都能从数据治理项目中获益。这些方案类型一般始于对主数据或元数据集的研究。

该方案中数据治理团队与数据管理小组的职责范围包括：治理策略的审核、批准与监督；标准的收集、选择、审核、批准与监督；策略与标准一致化；完善企业规范；完善数据策略；确定利益相关方，建立决策权。

（2）致力于数据质量的数据治理　适用于关注数据质量、完整性与可用性的情况，例如数据采购与并购。一般来说，数据质量讨论的都是主数据。这类方案往往也会涉及数据质量软件。以某单位为重点，同时对具体的部门或项目作定制。

该方案中数据治理团队与数据管理小组的职责范围包括：确定数据质量的治理方向；监督数据质量；对数据质量相关项目进行状况汇报；确定利益相关方，建立决策权，明确责任。

（3）致力于隐私/合规/安全的数据治理　适用于强调数据隐私、访问管理/许可、信息安全管控、法规遵从或内部要求的情况。一般从高级管理制度中产生。

这些方案一般从企业这个大范围着手，但往往又会局限于具体的数据类型。大多数情况下都需要用到敏感数据定位技术来保护数据，管理策略与控制措施。

该方案中数据治理团队与数据管理小组的职责范围包括：通过访问管理与

安全需求的支持进行敏感数据保护；确保框架与项目的一致性；风险评估与管控；努力达到法规、契约、架构合规要求；确定利益相关方，建立决策权，明确责任。

（4）致力于架构/集成的数据治理　适用于主系统采购、开发、跨职能决策制定与责任归属的更新活动共同完成的情况。

该方案的另一驱动力是SOA（Service-Oriented Architecture，面向服务的体系架构），其需求是完善的数据管理或对元数据、主数据管理（Master Data Management，MDM）或企业数据管理提出新要求。

该方案中数据治理团队与数据管理小组的职责范围包括：确保数据定义的一致性；支持架构策略与标准；支持元数据项目、SOA、主数据管理、企业数据管理；发动各个职能部门共同解决集成过程中遇到的问题；确定利益相关方，建立决策权，明确责任。

（5）致力于数据仓库与商务智能的数据治理　适用于特定数据仓库、数据市场、BI工具协同工作的情况。该方案对数据相关决策要求很高，企业机构通过数据治理帮助决策，为下一个决策提供导向作用，并在新的系统投入运营后落实标准与规范。

一开始范围可能会局限于新系统的规则、角色、责任，但有时候这种类型的方案其实是企业数据治理或数据管理制度方案的雏形。

该方案中数据治理团队与数据管理小组的职责范围包括：为数据使用和定义构建规则；确定利益相关方，建立决策权，明确责任；确定系统开发生命周期包含的治理步骤与项目顺序；明确数据资产与相关项目的价值。

（6）致力于支持管理活动的数据治理　适用于当管理者认为做出"日常化"的数据管理决策比较困难的情况，因为这些决策可能会影响到日常运营或法律法规的遵从。管理者意识到他们需要通过多方合作才能做出更为准确的决策，而不是在不知道利益相关方是谁或者知道但难以聚齐的情况下做出盲目的决策。

有时，这些方案会包含一个委员会，共同分析相互作用，制定决策，公布政策。但也有一些数据治理方案具备多个目标，如帮助实现更好的企业管理，满足合规性。

该方案中数据治理团队与数据管理小组的职责范围包括：评估数据与数据相关项目的价值；实现框架与项目的一致性；确定利益相关方，建立决策权，明确责任；确定系统开发生命周期包含的治理步骤与项目顺序；对与数据相关的项目作监督和汇报；优化与数据相关的信息与职位。

6.3.2 蓝图规划

目标：制定数据治理的长远规划和目标，设计数据管理体系的整体框架。蓝图规划阶段的工作内容如图 6-13 所示。

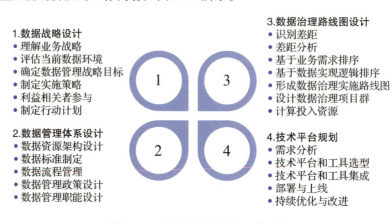

图 6-13 蓝图规划阶段的工作内容

工作内容：

1）数据战略设计：根据企业的业务战略，制定组织数据管理的战略和目标。

2）数据管理体系设计：设计组织数据管理体系。

3）数据治理路线图设计：根据数据管理体系的现状和蓝图之间的差距，基于业务需求和数据实现本身的逻辑，对各项差距进行排序，形成数据治理实施路线图，设计数据治理项目群，并计算投入资源。

4）技术平台规划：规划所需的技术平台和工具，以支持数据治理的实施以及后续数据管理的实现。

1. 数据战略设计

需要说明的是,是否需要制定数据战略,取决于组织数据治理的范围。如果小范围的数据治理,则不需要制定数据战略。但如果涉及整个数据管理工作重新定位和布局,则有必要制定组织数据战略。

2. 数据管理体系设计(数据管理蓝图)

需要说明的是,是否需要制定数据管理体系,也取决于组织数据治理的范围。如果小范围的数据治理,则不需要制定数据管理体系。但如果涉及通过数据治理工作实现组织数据管理体系,则需要进行数据管理体系设计,方便后续基于现状,做出差距分析,逐步形成数据治理路线图,通过数据治理项目的滚动实施,逐渐实现数据管理体系。

详细的设计过程详见第 8 章。但是核心是数据资源管理与数据资产管理的各项职能框架及保障体系框架,一般涉及如下内容:

1)数据资源架构设计:设计合理的数据资源架构,确保数据的一致性和可访问性。

2)数据标准制定:制定统一的数据标准,包括数据定义、数据格式、数据质量等。

3)数据流程管理:建立数据产生、存储、处理、使用、销毁等全生命周期管理流程。

4)数据管理政策设计:设计三级的数据管理政策,固化数据管理流程和权责划分。

5)数据管理职能设计:设计数据管理能力框架,以及各项能力的实现路径。

3. 数据治理路线图设计

数据治理路线图设计过程如图 6-14 所示,其中的细化步骤和内容形成了一个清晰、可操作的数据治理实施路线图,并为数据治理项目的实施提供了明确的指导和支持。

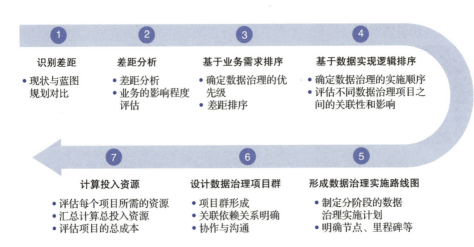

图 6-14 数据治理路线图设计过程

1）识别差距。对比数据管理体系的现状与蓝图规划，识别出存在的差距。差距可能包括组织架构、政策流程、技术标准、数据质量、数据安全等多个方面。

2）差距分析。

- 对识别出的差距进行深入分析，理解其背后的原因和影响。分析差距产生的原因，如技术限制、管理不足、资源缺乏等。
- 评估每个差距对业务的影响程度，包括影响范围、影响时间、影响程度等。评估差距对业务目标实现的影响，以及如果不进行改进可能带来的后果。

3）基于业务需求排序。

- 根据业务需求，确定数据治理的优先级。识别出与当前业务需求最紧密相关的差距，如关键业务数据的准确性和完整性。
- 对各项差距进行排序，确定先解决哪些差距，后解决哪些差距。按照业务影响的严重程度，对差距进行排序，优先解决对业务影响最大的差距。

4）基于数据实现逻辑排序。

- 考虑数据本身的逻辑关系和依赖关系，如主数据和交易数据、上游数据和下游数据的关系，确定数据治理的实施顺序。

- 评估不同数据治理项目之间的关联性和影响。根据数据的依赖关系和传递关系，确定数据治理项目的实施顺序，确保数据的准确性和一致性。

5）形成数据治理实施路线图。

- 将排序后的差距和项目整合到数据治理实施路线图中。制定分阶段的数据治理实施计划，每个阶段都有明确的目标和关键成果。
- 明确每个阶段的目标、工作内容、时间节点和责任人。为每个阶段分配责任人，并设定时间节点和关键里程碑。
- 确保路线图的可实现性和可衡量性，以便于跟踪和评估。

6）设计数据治理项目群。

- 根据实施路线图，将相关项目组合成项目群。将具有相似目标或相互依赖的项目组合成项目群，以便于管理和实施。
- 明确项目群之间的关联和依赖关系。确定项目群之间的协作关系和沟通机制，确保项目的顺利推进。

7）计算投入资源。

- 评估每个项目所需的人力、物力、财力等资源。根据项目的规模、复杂度和实施周期，评估所需的人员数量、技能要求和工作时间。
- 汇总计算整个数据治理实施过程的总投入资源。考虑项目所需的硬件设备、软件工具和其他物资。
- 评估项目的总成本，包括人员成本、设备成本、软件成本等。

4. 技术平台规划

规划所需的技术平台和工具以支持数据治理的实施以及后续数据管理的实现，可以遵循以下详细的实现步骤：

1）需求分析。

- 明确业务需求：深入理解业务目标，分析数据治理在支持这些目标中所扮演的角色。
- 评估当前技术环境：评估现有技术基础设施、数据架构、数据处理能力等。

- 确定技术需求：基于业务需求和当前技术环境，确定所需的技术功能和性能要求。

2）技术平台和工具选型。

- 数据治理平台：选择能够支持集中管理、监控和协调数据治理活动的平台。考虑平台的功能模块，如元数据管理、数据标准管理、数据质量管理等。
- 数据质量管理工具：选择用于检测、纠正和提升数据质量的工具。考虑工具的自动化程度、准确性、易用性等。
- 数据整合工具：根据数据来源的多样性，选择适合的数据整合工具，帮助整合不同来源的数据。
- 数据仓库和数据集市技术：根据数据存储和管理的需求，选择合适的数据仓库和数据集市技术。
- 数据加密技术：确保数据安全，选择成熟的数据加密技术。
- 数据血缘分析工具：为追踪数据的来源和流向，选择有效的数据血缘分析工具。
- 数据可视化工具：为直观呈现数据治理成果，选择合适的数据可视化工具。

3）技术平台和工具集成。

- 确定集成方案：根据所选平台和工具的功能和性能要求，确定它们之间的集成方案。
- 接口和API开发：针对需要集成的平台和工具，开发必要的接口和API，确保它们能够顺畅通信。
- 测试与验证：对集成后的系统进行测试和验证，确保各组件之间的协同工作正常。

4）部署与上线。

- 环境准备：准备必要的硬件、网络等基础设施，确保技术平台和工具能够顺利部署。
- 部署实施：按照技术平台和工具的部署要求，进行安装、配置和调试。

- 上线验证：在系统上线后，进行验证和测试，确保系统能够正常运行并满足业务需求。

5）持续优化与改进。

- 监控与评估：建立数据治理和数据管理的监控机制，定期评估系统的性能和效果。
- 持续改进：根据评估结果和业务需求的变化，持续优化和改进技术平台和工具的配置和使用。

通过以上步骤，组织可以规划出所需的技术平台和工具，以支持数据治理的实施以及后续数据管理的实现。这些平台和工具的选择和使用，将有助于提高数据质量，保障数据安全，提升数据处理效率等。

6.3.3 规划实施

目标：根据蓝图规划，执行数据治理的具体计划和项目。

规划实施阶段的主要工作如图 6-15 所示。

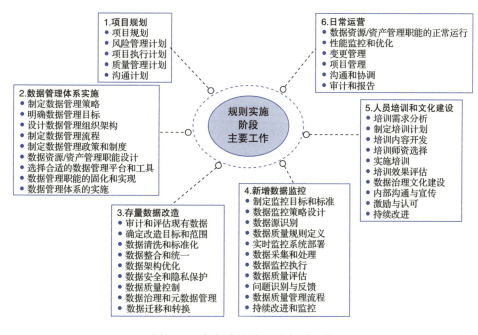

图 6-15 规划实施阶段的主要工作

1）项目规划：制定详细的数据治理项目计划，包括时间表、资源分配和里程碑。

2）数据管理体系实施：设计和实施数据管理的政策、流程和制度，设计数据资源/资产管理职能，并选择合适的平台和工具，进行数据管理职能固化和实现，实现数据管理体系。

3）存量数据改造：利用数据管理框架，逐步实现对存量数据的改造。

4）新增数据监控：利用数据管理框架，监督新增数据的高质量产生。

5）人员培训和文化建设：对相关人员进行数据管理培训，建立数据治理文化。

6）日常运营：数据管理体系日常运行和数据管理工作执行。

1. 项目规划

制定详细的数据治理项目计划，包括时间表制定、资源分配和里程碑。

1）项目规划。

- 时间表制定：创建详细的项目时间表，包括各阶段的开始和结束日期。
- 资源分配：确定项目所需的人力、财力和物力资源。
- 里程碑设定：设定关键的里程碑，用于跟踪项目进度。

2）风险管理计划。

- 风险识别：识别项目可能面临的风险和挑战。
- 风险评估：评估风险的影响和发生概率。
- 风险应对策略：制定风险应对和缓解措施。

3）项目执行计划。

- 工作分解结构：将项目分解为可管理的任务和活动。
- 任务分配：根据团队成员的专业技能分配具体任务。
- 进度监控：实施项目管理工具，如甘特图，监控项目进度。

4）质量管理计划。

- 质量标准制定：制定项目的质量标准和验收标准。
- 质量保证活动：实施质量保证活动，如定期审查和测试。

5）沟通计划。

- 沟通策略：制定项目沟通策略，确保信息的有效传递。
- 利益相关者参与：确保所有关键利益相关者参与项目沟通。

2. 数据管理体系实施

1）制定数据管理策略。

- 业务对齐：确保数据管理策略与组织的整体业务战略相一致。
- 风险评估：评估数据管理相关的潜在风险，并制定相应的风险管理措施。

2）明确数据管理目标。

目标设定：根据业务需求和风险评估结果，设定清晰的数据管理目标。

3）设计数据管理组织架构。

- 组织结构设计：设计数据管理的组织架构，明确各部门和团队的职责。
- 角色定义：定义数据管理相关的角色和职责，如数据管理员、数据分析师等。

4）制定数据管理流程。

- 流程设计：设计数据管理的关键流程，包括数据采集、存储、处理、分析和共享等。
- 流程文档化：将数据管理流程进行文档化，确保流程的透明性和可追踪性。

5）制定数据管理政策和制度。

- 政策制定：制定数据管理政策，包括数据质量、数据安全、数据隐私等。
- 制度建立：建立数据管理制度，如数据访问控制、数据备份和恢复等。

6）数据资源/资产管理职能设计。

数据资源/资产管理职能设计：设计数据资源/资产管理体系，固化数据资源/资产管理流程和制度。

7）选择合适的数据管理平台和工具。

- 技术评估：评估市场上可用的数据管理技术和工具。
- 工具选择：根据组织需求选择合适的数据管理平台和工具。

8）数据管理职能的固化和实现。
- 流程自动化：通过数据管理工具实现数据管理流程的自动化。
- 职能固化：通过培训和文化建设，确保数据管理职能得到固化。

9）数据管理体系的实施。
- 实施计划：制定详细的数据管理体系实施计划。
- 分阶段实施：按照实施计划分阶段推进数据管理体系的实施。

3. 存量数据改造

1）审计和评估现有数据。
- 数据审查：审查现有数据的完整性、准确性、一致性和可用性。
- 风险评估：识别现有数据的风险和问题，如数据冗余、过时或不合规的数据。

2）确定改造目标和范围。
- 目标设定：基于业务需求和数据审查结果，设定改造的目标和预期成果。
- 范围界定：明确改造的数据集和数据类型。

3）数据清洗和标准化。
- 数据清洗：去除错误、重复和不完整的数据记录。
- 数据标准化：统一数据格式和术语，确保数据的一致性。

4）数据整合和统一。
- 数据集成：将分散在不同系统和平台中的数据进行整合。
- 数据统一：创建统一的数据视图，便于分析和决策。

5）数据架构优化。
- 架构优化：优化数据模型和架构，以支持更高效的数据访问和分析。
- 技术升级：升级数据存储和处理技术，提高数据管理的效率。

6）数据安全和隐私保护。
- 安全策略：制定数据安全策略，保护数据免受未授权访问和泄露。
- 隐私合规：确保数据改造过程遵守数据隐私法规和标准。

7）数据质量控制。
- 质量标准：建立数据质量标准和指标。

- 质量监控：实施数据质量监控机制，持续提升数据质量。

8）数据治理和元数据管理。

- 数据治理：建立数据治理框架，明确数据管理的责任和流程。
- 元数据管理：管理元数据，确保数据的可追溯性和可管理性。

9）数据迁移和转换。

- 迁移计划：制定数据迁移计划，将数据转移到新的数据平台或架构。
- 转换工具：使用数据转换工具将数据转换成新的格式或结构。

4. 新增数据监控

1）制定监控目标和标准。

- 监控目标：明确监控新增数据的目的，如确保数据质量、合规性等。
- 质量标准：根据业务需求和法规要求，制定数据质量标准。

2）数据监控策略设计。

- 策略制定：设计监控策略，包括监控范围、频率和方法。
- 技术选型：选择合适的技术工具和平台来支持数据监控。

3）数据源识别。

- 数据源定位：识别所有可能产生新增数据的源。
- 数据流映射：映射数据流向，了解数据在系统中的流动过程。

4）数据质量规则定义。

- 规则定义：基于数据质量标准，定义具体的数据质量规则。
- 规则实施：在数据管理平台中实施这些规则。

5）实时监控系统部署。

- 系统部署：部署实时数据监控系统，以捕捉和分析新增数据。
- 集成测试：确保监控系统与现有数据管理系统的集成。

6）数据采集和处理。

- 数据采集：实时采集新增数据，进行初步处理。
- 数据清洗：对采集到的数据进行清洗，以符合质量标准。

7）数据监控执行。

- 监控执行：执行数据监控任务，监控新增数据的质量。

- 异常检测：使用自动化工具检测数据异常和潜在问题。

8）数据质量评估。

- 质量评估：定期评估新增数据的质量，与预定义的质量标准进行对比。
- 报告生成：生成数据质量报告，提供详细的监控结果。

9）问题识别与反馈。

- 问题识别：识别监控过程中发现的问题和不符合标准的数据。
- 反馈机制：建立反馈机制，将问题及时通报给相关责任人。

10）数据质量管理流程。

- 流程建立：建立数据质量管理流程，包括问题解决和预防措施。
- 流程优化：根据监控结果，不断优化数据管理流程。

11）持续改进和监控。

- 持续改进：基于监控结果和业务发展，持续改进数据监控策略。
- 监控调整：根据业务需求和技术进步，调整监控方法和工具。

5. 人员培训和文化建设

1）培训需求分析。

- 业务目标对齐：确保培训内容与组织业务目标一致。
- 人员能力评估：评估现有人员的数据管理能力和培训需求。

2）制定培训计划。

- 培训目标：明确培训的目标和预期成果。
- 课程设计：设计培训课程，包括数据管理基础知识、高级技能等。

3）培训内容开发。

- 教材准备：开发培训教材，包括理论资料和实践案例。
- 案例研究：准备与实际业务相关的案例研究。

4）培训师资选择。

- 内部专家：选择内部数据管理专家作为培训师资。
- 外部讲师：必要时，邀请外部专家进行授课。

5）实施培训。

- 理论培训：进行数据管理理论的培训。

- 实践操作：通过实际操作和案例分析加深理解。

6）培训效果评估。
- 考核测试：通过考核测试评估培训效果。
- 反馈收集：收集参训人员的反馈，了解培训的优点和不足。

7）数据治理文化建设。
- 文化理念：确立数据治理的核心理念。
- 领导层支持：确保领导层对数据治理文化的重视和支持。

8）内部沟通与宣传。
- 内部沟通：通过内部会议和沟通渠道宣传数据治理文化。
- 宣传材料：制作宣传材料，如海报、手册等。

9）激励与认可。
- 激励机制：建立激励机制，鼓励员工参与数据治理。
- 表彰优秀：对在数据治理方面表现优秀的个人或团队进行表彰。

10）持续改进。
- 持续培训：定期更新培训内容，反映最新的数据管理实践。
- 文化迭代：根据组织发展和员工反馈，不断迭代数据治理文化。

6. 日常运营

1）数据资源/资产管理职能的正常运行：根据数据资源/资产管理职能设计，由专职人员正常开展数据管理的各项工作。

2）性能监控和优化：监控数据管理系统的性能，确保数据的高效处理和访问，定期进行性能评估和优化。

3）变更管理：管理数据管理流程和系统变更，确保变更的平稳实施。

4）项目管理：管理和执行数据管理相关的项目，包括需求收集、资源分配和进度跟踪。

5）沟通和协调：在组织内部沟通数据管理的目标和成果，协调跨部门的数据管理活动。

6）审计和报告：定期进行数据管理活动的审计。准备和提交数据管理相关的报告。

6.3.4 优化与改进

目标：持续优化数据治理实践，确保数据管理工作与企业战略和业务需求保持一致。

优化与改进阶段的主要工作如图 6-16 所示。

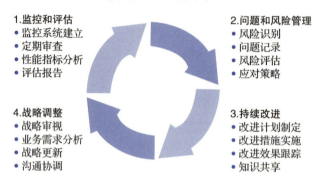

图 6-16 优化与改进阶段的主要工作

1）监控和评估：监控数据管理体系实施的效果，定期进行评估。

2）问题和风险管理：识别实施过程中的问题和风险，及时进行管理。

3）持续改进：根据评估结果，制定改进措施，持续优化数据管理实践。

4）战略调整：随着企业战略和业务需求的变化，调整数据管理战略和规划。

通过这四个阶段的连续实施，企业能够建立起一套有效的数据管理体系，支持数据的高效管理和利用，为企业的数字化转型和业务发展提供坚实的基础。

1. 监控和评估

监控和评估是确保数据管理体系有效运行的关键环节。通过建立监控系统，组织能够实时跟踪 KPI，并通过定期审查和性能指标分析，编制评估报告，及时发现问题并进行改进。主要涉及如下工作：

1）监控系统建立：构建一个全面的监控系统，实时跟踪数据管理体系的 KPI。

2）定期审查：定期组织审查会议，评估数据管理体系的运行状况。

3）性能指标分析：分析性能指标数据，确定数据管理流程的效率和效果。

4）评估报告：编制详细的评估报告，包括监控结果、发现的问题和改进建议。

2. 问题和风险管理

问题和风险管理涉及识别、记录、评估和应对数据管理过程中出现的问题和风险。这要求组织建立问题记录系统，进行风险评估，并制定相应的预防措施和应急计划，以减少潜在的负面影响。主要涉及如下工作：

1）风险识别：通过数据分析和员工反馈，识别数据管理过程中的潜在风险。

2）问题记录：建立问题记录系统，详细记录每个问题的具体情况和影响。

3）风险评估：对识别的风险进行评估，确定风险等级和可能的影响。

4）应对策略：制定问题和风险的应对策略，包括预防措施和应急计划。

3. 持续改进

持续改进是数据管理体系不断完善和提升的过程。根据监控和评估的结果，组织需要制定并实施改进计划，这可能包括优化流程、更新技术平台和加强员工培训，以实现数据管理实践的持续优化。主要涉及如下工作：

1）改进计划制定：基于监控和评估结果，制定数据管理的改进计划。

2）改进措施实施：执行改进措施，如优化流程、更新技术平台、加强培训等。

3）改进效果跟踪：跟踪改进措施的实施效果，确保达到预期目标。

4）知识共享：将改进过程中获得的知识和经验进行记录和共享。

4. 战略调整

随着企业战略和业务需求的变化，数据管理战略和规划也需要相应调整。这要求组织定期审视和更新数据管理战略，确保其与组织的整体目标保持一致，并根据业务需求和技术发展进行必要的调整。主要涉及如下工作：

1）战略审视：定期审视数据管理战略，确保其与企业的整体战略保持一致。

2）业务需求分析：分析业务需求的变化，确定数据管理战略需要做出的调整。

3）战略更新：根据业务需求和技术发展，更新数据管理战略和规划。

4）沟通协调：与各利益相关者沟通战略调整内容，确保战略调整得到有效执行。

通过这四个阶段的连续实施，企业能够建立起一套有效的数据管理体系，支持数据的高效管理和利用，为企业的数字化转型和业务发展提供坚实的基础。

6.4　×农商行数据治理实践

随着全球数字化转型的加速推进，数据已成为驱动各行业发展的核心要素。银行业作为金融体系的重要组成部分，同样面临着数据治理的严峻挑战与巨大机遇。数据的有效管理和运用，不仅能够提升银行业务的精准度和效率，还能为银行创造新的增长点，推动其可持续发展。

近年来，中小银行在数字化转型的浪潮中，逐步完成了数据的大集中建设。然而，数据的大集中仅仅是第一步，随之而来的挑战是如何有效地整合、运用和分析这些数据。中小银行在数据治理方面往往面临着组织架构不健全、数据质量参差不齐、系统支持不足等问题，这些问题严重制约了其数据价值的发挥和业务效率的提升。

在这样的背景下，×农商行积极响应监管要求，以《银行业金融机构数据治理指引》为指导，全面开展数据治理实践。通过建立健全的数据治理体系，优化数据管理流程，提升数据质量，×农商行旨在实现数据资产的有效管理和运用，为银行的业务发展和战略决策提供有力支持。本节详细介绍了×农商行的数据治理实践过程，以期为中小银行的数据治理工作提供有益的参考和借鉴[一]。

[一] 顾琪冰.中小银行数据治理研究——以无锡农商行的数据治理实施为例[D].成都：西南财经大学，2020.

6.4.1 ×农商行简介

×农商行,作为深耕地方经济、专注服务"三农"的金融机构,近年来在各项工作中取得了显著成就。截至2019年末,该行已构建起庞大的服务网络,包括1家营业部、3家分行以及遍布各地的112家支行及分理处。在业务规模上,该行资产总额达到了1619.12亿元,显示出其雄厚的资金实力。其中,各项存款余额为1281.96亿元,贷款余额为849.31亿元,为地方经济发展提供了强有力的金融支持。

此外,×农商行还凭借其卓越的经营业绩和社会贡献,赢得了广泛的社会认可。该行先后荣获"××省文明单位""2019年中国服务业企业500强""2018年度中国地方金融十佳农村商业银行"以及"全球千强银行"等荣誉称号,充分彰显了其在行业内的领先地位和良好形象。

然而,作为一家年轻的农村商业银行,×农商行在快速发展的同时,也面临着日益严峻的市场竞争和内部挑战。特别是在数据治理方面,该行现有的数据基础和数据发展模式仍存在较多问题,如数据标准不统一、数据质量不高、数据孤岛现象严重等。这些问题不仅制约了该行数据价值的充分发挥,也对其管理决策和业务创新带来了不利影响。

因此,如何充分利用数据这一重要资产,开展有效的数据分析和挖掘,提高管理效率并促进业务发展,已成为×农商行当前面临的重要课题。通过加强数据治理,理顺并解决数据基础和数据发展中的问题,×农商行有望进一步提升其核心竞争力,为地方经济和社会发展做出更大的贡献。

6.4.2 数据管理现状

近年来,随着×农商银行各类业务的迅猛发展,与之配套的各类业务系统也迅速建立。然而,在系统建设初期,由于缺乏对业务数据的统一规划,后续的数据管理和控制上出现了诸多难题。具体情况如下:

1. 组织架构

×农商行作为独立的法人制银行,拥有完整的组织架构体系,如图6-17

所示，主要分为前台营销部门、中台部门和后台部门。

- 前台营销部门包括电子银行部、国际业务部、同业金融部、资产管理部、金融市场部等，主要负责市场拓展和客户服务。
- 中台部门包括财务管理部、运行管理部、风险管理部、合规管理部等，负责内部管理和风险控制。
- 后台部门包括人力资源部、监审稽核部、科技信息部、办公室等，为银行运营提供支持和保障。

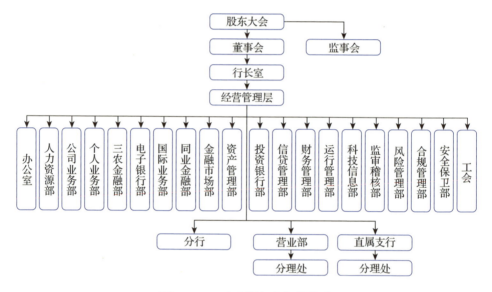

图 6-17　×农商行组织架构体系

尽管组织架构健全，但×农商行在数据管理职能职责上仍存在不明晰的问题，表现为多头管理的现状。各个部门虽然都涉及数据管理，但缺乏统一的数据管理部门来统筹和协调，导致数据管理效率低下，数据质量难以保证。

（1）数据管理部门　在×农商行的数据管理架构中，多个部门共同参与数据管理工作，涵盖了前台、中台和后台的多个职能领域。

- 涉及数据管理的部门：公司业务部、电子银行部、个人业务部、三农金融部、国际业务部、金融市场部、同业金融部、资产管理部、信贷管理部、运行管理部、风险管理部等。

- 负责数据报送相关的部门（面向监管层面）：财务管理部、监审稽核部、运行管理部、电子银行部等，各职能部门负责不同的报送内容。

而实际上，虽然财务管理部下设有统计中心，从中心职责上统筹负责行内报送内容，作为全行报送的统一归口部门；但在执行过程中却没有达到此要求，涉及上报数据的管理仍然是相关业务部门各负责一部分，对于数据口径的统一管理存在缺失，也就导致部分报送内容开发时存在重复性建设及口径偏差问题。

（2）数据人员情况　截至2016年底，×农商行在数据人员与科技团队建设方面面临显著挑战。全行职工总数为1352人，其中直接参与业务管理的有216人，分散在20个部门。在数据应用领域，仅有59名员工（占总职工数4.36%）专注于数据统计分析及报送，且绝大多数（83%）以完成监管上报为主要任务，多为兼职身份，其核心业务仍聚焦于部门内部的操作与管理。这表明，×农商行在深度业务数据分析及经营性管理分析方面存在明显短板，缺乏专职、专业的数据统计分析师，人才匮乏现象突出。

科技团队方面，科技信息部共有61名员工（占比4.51%），其中软件开发人员30人，专注于数据开发的仅7人，占科技信息部总人数的11.5%，占开发中心总人数的23.3%。数据开发人员的不足，严重制约了全行数据管理科技工作的全面开展与长远规划。

2. 制度建设

数据管理流程与制度是全行推进数据治理工作的一个重要抓手和依据。统计发现，截至2016年，×农商行共计331项相关制度、管理办法及细则，如表6-3所示。

×农商行制度众多，但数据管理制度仅占2.4%，且多集中在监管报送层面。数据制度建设方面主要有《统计工作管理办法》《数据报送突发事件应急预案》《非现场监管报表填报实施细则》《新版客户风险统计工作管理办法》《流动性风险

表6-3　×农商行部门制度统计

部门	制度数量
财务管理部	24
电子银行部	23
风险管理部	26
个人业务部	10
工会	3
公司业务部	21
国际业务部	42
合规管理部	24
金融市场部	21
人力资源部	20
三农金融部	25
信贷管理部	20
运行管理部	69
资产管理部	3
总计	331

填报细则》《反洗钱信息报送管理办法》等。全行级数据管理、质量、标准及元数据等制度缺失，需加强建设与完善，以全面推进数据治理工作。

3. 数据系统

×农商行作为××省信用联社旗下的独立A股上市银行，在经营管理上享有高度自主权和完整性，其信息化建设与运维均采取自主管理模式。该行系统架构清晰，涵盖前端业务系统、中台数据系统、后端数据应用系统及基础公共类系统四大类，系统分布占比如图6-18所示，分别为60%、2%、26%、12%，其中数据汇总与分析的核心集中在中台与后端系统。截至2016年末，全行共有161个独立系统在线运行，系统分布比例凸显了前端业务系统的主导地位（60%），而数据类系统虽仅占28%，但其重要性逐年攀升，成为银行体系建设中不可或缺的一环。

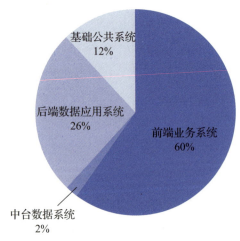

图6-18　×农商行系统分布占比

前端业务系统对数据服务的需求日益增长，特别是在准确性、时效性方面，期望数据服务能有力支撑业务交易，弥补其数据分析的不足。这促使×农商行必须对数据管理架构、数据分层、服务能力及可视化等方面进行全面规划，以满足业务发展的迫切需求。然而，面对金融市场的快速变化，×农商行虽积极构建面向特定应用或部门的决策分析系统，但这种缺乏统一规划的建设模式也暴露了一系列数据管理问题。

图 6-19 所示为银行目前的数据架构。从图中可以看出，目前 × 农商行的数据架构存在如下问题：数据分布散乱、冗余严重并且标准不一，导致数据质量参差不齐；网状数据传递方式加剧了数据差异与质量问题；企业级数据整合与共享机制缺失，数据集市建设滞后，限制了数据应用的多样性和深度。

4. 数据标准

数据作为银行业务的基石，其质量直接关系到业务效率与管理分析能力。数据标准化是提升数据质量的关键，它能统一处理分散的数据，减少系统间的歧义，确保数据汇总的准确性和响应速度，从而优化业务决策和利润创造。然而，× 农商行作为中小银行，在数据标准建设上仍处于初级阶段。由于历史原因，其业务系统多依赖于外部厂商产品，并通过二次开发迭代，导致各系统间数据标准与码值定义差异显著，如币种定义在核心系统与信贷系统中不一致，影响了数据共享与汇总。× 农商行尚未形成全行级统一的数据标准管理规范，限制了数据质量的提升和业务效率的优化。

5. 数据质量

数据质量管理是确保数据真实、准确反映银行经营状况的重要环节。× 农商行的数据质量管理主要聚焦于满足监管要求，对内部数据质量问题关注不足，且处理机制多为条线化，缺乏全行级共享。技术手段上，依赖简单脚本进行数据质量检测，管理制度尚不完善且未全面实施。这些问题导致银行数据存在不准确、不完整、不及时、不统一等问题，严重制约了数据在客户管理、经营决策等方面的支撑能力。

6. 监管报送

监管报送是中小银行数据管理的重要任务，× 农商行在此方面投入了大量时间与人力，× 农商行总行业务人员的数据类工作中至少 80% 以上的时间花费在监管报表工作上，而且部分部门每个月至少有 3 人会用几乎一周的时间进行报表的编制、检验和报送。过度的监管报送工作挤占了数据分析与业务支持的时间，影响了数据治理价值的全面实现。

一本书讲透数据体系建设：方法与实践

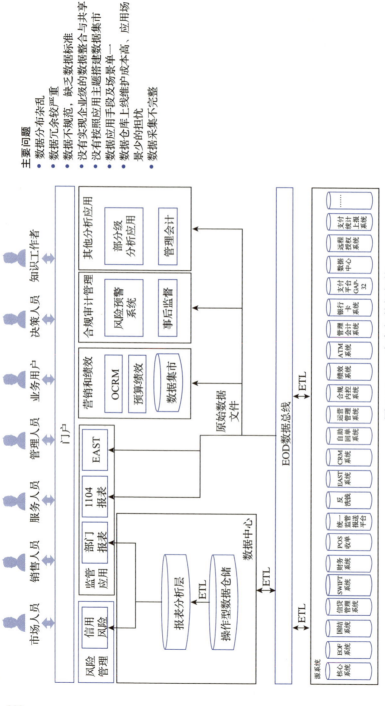

图 6-19 ×农商行数据架构

注：EAST（Examination and Analysis System Technology，检查分析系统技术）
SWIFT（Society for Worldwide Interbank Financial Telecommunications，环球同业银行金融电信协会或环球银行间金融通信协会）
EOD（End Of Day，日终）
ATM（Automatic Teller Machine，自动取款机）
OCRM（Online CRM，在线客户关系管理）

同时，监管报送过程中存在多重挑战，包括监管压力增大、数据耦合性高、统计方法落后、缺乏管控流程以及系统支撑不足等。这些问题不仅增加了报送工作的难度与风险，也降低了数据的准确性与时效性，影响了银行的合规性与竞争力。具体表现如下：

- 监管压力增大：目前中国银行业监督管理委员会、中国人民银行、国家外汇管理局、省联合社等对监管数据的准确性、时效性、灵活性要求越来越严格，使报送工作繁重且缺乏有效沟通。
- 监管数据耦合性高：中国银行业监督管理委员会、中国人民银行、国家外汇管理局等监管机构对监管数据的统计存在很高的耦合性，如果单独开发则会造成很多重复开发的工作。
- 统计方法落后：目前依然采取报表式的统计方法，不仅造成统计效率低下，数据重复度高等问题，而且随着统计范围不断增大，报表数量不断增加，基于报表的管控就显得比较困难。
- 缺乏管控流程：目前缺乏监管指标相关流程，流程的缺失引起了工作机制不顺畅，指标报送责任不明确，导致监管指标质量可能存在问题，同时也增加了相关审计风险。
- 缺乏有效的系统支撑：监管报送仍存在大量手工数据或半自动数据，严重影响了数据准确性与时效性。同时，缺乏成熟的系统功能，如指标管理、用户行为分析、多维分析、血缘分析等功能。

6.4.3 数据治理成熟度评估及问题分析

1. 评估内容

数据治理成熟度评估是组织提升数据管理能力的重要手段，它通过应用成熟度模型来全面审视并改善数据管理环境，进而促进数据的有效利用和服务能力的增强。×农商行的数据治理成熟度评估可以从以下八个核心维度进行细致考量：

1）治理架构：评估全行数据治理的组织架构、制度流程体系、评估绩效以及技术支撑。

2）数据标准：评估全行基础数据标准体系及指标类体系的建立落地应用情况。

3）数据架构：评估全行数据存储、分布、模型及流转；评估现有的数据架构能否满足未来全行业务需求。

4）数据质量：评估全行的数据质量体系建设情况及数据质量问题的处理机制。

5）元数据：评估全行对元数据管理以及应用的情况。

6）主数据：评估全行对于主数据定义以及统一管理的情况。

7）数据安全：评估全行对于数据安全级别的定义，以及覆盖事中与事后的安全审批稽核机制。

8）大数据应用：评估全行大数据应用场景需求及数据应用能力是否具体，能否满足现有及未来业务的发展情况。

2. 评估结果

×农商行数据治理成熟度从上述八个维度进行了考量，评估结果以雷达图的形式展现，如图6-20所示。从图6-20中，我们可以发现×农商行数据治理整体水平较低，许多方面仍处于起步或发展阶段水平。

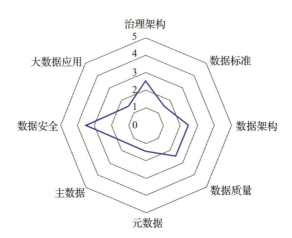

图6-20 ×农商行数据治理成熟度评估雷达图

1）治理架构：评分为 2.5 分。×农商行在数据治理架构的搭建上尚处于初级阶段，由信息科技部与财务管理部携手启动相关工作，初步规范了数据基本操作。然而，此架构缺乏全面覆盖业务与技术层面的数据治理岗位设置，正式的数据管理制度、评估与绩效体系尚未建立，基础数据管理平台如数据标准管理、数据质量管理等也处于缺失状态。

2）数据标准：评分为 1.5 分。×农商行各部门对数据标准的认知尚浅，业务骨干对数据标准的重要性认识不足。尽管部分关键系统已设定标准，但全行级的数据标准体系尚未成型，后续系统建设中亦未见持续推进。

3）数据架构：评分为 2.5 分。×农商行已构建基于报表系统的操作型数据仓储，但数据仓库建设尚不完善，系统分类、数据流转、分布及存储周期等关键要素均缺乏明确规划。

4）数据质量：评分为 2.5 分。×农商行当前采用被动模式应对数据质量问题，由专人负责处理问题，但管理流程尚不健全，缺乏集中管理与定期跟踪审核机制。业务部门参与度低，未能深入参与数据质量标准与规则的制定。

5）元数据：评分为 1.5 分。元数据管理在×农商行尚未形成全行共识，管理框架缺失，业务与科技部门对元数据的实际应用场景了解有限，沿用传统工作方式。

6）主数据：评分为 1.5 分。×农商行尚未确立主数据管理定义，主数据系统缺失，各部门主数据需求各自为政，仅实现了部分主数据的简单归并。

7）数据安全：评分为 3.5 分。×农商行在数据安全方面表现相对较好，已制定成文的安全规定，明确数据资产责任人，并实现了在线审批与初步的事后稽核机制，定期对潜在的数据安全风险进行检核。

8）大数据应用：评分为 1.5 分。在大数据应用领域，×农商行尚处于起步阶段，数字化银行意识薄弱，除监管报表外，其他业务场景的大数据应用需求匮乏，且现有数据管理水平难以支撑大数据应用的深入发展。

将×农商行的数据治理成熟度评估结果与同行业进行比较，我们发现×农商行数据治理相较同业平均与领先水平的差距主要存在于治理架构、数据标准、数据架构、数据质量、元数据管理、主数据管理等六个领域，这些领域应为未来数据治理提升的工作重点。

3. 数据治理问题分析

通过现状的调研以及成熟度的评估，我们总结出×农商行数据治理的问题主要存在以下几个方面。

（1）数据治理体系亟待完善　构建一套明确且系统的数据治理组织架构，是×农商行有效推进数据治理工作的基石，也是确保其全面落地的关键。然而，当前×农商行在数据治理领域尚未形成完整的体系，这一缺失直接导致了数据管理层面的架构模糊与权责不明。具体表现为两大核心问题：

1）数据"多头管理"乱象频现。

- 现象描述：核心系统与信贷系统均涉及客户信息的管理，双方系统各自为政，导致客户信息采集与更新的双重负担。核心系统依赖柜面人员，信贷系统则依靠客户经理，管理部门分属不同，采集要素重叠却要求不一，进而引发客户信息不一致的困境。
- 影响分析：这种多头管理不仅增加了数据处理的复杂性，还导致了后端数据加工分析的混乱，数据口径难以统一，加工结果偏差频现，责任主体模糊，最终影响数据质量与应用效果，此类现象在行内颇为普遍。

2）数据归口管理缺失明确主责。

- 问题聚焦：对于机构、员工、职务等共性数据，×农商行尚未明确归口管理部门，导致数据规范与整治工作难以有效推进。
- 后果展望：缺乏统一管理部门意味着数据标准的执行与监督将大打折扣，平台数据的整合与利用也将受到严重制约，进而影响整体数据治理的成效与效率。

（2）数据治理相关制度缺失　×农商行在数据治理方面面临的首要问题是相关制度流程的不完善。尽管在部分监管报送领域已有数据报送管理办法，但这些制度过于单一，未能覆盖全行层级的数据治理需求。为了有效推进数据治理活动，确保各环节"有法可依，有章可循"，×农商行亟须构建一套全面、系统的数据治理制度体系，明确各项工作的目的、方法及操作流程。

（3）数据治理配套系统缺失　在数据治理的实践中，构建坚实的顶层体系、完善的制度及流程是基石，但相应的配套管理工具亦不可或缺。若仅依赖人工手段应对数据标准、质量、安全等管理挑战，不仅效率低下且难以保证效果。因此，配套工具的建设是推动数据治理工作向规范化、自动化、系统化发展的关键。尽管×农商行在监管报送领域已初步实现了自动化支撑，但在更广泛的数据管理范畴内，仍显配套不足。

1）数据平台功能不完善：×农商行现有数据平台功能存在诸多不足，如缺乏数据拉链化处理能力，导致时点数据获取困难；平台性能随数据量增大而下降，对下游数据支持存在延迟；企业级数据整合与共享不足，数据集市建设缺失，应用场景单一。

2）数据管控平台缺失：缺乏有效的数据质量监控和提升工具，过度依赖人工处理，难以实现闭环管理和持续改进。同时，元数据配套工具的缺失限制了数据流向分析、影响性评估等关键功能，影响了数据治理的效率和深度。

（4）数据标准缺失　×农商行在基础数据标准建设方面尚处于初级阶段，缺乏全行级的数据标准体系。这导致数据命名规则不统一、统计口径不一致、系统间数据标准差异大等问题频发，严重影响了数据的一致性和质量。为解决这一问题，×农商行需加强数据标准管理意识，完善数据标准体系，建立统一的指标数据标准和主数据管控体系。

（5）数据质量管理缺失　数据质量管理是提升数据质量的关键手段。×农商行当前在数据质量管理方面存在明显不足，缺乏长效的管理制度体系和专业的技术平台支持。为确保数据质量的持续提升，×农商行需建立完整的数据质量管理体系，通过 PDCA 模式带动全行相关人员持续贯彻落实数据质量管理要求。

（6）数据治理缺乏专业人才团队支持　数据治理是一个综合性强、专业要求高的工作领域。×农商行当前在数据治理专业人才方面较为匮乏，业务与科技部门之间缺乏有效的联动机制。为解决这一问题，×农商行需加强数据治理专业人才队伍建设，培养专职对口人员和业务科技复合型人才，以支持数据治理工作的深入开展。同时，加强跨部门沟通与协作，形成合力推动数据治理工作的持续改进和提升。

6.4.4 数据治理体系实施原则

×农商行在数据治理过程中以"因地制宜，治理赋能业务"的核心策略，精心规划并实施一系列原则，以确保数据治理工作既高效又精准地达成既定目标。

1）急用先行：鉴于数据治理的广度与深度，采取"急用先行"的原则，避免全面铺开带来的资源分散与效率低下。×农商行应聚焦于当前最紧迫的需求，如数据管控与绩效考核体系的建立，以迅速统一标准、提升数据质量，为经营管理、监管报送及数据建模等关键领域提供坚实支撑。

2）应用驱动：坚持"应用驱动"的理念，将数据应用的业务价值视为核心驱动力。×农商行通过精细梳理和优化数据应用场景，构建管理驾驶舱、统一指标与报表平台，旨在全方位支持经营管理、外部监管、内部统计及基层业务需求。同时，针对客户营销、服务优化及多维度绩效分析等关键领域，实施基础标准建设、数据质量专项提升等项目，确保数据应用领域的持续繁荣与发展。

3）科学安排：在项目实施过程中，×农商行应遵循"科学安排"的原则，确保各项间的有序衔接与高效协同。优先启动基础性、规划性项目，如指标类体系与数据中心升级工程，为后续的数据可视化、报表平台及管理驾驶舱等应用项目奠定坚实基础。这一系列精心设计的项目组合旨在全面提升全行的数据统计分析与数据应用能力，为数据治理的长远发展奠定坚实基石。

6.4.5 数据治理优化方案

基于全行数据管理现状及差异分析结果的基础上，结合监管要求与自身发展需求，×农商行提出相应的数据治理优化方案，从制度、规范、流程等多个方面进行规划设计，旨在构建一个全行统一、高效、完整的数据治理体系。

1. 建立数据管控组织架构

组织架构的健全是数据治理的基石，明晰的层次结构和职责划分能够有效解决数据管理中的诸多问题，如部门间协作不畅、责任不清等。×农商行数据管控组织架构如图 6-21 所示，该架构为三层架构体系，包括决策层、协调层和执行层，确保各层级职责明确、运行高效。

1）决策层：由"行长室"担任，负责重大数据管理事项的决策及数据管理工作报告的审议。

2）协调层："数据管控职能团队"由财务管理部的数据管理中心和信息科技部的大数据管运组组成，负责全行数据的统一管理和协调。财务管理部的数据管理中心负责数据管控领域相关管理办法的制定、规划和实施，各业务部门数据治理工作的协调，及监管体系指标梳理牵头；信息科技部的大数管运组负责配合数据管理中心进行数据治理相关工作，协调并从科技角度支撑各业务部门数据治理工作，并引导支撑大数据应用分析及大数据平台的开发。

3）执行层：建立"数据责任人"与"系统责任人"体系，明确数据主负责人、数据使用人、数据录入人等各角色责任。"数据责任人"体系由各业务部门数据主负责人、数据使用人和数据录入人组成，主要负责在本业务线内贯彻和落实数据管理政策、制度、规范，并执行数据标准和数据质量等数据管理相关工作，及时向数据管控职能团队沟通数据质量和标准执行情况。"系统责任人"体系由系统负责人、系统技术专家和系统开发维护人组成，主要负责在系统层面落实数据管理政策、制度、规范，并贯彻和执行数据标准和数据质量等数据管理相关工作，跟踪系统层面数据标准执行情况以及数据质量状况，并及时向数据管控职能团队汇报。

该架构的特点如下：

1）强化协同：促进业务部门与技术部门的紧密配合，形成多层次的管控组织模式，确保数据管理工作的顺畅推进。

2）服务导向：在组织设置中融入服务理念，设置专职数据应用岗位或团队，推动数据价值的深度挖掘与应用。

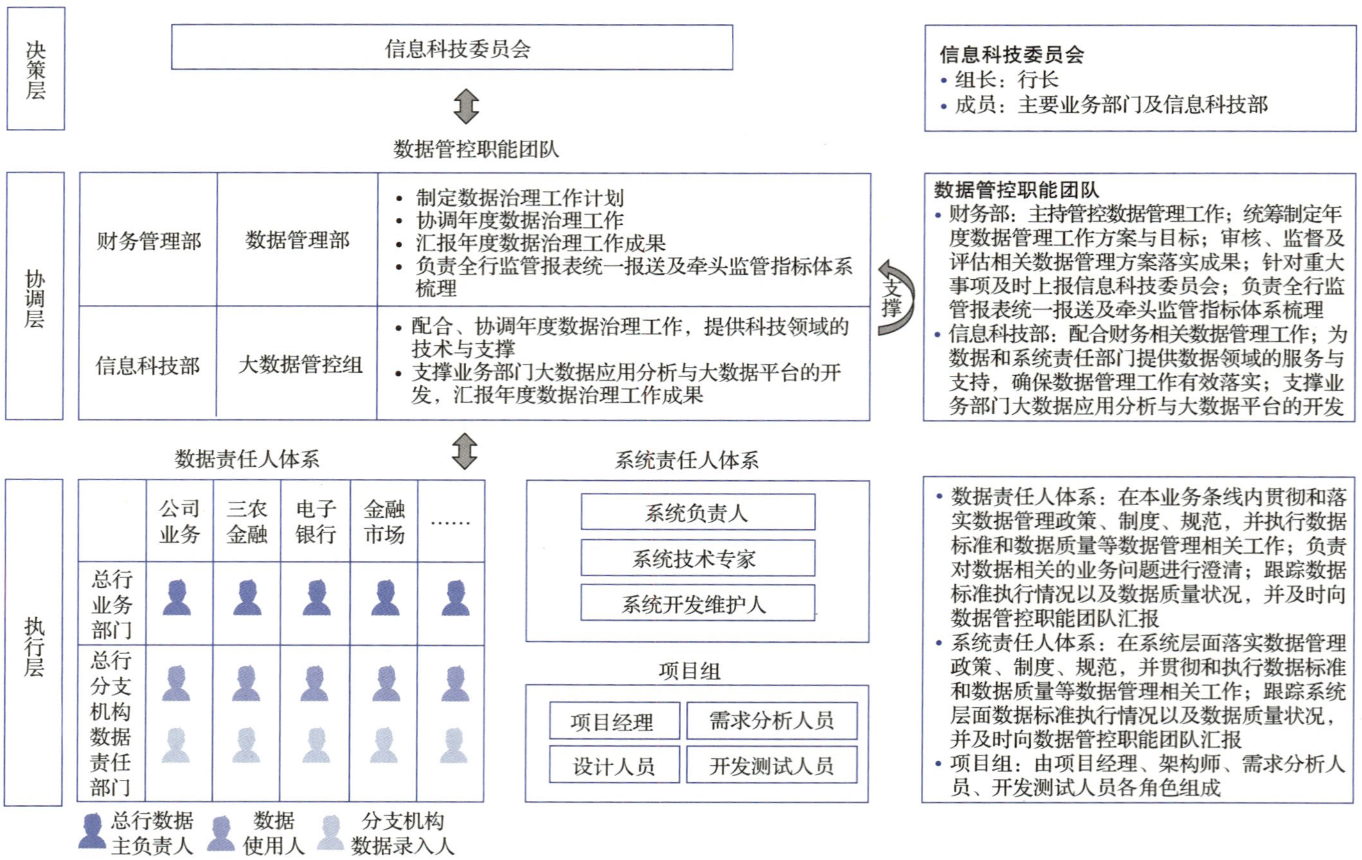

信息科技委员会
- 组长：行长
- 成员：主要业务部门及信息科技部

数据管控职能团队
- 财务部：主持督查数据管理工作；统筹制定年度数据管理工作目标与方案实施；审核、监督及评估相关数据管理方案实施成果；针对重大事项及时上报信息科技委员会；负责全行监管报表统一报送及牵头监管指标体系梳理
- 信息科技部：配合财务责任部门提供数据领域的服务与支持；确保数据管理工作有效落实；支撑业务部门大数据应用分析与大数据平台的开发

数据责任人体系：在本业务条线内贯彻落实数据管理政策、制度、规范，并执行数据标准和数据质量等数据管理相关工作；对数据执行的业务问题进行澄清、跟踪数据标准执行情况以及数据质量状况，并及时向数据管控职能团队汇报

系统责任人体系：在系统层面落实数据管理政策、制度、规范等数据管理相关工作，并贯彻和执行数据标准和数据质量等数据管理执行情况以及数据质量状况，跟踪系统层面数据标准执行情况以及数据质量状况，并及时向数据管控职能团队汇报

项目组：由项目经理、架构师、设计人员、开发测试人员各角色组成

决策层
信息科技委员会

协调层
数据管控职能团队

财务管理部	制定数据治理工作计划；协调年度数据治理工作；汇报年度数据治理工作成果；负责全行监管报表统一报送及牵头监管指标梳理
数据管理部	
信息科技部 大数据管控组	配合、协调年度数据治理工作；技术与business支撑；支撑业务部门大数据应用分析与数据治理工作的开发，汇报年度数据治理工作成果

执行层

数据责任人体系

	公司业务	三农金融	电子银行	金融市场	……
总行业务部门	👤	👤	👤	👤	
总行分支机构数据责任部门	👤	👤	👤	👤	
分支机构数据录入	👤	👤	👤	👤	

👤 总行数据主负责人 👤 数据使用人 👤 分支机构数据录入人

系统责任人体系
- 系统负责人
- 系统技术专家
- 系统开发维护人

项目组
- 项目经理
- 设计人员
- 需求分析人员
- 开发测试人员

图 6-21 ×× 农商行数据管控组织架构

2. 健全数据治理制度流程

在×农商行的数据治理蓝图中，制度流程是确保各项数据治理活动有序进行、各部门高效协作的核心支撑。它不仅定义了数据架构、数据质量、数据标准、元数据、数据安全及数据生命周期管理等关键领域的操作规范，还明确了各部门、各岗位的具体职责与协作机制。

在制度流程建设的初期阶段，×农商行秉持"急用先行、应用驱动、科学安排"的原则，优先聚焦于数据架构管理、数据标准制定、数据质量提升及数据质量考核等核心领域。这些领域的优先发展将为后续全面数据治理工作奠定坚实基础，确保数据治理工作的整体推进方向与战略目标高度契合。

1)《数据管理制度》：指导全行数据管理和应用活动，规范数据管理与应用领域的体系化运作及大数据管理办法的修订流程；优化数据管理体系的运作方式、数据管理工作的组织架构，定义和解释数据管理各个领域，指导数据管理各领域的管理办法和细则。

2)《数据标准管理办法》：对×农商行数据标准的制定、审核、发布等相关工作进行规范，对各类数据标准的具体管理细则进行定义，确保×农商行数据标准的建设、推广以及应用工作能够顺利开展。内容主要包含明确数据标准涉及的组织及其主要职责、标准的定义、分类、需求管理机制及发布方式等。

3)《数据质量管理办法》：对数据质量管理流程进行规范说明，确认相关部门及角色的职责范围，持续对数据质量进行检查、核验、监测、改进和跟踪，保障×农商行数据质量工作稳步前进；衡量数据质量管理工作是否能充分达成目标，确保数据质量管理工作规范、高效，有力支持全行业务运行、管理分析、监管合规和领导决策工作，提升全行数据资产的业务价值。内容包含数据质量管理的范围、组织机构、分工职责、度量规则、优化提升方法及持续监控方式等。

4)《数据质量考核细则》：为提升全行数据治理工作水平，提高基础和统计数据质量，根据外部监管相关规定，结合本行实际情况，制定数据质量考核细则。内容包含明确数据质量的考核方法、职责、范围、目标、考核周期及指标、评分方式等。明确各类规范及模板：数据质量检核计划模板、数据质量度量规则模板、数据质量状态报告模板、数据清洗设计方案模板、数据质量关键指标及计算说明。

5)《数据管理内容细则》：结合数据资产管理行业实践和本行实际，对各数据管理模块的定义、原则及工作内容进行细化，明确数据管理岗位设置及职责。

3. 优化数据架构管理

×农商行的数据架构优化规划是一个全面而系统的过程，旨在解决数据分散、共享性差及"信息孤岛"等问题，实现数据的合理组织、有效共享和价值提升。

×农商行的数据架构优化规划如图6-22所示，总共包含源系统、EOD数据总线、数据中心、管理分析系统、商务智能平台等多个模块。其中源系统是银行原始业务数据生成的地方，经过一系列的采集、存储、加工，用户可以通过自身权限在门户中对加工过的数据以及报表进行查看以满足其日常工作的需要。各个数据架构的模块都有各自全新的工作职责分工。

- 数据总线：业务层系统之间、业务层系统与数据中心之间、数据中心与管理层系统之间的数据收集和分发职能，数据收集、分发、加工工作中通用数据（如产品、客户、机构等）整合、转换和数据检验职能，全行日终数据加载的调度管理。

- 数据平台的基础数据层：存储保存一年的源系统历史源数据，作为数据中心的历史数据恢复中心。

- 数据中心的整合数据层：作为全行历史数据中心保存5～7年的历史数据，向数据集市分析系统和公共分析层供数，采用银行金融数据模型，满足数据整合、共享目标。

- 数据中心的公共分析层：支持数据汇总和重构，提高历史数据查询效率，支持跨系统的管理报表管理，采用星型或第三范式存储相关数据，为分析系统提供历史数据，支持进行数据挖掘和数据分析工作，存储重构后的数据及分析结果数据。

第6章 数据治理的框架、标准与方法

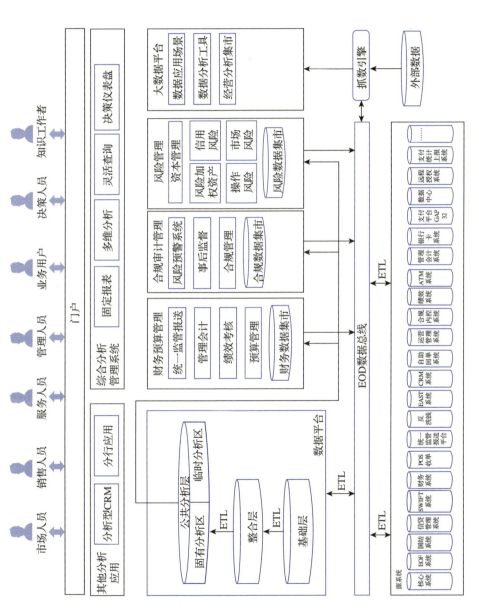

图6-22 ×农商行的数据架构优化规划

- 数据集市和分析应用：面向部门应用的分析平台或系统，由数据中心提供源数据，合规集市将支撑风险预警、事后监督、合规管理等应用；营销数据集市将支撑精准营销、客户画像、产品分析等应用；财务数据集市支撑指标分析、绩效管理、领导驾驶舱、可视化分析等多个系统。
- 商务智能平台：承担全行数据分析开发和展现的统一管理职能；支持固定报表（包括运营和管理类报表）的开发和展现需求，支持各个业务部门灵活查询的开发和展现需求，支持 OLAP 分析需求，支持决策仪表盘等多样化信息展现需求。

数据架构的优化是一个系统工程，需要从多个层面入手，综合考虑业务需求、技术发展和资源投入等因素。构建完善的基础数据层，扩展数据整合层，构建数据集市层以及升级平台架构可以打造一个高效、稳定、可扩展的数据生态系统，为业务发展和决策支持提供有力保障。

- 基础数据层的补充与完善：鉴于当前 × 农商行在基础数据层方面的缺失，首要任务是构建并强化这一核心层。引入先进的数据建模技术和标准可为全行提供一套完整、准确的基础数据框架，为后续的数据整合与分析奠定坚实基础。
- 数据整合层的扩展与深化：现有数据整合层主要聚焦于存贷款等传统金融产品，而面对新兴的电子支付、资金管理及资产类业务的快速发展，其覆盖范围和深度已显不足。因此，× 农商行需要对数据整合层进行全面扩展，纳入这些新兴业务模块，确保数据的全面性和时效性。同时，优化数据整合流程，提高数据处理的效率和准确性，减少数据冗余和错误。
- 数据集市层的构建与落地：针对当前数据集市层的缺失，× 农商行应结合具体业务场景（如监管报送、营销分析等），构建多个数据集市。这些集市将作为业务决策和数据分析的重要支撑，通过提供定制化的数据视图和报表，帮助业务人员快速获取所需信息，提高决策效率和准确性。同时，数据集市层的建设也将有助于解决下游数据类系统统计口径混乱的问题，实现数据的统一管理和应用。

- 平台架构的升级与转型：在优化数据架构的同时，×农商行还需要考虑平台架构的升级问题。传统的关系数据库（如 Oracle）在应对大数据量、高并发访问等场景时显得力不从心。因此，×农商行有必要向更加灵活、可扩展的分布式架构转型，通过引入分布式存储、计算和分析技术，提高系统的处理能力和响应速度，满足未来大数据量使用的需求。同时，还需要关注系统的稳定性、安全性和可扩展性，确保数据架构的持续优化和升级。

4. 建立数据标准管理

随着信息化进程的加速推进，数据作为银行的核心资产，其战略价值日益凸显，已成为驱动业务活动、经营分析及战略决策的关键要素。为确保各类分析与汇总统计数据的精准性，进而为管理决策提供坚实支撑，×农商行必须全面提升基础数据的准确性和一致性，以充分发挥其数据资产的商业价值。

为此，依据数据标准体系规划的编制原则、准入原则及所有者定义原则，×农商行精心构建了符合实际情况并着眼于未来银行架构发展的数据标准体系框架，如图 6-23 所示。在构建这一数据标准体系的过程中，×农商行需从全局视角出发，重点关注以下几个方面。

（1）重视标准的重要性　×农商行必须深刻认识到数据标准的重要性，通过自上而下的宣传与培训，使全体员工充分认识到数据标准对于提升数据质量、优化业务流程、支撑管理决策的关键作用。同时，要建立健全标准管理流程，确保各项标准得到严格执行与持续优化。

（2）注重标准的归属　数据标准的建设不仅仅是技术部门的职责，更是全行各业务部门的共同任务。因此，在标准制定过程中，×农商行必须明确各项标准的业务归属部门，确保每项标准都有明确的责任主体负责定义、解释及管理。这种跨部门协作的模式，有助于打破信息孤岛，促进数据在全行范围内的共享与利用。

（3）结合应用去落实　数据标准的生命力在于执行。为确保标准得到有效落地，×农商行需建立完善的执行与监督机制，定期对标准的执行情况进行检查与评估，及时发现并纠正执行偏差。同时，要鼓励员工积极参与标准的制定与执行过程，形成全员参与、共同维护数据标准的良好氛围。

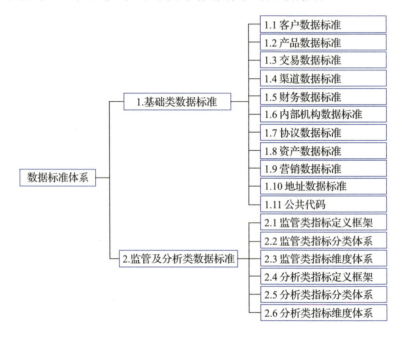

图 6-23　×农商行数据标准体系框架

（4）建设配套工具管理　整理的标准需要有配套的工具同步建设，对标准的入库、调整、删除等，需要对应的工具将标准配套的流程、内容、制度管理进行自动化，减少人工处理的烦琐。

5. 优化数据质量管理

数据质量管理作为贯穿于数据生命周期各阶段（包括产生、采集、传输、存储、汇总、应用及结束）的核心活动，通过持续的识别、测量、监测、预警、改进、反馈与跟踪，辅以规范化的流程和明确的职责分工，旨在确保数据质量的不断提升与问题的有效解决。面对银行业普遍存在的数据质量挑战，尤其是中小银行（如×农商行）所面临的更为严峻的形势，数据质量的提升显得尤为迫切。

随着中国人民银行和中国银行保险监督管理委员会监管力度的增强，以及银行数字化转型的加速，高质量数据已成为银行决策与业务发展的基石。数据质量问题的多样性（包括历史遗留、程序设计、传输错误及校验不足等），往往导致数据的不准确、不完整、不及时和不统一，严重制约了决策效率和客户服务质量。

因此，×农商行在数据质量建设上，明确了从源头入手，强化数据及时性、一致性、正确性、完好性、唯一性和规范性的策略，并将这些原则融入系统设计中，实现数据质量的自动管控。为了进一步提升数据质量，×农商行提出了以下几个关键改进方向：

（1）建立数据质量平台　×农商行需要构建一个集成数据质量检查规则的平台，自动化监控数据的采集、度量和问题检核，确保数据质量的实时监控与持续改进。平台通过事前预防和事后监督机制，对数据的采集、度量规则、问题检核、问题跟踪、数据报告等各方面进行全方位的监控，提升数据质量问题的处理效率，减少人工干预，保障数据的准确性和时效性。

（2）加强数据录入人员的培训辅导　为提高源头数据质量，×农商行需要加强对数据录入人员的专业培训，规范业务数据录入流程，确保录入数据的准确性和一致性。同时，建立数据录入首问责任制，明确责任归属，通过定期培训和辅导，提升全员数据质量意识。

（3）建立绩效考核机制　为确保数据治理工作的有效执行，×农商行需要建立一套绩效考核机制。该机制的核心目的在于通过过程管理，确保相关人员遵循既定方案和计划，从而保障数据治理工作的最终落实。通过构建一个多层次、综合与专业相结合的通报体系，银行将能够持续监控和提升数据质量管理水平。具体而言，银行将由数据质量管理部门负责整理和汇总全行数据质量情况，并定期发布综合评估考核报告。这些报告将基于多维度的考核指标，确保考核的公平性和可比性，同时防止异常偏差，避免误解和负面影响。此外，各分行将根据自身业务特性，制定针对性的考核报告，细化考核内容，确保数据质量管理工作得到有效执行。

（4）对现有系统进行改造，添加系统校验逻辑　针对现有系统中的数据质量问题，×农商行计划进行系统改造和添加校验逻辑，召集业务部门和科技人员共同分析问题，制定解决方案，旨在解决存量数据问题，并预防未来增量数据错误。改造措施包括优化前台系统、增加控制条件、批量后台数据修正，以及手工修改数据。这些措施将从源头控制数据错误，并对现有错误数据进行修正。所有解决方案都将经过具体问题分析和充分讨论，以确保有效性，防止二次数据质量问题。通过这样的系统改造，×农商行将提升数据的准确性和完整性，为数据治理提供坚实的技术支持。

6. 建立监管指标体系

×农商行正面临监管指标体系的多重挑战，包括监管压力大、数据耦合性高、统计方法落后，以及缺乏有效的管控流程和系统支撑。为应对这些挑战，×农商行需要构建一个易于操作和管理的监管指标体系，如图6-24所示，来减轻统计人员的工作负担。该体系以"根指标+维度"为核心模式，通过组合基础数据和维度信息，简化监管指标管理。具体建设包括指标库、维度库和报表映射逻辑，旨在实现自动化报表平台，减少业务人员重复劳动，提高数据报送质量。

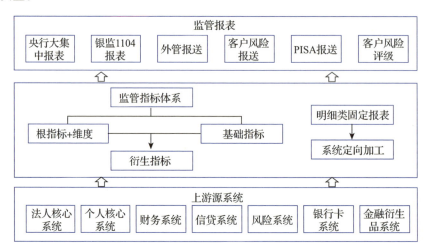

图 6-24　×农商行监管指标体系

注：PISA（Payment Information Statistic Analysis，支付信息统计分析）

监管指标体系主要由指标库、维度库、报表映射逻辑三项内容构成。

1）指标库：基于监管报表及填报说明分析结果，对各监管机构监管指标进行汇总去重入库，统一业务含义与口径，以满足未来组合与使用统计需要。

2）维度库：将各监管报表分析获得维度进行整合，形成维度库。

3）报表映射逻辑：基于指标库与维度库的梳理结果，建立指标体系与报表的映射逻辑。

建立健全监管指标体系架构，可以将指标（如"贷款"）与维度（如"中国人民银行行业分类"与"中国银行监督管理委员会行业分类"）有效区分开来，通过指标与维度的不同组合，借助自动化报表平台减少业务人员重复劳动力。

7. 建立元数据管理

元数据管理对×农商行至关重要，它是数据管理的基础和重要技术支撑手段。通过完整正确地定义、采集和维护元数据，银行能够全面了解和管理数据。元数据管理流程包括定义、采集、检核、存储、展现和维护。目前，×农商行在这方面相对缺失，需要建立企业级的元数据管理制度和自动化平台。这将涉及建立元数据库，实现元数据的集中存储、管理和维护，确保数据的可追踪性。

1）定义：任务是识别×农商行的元数据及其分类，以及每类元数据所包括的属性及其含义。定义元数据属性可以识别出×农商行存在哪些元数据，从而为元数据的获取、展现和维护提供基础。

2）采集：根据已经定义的元数据属性采集元数据。对于不同类型、不同来源的元数据，相关业务部门负责从各类元数据源中获取相应的元数据，并转换为统一的格式进行集中管理。依据元数据源类型不同、业务属性不同、影响性不同，业务部门可以采用自动或者手工的方式获取元数据信息。

3）检核：元数据管理系统通过元数据管理工具，比对元数据在检核基准库和检核对象库中是否一致，以确保元数据在IT系统新建、改造、日常变更前后的一致性。

4）存储：×农商行根据元数据管理系统的管理模式及应用架构方式，建立集中的元数据库并分类存储各类元数据，方便统一的管理、维护及跟踪。

5）展现：在适当的权限内向用户提供其所需的、形式适当的元数据和适用的工具。根据元数据类型的不同，展现一般分为条目方式和关联展现形式。条目方式主要指对于单条元数据以条目的方式进行展现，但要考虑元数据自身的结构特点，采用树状等方式提供元数据的检索及搜索等功能；对于相互之间有关系的元数据，如操作元数据，一般采用网状的方式进行元数据的展现（如血脉关系、影响关系、数据地图等）。

6）维护：元数据管理系统负责监控各源系统的元数据变更情况，确保元数据的变更调整是根据真实及合乎实际情况而变化的。技术元数据的自动化采集实现程度较高，因此×农商行可以利用平台工具实现对技术元数据进行自动维护跟踪。目前，×农商行在整个元数据管理上相对缺失，需要建立企业级元数据管理制度办法及自动化平台来落实元数据管理，通过制度流程平台管理来满足元数据管理的内容。

8. 落实主数据管理建设

主数据管理是×农商行提升数据管理能力的关键。主数据管理框架旨在确保主数据的完整性、一致性和准确性，支持业务运营和决策分析。×农商行将优先开展客户信息、机构号、员工号等关键信息的主数据管理。客户信息的统一管理是当务之急，因为信息分散在多个系统中造成数据不一致。监管机构对客户信息的整治力度加大，要求金融机构确保客户信息的准确性。因此，建立统一的客户信息主数据系统对×农商行至关重要，有助于满足监管要求，提升数据质量。

6.4.6 数据治理实施

自2016年扬帆启航，×农商行在数据治理的征途上稳健前行，历经前期详尽的现状剖析与优化蓝图的精心绘制后，成功实施了数据治理革新。这一系列举措逐一强化了数据管理流程的薄弱之处，逐步构建起稳固的数据治理基石。每一步都遵循着既定的优化蓝图，体系框架的搭建、制度的严密织补、工具平台的焕新升级，共同绘就了一幅数据治理的壮丽画卷。

- 2016年，启动数据治理项目，搭建数据治理的体系架构，建立全行数据管控体系架构，提高全行数据治理意识，编制基础数据标准，建立数据标准管理制度及流程，同时制定数据质量规范和管理流程，梳理监管报送指标。

- 2017年，优化数据管理流程制度方法，完成初期大数据平台的搭建，简单应用场景的试用，启动数据治理平台建设项目，重建基础数据平台，在仓库层面落地客户信息标准化。
- 2018年，优化数据管理组织架构，建立元数据、数据质量、数据标准管理平台，完成大数据风险预警建设，完成数据平台的建设。

通过三年数据治理优化的建设，×农商行在数据治理整体架构体系上已经初显成效，形成了自上而下的组织管理模式，帮助各职能部门在数据质量相关领域能够正常有效运转，在监管报送数据质量上得到了明显的改善，能够为网贷产品、风险控制、建模分析等各业务场景持续输出，为全行业务发展提供了帮助。

- 体系构建：成功搭建了数据治理的体系架构，确立了全行数据管控的框架，并组建了专门的数据管控小组，负责推动数据治理工作的全面展开。
- 数据架构优化：建立了采用分布式Greenplum架构的数据仓库，有效支撑了海量数据的存储和处理需求，为业务统计分析和数据汇总提供了强有力的支持。
- 数据管控平台：创建了集成数据标准、质量和元数据管理的自动化数据管控平台，持续推动数据质量问题的改进。
- 报表与分析工具：推出了全行级统一的报表工具和自助分析工具，极大地方便了业务系统和人员的数据使用和分析。
- 主数据管理：重建了客户信息和人力资源管理系统，实现了关键数据的集中管理和统一，确保了数据的一致性和同步更新。

然而，辉煌成就之余，亦需正视前行路上的挑战：体系建设的深度尚待挖掘，标准化建设的广度与深度需进一步拓展；数据应用的潜力尚未完全释放，业务与科技的协同仍需加强；数据平台化建设面临转型压力，实时数据处理能力的提升迫在眉睫。

- 深化体系建设：虽然已建立数据管控小组，但其运行和治理工作的推进力度仍需加强，以实现更深入的体系建设。
- 加强标准化建设：鉴于标准化建设的庞大需求和资源限制，×农商行需持续投入，以期在业务系统端实现更全面的标准化。
- 提升数据应用：×农商行需加强业务与科技的协作，提高对数据挖掘和分析的重视，以实现数据的更大价值。
- 平台化建设：面对业务创新和数据服务能力的提升需求，×农商行需构建更开放、共享的数据平台，以适应实时数据处理的趋势。

简单总结，数据治理是一场持久战，×农商行已经取得了显著的进步。未来，通过持续优化制度体系、流程规范、平台工具和人员建设，×农商行的数据治理将更上一层楼，在大数据时代发挥更大的价值。

第 7 章 CHAPTER

数据管理保障体系

在组织数据生命周期管理体系中,保障体系是一个关键组成部分,涵盖了管理组织、管理机制、标准规范、数据人才、平台及工具、技术创新、文化素养等多个方面。之所以需要建设这样一个保障体系,主要基于以下几个原因:

首先,随着数字技术的迅猛发展,数据在组织运营中的地位日益凸显。数据不仅是组织决策的重要依据,也是组织创新和发展的核心驱动力。然而,数据生命周期管理涉及数据的采集、存储、处理、传输、交换和销毁等多个阶段,每个阶段都可能面临安全、合规和效率等方面的挑战。因此,建设保障体系能够确保数据在生命周期内得到妥善管理,从而保障组织的正常运营和持续发展。

其次,保障体系的建设有助于提升组织的数据管理能力。通过完善管理组织、管理机制和标准规范,组织能够建立起一套科学、高效的数据管理流程,实现数据的规范化、标准化和精细化管理。同时,培养专业的数据人才、引进先进的平台工具和技术创新,也能够为组织的数据管理提供有力支持,提升数据管理的效率和水平。

再次,保障体系的建设还能够增强组织的风险防范能力。在数据生命周期管理中，组织面临着数据安全、隐私泄露、合规性等多方面的风险。通过建设保障体系，组织能够建立起一套完善的风险识别和应对机制，及时发现和应对潜在的风险隐患，确保数据的安全性和合规性。

最后，保障体系的建设对于提升组织的整体竞争力具有重要意义。在数字时代，数据已经成为组织的核心资产和竞争优势。通过建设保障体系，组织能够更好地管理和利用数据资源，发掘数据资产的潜在价值，为组织的创新和发展提供有力支撑。同时，保障体系的建设也能够提升组织的形象和声誉，增强客户、合作伙伴和投资者的信任度，为组织的长期发展奠定坚实基础。

数据管理保障体系是数据生命周期管理中的核心环节，涵盖多个相互关联、相辅相成的组成部分，这些部分共同确保数据在组织中的高效、准确和安全使用，具体如下：

- 数据管理组织：保障体系的基础，包括明确的组织架构、合理的岗位设置、有效的团队建设和清晰的数据责任分配。同时，与数据管理绩效紧密相关的考核机制也是管理组织的重要组成部分，能够确保数据管理活动的持续性和有效性。
- 数据管理机制：由一系列管理规则、流程和方法组成，旨在确保数据操作的高效性、准确性和安全性。这些机制包括数据收集、存储、处理、分析和使用的全过程管理，确保数据的完整性和可用性。
- 数据标准规范：定义了数据使用的规范性约束，保障了数据在内外部的一致性和准确性。通过制定和执行数据标准，组织可以确保数据在不同部门和系统之间的有效流通与共享。
- 数据人才：专业的核心力量，负责数据的收集、整理、分析、解释和保护等关键任务。他们的专业技能和素养对于数据管理的成功至关重要。
- 数据平台及工具：先进的数据平台及工具利用信息技术支持数据的收集、存储、分析和运营。这些平台及工具提高了数据处理的效率和准确性，为组织提供了强大的数据支持。
- 数据技术创新：数据技术提供了收集、存储、管理、分析和解释数据的手段，帮助组织从大数据中挖掘出有价值的信息和洞察。这些技术包括数据挖掘、机器学习等前沿技术。
- 数据文化素养：强调个人或组织理解和使用数据的能力，包括数据的解释、分析和沟通。通过培养和提高数据文化素养，组织可以更好地利用数据支持决策和业务发展。

7.1 数据管理保障体系简介

为确保数据的安全、质量与效能，构建一套完善的数据管理保障体系成为组织必须完成的任务。本节将深入剖析数据管理保障体系的关键组成要素，并引入 5W2H（何因、何事、何人、何时、何地、如何做、多少）模型，为理解这一复杂而系统的保障体系提供一个清晰、全面的视角，助力组织构建出既符合自身需求又具备高度灵活性的数据管理保障框架。

7.1.1 数据管理保障体系的组成

保障体系在组织数据生命周期管理体系中发挥着至关重要的作用，它为数据管理核心职能的实现提供了坚实的基础保障。数据管理保障体系如图 7-1 所示，它由多个方面构成，包括管理组织、管理机制、标准规范、数据人才、平台及工具、技术创新、文化素养等。这些方面相互关联、相互支撑，共同为数据管理提供全面的保障。

图 7-1 数据管理保障体系

（1）管理组织是保障体系的基础　一个合理的管理组织应该明确各部门和人员在数据管理中的职责和权限，确保数据管理的各项工作有序进行。设立专门的数据管理部门或团队，并明确其与其他部门的协作关系，可以实现数据资源的统一管理和高效利用。

（2）管理机制是保障体系的运行核心　完善的管理机制能够确保数据管理的流程化、规范化和制度化。建立数据管理制度、制定数据管理流程和操作规范，可以规范数据管理的各个环节，减少人为错误和操作风险。

（3）标准规范是保障体系的重要支撑　制定统一的数据管理标准和规范，可以确保数据在不同部门和系统之间的互联互通与共享利用。这些标准和规范可以涵盖数据的命名、格式、存储、传输等方面，为数据管理提供统一的指导原则和操作依据。

（4）数据人才是保障体系的关键要素　培养一支具备数据管理和运营能力的人才队伍，对于组织数据生命周期管理至关重要。加强数据人才的培训和引进，提升他们的专业素养和技能水平，可以为数据管理提供有力的人才保障。

（5）平台及工具、技术创新是保障体系的重要手段　利用先进的平台及工具、技术创新，可以提升数据管理的效率和准确性。例如：采用大数据、云计算等技术，可以实现海量数据的快速处理和分析；利用数据可视化工具，可以直观地展示数据分析结果，为决策提供有力支持。

（6）文化素养是保障体系的软实力　培育组织内部的数据文化，提升员工的数据意识和素养，可以形成全员参与数据管理的良好氛围。加强数据文化的宣传和普及，让员工了解数据管理的重要性和意义，可以激发他们参与数据管理的热情。

7.1.2　按照 5W2H 模型理解数据管理保障体系

在具体建设保障体系之前，按照 5W2H 模型对数据管理保障体系进行分解，有助于全面理解和构建组织数据生命周期管理体系的保障体系。

5W2H 模型包括以下七个方面：

1）What（何事）方面：明确组织数据生命周期管理体系的保障体系具体是什么。保障体系是为组织数据生命周期管理体系的核心职能实现提供基础保障的体系，其提供的保障来自管理组织、管理机制、标准规范、数据人才、平台及工具、技术创新及文化素养等多个方面。

2）Why（何因）方面：阐述为什么需要构建组织数据生命周期管理体系的保障体系。这是因为构建保障体系对于实现组织数据生命周期管理体系的核心职能实现提供了人员、技术、工具、文化等方面的支撑。而实现了组织数据生命周期管理体系，才能达到组织合法合规利用数据创造更多价值的目的。

3）When（何时）方面：确定保障体系的建设时机。这通常需要根据组织的业务需求和实际情况来确定。例如在数据量大幅增长、数据风险增加或者组织需要满足新的合规要求时，组织需要考虑加强保障体系的建设。

4）Where（何地）方面：考虑保障体系的应用范围。保障体系应覆盖组织的所有业务环节和部门，确保数据在整个组织范围内得到统一管理和保护。

5）Who（何人）方面：明确保障体系建设的责任主体。通常，这需要由组织的数据管理部门或者信息管理部门牵头，联合其他部门共同协作，确保保障体系的顺利实施。

6）How（如何做）方面：保障体系建设的核心。这包括制定详细的数据管理政策和流程，采用先进的技术手段进行数据加密、备份和恢复，建立数据监控和审计机制，以及加强员工的数据意识培训等。

7）How much（多少）方面：评估保障体系建设的投入和效益。这需要对保障体系的成本、收益进行量化分析，确保投入与效益相匹配，同时根据组织的实际情况进行灵活调整和优化。

7.2 数据管理组织

为了贯彻落实组织数据战略，更好地支撑数据管理与运营工作的实施运行，组织需要成立责任制、体系化、全方位的数据管理组织；但具体数据管理的组织架构怎么设置，需要配备哪些数据管理人员角色，只能说适合自己的才是最好的。本节主要针对不同数据管理组织架构模式的特点和关键数据管理人员的角色进行分析，方便组织根据自身实际情况搭建自己的数据管理组织，推进组织数据能力落地。

一般来说，数据管理组织包括组织架构、岗位设置、团队建设、数据责任、绩效考核等内容，是各项数据职能工作开展的基础。对组织在数据管理和数据运营方面行使职责规划和控制，并指导各项数据职能的执行，以确保组织能有效落实数据战略目标。

- 组织架构：建立数据管理组织，建立与数据体系配套的权责明确且内部沟通顺畅的组织，确保数据战略的实施。
- 岗位设置：建立数据管理所需的岗位，明确岗位的职责、任职要求等。
- 团队建设：制订团队培训、能力提升计划，通过引入内部、外部资源定期开展人员培训，提升团队人员的数据管理技能。
- 数据责任：进行管理权责划分，确定数据归口管理部门，明确数据所有人、管理人等相关角色，以及具体的数据归口管理人员。
- 绩效考核：建立绩效评价体系，根据团队人员职责、管理数据范围的划分，制定相关人员的绩效考核体系。

7.2.1 组织架构

在数字化转型的浪潮中，构建一套科学合理的数据管理组织架构是组织实现数据驱动决策、提升业务效能的重要基石。本小节将深入探讨数据管理组织的层次划分、架构、设计要点，同时分析数据管理组织如何与其他部门建立紧密协作的关系，以形成一个高效协同、共同推动数据价值实现的数据管理中枢。

1. 数据管理组织的层次

数据管理组织的层次如图 7-2 所示，包括决策层、管理层、执行层和监督层四层。其中，决策层、管理层、执行层是从上到下的层级关系，监督层则贯穿于上述三层。

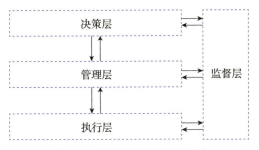

图 7-2　数据管理组织的层次

通过这四层的协同工作，数据管理组织能够确保数据的有效管理、利用和保护，为组织的业务发展提供有力的支持。同时，各层级之间的沟通和协作也是非常重要的，有助于确保数据管理活动的顺利进行和持续改进。

2. 数据管理组织的架构

数据管理作为一项跨组织、跨领域的综合性任务，不仅融合了技术与业务的深度协作，还依赖组织内部从上至下的紧密联动，涵盖了制度优化、流程标准化、标准确立以及强化监控等多个维度，旨在全方位提升数据管理能力。为了有效应对这些挑战，首要任务是审视并构建适宜的组织架构，该架构应紧密围绕组织的数据战略展开，精准对接数据管理现状与未来发展需求。

在数据团队建设的过程中，确立科学合理的组织架构是基石。这一步骤旨在清晰界定各级组织机构的职责边界，明确各角色的权限分配，规划人员配置及其所需的专业技能，进而构建完善的管理制度、高效的工作机制与顺畅的流程体系。这一系列举措不仅能够确保数据管理职能的精准执行与高效运作，还能持续推动数据质量的稳步提升，最终为组织的业务扩展与经营管理提供坚实的数据支撑与决策依据。

常见的数据管理组织设置方式有集中式、联邦式和分布式三种[一]。

（1）集中式　在集中式架构中，集团层面设立统一的数据管理部门，作为全集团数据资产的集中管理者，全权负责各项数据管理工作的规划与执行。此模式下，业务部门不直接设立数据管理岗，而是依赖中央部门的专业管理。其

㊀ 上海市静安区国际数据管理协会. 首席数据官知识体系指南 [M]. 北京：人民邮电出版社，2024.

特点在于职责集中、目标明确、管理力度与驱动力强劲。然而，这也意味着对现有组织架构的较大调整，需要较高的初期投入与充足的人员配置，可能对组织运营造成一定影响。集中式架构如图7-3所示。图中上颜色部分表示数据职能分布情况。下列各图中上颜色部分同此图。

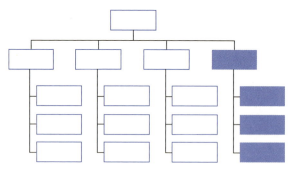

图 7-3　集中式架构

（2）联邦式　联邦式架构则采取了一种更为灵活的合作方式。集团层面设立数据管理部门，由其负责统筹、组织和协调各业务部门的数据管理工作，具体执行则由各业务部门内部安排人员配合完成。这种架构的优势在于以较小的成本实现较好的数据管理效果，同时对现有组织结构的冲击较小。然而，它要求数据管理部门具备强大的协调与组织能力，以克服在日常管理中可能遇到的影响力有限的问题。联邦式架构如图7-4所示。

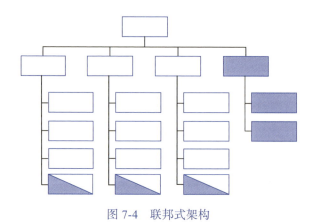

图 7-4　联邦式架构

（3）分布式　分布式架构是一种更为分散的数据管理模式，集团层面不设立专门的数据管理部门，各业务部门各自为政，负责本领域内的数据管理工作。此模式起点低，易于在单个业务领域快速实施，且资源需求相对较低。但其显著缺点是管控力度薄弱，缺乏全局视角，难以实现组织级的数据整合与管理优化。分布式架构如图7-5所示。

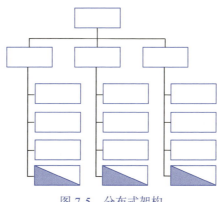

图 7-5　分布式架构

组织在选择数据管理组织的架构时，应综合考量自身的组织结构、业务需求、数据规模及未来发展规划。对于多数组织而言，其数据管理实践往往从分布式架构起步，随着对数据质量重要性的认识加深，逐渐向集中式或联邦式架构过渡。特别是当组织发展为集团形式，涉及多个法人主体时，数据管理组织架构的设计更加复杂，需考虑管理组织与执行组织的二维架构，并借鉴多级法人管理的成功经验，以确保数据管理策略的有效落地与实施。

3. 数据管理组织的设计

为了实现组织数据生命周期管理体系，设计一个高效的数据管理组织是至关重要的。这个组织需要具备跨领域的专业知识和技能，能够全面覆盖数据战略管理、核心职能以及保障体系等方面的工作。

与组织数据管理职能对照，数据管理组织可被划分为如图7-6所示的结构。

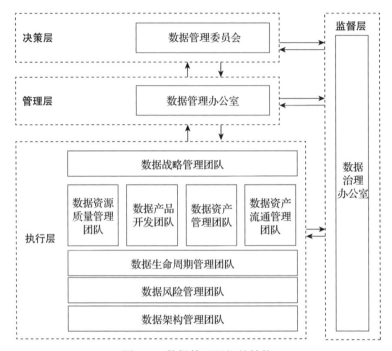

图 7-6 数据管理组织的结构

1）决策层：数据管理委员会。数据管理委员会是数据管理组织中的最高层级，负责制定数据管理战略、政策和重大决策。该层级的成员通常是公司高层管理者，如总经理、CDO 等，他们对公司的数据战略和业务目标有深入的理解和全面的把握。一般建议由 CDO 负责数据管理委员会的工作。

数据管理委员会一般具有以下责任：

- 决策数据管理领域重大问题，例如战略、投资、总体布局、重大工程等。
- 确立数据管理的总体目标和方向，确保与公司的战略和业务目标保持一致。
- 审批数据管理政策、标准和流程，确保它们的合规性和有效性。
- 监督数据管理活动的执行情况，对重大问题进行决策和协调。

2）管理层：数据管理办公室。数据管理办公室位于数据管理委员会之下，负责将数据管理战略转化为具体的执行计划和操作方案，执行数据管理委员会的相关决策，推动重大项目的执行和实施。数据管理办公室通常由数据管理、IT、业务等部门的相关负责人组成，他们具有丰富的数据管理经验和专业知识。

数据管理办公室一般负责管理数据管理政策和标准，制定具体的操作规范和流程；协调和管理数据资源，确保数据的准确性、完整性和安全性。

3）执行层。按照具体的数据管理职能，执行层一般包括以下团队：

- 数据战略管理团队：负责组织制定和实施组织的数据战略，确保数据管理工作与业务目标保持一致。同时，监测和评估数据战略的执行情况，以便及时调整和优化。

- 数据资源质量管理团队：负责确保数据资源的准确性和完整性，定义和制定数据资源质量标准和指标，通过一系列的质量检查和控制措施，识别和修复数据资源中的问题。此外，还负责监控数据资源质量，及时发现和解决可能出现的数据质量问题，并实施数据资源质量改进计划。数据资源质量管理团队的目标是提供高质量的数据，以满足业务分析和决策的需求。

- 数据产品开发团队：负责设计、开发和优化数据产品，以满足业务需求。数据产品开发团队利用数据分析、数据挖掘等技术，从原始数据中提取有价值的信息，并将其转化为易于理解和使用的数据产品。此外，还负责收集用户反馈，不断改进和优化数据产品，提高用户体验和满意度。

- 数据资产管理团队：负责管理组织的数据资产，包括数据资产的识别、登记、审批、发布、维护等工作。他们确保数据资产的安全性和合规性，制定和执行数据资产管理策略和标准，并监督数据资产管理工作的执行情况。此外，他们还负责评估数据资产的价值，为组织提供数据资产利用和决策支持的建议。

- 数据资产流通管理团队：负责管理和优化数据资产的内外部流通过程，确保数据资产在组织内外部的安全、高效流通。建立数据资产流通的规范和流程。同时，负责监控数据资产流通的情况，及时发现和处理数据资产流通中的问题和风险，确保数据资产的合规性和安全性。

- 数据生命周期管理团队：组织内专门负责管理和监督数据（资源/资产）

从创建到最终销毁整个过程的跨职能团队。这个团队确保数据在整个生命周期中得到有效、安全和隐私保护的管理。
- 数据风险管理团队：专注于识别、评估、监控和缓解与数据相关的风险。这个团队利用数据挖掘、统计分析等方法，分析数据中的潜在风险，并构建风险预警指标和模型。此外，还负责评估组织的风险水平，预测未来可能的风险发展趋势，为决策层提供风险预警和决策支持。同时，还负责建立风险监控系统，实时监控和追踪组织的风险情况，并及时处理潜在的风险事件。该团队的职责涵盖数据安全管理、数据合规管理、数据隐私管理。
- 数据架构管理团队：负责设计和维护组织的数据（资源/资产）架构，确保数据的结构、模型、流程和存储方式能够满足业务需求。负责制定数据架构的标准和规范，确保数据架构的一致性和标准化，促进数据的共享和集成。此外，还需要预测和评估数据管理需求，提出相应的技术方案和架构改进措施，以应对业务变化和技术发展。

这些团队在数据生命周期管理中各有侧重，但又相互协作，共同为组织的数据管理提供全面的支持和保障。通过他们的共同努力，组织可以更加高效地利用数据资源，提升业务价值，降低风险，实现可持续发展。

4）监督层：数据治理办公室（与数据管理办公室平行）。数据治理办公室是一个监督机构，从决策层、管理层、执行层监督数据管理体系整体的运行情况，及时发现问题并提出改进措施，协同数据管理办公室以及执行团队，执行数据治理项目，优化数据管理体系。

4. 数据管理组织的设计要点

设计数据管理组织时，需要考虑以下要点：
- 业务战略与目标：深入了解组织的业务战略和目标，确保数据管理组织的设计与业务发展方向一致。识别关键业务流程和数据需求，为数据管理组织提供明确的工作方向。
- 组织结构与职能：根据组织规模和业务需求，设计合理的数据管理组织结构，确保各职能部门之间的协调与沟通。明确数据管理组织的职责和权限，包括数据收集、处理、分析、利用和安全等方面的职责。
- 人员配置与技能：根据数据管理组织的职能需求，合理配置具备相关专业知识和技能的员工。针对不同岗位，明确技能要求，并进行必要的培训和技能提升。
- 流程与规范：制定数据管理相关的流程和规范，包括数据采集、存储、处理、分析和共享等方面的流程。确保流程规范的可操作性和可执行性，提高数据管理效率和质量。
- 技术架构与工具：根据数据管理需求，选择合适的技术架构和工具，包括数据库、数据处理和分析工具等。确保技术架构的灵活性和可扩展性，以适应业务发展和数据增长的需求。
- 数据安全与隐私：建立完善的数据安全管理制度和措施，确保数据的机密性、完整性和可用性。遵守相关法律法规和隐私政策，保护用户的隐私权和数据安全。
- 数据治理：建立数据管理机制，明确数据管理的决策、执行和监督职责。制定数据标准和数据使用政策，确保数据的准确性和一致性。
- 跨部门协作与沟通：加强与其他部门的沟通与协作，确保数据在各部门之间的流通和共享。建立数据共享机制，促进数据的跨部门利用和合作。
- 灵活性与适应性：设计数据管理组织时要考虑未来的变化和扩展性，以便灵活应对业务变化和技术更新。建立定期评估和反馈机制，不断优化数据管理组织和流程。

总之，全面考虑这些要点，可以确保数据管理组织有效地管理和利用数据资源，为组织的决策和发展提供有力支持。

5. 数据管理组织与组织内其他部门的关系

数据管理组织与组织内其他部门之间的关系是密切而多互动的，如图7-7所示。数据管理组织作为整个组织数据管理活动的核心，与其他部门在多个层面上进行合作与协同。

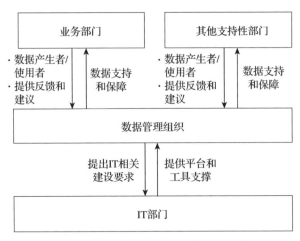

图 7-7 数据管理组织与组织内其他部门的关系

1)数据管理组织与业务部门之间存在紧密的合作关系。

业务部门负责组织的日常运营和业务活动,而数据管理组织则为其提供数据支持和保障。数据管理组织需要了解业务部门的需求,为其提供准确、及时的数据,帮助业务部门做出更好的决策。同时,业务部门作为数据的主要产生者/使用者,对业务数据的质量负责,因而需要积极参与数据管理活动,提供反馈和建议,以不断完善数据管理策略。

2)数据管理组织与 IT 部门之间存在紧密的联系。

IT 部门负责组织的 IT 架构和系统建设,数据管理组织则需要依赖这些技术平台和工具来实施数据管理策略。数据管理组织与 IT 部门合作,共同制定数据管理的技术方案和标准,确保数据在系统中的有效存储、处理和传输。同时,IT 部门也需要为数据管理组织提供技术支持和培训,以确保数据管理活动的顺利进行。

3)数据管理组织还需要与其他支持性部门保持沟通和协作。

人力资源、财务等部门在组织的运营和发展中也扮演着重要的角色,数据管理组织需要与其共同协调资源、制定预算、解决人员配置等问题,以确保数据管理活动的顺利推进。同时,这些部门作为管理系统的使用者,会产生一些管理类的数据并对这些数据的质量负责,但同时也需要积极参与数据管理活动,提供反馈和建议，以不断完善和优化数据管理策略。此外，这些部门也需要一些管理决策类数据来做出更优决策，在这种情况下，数据管理组织可以为其提供其所需的数据。

综上所述，数据管理组织与组织内其他部门之间的关系是相互依存、相互支持的。通过加强与其他部门的合作与协同，数据管理组织可以更好地发挥作用，为组织创造更大的价值。

7.2.2 岗位设置

由图 7-6 可以看出，数据管理岗位角色众多。一般来说，数据管理组织涉及如下岗位。但是需要注意的是，这些岗位并非绝对，组织需要根据实际的数据管理需求增减相关岗位。

1. 决策层：CDO

CDO 是组织管理数据的首要负责人，以数据要素为中心的组织高层管理者。他们的工作涉及制定数据战略，提供各种资源确保数据战略的落地；完成数据管理职能体系建设，完成数据资源管理、数据资产管理、数据资产流通管理等核心职能；推动数据共享和流通，为业务决策提供数据支持和洞察，帮助组织获取数据价值。此外，CDO 还需要负责数据愿景、使命及文化传播，通过提高数据能力支持组织战略，从而更好地使用数据来创造新的商业机会。

CDO 的主要工作职责如下：

1）CDO 不仅是数据战略的制定者，还是其执行和管理的核心人物。数据战略是组织在数据管理和应用方面的顶层设计和规划，旨在确保数据能够有效地支持业务决策和创新。CDO 是数据战略的引领者和实施者，负责争取各类资源推动数据战略规划、落地和优化，引导数据战略落地，把控数据战略具体的行动计划和管理措施，并进行落地过程监督和控制。

2）CDO 是数据资源管理的核心领导者和推动者，负责全面规划、组织、协调和监督数据资源的管理工作。数据资源管理是组织对数据资源进行有效管理的过程，旨在确保数据的完整性、准确性、安全性和可用性。CDO 是数据资源管理的核心决策者和管理者，负责制定数据资源管理策略，监督执行过程并评估管理效果。

3）CDO 是数据资产管理的核心负责人，负责确保数据资产得到有效管理、保护和利用，从而为组织创造价值。数据资产管理涉及对数据资产进行规划、组织、控制、优化和保护的一系列活动，旨在确保数据资产的价值得到最大化利用。CDO 作为数据资产管理的主要推动者和决策者，需要在组织内部建立数据资产管理的战略方向，并确保数据资产管理活动的有效实施。

4）CDO 作为数据资产流通管理的核心领导者，需要对数据资产流通管理负责，并推动相关策略、流程和实践的制定与实施。数据资产流通旨在实现数据资产的互联互通和价值最大化。CDO 在数据资产流通管理中扮演着重要角色。他们需要深入了解组织内外部的业务需求和数据资产现状，制定符合实际的数据资产流通管理策略，并推动相关策略的实施。同时，CDO 还需要与业务部门、技术部门以及外部合作伙伴紧密合作，共同推动数据资产流通管理的优化和创新。

5）数据管理保障体系是组织内部为确保数据的有效管理和利用而建立的一套完整、系统的支持体系，CDO 是该体系的核心领导者和推动者。数据管理保障体系为组织提供了数据管理的整体框架和指导原则，是数据资产得以有效利用的基础。CDO 与数据管理保障体系之间的关系是领导与被领导、指导与被指导的关系。数据管理保障体系是 CDO 实现数据管理目标的重要载体，通过组织内部各层级的协同工作，确保数据的有效管理和利用。

6）赋能业务决策：提供数据分析和洞察，帮助组织了解市场趋势、客户需求和业务机会，为组织的业务决策提供依据。

7）推动数字化转型：利用数据和技术推动组织的数字化转型，提高效率和竞争力。

为了胜任这些职责，CDO 需要具备一系列能力：

1）基本能力。良好的职业道德和敬业精神，诚实守信、履职尽责；熟悉并遵守国家相关法律法规和标准，具有正确的数据价值观，有强烈的大数据意识和广阔的大数据视野，熟悉本组织的业务状况和所处的行业背景，有较强的创新、组织和协调能力；能够定期参加主管部门组织或指导 CDO 的专业能力培训。

2）业务能力。业务能力涵盖从战略理解、洞察提取到流程优化和创新驱动等的多个方面。这些能力能够帮助 CDO 将数据与业务紧密结合，为组织创造更大的价值。

3）管理能力。管理能力涵盖团队领导、项目管理、数据治理和变革推动等多个方面。这些能力有助于 CDO 有效地管理和指导数据团队，推动数据项目的成功实施。

4）数据能力。数据能力涵盖数据战略规划、治理管理、分析洞察以及技术选型与整合等多个方面。这些能力将帮助 CDO 更好地管理和利用组织的数据资源，为组织的业务发展和创新提供有力的支持。

5）技术能力。技术能力涵盖对技术的甄别能力、架构能力、应用能力以及整合能力等。CDO 需要结合实际情况进一步追踪技术趋势对自身数字化转型的影响，以及评估数字化技术的深化应用对组织业务目标实现的价值。

总的来说，CDO 是组织内数据管理的核心角色，需要具备全面的技能和素质，以应对日益复杂和多变的数据环境。

2. 管理层：数据管理专员

数据管理专员负责将数据管理战略转化为具体的执行计划和操作方案，执行数据管理委员会的相关决策，推动重大项目的执行和实施。

数据管理专员的主要职责如下：

1）管理数据管理政策和标准，制定具体的操作规范和流程。

2）协调相关数据的生产者、拥有者和使用者来完成数据标准、数据质量规则、数据安全策略的制定和执行。

3）创建和管理核心元数据。

4）协调和管理数据资源，确保数据的准确性、完整性和安全性。

数据管理专员代表组织的利益进行组织级别的数据管理工作，一般由数据管理、业务、IT 等部门的相关负责人构成，对应的可以分为以下几类：

1）组织数据管理专员，负责监督跨业务领域的数据职能。

2）业务数据管理专员，业务领域专业人士，通常是公认的领域专家，对一个数据域负责，与利益相关方共同定义和控制数据。

3）数据所有者，某个业务数据管理专员，对其领域内的数据有决策权。

4）协调数据管理专员，一般是领导，代表业务数据管理专员和技术数据管理专员进行跨团队或者数据管理专员之间的讨论。

3. 执行层

按照具体的数据管理职能，执行层一般涉及如下岗位：

（1）数据战略师　一个关键的高级专业角色，致力于利用数据为特定行业业务提供有力的战略支持。数据战略师的职责如下：

1）定义与规划数据战略：数据战略师的首要任务是深入了解组织的业务需求，并据此制定一套完整的数据战略规划和实施方案。他们确保数据与组织的愿景和目标相协调，从而帮助组织实现长期的业务成功。

2）业务建议与策略制定：基于对业务的深入分析和评估，数据战略师能够为组织提供有针对性的数据战略建议和策略。这些建议和策略旨在帮助组织优化业务流程，提高运营效率并创造新的业务机会。

3）预算规划与资源分配：数据战略师需要根据组织的战略目标和业务需求制订数据相关项目的预算计划，并合理分配资源（包括人力、财力和技术资源）。他们还需要监控项目的进展和成本效益，确保投资回报最大化。

4）技术架构与创新：数据战略师需要对数据技术的最新发展保持关注，并评估这些技术如何支持数据战略。这可能包括数据仓库、数据湖、云计算、大数据和人工智能等技术。

5）跨部门合作与沟通：数据战略师需要与组织的多个部门紧密合作，如市场部、销售部、研发部和运营部等。他们帮助这些部门理解公司的数据需求和偏好，并在制定数据战略的过程中提供必要的支持和指导，以便各部门更好地利用数据驱动业务。

综上所述，数据战略师是组织中负责引领和推动数据战略实施的核心角色。

他们通过深入挖掘数据的价值，为组织的业务发展提供有力的数据支持和战略指导。

（2）数据资源架构师　负责整个数据资源架构设计、构建和运营的关键角色。他们具备丰富的数据处理经验，能够对复杂的业务系统进行优化，以提升效率，降低成本。数据资源架构师的工作涉及多个方面，其主要职责和职能如下：

1）规划与设计：数据资源架构师负责制定数据资源的整体架构，结合公司的实际业务情况进行架构实现和管理规划。他们需要编制相关规范文档，确保数据资源架构的稳定、高效和安全运行。

2）技术实现与部署：数据资源架构师负责架构平台的数据采集、处理、存储以及挖掘分析的架构实现。他们参与平台的实际规划建设，包括环境和框架的规划搭建以及部分核心编码工作。此外，他们还需要关注开源系统/组件的性能、稳定性、可靠性等方面的深度优化，确保架构平台在生产上的安全、平稳运行。

3）业务与技术融合：数据资源架构师需要参与业务需求调研，根据需求及行业特点设计数据解决方案并跟进具体实施项目。他们还需要制定架构平台中数据质量、业务质量监控及管理办法，确保架构平台的运行与业务需求紧密相连。

4）项目管理与团队领导：数据资源架构师通常具备项目管理和领导能力。他们需要制订项目计划、管理项目进度、协调各方资源，确保项目按时完成。同时，他们还负责技术团队人员培训、人员成长指导，激发团队成员的工作热情和创造力。

5）技术与趋势研究：数据资源架构师需要关注大数据技术的最新发展，并推动优化跨部门的业务流程。他们需要具备持续学习的能力，不断学习新的技术和知识，跟上行业的发展趋势，提高自己的技能水平。

综上所述，数据资源架构师是一个综合性的角色，他们不仅需要具备深厚的技术背景，还需要具备丰富的业务知识和高远的战略眼光。他们的工作对于确保数据平台的稳定、高效运行以及推动组织的业务发展具有至关重要的作用。

（3）数据安全管理员　负责确保组织数据安全和保护敏感信息不受未授权访问、篡改或破坏的关键角色。他们的主要工作职责如下：

1）制定与执行安全策略：数据安全管理员需要深入了解组织的业务需求和风险承受能力，制定相应的数据安全策略，并确保这些策略得到有效执行。

2）数据安全风险评估：数据安全管理员需要对组织的数据进行全面的风险评估，识别潜在的威胁和漏洞，并评估其对数据安全的影响程度。这有助于确定关键数据和系统，并制定相应的保护措施。

3）实施数据安全控制措施：数据安全管理员负责实施各种数据安全控制措施，如访问控制、身份验证、加密、防火墙和入侵检测系统等，以确保数据的完整性和机密性。

4）监督与评估安全措施：数据安全管理员需要定期评估已实施的数据安全措施的有效性，并根据实际情况进行调整和优化。

5）数据安全培训：数据安全管理员需要向组织内部的员工提供数据安全培训，以增强员工的数据安全意识，减少内部安全事件的发生。

数据安全管理员需要具备丰富的信息安全相关的知识和技能，包括网络安全、系统安全和应用安全等方面的理论和技术。此外，他们还需要具备较强的问题解决能力和应急处理能力，以应对各种突发安全事件。

综上所述，数据安全管理员在维护组织数据安全方面发挥着至关重要的作用，他们的工作确保了数据的保密性、完整性和可用性，为组织的稳健发展提供了坚实保障。

（4）数据隐私管理员　负责确保组织数据隐私和安全性的重要角色。他们的主要职责包括制定和执行数据隐私政策，确保数据收集、使用、存储和共享符合相关法规和标准。同时，他们还需要监控数据处理活动，进行隐私影响评估，及时发现并解决隐私安全风险。数据隐私管理员的工作内容如下：

1）审查组织的数据处理活动，确保它们符合隐私政策和法规要求。

2）与其他部门合作，确保员工了解并遵守数据隐私政策和操作规程。

3）处理用户对个人数据的访问请求、修正请求和删除请求，确保在法定时限内响应并合规处理。

4）评估数据处理活动可能对用户隐私产生的影响，并提出风险管理和改进措施。

5）审查和评估供应商的隐私保护能力，与供应商签订隐私保护协议，并监督其合规执行。

为了胜任这些职责，数据隐私管理员需要具备法律背景知识，熟悉数据隐私保护相关的法律法规和最佳实践。同时，他们还需要了解信息技术的基本概念和流程，理解数据处理中的技术风险和保护措施。此外，良好的沟通能力和责任心也是数据隐私管理员不可或缺的素质。

总之，数据隐私管理员在组织的数据隐私保护工作中起着至关重要的作用，他们的工作有助于维护用户的隐私权益，确保组织的数据安全。

（5）元数据管理员　负责整个元数据管理过程的专业人员。他们的工作涉及元数据的收集、维护、管理以及确保其准确性和一致性。元数据管理员需要了解组织内各种数据的结构、关系和含义，以便为其他员工提供准确的元数据信息。此外，元数据管理员还需要与数据治理团队合作，确保数据规范和政策得到遵守。

具体来说，元数据管理员的职责包括定义数据元素、数据类型、数据关系等元数据信息，确保数据的准确性和一致性。他们负责维护和管理元数据，确保元数据的质量、可靠性和安全性。同时，元数据管理员还需要定期评估元数据的质量，并提供改进建议，以优化元数据管理过程。

元数据管理员的工作对于组织的数据治理和决策过程具有重要意义。他们为组织提供了清晰、准确的数据理解，帮助决策者做出明智的战略选择。通过确保元数据的准确性、一致性和完整性，元数据管理员有助于提升组织的数据质量和决策效能。

总之，元数据管理员是组织中负责元数据管理的关键角色，他们通过维护和管理元数据，为组织的数据治理和决策过程提供有力支持。

（6）数据质量管理员　负责确保数据质量的专业人员。他们的核心职责是确保数据的准确性、完整性、一致性和及时性。数据质量管理员的工作直接影响组织的决策效果和业务运营，其工作职责如下：

1）制定和执行数据质量标准和流程。他们与数据所有者、数据采集者、数据分析师等相关人员紧密合作，共同制定数据质量管理措施，如数据清洗、标准化和验证等，以确保数据符合业务需求和预期目标。

2）对数据进行定期检查和监控。他们利用专业知识和技能，对数据进行深入的分析和评估，及时发现并解决数据质量问题。此外，他们还需要建立和维护数据质量报告和指标体系，为组织提供全面的数据质量视图。

3）就数据质量管理进行沟通和协调。数据质量管理员还需具备出色的沟通和组织能力。他们需要与不同部门进行有效沟通，以协调数据质量管理活动。同时，他们还需要组织和管理数据资源，确保数据的合理使用和共享。

总的来说，数据质量管理员在保障数据质量、推动组织决策方面发挥着重要作用。他们的工作有助于提升组织的整体数据治理水平，为组织的稳健发展提供有力支持。

（7）主数据管理员　负责管理和维护组织核心主数据的专业人员。他们的工作涉及主数据的规划、整合、清洗、监控以及质量保障，以确保主数据的一致性、准确性和完整性。主数据管理员在组织中扮演着至关重要的角色，他们的努力直接关系到业务决策的有效性、运营效率以及数据驱动的文化建设，其工作职责如下：

1）深入了解业务需求，对主数据进行整体规划。他们需要确定哪些数据是核心主数据，如客户、供应商、产品、组织等，并制定相应的管理策略。这包括定义数据标准、数据格式、数据关系等，以确保主数据在整个组织中的一致性和可理解性。

2）负责主数据的整合和清洗工作。他们需要从不同的业务系统、数据源中提取主数据，进行清洗、去重、匹配和标准化处理，确保主数据的准确性和完整性。此外，他们还需要建立和维护主数据之间的关联关系，以支持跨部门的业务协同和数据分析。

3）定期监控主数据的质量，及时发现并解决数据质量问题。他们需要与数据所有者、数据使用者以及其他利益相关者保持密切沟通，收集反馈并持续改进数据管理流程。

4）关注数据安全和隐私保护。他们需要确保主数据的存储、处理和传输符合相关法律法规和组织政策，防止数据泄露和滥用。

总之，主数据管理员是组织数据治理的关键角色之一。他们通过有效管理和维护主数据，为组织提供高质量的数据支持，推动业务决策的科学化和精准化。

（8）数据集成专家　专门负责数据集成工作的专业人员。他们具备深厚的技术背景和丰富的实践经验，能够处理各种复杂的数据集成问题。数据集成是指将不同来源、不同格式的数据进行整合，为用户提供统一、透明的数据访问方式，从而实现对数据的共享和高效利用。数据集成专家的主要职责如下：

1）负责打造公司级湖仓数据集成平台，提供多源异构数据源的实时传输服务，以满足公司各大业务线的数据需求。

2）对数据集成产品和技术方向进行预研规划，以打造行业级别的影响力。

3）参与公司级湖仓研发一体化平台的建设，包括批流一体计算引擎、多租户国际化任务编排引擎、元数据管理、数据安全管控等，以实现高效率、高扩展、高吞吐的湖仓数据处理平台。

数据集成专家需要具备扎实的编程能力，熟悉常见的数据结构、算法、数据库、SQL，以及分布式计算框架等。此外，他们还需要具备出色的团队协作和项目管理能力，能够有效地与团队成员、业务用户和其他利益相关者进行沟通和协作。

总的来说，数据集成专家是数据治理和数据处理领域的重要人才，他们的工作对于提升数据质量、推动数据驱动的决策具有重要意义。

（9）数据产品经理　专注于数据领域的产品经理角色。他们的工作涉及数据产品的规划、设计、开发、运营以及优化等全流程。数据产品经理的主要职责如下：

1）针对业务需求进行整理，完成重点行业、新型产业相关数据产品的规划、设计与全生命周期管理。

2）负责规划和设计数据产品原型，协同研发团队及相关方，推动数据产品的落地和运营。

3）根据产品需求完成系统规划设计，负责平台功能、页面设计方案的编制。

4）负责建立和完善数据采集、标签化、业务指标分析、可视化指标体系，提供数据分析、挖掘思路，提高数据质量和数据处理能力。

5）梳理数据产品功能、市场价值，完成产品对外宣讲方案、产品手册等文档的编制。

6）持续进行行业市场的调研、分析，满足业务及市场发展需求，输出可行的数据产品演进方案。

所需的知识与技能如下：

1）在技术知识模块，数据产品经理需要熟悉 MySQL、SQL、Hive 等技术，以及数据生产加工流程，包括数据采集、预处理、存储、分析、挖掘、可视化和服务产品化等。

2）他们需要对主流大数据产品、BI 产品以及数据仓库技术及理论有基本的了解，并对其发展趋势有深刻的认识。

3）数据产品经理需要具备良好的商业洞察与判断能力，能够很好地掌握产品思路、技术方案、商务策略等，为产品的发展制定合适的策略，并驱动各角色解决问题。

4）他们需要有强大的逻辑思维能力、产品策划、品牌包装与宣传能力，对数据和业务敏感。

5）在团队合作中，数据产品经理需要展现出良好的协作和沟通能力，以确保项目的顺利进行。

总的来说，数据产品经理是一个集技术、商业、市场洞察于一体的综合性角色，他们在推动数据驱动的业务决策和产品创新中发挥着关键作用。随着组织对数据价值的认识不断提升，数据产品经理的需求和重要性也在持续上升。

（10）数据分析师　专门负责收集、处理、分析和解释数据的角色，专注于从海量数据中提取有价值的信息，为组织提供决策支持和业务优化建议。数据分析师的主要工作职责如下：

1）数据收集与整理：数据分析师的首要任务是收集与业务相关的数据，这些数据可能来自多种渠道，如数据库、日志文件、调查问卷等。他们需要对数据进行清洗、整合和格式化，以确保数据的准确性和一致性。

2）数据分析与建模：利用统计学、预测建模、机器学习等技术，数据分析师需要对数据进行深入分析，挖掘数据中的模式和趋势。他们还需要构建数据模型，以预测未来趋势或评估不同策略的效果。

3）报告编制与可视化：数据分析师需要将分析结果以清晰、易懂的方式呈现出来，这通常包括编写报告、制作图表和可视化仪表板。这些报告和可视化工具有助于非技术背景的团队成员理解数据并做出决策。

4）业务咨询与建议：基于数据分析结果，数据分析师向业务团队提供咨询和建议，帮助他们理解市场趋势、优化产品、改进服务或提高运营效率。

所需的技能与知识如下：

1）数据分析能力：熟练掌握统计学、预测建模、数据挖掘等核心知识，能够处理复杂的数据集，并得出准确的结论。

2）技术技能：熟悉至少一种数据分析工具或编程语言，如 Python、R、SQL 等，能够编写数据查询、自动化报告和数据可视化。

3）业务洞察力：理解业务需求，能够将数据分析结果转化为实际的业务建议，帮助组织实现目标。

4）沟通能力：能够清晰地解释复杂的数据分析结果，与不同背景的团队成员进行有效沟通。

教育背景如下：

数据分析师通常需要具备统计学、数学、计算机科学或相关领域的学士学位，有些岗位可能还要求具备相关领域的工作经验或高级学位。

综上所述，数据分析师是一个充满挑战和机遇的职业，他们通过挖掘数据的价值，为组织提供宝贵的决策支持，推动业务的发展。

（11）数据资产管理师 一种专业职位，主要负责组织内部数据资产的管理工作。数据资产管理师的主要职责如下：

1）数据治理：负责制定和实施数据治理的政策、制度、流程，确保数据资产的质量、完整性和安全性。

2）数据资产标准管理：定义和维护数据资产标准，确保数据资产的一致性和准确性。

3）数据资产流通管理：推动数据资产的合规高效流通使用，建立数据资产分类分级授权使用规范。

4）数据资产运营：丰富数据资产应用场景，建立数据资产生态，持续运营数据资产，凸显数据资产价值。

5）数据价值评估：对数据资产进行价值评估，确定数据资产的经济和社会效益。

6）数据资产盘点：识别和盘点组织内的数据资产，了解数据之间的关联关系。

7）数据资产开放应用：通过数据服务化平台，将数据资产呈现给管理层和业务人员，促进数据的共享和应用。

8）风险管理：建立数据资产预警、应急和处置机制，对数据资产泄露、损毁、丢失、篡改等风险进行管理。

9）合规性管理：确保数据资产管理遵循相关法律法规，如《中华人民共和国网络安全法》《中华人民共和国数据安全法》《中华人民共和国个人信息保护法》等。

数据资产管理师的工作对于加快经济社会数字化转型、推动高质量发展、推进国家治理体系和治理能力现代化具有重要作用。他们需要具备跨学科的知识和技能，包括信息技术、管理学、法律等，以确保数据资产的有效管理和利用。

（12）数据资产价值评估师　专门负责评估数据资产价值的专业人员。他们不仅要对数据科学、统计学、经济学等领域有深入的了解，还需掌握资产评估的基本理论和方法。数据资产价值评估师的主要职责如下：

1）数据资产价值评估师需要收集和分析大量的市场数据，了解数据资产所处的市场环境和行业发展趋势。通过运用各种评估方法和模型，如收益法、市场比较法和成本法，他们需要准确评估数据资产的价值。这对于投资者、金融机构和其他利益相关者来说至关重要，因为数据资产的价值直接关系到其投资回报和风险。

2）数据资产价值评估师承担着提供专业咨询的职责。他们需要根据客户的需求和目标，制定相应的数据资产价值评估策略。在交易方面，他们需要为买方和卖方提供独立的评估报告，帮助双方确定交易价格和条件。此外，他们还需要为组织提供数据资产管理、配置和运营方面的建议，帮助组织优化其数据资产配置和运营效率。

3）数据资产价值评估师需要确保评估结果的客观性和准确性。他们需要遵循相关的评估准则和法律法规，确保评估过程的公正性和合法性。同时，他们还需要保持对数据资产市场的敏感性和前瞻性，及时了解与掌握市场的最新动态和趋势，以便为客户提供更加准确和专业的服务。

总之，数据资产价值评估师在数据资产管理、交易和咨询等方面发挥着重要作用。他们的工作不仅有助于提升数据资产的价值和利用率，还能为组织的决策和发展提供有力的支持。随着数据经济的不断发展，数据资产价值评估师的需求也将逐渐增加，他们将成为推动数据产业发展的重要力量。

（13）数据资产交易经纪师 数据资产交易市场中至关重要的角色。他们不仅具备深厚的数据科学、经济学、金融学等背景知识，还精通数据资产交易的相关法律法规和业务流程。数据资产交易经纪师的主要职责如下：

1）交易撮合与中介服务：他们作为中介，协助买卖双方进行数据资产的交易撮合，通过深入了解双方的需求和条件，帮助客户寻找合适的交易对手，促成交易。

2）交易风险评估与管理：数据资产交易经纪师需要对交易风险进行评估和管理。他们通过分析市场趋势、交易对手的信誉等因素，为客户提供风险评估报告，并制定相应的风险管理策略，确保交易的顺利进行。

3）交易条款协商与合同制定：数据资产交易经纪师负责参与交易条款的协商和合同的制定。他们凭借丰富的经验和专业知识，协助客户制定合理、公平的交易条款，确保双方的权益得到保障。

4）市场分析与趋势预测：他们需要持续关注数据资产市场的动态，分析市场趋势，为客户提供有价值的市场信息和建议。通过对市场趋势的预测，他们能够帮助客户把握市场机遇，优化数据资产配置。

此外，数据资产交易经纪师还需要与客户保持密切沟通，及时解答客户的疑问，提供专业的咨询和建议。他们的工作不仅有助于推动数据资产交易市场的繁荣发展，还能够为客户创造更多的商业价值。

综上所述，数据资产交易经纪师是数据资产交易市场中不可或缺的专业人才。他们凭借丰富的经验和专业知识，为数据资产交易提供了高效、安全、可靠的经纪服务，促进了数据资产的合理流动和有效利用。

（14）数据资产交易合规师　负责确保数据资产交易过程符合法律法规和行业标准的专业人员。随着数据资产交易市场的不断发展，对数据资产交易合规师的需求也在逐渐增加。数据资产交易合规师的主要职责如下：

1）法规遵循与风险评估：深入理解和掌握数据交易相关的法律法规，包括数据保护法、隐私政策等，以确保数据交易活动的合规性。同时，他们还需要对数据交易过程中的潜在风险进行评估，为组织提供风险预警和应对策略。

2）交易流程管理：负责数据资产交易流程的规范化和优化，确保交易过程的透明、公正和合法。他们可能需要参与交易合同的起草、审核和谈判，以保障各方的权益。

3）数据质量评估：对数据资产进行质量评估，确保其真实性、准确性和完整性，以维护数据交易的信誉和可靠性。

4）协调与沟通：与数据供应商、买家、监管机构等多方进行沟通与协调，确保数据交易的顺利进行。他们还需要与内部团队紧密合作，共同推进数据资产交易合规工作。

为了胜任这一职位，数据资产交易合规师通常需要具备法律、数据科学、信息技术等多方面的知识。他们还需要关注数据资产交易市场的最新动态和趋势，以便及时调整合规策略。

总的来说，数据资产交易合规师在保障数据资产交易市场的健康发展方面发挥着重要作用。他们的工作不仅有助于维护市场秩序，还能提升组织的竞争力和声誉。

（15）数据资产安全评估师　也称为数据安全评估师，是负责评估和保护组织数据资产安全的专家，其工作对于确保组织的数据资产免受威胁至关重要。数据资产安全评估师的主要职责如下：

1）数据资产识别：识别和分类组织的数据资产，包括个人信息、商业秘密、知识产权等。

2）风险评估：评估数据资产面临的安全威胁和风险，这包括内部威胁和外部威胁，如黑客攻击、数据泄露等。

3）安全策略制定：根据风险评估的结果，制定数据资产的安全策略和防护措施，确保数据资产的保密性、完整性和可用性。

4）安全审计：定期对数据资产的安全状况进行审计，检查安全措施的执行情况和效果，以确保数据资产的安全。

5）安全培训和意识提升：对员工进行数据安全培训，增强全员的数据安全意识。

此外，数据资产安全评估师还需要掌握广泛的知识和技能，并具备沟通协调能力，能够理解组织业务并建立、执行数据安全相关制度和策略。他们将在数据安全领域发挥重要作用，为构建数字化安全社会做出贡献。

（16）数据资产入表保荐师　专注于数据资产入表过程的专家，其工作核心在于确保数据资产能够合规、有效地纳入组织的财务报表中，从而真实、准确地反映组织的财务状况和价值。数据资产入表保荐师的主要职责如下：

1）确保数据资产的合规性：他们需深入了解并应用相关的数据法规、会计准则和行业标准，确保数据资产的收集、处理和使用都符合规定，为数据资产的入表提供合规性保障。

2）评估数据资产价值：利用专业的评估方法和工具，对数据资产进行全面、准确的价值评估。这涉及对数据资产的质量、稀缺性、应用前景等多个维度的考量，以确保其价值得到合理体现。

3）构建数据资产入表框架：根据组织的实际情况和会计准则的要求，构建适合组织的数据资产入表框架，这包括确定数据资产的分类、计量和披露方式，以确保数据资产能够清晰、准确地呈现在财务报表中。

4）提供咨询与指导：为组织内部人员提供关于数据资产入表的咨询和指导服务，帮助他们更好地理解数据资产的价值和应用，从而提升组织的数据资产管理水平。

此外，数据资产入表保荐师还需要密切关注数据资产领域的最新动态和趋势，不断更新自己的知识和技能，以应对不断变化的市场环境和监管要求。

通过数据资产入表保荐师的工作，组织可以更加有效地管理和利用数据资产，提升组织的竞争力和市场价值。同时，这也有助于推动数据资产市场的健康发展，促进数据经济的繁荣。

4. 监督层：数据治理办公室（与数据管理办公室平行）

数据治理办公室是一个监督机构，从决策层、管理层、执行层监督数据管理体系整体的运行情况，及时发现问题并提出改进措施，协同数据管理办公室以及执行团队，执行数据治理项目，优化数据管理体系。

（1）数据合规管理员　专门负责确保组织在数据处理和使用方面遵守相关法律法规和内部政策的职业角色。他们的核心职责是确保数据的合规性，防止数据泄露、滥用和非法获取，从而保护组织的声誉和客户信任。数据合规管理员的主要职责如下：

1）制定和执行数据合规政策：数据合规管理员需要根据相关法律法规和行业标准，制定组织的数据合规政策，并确保这些政策得到有效执行。

2）数据收集与处理监管：他们负责监管数据的收集、存储、处理和使用过程，确保这些活动符合合规要求。这涉及对数据的访问控制、处理流程和安全性的审核。

3）风险评估与合规审计：数据合规管理员需要定期进行风险评估和合规审计，识别潜在的数据合规风险，并提出相应的解决方案。

4）培训与教育：为了增强组织内部员工的数据合规意识，数据合规管理员需要开展相关的培训和教育活动。

5）与相关部门合作：数据合规管理员需要与法务、技术、业务等部门紧密合作，共同确保组织在数据处理和使用方面的合规性。

在数据逐渐成为组织核心资产的时代，数据合规管理员的角色越来越重要。

他们不仅需要具备丰富的法律法规知识，还需要了解数据处理技术和业务流程，以便更好地履行其职责。随着数据保护法规的不断更新和完善，数据合规管理员需要不断学习和提升自己的专业素养，以应对新的挑战。

（2）数据审计师　负责评估和审查组织的数据管理实践，确保数据的准确性、完整性和可靠性。他们通过审计活动来检测数据管理流程中的缺陷和不足，并提出改进建议。数据审计师的主要职责如下：

1）审计计划：制订数据审计计划，确定审计范围和方法。

2）数据审查：审查数据收集、处理和存储活动，确保数据的准确性和完整性。

3）流程评估：评估数据管理流程和控制措施的有效性。

4）风险识别：识别数据管理过程中的潜在风险和不足。

5）报告与建议：编制审计报告，提出改进数据管理实践的建议。

6）合规性检查：检查数据管理活动是否符合组织的数据政策和法规要求。

7）技术支持：与 IT 团队合作，确保数据管理系统的技术层面符合审计标准。

8）持续监控：建立和维护数据监控机制，以持续跟踪数据管理活动。

7.2.3　团队建设

构建一支专业、高效的数据管理团队是确保数据价值得到充分挖掘与利用的关键。本小节将围绕数据管理团队建设展开，阐述团队建设的核心原则，明确团队建设的内容与要点，旨在为组织打造一支能够引领数据创新、驱动业务增长的数据精英团队提供实践指导与参考。

1. 建设原则

数据管理团队的建设原则如图 7-8 所示。

1）业务需求导向：数据管理团队的建设应紧密围绕组织的业务需求进行。不同规模、行业的公司，其数据需求、数据驱动战略以及数据管理团队的价值定位都会有所差异。因此，数据管理团队的建设应基于清晰、透彻的业务需求认识，确保数据管理团队能够真正助力公司目标的实现。

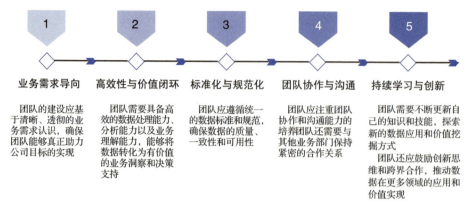

图 7-8 数据管理团队的建设原则

2）高效性与价值闭环：高效性是数据管理团队建设的重要标准。该团队应能够快速响应业务需求，有效实现数据价值的转化。这意味着数据管理团队需要具备高效的数据处理能力、分析能力以及业务理解能力，能够将数据转化为有价值的业务洞察和决策支持。

3）标准化与规范化：数据管理团队应遵循统一的数据标准和规范，确保数据的质量、一致性和可用性。这包括数据定义、数据格式、数据采集、数据处理、数据存储等方面的标准化，以及数据质量监控、数据安全保障等方面的规范化。

4）团队协作与沟通：数据管理团队应注重团队协作和沟通能力的培养。团队成员之间应建立有效的沟通机制，确保信息的畅通和共享。同时，团队还需要与其他业务部门保持紧密的合作关系，共同推动数据驱动的业务决策和流程优化。

5）持续学习与创新：数据管理团队应保持持续的学习和创新精神。随着技术的不断发展和业务的不断变化，数据管理团队需要不断更新自己的知识和技能，探索新的数据应用和价值挖掘方式。同时，团队还应鼓励创新思维和跨界合作，推动数据在更多领域的应用和价值实现。

2. 建设内容

数据管理团队的建设内容如图 7-9 所示，涵盖多个关键方面。

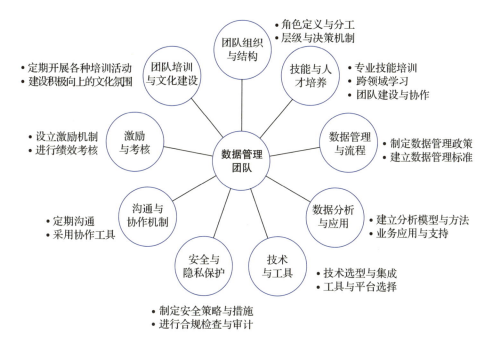

图 7-9 数据管理团队的建设内容

（1）团队组织与结构

- 角色定义与分工：明确团队成员的角色和职责，如数据质量管理员、数据分析师、数据科学家等，确保每个成员都清楚自己的工作任务和预期成果。
- 层级与决策机制：建立清晰的团队层级结构，确保决策流程高效、合理。同时，建立定期的团队会议机制，促进信息共享和决策协商。

（2）技能与人才培养

- 专业技能培训：针对团队成员的不同角色和职责，提供相关的专业技能培训，如数据清洗、数据分析、数据挖掘等。
- 跨领域学习：鼓励团队成员学习其他相关领域的知识，如业务知识、市场趋势等，以便更好地理解和应用数据。
- 团队建设与协作：通过团队建设活动、定期分享会等方式，增强团队凝聚力和协作能力。

（3）数据管理与流程

- 制定数据管理政策：团队需要制定一套完善的数据管理政策，固化数据管理权责划分、管理机制，具体包括数据质量、数据安全、数据隐私等方面的规定。
- 建立数据管理标准：团队需要建立数据管理标准，确保数据的采集、存储、处理和使用都符合标准，从而保障数据的准确性和可靠性。

（4）数据分析与应用

- 建立分析模型与方法：建立适用的数据分析模型和方法，满足不同的业务需求和分析场景。
- 业务应用与支持：将数据分析结果转化为业务决策支持，为公司的业务发展提供数据驱动的建议和方案。

（5）技术与工具

- 技术选型与集成：根据团队需求选择合适的数据管理和分析技术，如大数据处理、机器学习等，并进行技术集成和优化。
- 工具与平台选择：选择合适的数据分析工具和平台，提高团队的工作效率和分析能力。

（6）安全与隐私保护

- 制定安全策略与措施：制定数据安全策略与措施，包括数据访问控制、加密存储等，确保数据的安全性和隐私性。
- 进行合规检查与审计：确保团队的数据管理和应用符合相关法律法规的要求，定期进行数据安全和隐私保护的审计与检查。

（7）沟通与协作机制

- 定期沟通：建立定期的团队沟通机制，包括周会、月会等，以便团队成员及时分享信息、讨论问题和解决问题。
- 采用协作工具：采用项目管理软件、即时通信工具等协作工具，提高团队协作效率和沟通效果。

（8）激励与考核

- 设立激励机制：设立明确的激励机制，激发团队成员的积极性和创造力。

- 进行绩效考核：建立合理的绩效考核体系，对团队成员的工作成果进行客观评价，以便及时调整与优化团队结构和工作流程。

（9）团队培训与文化建设

为了提高团队成员的专业技能和综合素质，数据管理团队需要定期开展各种培训活动，包括技术培训、业务培训、沟通协作培训等。同时，团队还需要建设积极向上的文化氛围，鼓励团队成员勇于创新、乐于分享、团结协作，共同推动数据管理工作的持续发展。

通过以上内容的建设，组织可以打造一个高效、专业、富有创新力的数据管理团队，为组织的业务发展提供有力的数据支持。

3. 建设要点

在进行数据管理团队建设时，有几个要点（见图7-10）需要特别注意和强调，以确保团队能够高效、准确地处理、提供和分析数据，为组织的发展提供有力支持。

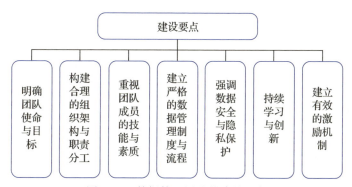

图7-10 数据管理团队的建设要点

1）明确团队使命与目标。

数据管理团队的使命和目标应与公司整体战略保持一致。明确团队在数据管理、分析、应用等方面的具体职责和期望成果，这有助于团队成员明确工作方向，形成共同的工作焦点。

2）构建合理的组织架构与职责分工。

清晰的组织架构可以明确每个团队成员的职责和工作范围，避免工作重叠和责任模糊。同时，团队需要建立有效的团队沟通机制和协作流程，确保团队成员之间的信息共享和合作顺畅。

3）重视团队成员的技能与素质。

数据管理团队需要具备数据管理、数据分析的专业知识和技能，同时还需要具备良好的沟通协作能力和创新思维。因此，在团队建设过程中，应注重选拔和培养具备这些素质和技能的成员。

4）建立严格的数据管理制度与流程。

数据管理团队应制定明确的数据管理制度和流程，包括数据采集、存储、处理、分析和应用等各个环节。这有助于确保数据的准确性、一致性和安全性，提高数据的使用价值。

5）强调数据安全与隐私保护。

随着数据价值的不断提升，数据安全与隐私保护成为数据管理团队不可忽视的责任。团队应建立严格的数据安全管理制度，采取有效的技术手段和管理措施，确保数据的机密性、完整性和可用性。

6）持续学习与创新。

数据管理领域的技术和方法不断更新与演进，团队成员需要不断提升自己的技能和知识水平。团队应鼓励成员积极参与行业交流、参加培训和学习活动、了解最新的技术动态和应用趋势，同时鼓励成员勇于创新、探索新的数据管理和应用方法。

7）建立有效的激励机制。

为了激发团队成员的积极性和创造力，数据管理团队应建立有效的激励机制。这包括制定合理的薪酬和福利制度，设立明确的晋升和奖励机制，以及提供丰富的职业发展机会。激励机制可以吸引和留住优秀人才，提高团队的凝聚力和战斗力。

综上所述，这些要点共同构成了数据管理团队建设的关键要素，有助于打造高效、专业、富有创新力的数据管理团队。

7.2.4 数据责任

在数据密集型环境中，明确并合理分配数据责任是确保数据质量、安全与合规性的重要前提。本小节将解析组织内部常见的数据角色及其对应的责任范畴，同时分析这些角色和责任如何在组织内部及外部环境中被有效切分与履行，旨在为构建一个权责清晰、高效协同的数据管理体系奠定坚实基础。

1. 常见的数据角色

从具体的数据资产管理角度考虑，目前组织主要采用图 7-11 所示的方式建立和明确数据资产管理相关角色及其职责。其中，常见的数据角色有数据所有者、数据管理者、数据使用者、数据开发者和数据决策者。

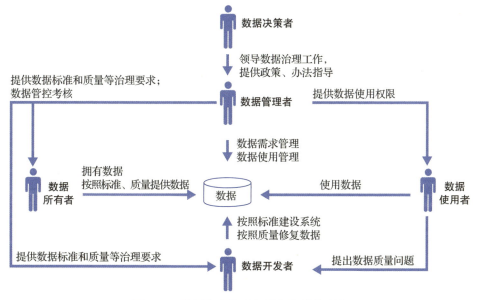

图 7-11　数据资产管理相关角色及其职责

数据所有者对数据资产的最终状态负责，解释数据的业务规则和含义，执行数据标准与数据质量内容。该角色通常由产生原始数据的业务部门担任。目前在国内大型组织中，业务部门设置了专门人员来和数据治理管理部门对接，共同承担数据管理责任。

数据管理者牵头数据管理工作，负责制定数据管理的政策、标准、规则、流程，协调认责冲突，并对数据实施管理，保证数据的完整性、准确性、一致性以及数据隐私，负责数据质量监控与组织解决问题。该角色主要由数据治理部门担任。

数据使用者有两个方面，为业务赋能和数据要素。就为业务赋能而言，传统意义上的数据使用者需要理解数据的业务含义，遵守和执行与数据管理有关的流程（如安全和隐私管理流程），分析和使用数据，并提出数据质量问题。就数据要素而言，数据使用者主要实现数据的交易和入表工作。该角色通常由数据分析团队及各业务部门担任。

数据开发者负责数据及相关产品的开发，执行数据标准与数据质量内容，负责从技术角度解决数据质量问题。该角色通常由IT部门的应用开发团队和数据仓库、大数据平台开发团队担任。

数据决策者在组织中负责做出数据战略决策及解决重大问题，具体包括：负责制定数据工作的战略目标和方向；调配各类资源投入；审批数据管理政策、标准和流程；监督数据管理活动的执行情况，对重大问题进行决策和协调等。该角色通常由公司的高层管理人员担任。

2. 常见的数据责任

组织内外部常见的数据责任涉及多个层面和角色，这些数据责任主要是指组织或个人对其所拥有、管理或处理的数据负有的责任。常见的数据责任如下：

- 数据安全责任：确保数据的保密性、完整性和可用性，防止数据泄露、损坏或丢失。
- 数据质量责任：确保数据的准确性、一致性和可靠性，以满足业务需求。
- 数据合规责任：遵守相关法律法规和行业标准，确保数据的合法收集、存储、处理和传输。
- 数据使用责任：合理、合规地使用数据，确保数据的价值得到充分发挥，同时避免滥用或侵犯他人权益。

3. 数据角色和责任在组织内部的切分

- **IT 部门**：负责设计、实施、维护安全的网络和系统基础设施，确保数据的安全存储和传输。同时，监控与审计网络和系统的安全性，提供必要的技术支持和培训。
- **数据管理部门**：负责制定和执行数据管理政策，协调各部门的数据管理工作，确保数据质量、合规性和安全性。
- **业务部门**：作为数据的开发者和使用者，负责按照相关政策和标准录入、使用和管理数据，确保数据的准确性和合规性。
- **法律合规部门**：负责监督组织的数据合规工作，确保组织遵守相关法律法规和行业标准，处理与数据相关的法律事务。

4. 数据责任在组织外部的切分

- **数据供应商**：作为数据所有者，应确保所提供数据的合法性、准确性和完整性，并遵守相关的数据交易和隐私保护规定。
- **合作伙伴**：在与组织进行数据共享或合作时，应遵守双方约定的数据使用和管理规定，确保数据的安全性和合规性。
- **监管机构**：负责监督组织的数据管理工作，确保其符合法律法规和行业标准的要求。同时，处理与数据相关的投诉和纠纷，维护市场秩序和公共利益。

总的来说，数据责任在组织内外的切分是根据不同的角色和职责进行划分的。每个角色都应承担起相应的数据责任，共同维护数据的安全、质量和合规性。同时，组织也应建立完善的数据管理制度和流程，明确各部门和人员的职责与权限，确保数据管理工作的有效实施。

7.2.5 绩效考核

绩效考核作为组织管理的重要环节，不仅关乎对员工个人能力与贡献的认可，也是推动组织战略目标实现、促进组织持续发展的关键。本小节将全面剖析绩效考核的意义所在，明确绩效考核的适用范围与对象，深入探讨考核内容的制定、考核形式的多样性以及考核指标的科学设定，旨在为组织构建一套公平、透明、高效的绩效考核体系提供理论支持与实践指导。

1. 绩效考核的意义

对数据管理团队进行绩效考核具有重要意义，不仅有助于评估团队工作效果、激励团队成员、优化团队资源配置，还能促进团队沟通与协作、确保团队价值与公司战略目标保持一致。

（1）评估团队工作效果　绩效考核是评估数据管理团队工作效果的重要手段。通过对团队成员在数据收集、处理、分析及应用等各方面的表现进行定期评价，公司可以清晰地了解团队整体以及每个成员的工作成果和贡献。这有助于公司识别团队的优势和不足，为后续的改进和优化提供依据。

（2）激励团队成员　绩效考核结果可以作为团队成员晋升、薪酬上调等奖励的重要依据。设立明确的奖励机制可以激发团队成员的积极性和创造力，促使他们更加努力地投入到数据管理工作中。同时，对于表现不佳的成员，绩效考核结果也可以作为一种警示，促使他们改进工作方法，提高工作效率。

（3）优化团队资源配置　通过绩效考核，公司可以了解团队成员在技能、经验、能力等方面的差异和优劣，为团队资源的优化配置提供依据。团队可以根据考核结果，对成员进行有针对性的培训和提升，从而提高整个团队的专业水平和工作能力。此外，还可以根据绩效考核结果，对团队成员的角色和职责进行合理调整，实现团队内部资源的最优配置。

（4）促进团队沟通与协作　在绩效考核过程中，团队成员之间需要进行充分的沟通和协作，共同完成任务和目标。这有助于加强团队成员之间的交流和合作，提高团队凝聚力和协作能力。同时，绩效考核结果的反馈和讨论又可以促进团队成员之间的互相学习和借鉴，推动整个团队的共同进步。

（5）确保团队价值与公司战略目标保持一致　绩效考核有助于确保数据管理团队的工作与公司的整体战略目标保持一致。评估团队在支持业务决策、优化流程、创新产品等方面的表现，可以确保团队的工作成果能够直接贡献于公司的长期发展。这有助于提升团队在公司内部的地位和影响力，使数据管理团队成为推动公司发展的重要力量。

2. 绩效考核对象

需要对数据管理组织的各个层级都进行绩效考核，按照组织层级，考核对象如下：

- 决策层：考核对象为数据管理委员会。
- 管理层：考核对象为数据管理办公室。
- 执行层：考核对象为数据战略管理团队、数据资源质量管理团队、数据产品开发团队、数据资产管理团队、数据资产流通管理团队、数据生命周期管理团队、数据风险管理团队、数据架构管理团队。
- 监督层：考核对象为数据治理办公室。

3. 考核内容

- 工作业绩：考核团队成员或合作伙伴在数据收集、处理、分析、可视化等方面的实际成果，包括项目完成度、数据质量提升、业务价值创造等。
- 工作能力：评估团队成员或合作伙伴的专业技能、问题解决能力、团队协作能力等方面的发展情况，以及是否具备持续学习和适应新技术的能力。
- 工作态度：考察团队成员或合作伙伴的责任心、主动性、沟通能力等，以评估其是否能够积极应对挑战、与团队有效协作。

4. 考核形式

- 定量考核：通过设定明确的指标，如项目完成率、数据准确率、工作效率等，对数据进行收集和分析，以客观评价团队成员或合作伙伴的工作表现。
- 定性考核：通过面谈、360 度绩效评价、自我评价等方式，收集团队成员或合作伙伴的反馈和建议，以了解其在工作中的优点和不足，从而进行有针对性的改进。
- 项目考核：针对具体的数据项目，可以设定项目目标、里程碑和验收标准，对项目完成情况进行考核，以评估团队成员或合作伙伴在项目中的贡献和价值。

5. 考核指标

对于上述考核对象，考核内容和形式可以根据组织的具体情况和实际需求来确定。以下是一些建议：

（1）决策层

1）考核对象：数据管理委员会。

考核方式：目标管理法与360度绩效评价相结合。

考核内容：战略规划与决策能力，跨部门协调与沟通能力。

考核指标：战略规划完成度，跨部门协作满意度。

考核要点：评估其对数据战略方向的把握和决策效果，考核其与其他部门协同工作的效率与效果。

2）考核对象：CDO。

考核方式：可以采用定量和定性相结合的方式。

①定量考核：通过收集和分析相关数据，如KPI完成情况、项目完成率等，对CDO的工作进行客观评价。

②定性考核：通过访谈、问卷调查等方式，收集同事、下属和业务合作伙伴对CDO的评价和反馈，以了解其领导风格、沟通能力和团队协作等方面的表现。

③结合定期评估和不定期抽查的方式，对CDO的工作进行全面、细致的考核。在考核过程中，应注重公正、公平和透明，确保考核结果能够真实反映CDO的工作表现和价值贡献。

考核内容：绩效考核应围绕CDO的核心职责和关键成果领域进行。考核内容包括但不限于以下几个方面：

①战略规划与执行：评估CDO在制定和实施数据战略方面的能力和成效，包括数据战略与公司整体战略的契合度、战略落地的进度和效果等。

②数据治理与管理：考察CDO在数据治理、数据质量管理和数据安全保障方面的表现，如数据治理体系的完善程度、数据质量的提升情况等。

③数据驱动决策：评估CDO在推动数据驱动决策方面的贡献，包括提供的数据支持对业务决策的影响、数据洞察的准确性和价值等。

④团队建设与人才培养：考察 CDO 在领导和管理数据团队、提升团队能力方面的表现，如团队士气、人才流失率、团队成员的成长情况等。

考核指标：具体的考核指标可以根据组织的实际情况和 CDO 的职责进行定制。以下是一些建议的考核指标：

①数据战略实施进度：衡量数据战略制定的完善性和实施的有效性。

②数据质量提升率：通过对比不同时间段的数据质量，评估数据治理的效果。

③数据驱动决策的成功案例数：统计和分析基于数据做出的成功决策案例。

④团队绩效和满意度：通过团队成员的绩效评估和满意度调查，评估 CDO 的团队管理能力。

考核要点：对 CDO 的考核通常会围绕其职责、技能、工作成果及影响力等多个方面进行。以下是一些关键的考核要点：

①数据专业能力：评估 CDO 是否能够建立数据管理体系，支撑数据战略的实现。

②业务能力：评估 CDO 对企业业务的了解和洞察情况，能否利用数据支撑业务发展。

③管理能力：评估 CDO 能否领导和管理数据管理团队，按时完成数据项目。

④技术能力：评估 CDO 能否了解最新的技术动态，发现新的技术应用机会，支撑数据管理体系创新发展。

⑤道德与合规：评估 CDO 能否在工作中遵守相关法律法规和伦理规范，确保数据安全和个人隐私不受侵犯。

（2）管理层

考核对象：数据管理办公室。

考核方式：KPI 评价法。采取定期考核与不定期抽查相结合的方式，具体如下：

1）定期考核可以设为每月、每季度或每半年一次，以便对数据管理办公室的工作进行阶段性评估。

2）不定期抽查则可以根据实际情况进行，以便及时发现问题并进行整改。

考核内容：数据管理流程与制度的执行情况，数据质量监控与改进情况。

考核指标：管理流程遵循率，数据质量提升率。

考核要点：检查数据管理流程与制度的执行效果，评估数据质量的提升程度及改进措施的有效性。

（3）执行层　为了确保考核的及时性和有效性，建议对执行层的各团队采取定期考核与不定期抽查相结合的方式。定期考核可以设为每月、每季度或每半年一次，以便对各团队的工作进行阶段性评估；不定期抽查则可以根据实际情况进行，以便及时发现问题并进行整改。

1）考核对象：数据战略管理团队。

考核方式：目标管理法。

考核内容：数据战略制定与执行情况，对业务发展的支持程度。

考核指标：其制定的数据战略与组织整体战略的一致性，数据战略的实施进度和效果，其对数据战略调整和优化的能力，团队协作和创新能力。

考核要点：评估数据战略与业务目标的契合度及执行效果，考核其对业务发展的实际贡献。

2）考核对象：数据资源质量管理团队。

考核方式：目标管理法与抽样数据稽查相结合。

考核内容：数据质量监控与改进计划，数据质量提升的实际效果。

考核指标：数据质量合格率，质量改进计划的完成情况。

考核要点：检查数据质量监控与改进计划的执行情况，评估数据质量提升的实际效果及改进措施的有效性。

3）考核对象：数据产品开发团队。

考核方式：项目管理法。

考核内容：数据产品的开发进度与质量，产品对业务需求的满足程度。

考核指标：项目按时完成率，产品质量合格率。

考核要点：检查数据产品的开发进度和质量控制情况，评估产品对业务需求的满足程度及市场反馈。

4）考核对象：数据资产管理团队。

考核方式：目标管理法与 KPI 评价法相结合。

考核内容：数据资产的全面管理情况，包括数据资产的全生命周期；数据资产的安全性和保密性保障情况；数据资产的有效利用和价值挖掘情况。

考核指标：数据资产完整性，为了确保所有关键数据都已收集并存储；数据利用效率，为了评估数据资产被团队内外使用的频率和效果。

考核要点：检查数据资产管理流程的执行情况，确保数据资产的准确性和完整性。考核数据资产的有效利用情况，如是否支持了业务决策、创新产品或服务等。

5）考核对象：数据资产流通管理团队。

考核方式：流程管理法与 360 度绩效评价相结合。

考核内容：数据流通流程的规划、优化和监控情况，数据流通的效率和准确性保障情况，数据流通过程中的风险管理和应对能力。

考核指标：数据内外部流通效率，考核依据是从数据资产申请交易/内部使用到交付的时间长度；数据流通准确率，考核依据是数据资产在流通过程中出错的次数或比例；风险管理效果，考核依据是对潜在数据流通风险的识别和处理能力。

考核要点：评估数据流通流程的合理性和优化程度，确保数据能够快速、准确地流通；检查数据流通过程中的质量控制措施，如数据校验、异常处理等；考核团队在数据流通过程中的风险管理能力，包括风险识别、评估、应对等。

6）考核对象：数据生命周期管理团队。

考核方式：目标管理法与 KPI 评价法相结合。

考核内容：

①评估团队对数据生命周期的规划能力，包括数据分类、存储策略和数据退役计划等。

②检查团队在数据采集、清洗、整合和维护阶段的质量控制措施。

③考核团队在数据安全保护、隐私保护和合规性遵循方面的表现。

④评价团队在数据利用、分析和报告方面的工作，以及如何通过数据驱动业务决策。

⑤考核团队在数据归档、存储优化和安全销毁方面的能力。

考核指标：

①数据管理效率：从数据创建到最终处理的时间长度，以及数据检索和恢复的速度。

②数据质量合格率：数据准确性、完整性和一致性在生命周期中的符合程度。

③安全合规违规次数：在数据管理过程中违反安全政策和合规要求的事件数量。

④数据驱动决策支持度：数据支持决策制定的有效性，包括数据分析的准确性和及时性。

⑤数据退役与销毁合规率：按照既定政策和程序安全退役和销毁数据的比例。

考核要点：

①评估团队对数据生命周期管理的整体规划和执行能力，确保数据在各个阶段得到适当的管理和利用。

②检查团队在数据质量管理方面的控制措施，如数据校验、清洗流程和数据整合。

③考核团队在数据安全与合规性方面的工作，包括数据访问控制、数据加密和审计。

④评价团队如何通过数据分析和报告支持业务决策，以及数据价值实现的效果。

⑤考核团队在数据退役与销毁过程中的合规性和效率，确保数据安全地从系统中移除。

7）考核对象：数据风险管理团队。

考核方式：360度绩效评价。

考核内容：数据风险识别与应对能力，风险管理制度的执行情况。

考核指标：风险识别准确率，风险应对有效性。

考核要点：评估其对数据风险的敏感度和应对能力，检查风险管理制度的执行情况与效果。

8）考核对象：数据架构管理团队。

考核方式：KPI 评价法。

考核内容：数据资源架构设计与优化能力，对数据应用与服务的支持程度。

考核指标：架构设计的合理性与先进性，应用服务支持满意度。

考核要点：评估数据资源/资产架构的适应性和扩展性，考核其对数据应用与服务的支撑效果。

（4）监督层

考核对象：数据治理办公室。

考核方式：KPI 评价法。采取定期考核与不定期抽查相结合的方式，具体如下：

1）定期考核可以设为每月、每季度或每半年一次，以便对数据治理办公室的工作进行阶段性评估。

2）不定期抽查则可以根据实际情况进行，以便及时发现问题并进行整改。

考核内容：数据治理流程与制度的执行情况，数据管理体系优化改进情况。

考核指标：管理流程遵循率，数据流转效率。

考核要点：检查数据管理流程与制度的执行效果，评估数据流转提升速度及改进措施的有效性。

在制定具体的考核指标时，数据管理团队还应结合组织的战略目标、业务需求和行业特点，确保考核指标既具有针对性又具有可操作性。同时，还应注重与团队成员的沟通和反馈，确保考核结果能够真实反映团队的工作成效，并为团队的持续进步提供有力支持。

7.2.6　案例：A 银行数据管理组织

1. 基本背景

历经数载的革新与壮大，A 银行在综合实力、经营品质及品牌形象等方面均实现了质的飞跃。当前，该行正步入一个以专业化经营为驱动、精细化管理为支撑的新发展阶段。通过精准定位客户、产品及渠道，A银行旨在深化管理精细化；同时，借助高效的资源配置、全面的风险管理、先进的信息技术及优化的人力资源配置，强化经营的专业化水平。此转型对银行的数据管理能力提出了前所未有的高标准要求，尤其是在异地扩张、市场竞争加剧、利率市场化及金融电子化等复杂背景下，对数据应用的敏锐度、分析的精确度和资源配置的合理性均提出了迫切需求⊖。

2. 数据管理组织的问题

在深入调研与广泛征询意见后，A银行内部普遍反映当前数据管理存在显著不足：缺乏一个独立的、统筹全局的数据管理部门，导致数据资源散落于各部门与系统中，形成信息孤岛。银行高层已意识到这一问题，并倾向于依托计划财务部门组建一个专门的数据管理团队，以整合并优化数据资源。

3. 银行数据管理业务的管控模式选择

为确保数据管理工作与A银行的整体发展战略紧密契合，A银行需精心选择一种既符合组织愿景，又能高效执行的数据管理模式。具体考量因素如下：

- 与战略目标的协同：数据管理模式应确保全行上下拥有共同的数据管理愿景，促进跨部门间的顺畅沟通与合作，以集中力量达成既定目标，提升决策质量。
- 与组织架构调整相适应：鉴于A银行正致力于构建"前台强大专业、中台高效精细、后台集约共享"的新架构，数据管理模式需要能够灵活融入这一变革，既能在业务条线内高效运作，又能跨越部门边界，实现数据的统一标准与高质量管理。
- 契合数据管理特性：鉴于数据管理工作的跨条线、跨领域特性，理想的模式应既能集中管理，确保总体方向的正确性，又能鼓励各业务部门深度参与，共同承担数据标准的制定与日常管理职责。

⊖ 卢丁磊. A银行数据管理体系构建研究[D]. 上海：上海交通大学，2017.

综合上述分析，联邦式管控模式因其"横纵划分、统分结合"的独特优势，成为 A 银行数据管理业务的优选方案。该模式既能确保全行数据管理的统一性和协调性，又能充分发挥各部门的积极性与专业性，是 A 银行在当前发展阶段下实现数据高效整合与高质量管理的理想选择。

4. 联邦式管控模式中职责的细分与权力要求

根据联邦式管控模式的结构特点，结合数据管理组织机构设置，A 银行将管控模式细分和落实到决策层、管理协调层、执行层三个层面，如图 7-12 所示。决策层负责决策和审批；管理协调层负责组织、监控和评估效益；执行层具体落实和执行各项工作。

图 7-12　联邦式管控的机构层次

管控模式的每一层面履行相应的职责，而职责的履行要以具备相应的权力和人员参与为基础，责权一致才能保障数据管理组织结构的稳固性和可行性，增加 A 银行数据管理工作的推动力和执行力。为此，A 银行确立了联邦式管控模式中各个层面的基本职责、对应的权力及参与方要求，如表 7-1 所示。

表 7-1　联邦式管控层次的基本职责、对应的权力及参与方要求

管控层级	职责	权力及参与方要求
决策层	审议和批准数据管理工作的战略设计	要有审定和批准战略设计的权力
	批准预算、安排资源	要有全行级别调动和分配资源的权力
	协调跨条线无法解决事项	要有行领导级别参与
管理协调层	统筹指导中心工作	需要数据管理专家的参与
	组织协调全行各部门数据管理相关工作开展	要有指派其他部门/分支机构工作的权力
	监控和评估全行数据管理执行情况	要有为各部门/分支机构数据管理绩效打分的权力
执行层	落实决策层及管理协调层的各项决议、安排；执行数据管理和数据应用日常工作	要有各部门、分支机构人员参与；要求人员专职、专业

在决策层的设置中，A银行考虑到数据管理是长期过程，不可能一步到位，需持续完善。因此将其上升到A银行战略管理层面，获得银行高层领导的重视与支持，让行领导参与到数据管理工作决策中来，确保数据管理目标和方向的正确性，相关资源能及时到位，重大冲突或问题能有效协调。

管理协调层和执行层的工作需要专门和稳定团队负责，由分布在业务条线上和集中在中后台专职机构的两部分人员紧密沟通，统一行动。

5. 组织机构和职责

组织机构和岗位架构是管控模式的具体落地，是数据管理工作开展的基础。根据数据管理业务的管控模式设计，参考业界的领先实践，并结合A银行切实需要，A银行的数据管理组织机构设置如图7-13所示，成员及职责如表7-2所示。

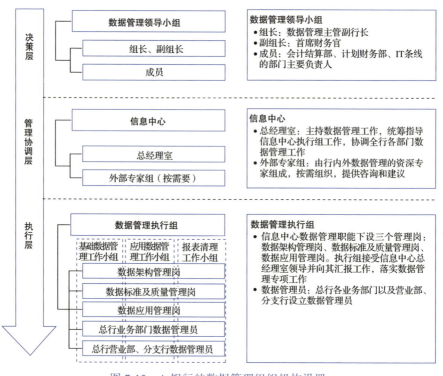

图7-13　A银行的数据管理组织机构设置

表 7-2 A 银行的数据管理组织成员及职责

成员		职责
数据管理领导小组	组长：数据管理主管副行长 副组长：首席财务官 成员：会计结算部、计划财务部、IT 条线的部门主要负责人	审议数据管理战略和目标、政策、制度办法 审批预算、资源安排 协调跨条线无法解决重大事项
信息中心——总经理室	总经理 副总经理	制定全行数据管理战略和目标 规划和落实数据管理体系的建设 组织协调全行各部门数据管理相关工作开展 指导数据管理执行组工作 制定数据管理考核指标
外部专家（按需要）	按需邀请的数据管理专家	为数据管理的各项工作提供咨询和建议
数据管理执行层——信息中心专岗人员	数据架构管理岗 数据标准及质量管理岗 数据应用管理岗	制定和完善数据管理专项工作规章制度和流程 制定和完善全行数据标准、主数据、元数据的定义、采集、发布和日常维护 负责全行数据质量监测、评估和监督改进 提供报表服务和数据服务、提供监管报表 指导推进各部门、分支行数据管理工作 负责数据管理相关项目的立项和验收
数据管理执行层——部门及分支行数据管理员	由总行业务部门以及营业部、分支行数据管理员组成	在各业务部门和一线落实数据管理工作 监督数据质量情况，收集数据和报表问题，定期汇报

6. 信息中心和其他关键部门的合作关系

数据管理工作横跨 IT 条线和业务条线，既需要依据现有的系统梳理和建立数据标准，又需要以经营管理和业务需求为驱动力，以报表和数据问题为着手点开展活动。信息中心作为 A 银行新成立的组织，必然涉及和计划财务部、IT 条线等其他关键部门的合作。它们之间的合作遵循以下原则：

- 信息中心统筹管理和协调各个数据管理领域的工作。
- 业务性较强的应用系统（如风险管理系统、管理会计系统等）的主管部门依旧保持当前系统的主管部门。
- 根据技能分布和人力编制的情况，部分数据管理的具体工作由合适的业务或 IT 部门执行。

7. 信息中心岗位架构

在管理工作的现阶段，A 银行信息中心岗位架构如图 7-14 所示。

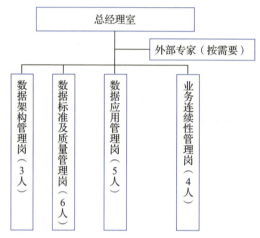

图 7-14　现阶段 A 银行信息中心岗位架构

数据管理工作作为一项全行系统工程和基础性工作，既要统筹管理数据应用和报表应用，又要统一数据来源和数据定义，实现"长短结合、标本兼治"的治理目标，鉴于此，未来 A 银行信息中心岗位架构设置如图 7-15 所示。

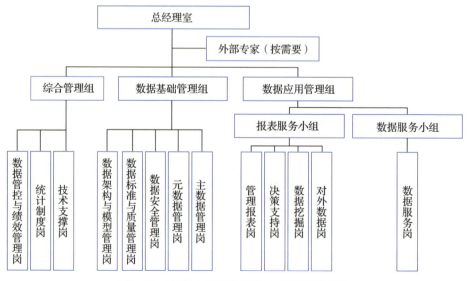

图 7-15　未来 A 银行信息中心岗位架构设置

7.3 数据管理机制

在组织管理中，机制指的是组织内部各部门之间的协作方式、管理流程、激励机制等，它们共同构成了组织运行的整体框架。一个有效的机制能够确保组织高效、有序地运转，实现既定的目标和愿景。机制不是一成不变的，它可以根据环境、需求的变化进行调整和优化，以适应新的情况和挑战。因此，建立和完善机制是一个持续的过程，需要不断地对机制进行评估、调整和创新。

数据管理机制是一个组织为确保数据管理的高效、准确和安全而建立的一系列管理规则、流程、方法和工具。它旨在通过系统化的管理手段，实现数据资源的有效整合、利用和保护，从而支持组织的决策制定和业务运营。

数据管理机制是保障体系的运行核心。完善的管理机制能够确保数据管理的流程化、规范化和制度化。建立数据管理制度、制定数据管理流程可以规范数据管理的各个环节，减少人为错误和操作风险。

数据管理机制通常包括数据管理制度和数据管理流程。

1）数据管理制度：数据管理机制的基础，包括数据管理的目标、原则、政策等。这些制度为数据管理提供了明确的指导，确保数据管理的各项工作有章可循、有据可依。

2）数据管理流程：数据管理机制的核心，涉及数据的采集、存储、处理、分析、共享和销毁等全生命周期的数据管理核心流程。这些流程需要明确各个环节的职责、操作规范、审批流程等，以确保数据管理的流程化、规范化和制度化。

7.3.1 数据管理制度

数据管理制度包括对数据管理初衷的简要说明和相关基本规则，这些规则贯穿数据的产生、获取、集成、安全、质量和使用的全过程。它的主要目的是为组织提供明确的数据管理指导和规范，确保数据的安全性、完整性和可用性，保护数据的隐私和机密性，提高数据的质量和可信度，促进数据的合理利用和共享。

数据制度是全局性的，它们规范了数据管理使用等关键方面的预期行为。数据制度并不是单独的某项制度，而是一系列制度文档的组合。数据制度描述了数据管理的 What（做什么和不做什么）。

通过实施数据管理制度，组织可以确保数据在整个生命周期内得到适当的管理和保护，减少数据泄露、误用和损坏的风险。同时，数据管理制度还可以促进组织内部各部门之间的数据共享和协作，提高决策效率和业务运营水平。

因此，建立和完善数据管理制度对于组织来说至关重要，它有助于提升组织的数据管理能力，为组织的可持续发展提供有力支持。

1. 数据管理制度的层次

组织可将数据管理制度融入组织制度体系。参考业界经验，根据数据管理组织架构的层次和授权决策次序，统一的数据管理制度框架如图 7-16 所示。数据制度将按此分类法进行：基本制度、各领域专项制度、工作细则/数据管理操作手册（或操作规范）共三个梯次。

（1）基本制度　即组织级《数据管理制度》，有的组织称为《数据管理办法》或者《数据管理总纲》，这是最高层级的数据管理政策，为指导组织数据管理、管理活动和防范数据风险的基础性政策，是建立和完善数据体系所必须遵循的基本原则和纲领，是确保数据管理工作得以有效开展，支撑各数据管理专项领域进行质量管理和最终应用的基本准则。具体包含数据管理总则、管理范围、组织架构、专项规定、问题处理机制与相应的附则或附件，贯穿数据和信息的创造、传输、整合、安全、质量和应用的全过程，数据管理专项制度和操作手册都应在符合《数据管理制度》原则和纲领的基础上制定。组织级管理制度一般由组织决策层的数据管理委员会发起，由 CDO 组织相关专业人员起草，并在整个组织范围内进

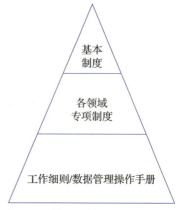

图 7-16　统一的数据管理制度框架

行广泛讨论、评审、完善。CDO 负责进行终审，并正式发布执行。数据管理委员会也可以授权委托数据管理归口管理部门组织进行以上工作。

（2）各领域专项制度 在组织级《数据管理制度》指引下，依托数据管理原则与组织架构职责，根据数据管理各专项领域的工作特点，制定各专项领域的管理办法，规定数据管理各专项领域活动职能的管理目标、管理原则、管理流程、监督考核、评估优化等，指导各项工作有序开展，如《数据资源架构管理办法》《数据质量管理办法》《数据安全管理办法》《主数据管理办法》等。数据管理办法由数据管理归口管理部门负责组织编写，报 CDO 审批后发布。考虑到数据管理职能活动的差异，数据管理组织应当成立一个专门的制度编制小组承担具体的编制工作。

（3）工作细则/数据管理操作手册 以各专项管理办法为基础，进一步细化至各项工作的操作流程。工作细则/操作手册打通了数据管理在执行操作层面的"最后一公里"，指导一线工作人员按照规范化流程开展数据管理工作，为数据质量提升奠定了基础，如《数据采集接入操作手册》《数据资产管理操作手册》等。工作细则/操作手册一般由数据管理归口管理部门负责组织编写，报 CDO 审批后发布。

数据管理制度框架标准化地规定了数据管理的各职能域内的目标、遵循的行动原则、完成的明确任务、实行的工作方式、采取的一般步骤和具体措施。

2. 组织常见的数据管理制度和流程

就数据管理而言，数据制度的核心内容比较多。在业内，参考 DMBOK、DCMM、全国信息标准化技术委员会大数据标准工作组和中国电子技术标准化研究院编制的《大数据标准化白皮书（2020 版）》，以及 CCSA TC601 大数据技术标准推进委员会和中国信息通信研究院云计算与大数据研究所编写的《数据资产管理实践白皮书（5.0 版）》，并结合多家大型集团公司的数据标准管理实践，总结出了组织常见的数据管理制度和流程，如表 7-3 所示。

表 7-3　组织常见的数据管理制度和流程

序号	层级		名称
1	基本制度		（组织级）数据管理制度
2	各领域专项制度		数据战略管理办法
3			数据（资源/资产）架构管理办法（含元数据管理办法）
4			数据（资源/资产）质量管理办法
5			数据（资源/资产）生命周期管理办法
6			数据（资源/资产）风险管理办法
7			数据（资源/资产）治理管理办法
8			数据资产需求管理办法
9			数据资产价值管理办法
10			数据资产流通管理办法
11	工作细则	数据战略管理	数据战略管理流程
12			数据战略评估模型管理办法
13			数据计划管理流程
14		数据（资源/资产）架构管理	数据源管理办法
15			数据资源架构框架管理办法
16			数据源管理办法
17			数据（资源/资产）分类分级管理办法
18			数据（资源/资产）模型管理办法
19			数据（资源/资产）分布管理办法
20			数据标准管理办法
21			外部数据管理办法
22			数据集成管理办法
23		数据（资源/资产）模型管理	数据（资源/资产）模型管控流程
24		数据标准	业务术语管理制度
25			业务术语管理流程
26			业务术语应用管理办法
27			数据标准管理和实施细则
28			各类数据标准管理细则
29		元数据管理	数据（资源/资产）目录管理办法

(续)

序号	层级		名称
30	工作细则	数据（资源/资产）质量管理	数据质量需求管理制度
31			数据质量需求管理模板
32			数据质量检核规则制订和实施细则
33			数据质量认责机制和执行细则
34			数据质量日常监督管理流程
35			数据质量分析制度
36			数据质量专项提升工作流程
37			数据治理绩效考核评分方案
38		数据（资源/资产）安全管理	数据安全管理指导办法
39			数据安全策略管理制度
40			数据安全策略管理流程
41			数据安全保护管理办法
42			数据安全风险管控办法
43			数据安全审计工作办法
44			数据合规管理办法
45			数据隐私管理办法
46		参考数据和主数据管理	参考数据与主数据管理办法
47		数据指标管理	指标数据管理流程
48		时序数据管理	时序数据识别方法
49		数据资产管理	数据资产认责流程
50			数据资产授权管理办法
51			数据设计和开发标准流程
52			数据分析管理办法
53			数据资产共享管理办法
54			数据资产成本管理办法
55			数据资产价值评估办法
56			数据应用发布平台管理办法
57			优秀数据应用成果评审推广办法
58			数据资产服务管理流程
59			数据资产归档管理办法
60			数据资产退役管理办法
61			数据资产平台数据交换管理办法
62			数据资产平台运维管理办法
63			数据资产平台ETL开发管理细则
64			数据资产使用监测管理办法

（续）

序号	层级		名称
65	工作细则	数据资产流通管理	数据流通权属与认责管理办法
66			数据凭证管理办法
67			数据资产内部贡献度管理办法
68			数据资产价格管理办法
69			数据资产交易管理办法
70			数据资产计费管理办法
71			数据资产结算管理办法
72			外部合作交易管理办法
73			数据资产接入管理办法
74			数据资产财务管理办法
75			对外数据应用发布管理办法
76		数据治理管理	数据治理管理流程
77			数据管理能力成熟度评估管理办法
78			数据管理考核管理办法
79			数据管理绩效考核评分方案
80			跨单位、跨部门沟通管理办法
81	操作手册	数据（资源/资产）架构管理	组织数据模型手册
82			组织数据模型使用说明
83			数据模型设计评审/备案申请表
84			组织数据分布手册
85			组织数据分布使用手册
86			数据标准需求审批表
87		元数据管理	元数据注册方法操作指导书
88			元数据采集操作指导书
89			IT系统改造、新建或变更投产元数据管理审核单
90			元数据专项服务需求审批表
91		数据（资源/资产）质量管理	数据质量度量规则及检核方法模板
92			数据应用手工数据补录管理办法
93			数据质量分析模板

(续)

序号	层级		名称
94		数据（资源/资产）安全管理	数据安全审计模板
95		参考数据和主数据管理	参考数据编码模板
96			主数编码模板
97		数据指标管理	指标拆解操作指导
98			指标数据自助实施操作指导
99			关键指标及计算说明
100		时序数据管理办法	时序数据编码模板
101		数据资产管理办法	数据交换需求审批表
102			ETL 编写规范
103			数据资产分类模板
104			数据资产分级模板
105			数据需求管理模板
106		数据资产流通管理	数据流通申请模板
107			数据流通审批模板
108		数据治理管理	数据管理成熟度评估操作案例

说明：表 7-3 中为组织常见的数据管理制度、流程和规范，可能不全面，也有可能需要合并，组织可以根据实际情况进行增减。

3. 案例：某银行数据管理办法

某银行的《银行数据管理办法》是一个非常典型的数据管理制度文件。该文件规定了数据管理的组织与职责、职能范围、流程，是各个分项数据管理办法的基本法，该文件可作为模板供大家制定组织数据管理办法时参考。该文件的链接网址为 https://mp.weixin.qq.com/s/cCBoP0z_bvmTruIL5TXHeg。

《银行数据管理办法》作为银行数据管理的基础性文件，为银行的数据管理活动提供了全面的指导和规范。通过对该办法的深入学习和理解，我们可以从中获得诸多启示，这些启示对于提升银行的数据管理能力、保障数据安全、促进数据应用等方面都具有重要意义。

(1)数据管理体系建设的启示

1)重视数据资产价值:《银行数据管理办法》明确指出,要"树立和发挥数据的资产价值"。这启示我们,在银行经营管理中,数据已成为一种重要的无形资产,具有巨大的潜在价值。因此,银行应充分认识到数据的重要性,将数据视为一种战略资源,通过有效的管理和应用,充分挖掘数据的价值,为银行的业务发展提供有力支持。

2)构建全面的数据管理体系:办法规定了数据管理的十项领域,包括企业数据架构管理、数据标准管理、数据质量管理、主数据管理、元数据管理、数据安全管理、数据生命周期管理,以及数据应用管理的多项领域(数据基础平台管理、数据应用、数据需求与规划管理等领域)。这启示我们,银行应构建一个全面、系统的数据管理体系,确保数据管理的各个方面都得到有效的覆盖和管控。

3)以业务需求为导向:数据管理体系的建设应以银行的业务需求为导向,确保数据管理活动能够紧密贴合银行的业务实际。这要求银行在数据管理体系建设中,要充分考虑业务的需求和特点,确保数据管理能够满足业务的需要,为业务的发展提供有力的支撑。

(2)数据管理组织架构的启示

1)建立层次清晰的数据管理组织架构:《银行数据管理办法》规定了数据管理组织架构的三个层次——决策层、管理协调层和执行层。这启示我们,银行应建立一个层次清晰、职责明确的数据管理组织架构,确保数据管理的各项工作能够得到有效的组织和协调。

2)强化数据管理决策层的领导作用:数据管理决策层作为全行数据管理的最高决策机构,承担着审批数据管理整体方针和策略、监督评价数据管理工作等重要职责。这要求银行应加强对数据管理决策层的领导和支持,确保其能够充分发挥领导作用,为数据管理工作提供有力的指导和支持。

3)发挥数据管理协调层的桥梁作用:数据管理协调层作为数据管理各领域工作的直接领导与组织部门,承担着组织各领域业务专家、总行各部门及分支机构开展数据管理相关工作的重要职责。这启示我们,银行应充分发挥数据管理协调层的桥梁作用,加强各部门之间的沟通与协作,确保数据管理工作的顺利推进。

4)确保数据管理执行层的执行力:数据管理执行层负责全行数据管理工作的具体执行,其执行力直接影响到数据管理工作的质量和效果。因此,银行应加强对数据管理执行层的培训和管理,提高其专业素养和执行力,确保数据管理工作的各项要求能够得到有效的落实。

(3)数据管理具体职能的启示

1)加强企业数据架构管理:企业数据架构管理是数据管理的核心之一,它通过对全行数据模型、数据分布、数据流转的管理,为数据的集中管理和分析应用提供框架支持。这启示我们,银行应加强企业数据架构管理,确保数据的规范性和一致性,为数据的共享和应用提供有力保障。

2)完善数据标准管理:数据标准是数据管理的重要基础,它确保了数据在全行内外的使用和交换都是一致、准确的。因此,银行应完善数据标准管理,建立数据标准体系框架与规划,对数据的定义、分类、业务属性、技术属性和标准代码等进行统一管理和维护。

3)注重数据质量管理:数据质量是数据管理的生命线,它直接关系到数据的可靠性和应用价值。因此,银行应注重数据质量管理,建立数据质量监控、分析、评估、改进和考核机制,确保数据的准确性、完整性、时效性和一致性。

4)强化主数据管理:主数据是全行范围内跨业务条线、跨系统共享的核心数据,其唯一性和准确性对于银行的业务运营和管理决策具有重要意义。因此,银行应强化主数据管理,建立主数据管理体系框架与规划,明确主数据的整合需求、整合规则与共享机制等。

5)提升元数据管理能力:元数据是描述数据的数据,它对于理解数据的来源、关系及相关属性具有重要作用。因此,银行应提升元数据管理能力,建立元数据管理体系和元数据管理工具,对元数据进行规划、定义、存储、整合、应用与控制等全流程管理。

6)强调数据安全:数据管理原则和目标中多次提到数据安全,包括数据本身的安全、数据防护的安全和数据存取与使用的安全。因此,银行应加强数据安全管理，建立完善的数据安全制度和流程，实施数据安全策略和规程，确保数据不被泄露、篡改或滥用。

7）强化数据生命周期意识：数据生命周期管理的目标是以最低的数据持有成本提供最大的有效合规的数据利用价值。银行需要认识到数据在不同阶段的价值和风险，这有助于更好地规划和管理数据资源，确保数据的合规使用和及时销毁。

8）定义各项管理工作之间的关系：数据标准是制定数据质量度量规则的重要依据，是数据质量管理过程中的评估和分析结果，为数据标准的维护与更新提供反馈；数据质量管理、标准管理、数据架构管理、生命周期管理、安全管理都为主数据管理对行内核心数据唯一性的维护奠定基础；元数据模块与其他七个模块都发生交互，它负责记录其他数据管理领域的关键信息，为其余七项管理工作提供基础支撑。各项管理工作之间的关系有助于形成一个协同效应，提升整体的数据管理效能。

（4）数据应用与规划管理的启示

1）加强数据基础平台建设：数据基础平台是数据应用的技术支撑，它提供了数据查询、报表定制、数据分析与深入探索等数据支持与运用服务。因此，银行应加强数据基础平台建设，确保其能够满足数据应用的需要，为数据的快速访问和高效处理提供有力支持。

2）推动数据应用创新：数据应用是数据管理的最终目的和归宿。因此，银行应积极推动数据应用创新，探索数据在业务运营、管理决策等方面的应用场景和应用。

3）数据需求与规划管理：银行应统筹数据应用建设，通过统一的数据需求入口和报表全生命周期管理，为数据应用和数据基础平台运作创造良好环境。

7.3.2 数据管理流程

数据管理流程是指组织在进行数据管理、维护、使用过程中遵循的一系列有序步骤，旨在确保数据的质量、一致性、可用性、安全性和合规性。它涵盖了从数据的产生、收集、整合、存储、分析到消亡全生命周期中的各项活动，以及与之相关的策略制定、制度建设、工具应用和人员职责等，以确保数据管理的流程化、规范化和制度化。

1. 规范、标准化的数据管理流程的重要作用

通过有效的数据管理流程，组织可以充分利用高质量的数据，更好地支持决策制定，提高运营效率和盈利能力，同时增强数据的安全性。数据管理流程的重要作用如下：

1）提高效率：标准化的数据管理流程可以减少重复工作和不必要的沟通成本，提高工作效率。

2）降低风险：规范的数据管理流程可以降低数据丢失、泄露或被篡改的风险。

3）支持决策：高质量的数据可以为组织的决策提供有力支持，提高决策的准确性和有效性。

4）促进合规：符合法规要求的数据管理流程有助于组织满足数据保护和隐私法规的要求，避免法律风险。

5）提升数据价值：优化和规范的数据管理流程可以充分挖掘数据的价值，为组织带来更多的商业机会。

2. 主要的数据管理流程

组织数据管理体系中主要的数据管理流程如图 7-17 所示。

图 7-17　主要的数据管理流程

常见的数据管理流程包括但不限于以下内容：

1）数据标准管理流程：建立并发布这一流程的目的是解决数据口径不一致的问题，确保在组织内部各业务部门、信息系统间对于相同数据元素的理解、定义、计量单位等保持统一，从而消除数据歧义，提升数据共享和分析的有效性。

2）数据资源架构管理流程：该流程涉及建立规范化的数据模型、数据存储设计、数据交换接口等，以指导组织信息系统的设计与开发，避免系统间的重复建设和数据冗余。这一流程有助于提升数据的整合效率，支持跨部门、跨系统的数据共享与集成，为数据分析和决策提供坚实的基础。

3）数据质量管理流程：该流程致力于构建一套机制，使得数据质量问题能够被及时发现、分析、纠正，并通过预防措施防止其再次发生。这包括定义数据质量规则、定期进行数据质量检查、追踪问题根源、实施改进措施，以及建立持续的数据质量监控和报告体系。

4）数据安全管理流程：该流程旨在构建一个完整的安全评估考核体系，对组织的数据安全状况进行全面审计、风险评估，并根据评估结果制定和实施相应的整改措施。这包括但不限于数据分类分级、访问控制、加密保护、备份恢复、安全事件响应、合规性审计等环节，确保数据在全生命周期内的安全性。

5）数据资产管理流程：该流程旨在构建完整的数据资产体系，构建组织对数据资产进行识别、登记、分类、估值、授权、审计等管理活动的能力，这些活动共同构成了数据资产管理流程的一部分。

上述流程相互交织、互为支撑，共同构建起组织级数据管理体系，为数据的高效利用、风险防控和业务赋能提供有力保障。

7.4 数据标准规范

在数据爆炸式增长的时代，建立统一规范的数据标准体系是确保数据一致性、可互操作性和高质量的关键。本节深入阐述了数据标准的定义，明确其作为数据管理保障体系核心要素的重要性，进而探讨了数据标准的分类极其广泛覆盖的范围，最后聚焦于数据标准管理的实践策略，旨在为组织构建一套完善的数据标准规范体系，为数据资产的有效管理和利用奠定坚实基础。

7.4.1 数据标准的定义

在中国信息通信研究院云计算与大数据研究所和 CCSA TC601 大数据技术标准推进委员会编写的《数据标准管理实践白皮书》中对数据标准的定义如下："数据标准（Data Standards）是指保障数据的内外部使用和交换的一致性和准确性的规范性约束。在数字化过程中，数据是业务活动在信息系统中的真实反映。由于业务对象在信息系统中以数据的形式存在，数据标准相关管理活动均需以业务为基础，并以标准的形式规范业务对象在各信息系统中的统一定义和应用，以提升组织在业务协同、监管合规、数据共享开放、数据分析应用等各方面的能力"。⊖

对于组织而言，通俗来讲，数据标准就是对数据的命名、数据类型、长度、业务含义、计算口径、归属部门等，定义一套统一的规范，保证各业务系统对数据的统一理解、对数据定义和使用的一致性。

"数据标准"并非一个专有名词，而是一系列"规范性约束"的抽象。但是，数据标准的具体形态通常是一个或多个数据元的集合，即数据元是数据标准的基本单元。《信息技术数据元的规范与标准化第 1 部分 数据元的规范与标准化框架》（GB/T 18391.1—2002）将数据元定义为用一组属性描述定义、标识、表示和允许值的数据单元，如图 7-18 所示。

7.4.2 数据标准的分类及范围

在探讨数据管理保障体系的过程中，数据标准的分类与范围界定是构筑坚实数据基础不可或缺的一环。本小节首先概览不同机构与领域对数据标准的多元定义，旨在展现其广泛而深入的影响力；随后，聚焦于本书认同的数据标准分类，详细阐述其包含的核心内容，旨在为读者提供一套清晰、系统的数据标准分类框架及其适用范围指南，助力组织在复杂多变的数据环境中精准导航。

⊖ 中国信息通信研究院云计算与大数据研究所，CCSA TC601 大数据技术标准推进委员会. 数据标准管理实践白皮书 [R]. 北京：中国信息通信研究院，2022：1.

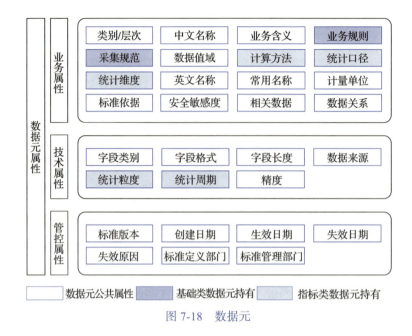

图 7-18 数据元

1. 国家标准《数据管理能力成熟度评估模型》

在国家标准 GB/T 36073—2018《数据管理能力成熟度评估模型》中，将数据标准分为四类，分别是业务术语、参考数据和主数据、数据元、指标数据。

- 业务术语：组织中业务概念的描述，包括中文名称、英文名称、术语定义等内容。业务术语管理就是制定统一的管理制度和流程，并对业务术语的创建、维护和发布进行统一的管理，进而推动业务术语的共享和组织内部的应用。业务术语是组织内部理解数据、应用数据的基础。对业务术语进行管理能保证组织内部对具体技术名词理解的一致性。
- 参考数据：用于将其他数据进行分类的数据。参考数据管理是对定义的数据值域进行管理，包括标准化术语、代码值和其他唯一标识符，每个取值的业务定义，数据值域列表内部和跨不同列表之间的业务关系的控制，并对相关参考数据的一致、共享使用。主数据：组织中需要跨系统、跨部门共享的核心业务实体数据。主数据管理是对主数据标准和内容进行管理，实现主数据跨系统的一致、共享使用。
- 数据元：对组织中核心数据元进行管理，使数据的拥有者和使用者能够对数据有一致的理解。
- 指标数据：组织在经营分析过程中衡量某一个目标或事物的数据，一般由指标名称、时间和数值等组成。指标数据管理指组织对内部经营分析所需要的指标数据进行统一规范化定义、采集和应用，可以提升统计分析的数据质量。

2. DAMA《数据管理知识体系指南》

DAMA《数据管理知识体系指南》认为，在如下领域中都涉及数据标准：
- 数据架构：组织级数据模型、工具标准和系统命名规范。
- 数据建模和设计：数据模型管理程序、数据模型的命名规范、定义标准、标准域、标准缩写等。
- 数据存储和操作：标准工具、数据库恢复和业务连续性标准、数据库性能、数据留存和外部数据采集。
- 数据安全：数据访问安全标准、监控和审计程序、存储安全标准和培训需求。
- 数据集成：用于数据集成和数据互操作的标准方法、工具。
- 文件和内容：内容管理标准及程序，包括组织分类法的使用，支持法律查询、文档和电子邮件保留期限、电子签名和报告分发方法。
- 参考数据和主数据：参考数据管理控制流程、数据记录系统、建立标准及授权应用、实体解析标准。
- 数据仓库和商务智能：工具标准、处理标准和流程、报告和可视化格式标准、大数据处理标准。
- 元数据：获取业务和技术元数据，包括元数据集成和使用流程。
- 数据质量：数据质量规则、标准测量方法、数据补救标准和流程。
- 大数据和数据科学：数据源识别、授权、获取、记录系统、共享和刷新。

3. 中国信息通信研究院《数据标准管理实践白皮书》

在中国信息通信研究院云计算与大数据研究所和 CCSA TC601 大数据技术标准推进委员会编写的《数据标准管理实践白皮书》中对数据标准有如下描述：

"数据标准有多种分类方式，对于不同的分类方式，均可采用以数据元为数据标准制定的基本单元构建数据标准体系。

"数据可以分为基础类数据和指标类数据。基础类数据指业务流程中直接产生的，未经过加工和处理的基础业务信息。指标类数据是指具备统计意义的基础类数据，通常由一个或以上的基础数据根据一定的统计规则计算而得到。相应地，数据标准也可以分为基础类数据标准或指标类数据标准。基础类数据标准是为了统一组织所有业务活动相关数据的一致性和准确性，解决业务间数据一致性和数据整合，按照数据标准管理过程制定的数据标准。指标类数据标准一般分为基础指标标准和计算指标（又称组合指标）标准。基础指标具有特定业务和经济含义，且仅能通过基础类数据加工获得，计算指标通常由两个以上基础指标计算得出。并非所有基础类数据和指标类数据都应纳入数据标准的管辖范围。数据标准管辖的数据，通常只是需要在各业务条线、各信息系统之间实现共享和交换的数据，以及为满足监控机构、上级主管部门、各级政府部门的数据报送要求而需要的数据。

"在基础类数据标准和指标类数据标准这个框架下，可以根据各自的业务主题进行细分。细分时应尽可能做到涵盖组织的主要业务活动，且涵盖组织生产系统中产生的所有业务数据。以图 7-19 所示的银行业典型基础类数据标准和指标类数据标准分类为例，基础类数据标准分为客户数据标准、产品数据标准、协议数据标准、渠道数据标准、交易数据标准、财务数据标准、资产数据标准、公共代码数据标准、机构和员工数据标准、地域和位置数据标准等。指标类数据标准包括监管合规指标、客户管理指标、风险管理指标、资产负债指标、营销管理指标、综合经营指标等。

"基础类数据标准和指标类数据标准通过分别建立基础类数据元和指标类数据元，并将基础类数据元和指标类数据元与数据映射，实现基础类数据标准和指标类数据标准的落地。具体来说，对于结构化数据中的任意一个字段，当其不具备指标特征时，可直接将其与某一业务类别下的基础类数据元（如包含命名规则、数据类型和值域等属性）映射，实现该字段的标准化（符合命名规则、数据类型和值域的规定）；当其具备指标特征时，可直接将其与某一业务类别下的指标类数据元（如命名规则、约束规则、数据类型和值域等）映射，实现该字段的标准化（符合命名规则、约束规则、数据类型和值域的规定）。"

图 7-19 银行业典型基础类数据标准和指标类数据标准分类

4.《大数据标准化白皮书（2023版）》

在全国信息标准化委员会大数据标准工作组发布的《大数据标准化白皮书（2023版）》中，对大数据标准框架进行了定义[一]。

（1）大数据标准框架 大数据标准框架由7个部分组成，首先是基础标准，在基础标准之上是数据标准与技术标准，然后是产品标准、治理与管理标准、安全与隐私标准，最后是行业应用标准，其框架结构如图7-20所示。

（2）大数据标准体系 大数据产业推动数字经济高质量发展，通过调研我国大数据技术、产业发展现状，分析大数据与实体经济融合带来的新标准化需求，《大数据标准化白皮书（2023版）》在《大数据标准化白皮书（2020

[一] 全国信标委大数据标准工作组.大数据标准化白皮书（2023版）[R].北京：全国信标委大数据标准工作组，2023：71-74.

版)》提出的大数据标准体系框架基础上进行修订,形成新的大数据标准体系,如图 7-21 所示。

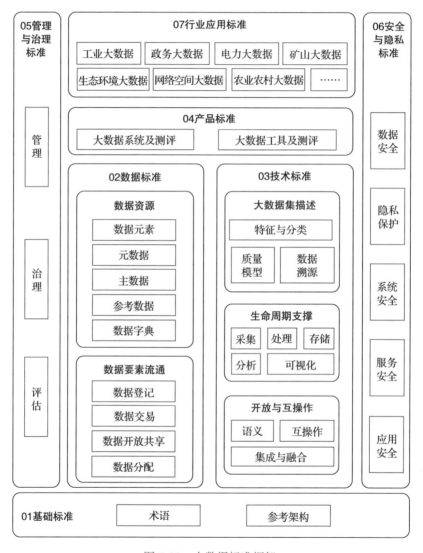

图 7-20 大数据标准框架

第 7 章 数据管理保障体系

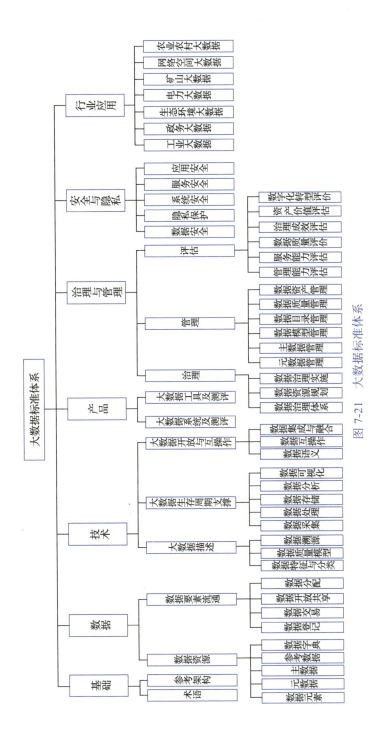

图 7-21 大数据标准体系

大数据标准体系由 7 个类别标准组成，分别为基础标准、数据标准、技术标准、产品标准、治理与管理标准、安全与隐私标准和行业应用标准。

1）基础标准。基础标准为大数据其他部分的标准制定提供基础遵循，支撑行业间对大数据达成统一理解，主要包括术语、参考架构等标准。

2）数据标准。数据标准主要针对数据资源、数据要素相关进行规范，包括数据资源和数据要素流通两类。其中数据资源标准面向数据本身进行规范，包括数据元素、元数据、主数据、参考数据和数据字典等标准；数据要素流通标准包括数据登记、数据交易、数据开放共享和数据分配等标准。

3）技术标准。技术标准主要针对大数据通用技术进行规范，包括大数据描述、大数据生存周期支撑、大数据开放与互操作三类。其中，大数据描述标准主要针对数据特征与分类、数据质量模型、数据溯源等标准进行研制；大数据生存周期支撑标准主要针对大数据产生到其使用终止这一过程中的关键技术进行标准研制，主要涉及大数据采集、处理、存储、分析、可视化等相关技术进行标准研制，包括数据采集、数据处理、数据存储、数据分析和数据可视化等标准；大数据互操作标准则关注不同系统或数据集之间的互操作标准制修订，包括数据语义、数据互操作、数据集成与融合等标准。

4）产品标准。产品标准主要针对大数据相关系统与工具进行规范，包括大数据系统与测评、大数据工具与测评等标准。

5）治理与管理标准。治理与管理标准贯穿于数据生存周期的各个阶段，是大数据实现高效采集、分析、应用、服务的重要支撑。该类标准主要包括治理、管理与评估三个部分。其中，治理标准主要对数据治理体系、数据资源规划、数据治理实施等标准研制；管理标准则主要面向元数据管理、主数据管理、数据模型管理、数据质量管理和数据资产管理等理论方法和管理要素进行规范；评估标准则在治理标准和管理标准的基础之上，总结形成针对管理能力评估、服务能力评估、数据质量评价、治理成效评估、资产价值评估、数字化转型评价等标准。

6）安全与隐私标准。安全与隐私标准同样贯穿于整个数据生存周期的各个阶段，主要包括数据安全、隐私保护、系统安全、服务安全和应用安全等五部分。其中，数据安全主要围绕重要数据安全标准进行研制，保障数据主体所拥有数据不被侵害；隐私保护则围绕数据生命周期的隐私保护进行标准研制，保障个人数据隐私不暴露；系统安全则针对大数据平台产品，以及以大数据平台为底座的应用平台的系统安全、接口安全、技术安全进行标准研制；服务安全主要包括数据安全治理、服务安全能力和交换共享安全，面向数据产品和解决方案的安全性进行要求；应用安全标准主要对大数据与其他领域融合应用中存在的安全问题进行规范。

7）行业应用标准。行业应用标准主要推进各相关行业的大数据标准研制。行业应用标准主要从大数据为各行业所能提供的服务角度出发，是各领域根据其行业特性产生的专用数据标准，包括工业大数据标准、政务大数据标准、生态环境大数据标准、电力大数据标准、矿山大数据标准、网络空间大数据标准、农业农村大数据标准等。

5. JR/T 0105—2014《银行数据标准定义规范》

据 JR/T 0105—2014《银行数据标准定义规范》[一]中的定义，标准是指为了在一定的范围内获得最佳秩序，经协商一致制定并由公认机构批准，共同使用的和重复使用的一种规范性文件。

数据标准是指对数据的表达、格式及定义的一致约定，包括数据业务属性、技术属性和管理属性的统一定义。业务属性包括中文名称、业务定义、业务规则等，技术属性包括数据类型、数据格式等，管理属性包括数据定义者、数据管理者等。银行数据标准定义框架如图 7-22 所示。

表 7-4 所示为 JR/T 0105—2014《银行数据标准定义规范》中关于"担保种类"的数据标准定义示例。

[一] 全国金融标准化技术委员会. 银行数据标准定义规范：JR/T 0105—2014[S]. 北京：中国人民银行，2014：1-7.

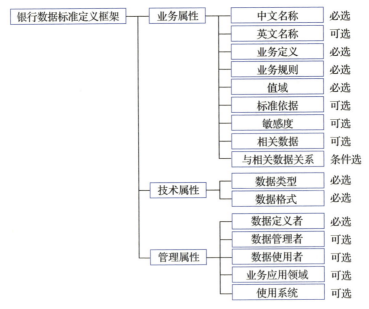

图 7-22 银行数据标准定义框架

表 7-4 "担保种类"的数据标准定义示例

属性	内容		
中文名称	担保种类		
英文名称	Guarantee Category		
业务定义	产品可接受的信贷担保种类,如保证、抵押、质押等		
业务规则	在产品定义时,可以选择不同的担保种类进行组合。代码采用1位数字顺序编码		
值域	代码	代码名称	代码含义
	1	抵押	抵押是指债务人或者第三人不转移对拥有所有权、处分权的财产的占有,将该财产作为对银行债权的担保
	2	质押	质押是指债务人或者第三人将其财产移交银行占有,将该财产作为对银行债权的担保。债务人不履行债务时,银行有权以该财产折价或者以拍卖、变卖该动产、权利的价款优先受偿
	3	保证	保证是指保证人和银行约定,当债务人不履行债务时,保证人按照合同约定代债务人履行债务或者承担赔偿责任的行为

(续)

属性	内容
标准依据	《中华人民共和国担保法》《信贷业务手册：信贷担保》
敏感度	内部使用级
相关数据	担保形式
与相关数据关系	组合
数据类型	代码类
数据格式	1!n
数据定义者	风险管理部
数据管理者	信息中心、公司部、房贷部
数据使用者	投信管理部、集团部、小企业部
业务应用领域	产品管理、客户关系管理、信贷、贸易融资、信用卡、资产保全、运营管理、风险管理、财务管理、资产负债管理
使用系统	贷款流程系统、账务系统、风险管理系统、评级系统

6.《国家数据标准体系建设指南》

2024年10月8日，国家发展改革委、国家数据局、中央网信办、工业和信息化部、财政部、国家标准委六部门联合印发《国家数据标准体系建设指南》（以下简称《指南》）㊀。

《指南》要求，到2026年底，基本建成国家数据标准体系，围绕数据流通利用基础设施、数据管理、数据服务、训练数据集、公共数据授权运营、数据确权、数据资源定价、企业数据范式交易等方面制修订30项以上数据领域基础通用国家标准，形成一批标准应用示范案例，建成标准验证和应用服务平台，培育一批具备数据管理能力评估、数据评价、数据服务能力评估、公共数据授权运营绩效评估等能力的第三方标准化服务机构。

㊀ 国家发展改革委，国家数据局，中央网信办，等.国家数据标准体系建设指南[EB/OL].(2024-09-25)[2024-10-20]. https://www.gov.cn/zhengce/zhengceku/202410/content_6978809.htm.

（1）数据标准体系建设思路　以数据"供得出、流得动、用得好、保安全"为指引，构建数据标准体系。

（2）数据标准体系结构　数据标准体系结构包括 A 基础通用、B 数据基础设施、C 数据资源、D 数据技术、E 数据流通、F 融合应用、G 安全保障等 7 个部分，如图 7-23 所示。

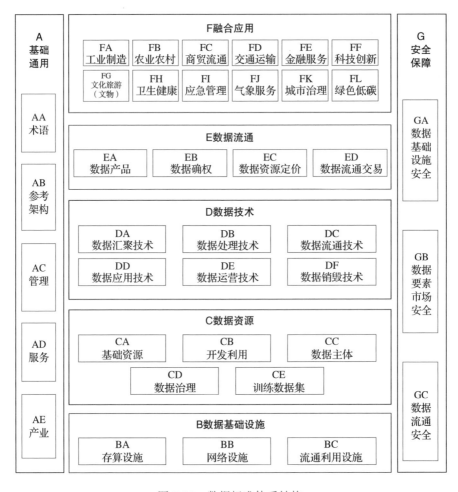

图 7-23　数据标准体系结构

- A 基础通用标准：包括术语、参考架构、管理、服务、产业等，位于数据标准体系结构的最左侧，支撑标准体系结构中其他部分。
- B 数据基础设施标准：以现有相关标准为主，强化基础设施互联互通、算力保障和流通利用标准建设，为数据资源、数据技术、数据流通、融合应用提供支撑。
- C 数据资源标准：聚焦基础资源、开发利用、数据主体、数据治理和训练数据集，为数据资源高质量供给提供标准支撑。
- D 数据技术标准：聚焦数据汇聚、处理、流通、应用、运营、销毁等技术，为数据生命周期提供技术标准支撑。
- E 数据流通标准：聚焦数据产品、确权、资源定价、流通交易等环节，为数据有序流通提供标准支撑。
- F 融合应用标准：位于数据标准体系结构的最顶端，聚焦《"数据要素×"三年行动计划（2024—2026 年）》重点行业领域，为行业领域数据管理应用、数字化水平评价、数据服务能力评估、转型成效评价等融合应用提供标准支撑。
- G 安全保障标准：包括数据基础设施安全、数据要素市场安全、数据流通安全等，位于数据标准体系结构的最右端，为标准体系建设提供合规保障。

数据标准体系框架如图 7-24 所示。具体内容请参考《指南》，在此不再赘述。

7. 组织数据标准

综合上述各类理论和实践，本书对组织的数据标准进行了总结，组织数据标准框架如图 7-25 所示。

按照图 7-25 所示的标准框架，组织数据标准规范如表 7-5 所示。

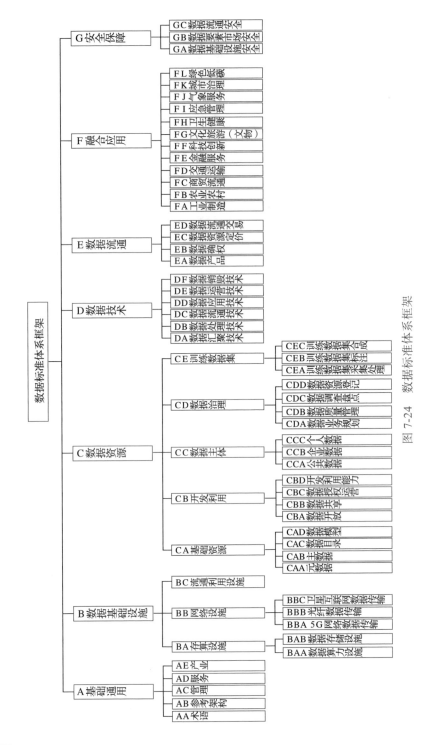

图 7-24 数据标准体系框架

图 7-25　组织数据标准框架

表 7-5　组织数据标准规范

序号	一级分类	二级分类	名称
1	基础标准	总则	
2		定义及术语	定义
3			基础术语
4			专用术语
5		参考架构	
6		编制通则	
7	数据标准	数据资源标准	数据元标准
8			参考数据标准
9			主数据标准
10			指标数据标准
11			时序数据标准
12			交易数据标准
13			元数据标准
14			数据资源架构标准（含模型、分布等）
15			数据源认证标准
16			数据（资源/资产）分类分级标准
17		数据资产标准	数据资产认定标准
18			数据（资源/资产）编码规范
19			数据资产分类分级标准
20			数据资产架构标准
21	技术标准	数据采集标准	
22		数据存储标准	
23		数据应用标准	
24		数据溯源标准	

(续)

序号	一级分类	二级分类	名称
25	数据产品标准	数据产品定义标准	
26		数据产品质量标准	
27		数据产品交付标准	
28	管理与治理标准	数据战略	数据战略管理规范
29			数据战略蓝图框架标准
30			数据战略规划与制定规范
31			数据战略业务案例规范
32			数据规划分析规范
33			数据战略评估规范
34			数据计划管理操作规范
35			数据战略优化规范
36		数据资源管理	数据资源认责标准
37			数据资源架构管理规范
38			数据模型设计开发与维护规范
39			数据模型管理规范
40			元数据管理规范
41			元数据设计规范
42			元数据注册规范
43			数据资产编码规范
44			数据质量需求管理规范
45			数据质量评价指标标准
46			数据质量规则标准
47			数据质量日常监督管理规范
48			数据质量专项提升工作规范
49			参考数据与主数据管理规范
50			指标数据管理规范
51			指标数据制定规范
52			报告数据解码规范
53			时序数据管理规范
54			数据资源运维管理规范
55			数据资源归档标准
56			数据资源退役标准

（续）

序号	一级分类	二级分类	名称
57	管理与治理标准	数据资产管理	数据资产盘点规范
58			数据资产认责管理规范
59			数据资产认责规范
60			数据资产目录应用规范
61			数据需求管理规范
62			数据开发规范
63			数据分析模型库管理规范
64			对内数据类应用立项审批管理规范
65			对内数据应用管理规范
66			数据资产服务管理规范
67			数据资产服务运营规范
68			数据资产运维管理规范
69			数据资产归档标准
70			数据资产退役标准
71		数据资产流通管理	数据资产使用监测管理规范
72			数据流通权属与认责管理规范
73			数据凭证管理规范
74			数据资产内部贡献度管理规范
75			数据资产价格管理规范
76			数据资产交易管理规范
77			数据资产计费管理规范
78			数据资产结算管理规范
79			外部合作交易管理规范
80			数据资产接入管理规范
81			数据资产财务管理规范
82		数据治理	数据治理管理规范
83			数据管理能力评价标准
84			数据管理制度编写规范
85			数据业务流程管理规范
86			文件建设宣贯操作规范
87	安全、合规与隐私标准	数据安全管理标准和策略规范	
88		数据安全等级划分规范	

(续)

序号	一级分类	二级分类	名称
89	安全、合规与隐私标准	数据安全等级标准	
90		数据安全策略制定标准和策略	
91		数据访问权限标准	
92		数据安全审计工作规范	
93		数据合规管理规范	
94		数据隐私管理规范	
95		数据脱敏标准	
96		数据安全策略管理标准	

说明：表 7-5 中为组织常见的数据管理规范和标准，可能不全面，也有可能需要合并，组织可以根据实际情况进行增减。

7.4.3 数据标准管理

数据标准管理作为数据管理保障体系中的核心环节，其有效实施对于保障数据的一致性、提升数据质量具有不可替代的作用。本小节深入探讨了数据标准管理的主要内容，包括标准的规划、制定、审查、发布、执行与监督等关键环节，同时分析了实施数据标准管理的关键保障措施，旨在为组织提供一套全面、可行的数据标准管理方法论，助力组织实现数据资产的价值最大化。

1. 数据标准管理的主要内容

数据标准管理是指数据标准的制定和实施的一系列活动。数据标准管理的目标是通过统一的数据标准制定和发布，结合制度约束、系统控制等手段，实现数据的完整性、有效性、一致性、规范性、开放性和共享性管理，为数据管理活动提供规范依据。数据标准管理的主要内容包括数据标准规划、数据标准制定、数据标准评审发布、数据标准执行、数据标准维护五个部分。

（1）数据标准规划　主要指组织构建数据标准分类框架，并制定开展数据标准管理的实施路线。数据标准规划主要包括以下六个步骤：

1）数据标准调研：主要从组织业务运行和管理层面、国家和行业相关数据标准规定层面、信息和业务系统数据现状三个方面开展，调研内容包括现有的数据业务含义、数据标准分类、数据元定义、数据项属性规则以及相关国际标准、国家标准、地方标准和行业数据标准等。

2）业务和数据分析：主要根据数据标准调研结果，根据数据标准体系建设原则，初步研究数据标准整体的分类框架和定义，以及对业务的支撑状况。

3）研究和参照行业最佳实践：收集和学习数据标准体系建设案例，并研究和借鉴同行业组织单位在本行业数据标准体系规划上的实践经验。

4）定义数据标准体系框架和分类：根据数据标准调研结果以及行业最佳实践，在对组织现有业务和数据现状进行分析的基础上，定义组织自身的数据标准体系框架和分类。

5）制定数据标准实施路线图：根据已定义的数据标准体系框架和分类，结合组织自身在业务系统、信息系统建设上的优先级，制定数据标准分阶段、分步骤的实施路线图。

6）批准和发布数据标准框架和规划：由数据标准管理的决策层审核数据标准体系框架和规划实施路线图，并批准和发布。

（2）数据标准制定　在完成标准分类规划的基础上，定义数据标准及相关规则。数据标准的定义主要指数据元及其属性的确定。随着组织业务和标准需求的不断发展延伸，组织需要科学合理地开展数据标准定义工作，确保数据标准的可持续性发展。

数据标准的定义应遵循以下六大原则：

1）共享性：数据标准定义的对象是具有共享和交换需求的数据。同时，作为全组织共同遵循的准则，数据标准并不为特定部门服务，它所包含的定义内容应具有跨部门的共享特性。

2）唯一性：标准的命名、定义等内容应具有唯一性和排他性，不允许同一层次下标准内容出现二义性。

3）稳定性：数据标准需要保证其权威性，不应频繁对其进行修订或删除，应在特定范围和时间区间内尽量保持其稳定性。

4）可扩展性：数据标准并非一成不变的，业务环境的发展变化可能会触发标准定义的需求，因此数据标准应具有可扩展性。组织可以以模板的形式定义初始的数据标准，模板由各模块组成，模板部分模块的变化不会影响其余模块的变化，方便模板的维护更新。

5）前瞻性：数据标准定义应积极借鉴相关国际标准、国家标准、行业标准和规范，并充分参考同业的先进实践经验，使数据标准能够充分体现组织业务的发展方向。

6）可行性：数据标准应依托于组织现状，充分考虑业务改造风险和技术实施风险，并能够指导组织数据标准在业务、技术、操作、流程、应用等各个层面的落地工作。

数据标准定义主要包括以下两个关键环节：

1）分析数据标准现状：组织应依据业务调研和信息系统调研结果，并分析、诊断、归纳数据标准现状和问题。其中，业务调研主要采用对业务管理办法、业务流程、业务规划的研究和梳理，以了解数据标准在业务方面的作用和存在的问题。信息系统调研主要对各系统数据库字典、数据规范的现状进行调查，厘清实际生产中数据的定义方式和对业务流程、业务协同的作用和影响。

2）确定数据元及其属性：组织应依据行业相关规定或借鉴同行业实践，结合组织自身在数据资产管理方面的规定，在各个数据标准类别下，明确相应的数据元及其属性。

（3）数据标准评审发布　保证数据标准可用性、易用性的关键环节。在数据标准定义工作初步完成后，数据标准定义需要征询数据管理部门、数据标准部门以及相关业务部门的意见，在完成意见分析和标准修订后，进行标准发布。标准评审发布主要包括以下三个过程：

1）数据标准意见征询：对拟定的数据标准初稿进行宣介和培训，同时广泛收集相关数据管理部门、业务部门、开发部门的意见，减小数据标准不可用、难落地的风险。

2）数据标准审议：在数据标准意见征询的基础上，对数据标准进行修订和完善，同时提交数据标准管理部门审议的过程，以提升数据标准的专业性和可管理执行性。

3）数据标准发布：数据标准管理部门组织各相关业务单位对数据标准进行会签，并报送数据标准决策组织，实现对数据标准进行全组织审批发布的过程。

（4）数据标准执行　把组织已经发布的数据标准应用于信息建设，消除数据不一致的过程。数据标准落地执行过程中应加强对业务人员的数据标准培训、宣贯工作，帮助业务人员更好地理解系统中数据的业务含义，同时也涉及信息系统的建设和改造。

数据标准执行一般包括以下四个过程：

1）评估确定落地范围：选择某一要点作为数据标准落地的目标，如业务的维护流程、客户信息采集规范、某个系统的建设等。

2）制定落地方案：深入分析数据标准要求与现状的实际差异，以及落标的潜在影响和收益，并确定执行方案和计划。

3）推动方案执行：推动数据标准执行方案的实施和标准管控流程的执行。

4）跟踪评估成效：综合评价数据标准落地的实施成效，跟踪监督标准落地流程执行情况，收集标准修订需求。

数据标准落地路径主要有按数据主题逐步推进和按业务目标逐步推进两种方式，二者的比较如表 7-6 所示。

表 7-6　数据标准的两种落地路径比较

方式	按数据主题逐步推进	按业务目标逐步推进
优点	全局性强，真正意义的组织级标准 中立、扩展性好	目标需求明确，有对口业务部门配合 标准落地系统清洗，推动力强，见效快
缺点	可能缺乏业务目标，使业务部门难以深入参与 定义过程容易与实际业务目标脱节 标准落地动力不足	缺乏整体观，数据标准的内容易出现交叉或遗漏 会随着业务目标的增加需求不断完善
适用场景	业务需求不具体 技术部分主导	业务部门参与度高、数据标准管理目标明确 配合主题集市及应用系统建设

数据标准落地原则主要包括以下五大原则：

1）整体规划：数据标准体系建设工作是规划与计划、制定、执行、维护、监督检查一个持续深入的动态过程。

2）分步实施：综合考量战略价值、业务优先级、实施难易度、数据满足度和投资回报率，优先定义和执行战略价值高、优先级高、数据重组、易实施、投资回报率高的数据标准，并找到合适的数据标准建设的切入点。

3）价值驱动：业务价值是数据标准工作的原始驱动力，组织需结合战略目标，与 IT 系统建设相结合，在数据标准工作初期以项目为载体，逐步推进。

4）确保执行：保证数据标准在业务领域和技术领域的执行是标准工作的宗旨。

5）管控保障：建立强有力的组织、制度和管理流程，以保证数据标准工作的顺利进行。

（5）数据标准维护　数据标准并非一成不变，而是会随着业务的发展变化以及数据标准执行效果而不断更新和完善。

在数据标准维护初期，组织首先需要完成需求收集、需求评审、变更评审、发布等多项工作，并对所有的修订进行版本管理，以使数据标准"有迹可循"，便于数据标准体系和框架维护的一致性。其次，应制定数据标准运营维护路线图，遵循数据标准管理工作的组织结构与策略流程，各部门共同配合实现数据标准的运营维护。

在数据标准维护中期，组织主要完成数据标准日常维护工作与数据标准定期维护工作。日常维护是指根据业务的变化，常态化开展数据标准维护工作，比如当组织拓展新业务时，应及时增加相应数据标准；当组织业务范围或规则发生变化时，应及时变更相应数据标准；当数据标准无应用对象时，应废止相应数据标准。定期维护是指对已定义发布的数据标准定期进行标准审查，以确保数据标准的持续实用性。通常来说，定期维护的周期一般为一年或两年。

在数据标准维护后期，组织应重新制定数据标准在各业务部门、各系统的落地方案，并制定相应的落地计划。在数据标准体系下，由于增加或更改数据标准分类而使数据标准体系发生变化的，或在同一数据标准分类下，因业务拓展而新增加的数据标准，应遵循数据标准编制、审核、发布的相关规定。

2. 数据标准管理的保障措施

（1）数据标准管理组织架构　数据标准管理组织是组织建立的以推动组织数据标准化工作为目标，负责并落实开展数据标准管理工作全过程的组织体系。数据标准管理组织的设置应遵循数据资产管理组织体系的相关规定，并依据数据标准管理所涉及的不同工作职责，将数据标准管理组织划分为数据标准决策层、数据标准管理部门、数据标准工作组。

数据标准决策层是组织数据标准管理的最高决策组织，主要职责是组织制定和批准数据标准规划、审核和批准拟正式发布的数据标准、协调业务和 IT 资源，解决在数据标准规划、体系建设、评审发布、执行落地中的全局性、方向性问题，推进组织整体开展数据标准化工作。

数据标准管理层是组织数据标准管理的组织协调部门，主要职责是根据业务需求，组织业务和 IT 部门，开展数据标准落地工作。组织业务部门和 IT 部门参与数据标准管理相关工作，并推进数据管理工作的进程，同时及时将数据标准管理过程中的成果或问题报决策层审批。

数据标准执行层是指具体开展数据标准编制和体系建设的数据标准管理部门，通常由数据标准管理专家、相关业务和 IT 专家组成，主要职责是解决编制数据标准、推进数据标准落地工作中的各类具体业务问题和技术问题。

（2）数据标准管理制度体系　组织为开展数据标准管理工作而制定的一系列规章制度。数据标准管理应遵循组织数据资产管理的相关制度和原则。数据标准管理制度主要包括数据标准管理办法、数据标准规范、数据标准管理操作文件。

- 数据标准管理办法：组织制定的内部开展数据标准管理工作的工作办法。一般包括组织数据标准管理目标、数据标准管理组织中各部门的职责、数据标准管理各项工作的主要过程，以及开展数据标准管理工作的相关机制，如沟通汇报机制、审核机制、考核机制等内容。
- 数据标准规范：组织已编制并发布的一系列数据标准文件，如客户数据标准、产品和服务数据标准、统计指标标准等文件。
- 数据标准管理操作文件：各业务部门根据组织数据标准管理办法制定的，

在本部门或本业务领域内开展数据标准化工作的具体实施文件。数据标准管理操作文件也可包含数据标准管理办法各主要过程配套的工作模板文件。

7.5 数据人才

在数字化转型的浪潮中，数据人才作为推动数据价值挖掘与应用的核心要素，其重要性日益凸显。本节首先界定了什么是数据人才，明确其在数据生态系统中的关键角色与定位；随后，聚焦于数据人才建设的重要性与紧迫性，探讨了构建高效数据人才团队的策略与路径；最后，详细介绍了一系列培养数据人才的具体举措，旨在为组织打造一支具备创新思维与实践能力的数据精英队伍，引领组织迈向数据驱动的未来。

7.5.1 什么是数据人才

数据人员是组织内负责管理、运营和治理数据的专业人员。他们的工作涉及数据的收集、整理、分析、解释和保护，确保数据的质量和可用性，以及最大限度实现组织的数据价值。

数据人才是具备数据理解能力、管理能力、运用能力以及运营能力的专业人士，具备丰富的数据管理、运营和运用的知识和实践经验。他们了解组织的数据，知道如何管理组织的数据，能够高效地处理和组织数据，提供高质量的数据服务，以满足组织内部和外部的数据需求。

数据人才对于组织非常重要，主要体现在以下方面：

- 提高数据质量和管理效率：数据人才通过专业的数据清洗、整合和标准化流程，确保数据的准确性和一致性，从而提高数据质量。同时，他们运用有效的数据管理工具和技术，提高数据处理和管理的效率，为组织节省时间和成本。
- 保障数据安全与合规性：在数据处理和运营过程中，数据人才遵循严格的数据安全和隐私保护标准，确保数据的安全性和合规性。他们的工作有助于降低数据泄露和滥用的风险，保护组织的声誉和客户信任。
- 优化决策支持：通过数据人才的工作，组织能够获得准确、及时的数据支持，有助于做出更明智的决策。他们提供的数据分析报告和可视化工具，使决策者能够更直观地了解业务状况和市场趋势，从而制定更合理的战略和计划。
- 提升组织整体运营效率：通过优化数据管理流程和运营策略，数据人才能够提高组织的整体运营效率。他们与其他部门紧密合作，确保数据在各部门之间顺畅流通，促进跨部门的协同工作，从而提高整个组织的响应速度和执行能力。
- 推动业务创新和发展：数据人才通过对数据的深入分析和挖掘，帮助组织发现新的商业机会和潜在风险。他们的工作有助于推动业务创新，为组织开拓新的市场和业务领域提供有力支持。

综上所述，数据人才在组织中发挥着举足轻重的作用，他们的专业知识和技能对于组织的决策、运营和创新都具有重要意义。因此，组织应该重视数据人才的培育和发展，以充分发挥他们在组织中的价值。

7.5.2 数据人才建设

数据人才建设是一个系统性的过程，涉及人才的培养、引进、使用和发展等多个方面。以下是一些建议，以帮助组织更好地进行数据人才建设。

1）明确数据人才需求。明确组织对数据人才的需求，包括管理数据、运营数据和运用数据等方面的具体职责和技能要求，有助于更精准地制定人才建设计划。

2）制定培养计划。
- 依托数字化人才培养主体：引进国际数字化前端设备，为培养熟练应用多元化海量数据的人才提供技术支撑。同时，建立数字人力资源服务产业园区，构建统一的数字平台，以推动人力资源服务的数字化发展。
- 建立多方联动培养链条：利用本土院校优势，引进数字化产教平台，打造"教学、实训、实战、实体、实用、实际"六位一体的人才培养模式。

通过全面调研技术院校类型、建设产教融合示范基地以及设立"数字化专业"课程体系等方式，全面提高人才培养质量。
- 为现有员工提供数据相关的培训和教育：提升他们的数据素养和技能水平。这可以通过线上课程、工作坊、内部培训等多种形式。

3）引进与选拔人才。
- 根据组织的需求，招募具有不同专业背景和技能的数据人才，如数据科学家、数据分析师、数据工程师等。这需要制定明确的职位描述和招聘标准，并通过各种渠道进行招聘宣传。通过校园招聘、社会招聘等渠道引进具有相关专业背景和技能的数据人才。
- 在内部员工中进行选拔和培养，鼓励员工转型为数据人才，为他们提供必要的培训和支持。

4）优化数据团队结构。
- 根据组织的发展战略和业务需求，构建合理的数据人才梯队，确保在不同层次和领域都有合适的人才储备。合理配置管理数据、运营数据和运用数据等不同类型的数据人才。
- 注重团队的协作与沟通，建立良好的团队氛围，以提高数据团队的整体效能。

5）完善激励机制。
- 建立完善的人才管理机制，包括绩效考核、晋升路径、薪酬激励等，以确保数据人才能够在组织中得到充分的发展和认可。
- 设立明确的晋升通道和职业发展路径，为数据人才提供广阔的发展空间。
- 建立合理的薪酬体系和绩效考核机制，激励数据人才不断创新和提升自身能力。

6）加强数据治理与安全意识。
- 明确数据所有权与责任分配，确保每个数据项都有专人负责，避免数据管理方面的混乱和冲突。
- 制定统一的数据标准和规范，包括数据采集、存储、处理、共享等各个环节的标准和流程，以确保数据的质量和安全性。

数据人才建设需要从上述多个方面入手，这些措施将有助于组织打造一支高素质、高效率的数据人才队伍，从而更好地应对数字时代的挑战和机遇。

7.5.3 数据人才培养

培养数据人才应该从以下几个方面入手：

1）明确培养目标和策略。
- 根据组织的实际需求，制定合理的数据人才培养目标和战略。
- 结合当前数字化转型的趋势，确保培养目标与组织的长远发展相匹配。

2）构建系统的课程体系。
- 确立基础课程，如数学、统计学和计算机科学，为后续专业学习打下坚实基础。
- 开设专业课程，深入研究数据挖掘、机器学习、大数据分析等关键技术。
- 引入实际案例分析和项目实践，加强理论与实践的结合。

3）强化实践教学环节。
- 安排丰富的实验课程，提升学员的动手能力和问题解决能力。
- 开展校企合作，为学员提供实习机会，接触并解决实际工作中的数据问题。
- 鼓励学员参与真实的数据分析项目，培养其在实际工作环境中的应对能力。

4）加强团队协作能力训练。
- 通过小组项目和团队作业，锻炼学员的团队合作精神。
- 培养学员跨部门、跨学科的协作能力，以适应复杂多变的数据处理需求。

5）提供持续学习与发展支持。
- 建立完善的培训机制，定期举办内部或外部的培训活动，更新知识和技能。
- 提供在线学习资源，鼓励学员自主学习和终身学习。

- 设立数字技术认证制度，为学员的职业发展提供有力支持。

6）注重数据伦理与法规教育。
- 在课程中融入数据伦理和法规内容，引导学员树立正确的数据观念。
- 通过实际案例让学员理解数据处理的道德规范和法律要求。

7.6 数据平台及工具

在数据驱动的时代，高效、智能的平台与工具是支撑数据收集、处理、分析与应用的关键基础设施。本节首先对数据平台及工具进行了明确定义，阐述其在数据管理与价值创造中的核心作用；随后，深入探讨了数据平台及工具的建设路径与策略，帮助组织构建符合自身需求的数据基础设施；接着，解析了数据仓库、数据平台、数据中台、数据湖等关键概念及其内在联系与区别，为组织选择合适的数据平台及工具提供指导；最后，聚焦于数据平台及工具的管理实践，分享了有效的管理策略与经验，助力组织最大化平台工具效能，加速数据价值的转化与实现。

7.6.1 数据平台及工具的定义

数据平台及工具是利用先进的信息技术手段，对组织内部和外部的数据进行收集、存储、分析、挖掘和运营的系统。这种平台的核心目标是提升组织管理决策的科学性和有效性，实现数据资源的最大化利用。它通常包括数据的收集与采集、存储与管理、分析与挖掘等环节，并可能集成业务流程管理、人力资源管理、供应链管理等功能模块，为组织提供全方位的数字化管理和运营解决方案。

在实际工作中，数据平台通常由多种数据管理和运营工具组成，例如 ETL 工具，可以帮助组织完成数据的集成、清洗和转换；数据质量管理工具，可以帮助组织完成数据质量管理工作等。

在组织建设数据平台时，可以选择集成的数据管理和运营平台，也可以根据组织的实际需要，选择多个工具来完成组织数据管理和运营工作。

7.6.2 数据平台及工具建设

数据平台及工具建设涉及多方面的内容，旨在构建一个高效、稳定且灵活的数据处理、存储和分析、流通环境。以下是数据平台及工具建设主要包括的几个方面：

- 硬件与基础设施：服务器、存储设备、网络设备等硬件设施的配置和部署。这需要根据组织的数据量和处理需求来确定服务器数量和规格，选择高性能存储设备，保证网络带宽和稳定性。
- 软件环境：操作系统、数据库管理系统、数据处理引擎等软件的选择和配置。例如，根据具体需求选择适合的操作系统和数据库管理系统，如 Linux 操作系统和 Hadoop 分布式文件系统。同时，选择合适的数据处理引擎，如 Spark、Hive 等。
- 数据采集与存储：构建数据采集机制，确保从各种来源（包括结构化数据和非结构化数据）有效地收集数据。同时，还需要设计高效和可扩展的数据存储方案，利用分布式文件系统、关系数据库、NoSQL 数据库等技术进行数据存储，并进行容量规划和数据备份策略的制定。
- 数据资源治理：构建数据管理组织，分配权责，并把数据资源治理流程和功能固化在平台中，支撑数据质量管理和安全管理。
- 数据资产管理及运营：构建数据资产管理组织，分配权责，进行数据资产生命周期管理，并尽可能地促进组织数据的内部使用、数据产品转化、数据流通等。
- 数据服务与管理：数据平台需要提供数据服务，确保数据资产和数据用户之间的有效连接。这通常涉及 API 的设计和实施，为业务提供直接价值的数据支持。此外，还需要进行数据的开发、调度、运维监控等管理活动。

7.6.3 数据平台及工具的选择策略

一般来说，由于技术等多方面原因，组织不会自建数据平台及工具。那么，如何选择合适的组织数据平台及工具？

选择合适的组织数据平台及工具需要遵循一定的策略和步骤。对于组织来说，要关注以下三点：

1）明确业务需求：明确组织的数据管理需求，包括数据类型、分析目标、用户群体等。

2）市场调研：深入了解市场上的数据平台和工具，包括其功能、性能、易用性、价格等。

3）试用与评估：通过试用和评估，选择最适合组织需求的平台和工具。

组织选择合适的组织数据平台及工具一般需要经过以下步骤：

1）需求分析：明确组织内部各部门对数据的需求。确定需要管理的数据类型和规模。列出期望通过数据平台和工具实现的目标。

2）市场了解：收集并整理市场上主流的数据平台和工具信息。分析这些平台和工具的功能特性、技术架构、性能表现等。

3）制定评估标准：根据需求分析，制定评估标准，如功能满足度、性能表现、易用性、安全性等。设定权重，以量化评估结果。

4）初步筛选：根据评估标准，对市场上的平台和工具进行初步筛选。选出几个候选的平台和工具进行进一步考察。

5）深入评估：对候选的平台和工具进行深入的功能测试和性能测试。邀请团队成员参与评估，收集他们的反馈。

6）成本效益分析：分析各个候选平台和工具的总拥有成本，包括购买成本、维护成本等。根据预算限制，选择性价比最高的方案。

7）最终决策与实施：综合评估结果，选择最适合组织需求的平台和工具。制定实施计划，包括数据迁移、培训等。

在这个过程中，需要注意以下几点：

1）功能与需求匹配：确保所选平台和工具的功能能够满足组织的实际需求。

2）性能与稳定性：考虑平台和工具的性能表现和稳定性，确保能够处理大规模数据并保持稳定运行。

3）易用性与学习曲线：选择易于上手和使用的平台和工具，以降低培训成本和提高工作效率。

4）安全性与合规性：确保所选平台和工具符合数据安全和合规性要求，保护组织数据不受泄露和滥用。

5）技术支持与服务：考虑平台和工具提供商的技术支持和服务质量，以便在遇到问题时能够及时得到解决。

6）可扩展性与灵活性：选择具有可扩展性和灵活性的平台和工具，以便随着组织需求的变化进行调整和扩展。

7.6.4　数据仓库、数据平台、数据中台、数据湖的内涵和区别

在数字时代，数据已成为企业最宝贵的资产之一。随着大数据技术的发展和应用，组织对数据的存储、处理和分析需求日益增长，催生了多种数据架构和平台。数据仓库、数据平台、数据中台和数据湖作为数据管理的关键概念，各自承载着独特的角色和功能。理解这些概念的内涵和它们之间的区别，对于构建有效的数据环境和支持业务决策至关重要。

数据仓库是企业数据集中存储的经典模式，它通常包含经过抽取、转换和加载的结构化数据，以支持复杂的查询和报告。数据平台则更侧重于提供数据存储、处理和分析的基础设施和服务，它可能包含数据仓库，但也可能包括其他类型的数据存储和处理能力。数据中台是近年来兴起的概念，它强调数据的集成和共享，通过统一的数据服务层支持企业的数据驱动能力。而数据湖则是一种更为灵活的数据存储环境，它可以存储结构化、半结构化和非结构化数据，并且通常在数据进入后才进行处理和分析。

本小节深入探讨了这些概念的内涵，比较它们的功能和应用场景，并分析它们在现代数据架构中的地位和相互之间的关系。这种比较提供了一个清晰的视角，帮助读者根据自身的业务需求和数据策略选择合适的数据管理解决方案。

1. 概念辨析

（1）数据仓库　决策支持系统的核心，通过整合来自不同源的数据，提供

一个统一视图，支持高效的数据查询和分析。数据仓库中的数据经过抽取、转换，以一种优化的模式存储，服务于业务智能、报告和数据挖掘活动。

核心组件：

- ETL过程：数据经抽取、转换和加载到数据仓库中，确保数据质量和一致性。
- 数据存储：通常采用关系数据库管理系统，以星型或雪花模式组织数据。
- 数据访问层：包括查询、报表和高级分析工具，使用户能够检索和分析数据。
- 元数据管理：描述数据仓库中数据的信息，对数据治理至关重要。
- 管理和监控工具：监控数据仓库的性能和安全性，优化数据加载过程。

（2）数据平台　超越了传统数据仓库的边界，是一个全面的技术解决方案，支持从数据收集到分析和可视化的整个数据处理流程。数据平台扩展了对非结构化数据的处理能力，支持大数据和实时分析。

与数据仓库的相同组件：

- 数据存储：可能包含数据仓库和数据湖等多种存储解决方案。
- ETL/ELT工具：整理和准备数据以供分析。
- 数据产品：提供数据检索和报告功能。
- 数据管理和治理：确保数据质量和一致性。

独特组件：

- 数据存储：包括数据湖等，存储大规模原始数据。
- 实时数据处理：支持流数据的即时分析。
- 高级分析和机器学习平台：提供数据科学和机器学习环境。
- 数据集成和API：通过API实现数据的广泛集成和访问。

（3）数据中台　数据生产者和消费者之间的中间层，专注于数据的集成、处理、存储，并提供数据服务。它通过统一的数据服务API促进数据流通和复用，支持业务应用的快速开发。

与数据平台相同的组件：

- 数据集成：整合不同源的数据。

- 数据存储：可能包括数据湖和数据仓库。
- 数据处理和转换：进行数据清洗和转换。
- 数据服务和 API：基于 API 实现数据检索和分析。

独特组件：

- 数据服务和 API：提供丰富业务逻辑集成的数据服务。
- 数据产品管理：封装数据为可复用的产品。
- 数据管理和治理：强调数据标准化和质量管理。

（4）数据湖　一个灵活的存储系统，旨在存储各种结构的数据，支持数据的灵活使用和探索性分析。

与数据平台和数据中台相同的组件：数据存储，存储原始数据，可能包括结构化、半结构化和非结构化数据。

独特组件：无。数据湖主要关注数据存储，不直接提供数据服务 API 或高级分析能力。

（5）总结　数据仓库、数据平台、数据中台和数据湖各自在企业数据架构中扮演着独特角色。数据仓库专注于为分析提供结构化和优化存储的数据；数据平台提供全面的数据处理能力，包括大数据和实时分析；数据中台侧重于数据服务的标准化和业务逻辑集成；数据湖则提供原始数据的灵活存储和探索性分析的能力。企业应根据自身的数据需求和业务目标，选择合适的数据架构来优化其数据管理策略。

2. 案例说明

以下给出针对数据仓库、数据平台、数据中台和数据湖的四个案例，阐明它们在现实应用中的本质区别和特定用途。

（1）数据仓库案例　一家大型零售连锁企业为了优化销售策略和库存管理，建立了数据仓库。该仓库集成了来自全国门店的销售数据、库存数据以及顾客购买行为数据。

特点：

- 数据集成：来自不同系统和渠道的数据被集成到一个中央存储库。

- 数据清洗与转换：数据经过清洗和转换，确保数据质量和一致性。
- 报表与分析：支持复杂查询、月度/季度销售报告、区域销售比较和产品库存周转率分析等。
- 决策支持：为管理层提供数据驱动的决策支持，如调整营销策略和库存水平。

对比总结：数据仓库侧重于为分析和决策提供支持，是结构化数据的集中存储和分析中心。

（2）数据平台案例　一家金融科技公司开发了一个综合数据平台，以支持其即时贷款审批、投资组合管理和风险评估等业务。

特点：

- 数据湖：存储大量原始交易数据、用户行为数据和外部市场数据，支持非结构化数据。
- 数据仓库：支持结构化数据的查询和报告，与数据湖互补。
- 实时数据处理：支持即时信用评分和欺诈检测，提高业务响应速度。
- 高级分析：集成机器学习模型，用于市场趋势预测和用户行为分析。
- 多数据源：支持从多种数据源集成数据，包括内部系统和外部 API。

对比总结：数据平台不仅包含数据仓库的功能，还扩展了对大数据、实时数据处理和高级分析的支持，是金融科技公司的技术基础设施。

（3）数据中台案例　一家大型电子商务平台构建了数据中台，以提高业务敏捷性和市场响应速度。

特点：

- 数据集成与处理：整合商品、用户、交易和物流等数据，提供统一的数据视图。
- 数据服务 API：提供个性化推荐、实时库存更新和交易监控等 API 服务，支持快速业务开发。
- 业务逻辑集成：数据中台的 API 不仅限于数据访问，还集成了业务逻辑，如自动化流程控制。
- 数据产品化：将数据封装成可复用的数据产品，服务于各种业务场景。

对比总结：数据中台强调数据的标准化和服务化，通过提供统一的数据服务 API，促进数据的快速流通和复用，是电子商务平台快速响应市场变化的关键。

（4）数据湖案例　一家生物科技公司建立了数据湖，以支持其在基因组学和蛋白质组学领域的研究。

特点：

- 大规模数据存储：存储大量原始实验数据、临床试验结果和公共研究数据。
- 数据多样性：支持结构化、半结构化和非结构化数据的存储。
- 分析工具集成：虽然数据湖本身不提供分析工具，但可与 R、Python、Hadoop 等生物信息学工具和统计软件集成。
- 科学研究支持：研究人员利用数据湖中的数据进行复杂的数据处理和科学分析，提取有价值的科学洞察。

对比总结：数据湖是生物科技公司存储和管理大规模、多样性数据的基础设施，支持科研人员自由探索和发现新的科学规律。

7.6.5　数据平台及工具管理

数据平台及工具管理是指在数据管理体系中，为了确保数据的有效收集、存储、处理、分析和应用，而实施的一系列技术和管理措施。这包括但不限于建设和维护数据管理平台、数据共享开放平台、数据资产管理平台以及大数据资源平台等核心系统。具体到管理内容，涉及以下几个方面：

- 数据管理平台建设：构建能够实现组织数据治理、数据资产管理、数据质量监控的平台，支持数据的统一调度、运维可视化，强化数据安全管控等，并探索创新技术在数据资产管理中的应用。例如，某制造业项目中提到迭代优化数据管理平台，以达到上述目标。
- 数据安全防护体系：建立和完善数据安全防护体系，包括维护数据安全管理策略、监督执行情况，以及实施数据安全审计机制，确保数据在处理和应用过程中的安全性。

- 数据共享与开放：推动数据共享开放平台的持续建设与完善，促进数据资产在组织内外的有效流通与价值释放，同时确保遵循相应的管理制度、流程和标准体系。
- 数据资产管理：通过数据资产管理平台的建设，实现数据资产生命周期管理，包括数据盘点、治理、接入和应用，以及确立数据认责机制，确保数据资产的高质量和可用性。
- 技术工具集成与优化：整合各类数据处理、分析工具，如数据库、数据集市、数据仓库、数据湖、湖仓一体等软件产品，以及配套的专业软件服务，形成高效的数据处理链条，支持组织级应用需求。
- 组织与流程管理：建立健全数据管理的组织架构，明确职责分工，制定工作流程和管理规范，确保数据管理活动有序进行，并通过持续迭代不断优化管理体系。
- 用户需求响应与支持：支持组织内部各部门和外部客户的数据需求，理解和提炼需求，并提供合理的数据解决方案。提供数据平台的技术培训和支持，帮助用户正确使用和操作数据平台。
- 技术研究与创新：跟踪和研究行业内的数据管理和数据分析的最新技术和趋势，提出相关的改进建议并实施方案。探索新的数据处理和分析方法，以提高数据平台的性能和效率。

综上所述，数据平台及工具管理是一个综合性的管理领域，它不仅关注技术平台的搭建与维护，还涵盖了数据安全、共享开放、资产管理、技术工具集成、组织流程优化、用户需求响应与支持、技术研究与创新等多个层面，旨在通过高效的平台与工具支持，实现数据价值的最大化。

7.7 数据技术创新

在数据技术日新月异的今天，技术创新不仅是推动行业进步的关键力量，而且是组织实现数据价值最大化、保持竞争优势的必由之路。本节首先深入剖析了数据技术的丰富内涵，揭示其在数据处理、分析、应用等各个环节中的核心作用；随后，探讨了如何理性看待数据技术的快速发展及其不断更新迭代的趋势，为组织把握技术脉搏提供洞见；紧接着，分享了制定数据技术发展规划的策略与方法，助力组织构建前瞻性的技术蓝图；最后，聚焦于如何有效推动数据技术创新，提出了一系列实践建议与案例分析，以激发企业创新活力，引领数据时代的变革潮流。

7.7.1 数据技术的内涵

（1）定义　数据技术是指用于收集、存储、管理、分析和解释数据的一系列技术手段。它包括多种技术和工具，旨在帮助组织从大量数据中提取有价值的信息和洞察力。数据技术的应用非常广泛，从商务智能到科学研究，再到日常生活的各个方面。

数据技术，有时也被称为 DT（Data Technology），它强调的是对数据的处理、分析和应用，涉及数据的采集、存储、检索、分析和可视化等方面。数据技术的核心在于将原始数据转换为有用的信息，进而支持决策制定，以服务于各种业务需求和决策支持。与 IT 技术相比，数据技术更注重从数据中挖掘价值，而不仅仅是管理和处理信息。

（2）分类　数据技术大致可以分为以下几类：

- 数据采集技术：涉及数据的收集过程，包括从不同来源获取数据的方法，主要有人工采集和自动采集两种方式。自动采集运用爬虫技术、传感器技术等快速大量地收集数据。
- 数据存储技术：关注数据的保存和管理，包括关系数据库（如 MySQL、Oracle），非关系数据库（如 MongoDB、Cassandra）以及分布式文件系统（如 Apache Hadoop、Apache Spark 等），实现数据的分布式存储和高效管理。
- 数据加工技术：对数据进行分组、排序、过滤、转换等操作，涉及 ETL、BI 及机器学习等技术。
- 数据分析技术：通过统计分析、数据挖掘、机器学习等方法发现数据背后的规律，用于业务决策和预测。

- 数据管理技术：数据备份、恢复、容灾等技术，确保数据的安全性和可用性。
- 大数据技术：处理和分析海量数据的高性能计算、存储和处理集群环境等技术，如 Hadoop、Spark 等。
- 数据安全技术：保护数据不受未授权访问和滥用的技术和措施。
- 数据可视化技术：将数据以图形或图像形式展示，以便于理解和交流。

（3）数据技术的应用场景

- 医疗行业：收集和分析患者的临床数据，提供个性化医疗服务，预测疾病风险，改进治疗方案。
- 物流领域：通过数据分析优化物流路线，预测航班和货物运输需求，提高运营效率。
- 人脸识别领域：基于人脸数据训练算法，实现智能手机的人脸解锁功能，提升安全性和便捷性。
- 无人驾驶领域：实时收集和处理传感器数据，实现自动驾驶汽车的导航和决策。
- 金融领域：利用大数据分析进行风险评估，信用评级，以及投资策略制定。
- 电子商务：通过用户行为数据分析，实现个性化推荐，提高销售额和客户满意度。
- 城市管理：运用大数据技术监测交通流量，优化城市交通规划，提升城市运行效率。

总之，数据技术在各个领域都有广泛的应用，它已经成为推动社会进步和发展的重要力量。

7.7.2 数据技术的更新迭代

组织在看待数据技术及其更新迭代时，可以从以下几个方面进行考虑：

（1）数据技术的重要性

- 竞争优势：数据技术能够帮助组织从海量数据中提取有价值的信息，为决策提供有力支持，从而在竞争中占据优势。通过数据分析，组织可以准确了解市场需求，优化产品设计和营销策略，提高盈利能力。
- 运营效率：数据技术可以优化组织的运营流程，降低成本，提高效率。通过实时监控生产线的运行数据，组织可以及时发现并解决问题，减少生产过程中的浪费。

（2）数据技术的更新迭代
- 保持技术先进性：随着科技的不断发展，数据技术也在不断更新迭代。组织需要密切关注数据技术的最新动态，及时引入新技术，以保持技术的先进性。近年来云计算、大数据、人工智能等技术的融合应用，为组织提供了更强大的数据处理和分析能力。
- 提升业务能力：数据技术的更新迭代不仅可以提升组织的业务能力，还可能带来新的商业机会。随着 5G、物联网等技术的普及，组织可以实时收集更多类型的数据，并进行更精准的分析和预测，从而开拓新的业务领域。

（3）应对数据技术更新迭代的策略
- 制定长期规划：组织需要制定长期的数据技术发展规划，明确技术引入、更新和替换的时间表，以确保技术的持续进步与业务的稳定发展。
- 加强人才培养：数据技术的更新迭代需要组织拥有一支具备相关技能和知识的人才队伍。因此，组织需要加强人才培养，提高员工的数据技术素养和应用能力。
- 强化数据安全与隐私保护：随着数据技术的不断发展，数据安全与隐私保护问题也日益严峻。组织需要采取有效的措施来保护数据的安全性和隐私性，避免数据泄露和滥用风险。

综上所述，组织应充分认识到数据技术的重要性及其更新迭代所带来的机遇与挑战，并制定合理的应对策略，以确保组织在数字时代保持竞争力并实现持续发展。

7.7.3 数据技术的发展规划

组织在制定数据技术发展规划时，应该遵循清晰的步骤和策略来确保规划的有效性和前瞻性。

1）评估现状和需求。
- 内部审计：对组织内部现有的数据技术能力进行全面审计，包括数据收集、存储、处理和分析等方面的能力。
- 需求分析：明确组织在未来的业务发展中，数据技术需要支持哪些关键业务目标和流程。

2）设定发展目标。
- 短期与长期目标：根据现状和需求，设定明确、可衡量的短期和长期数据技术发展目标。
- 对齐业务战略：确保数据技术发展规划与组织的整体业务战略保持一致。

3）制定实施计划。
- 技术选型：基于发展目标，选择合适的数据技术和工具，如数据库管理系统、数据分析工具等。
- 人才培养与引进：制定计划培养和引进具备数据技术能力的专业人才。
- 项目时间表：为每个发展阶段设定明确的时间表，包括关键里程碑和完成日期。

4）确保资源投入。
- 预算规划：根据实施计划，制定详细的预算规划，包括软硬件投资、人力资源成本等。
- 资金筹措：确定资金来源，并确保资金按计划投入。

5）监控与调整。
- 性能指标：设定 KPI 来衡量数据技术发展的成效。
- 定期评估：定期对数据技术发展规划进行评估，确保计划与实际业务发展保持一致。
- 灵活调整：根据评估结果和市场变化，及时调整发展规划。

6）风险管理。
- 识别风险：识别可能影响数据技术发展规划实施的风险因素。
- 应对策略：为每种风险制定应对策略和预案。

7）促进跨部门合作。
- 建立沟通机制：确保 IT 部门与业务部门之间的有效沟通。
- 共同参与：鼓励各部门共同参与数据技术发展规划的制定和实施过程。

8）保持技术更新。
- 关注新技术：持续关注数据技术领域的最新发展，如人工智能、云计算等。
- 技术更新计划：定期评估并更新技术栈，以保持组织的竞争力。

通过遵循以上建议框架，组织可以制定出一个全面、前瞻性的数据技术发展规划，以支持其长期业务发展目标。

7.7.4 数据技术创新的方法

组织推动数据技术创新需要从多个方面入手，以下是一些具体的建议：

- 明确创新目标：组织应首先明确数据技术创新的目标，是提升数据处理速度、优化数据分析算法，还是开发新的数据应用等。
- 建立创新文化：营造一种鼓励尝试、容错、持续学习的文化氛围，让员工敢于提出新的想法并付诸实践。
- 投入研发资源：分配专门的研发预算，用于支持数据技术的创新项目。
- 设立专门的研发团队或实验室，专注于数据技术的研发和创新。
- 技术合作与交流：与其他组织、研究机构或高校进行合作，共享资源和技术知识，加速创新进程。定期举办技术交流会，让员工分享最新的技术见解和创新实践。
- 人才培养与激励：提供持续的培训和发展机会，让员工掌握最新的数据技术和创新方法。设立创新奖励机制，表彰在数据技术创新方面做出突出贡献的员工。
- 客户需求驱动：深入了解客户需求和市场趋势，将数据技术创新与解决客户实际问题相结合。通过与客户的紧密互动，获取反馈并不断优化创新方案。
- 实验与迭代：采用敏捷开发方法，快速实验和迭代创新想法，以验证其可行性和效果。鼓励员工提出改进意见，持续优化数据技术和相关流程。
- 保护知识产权：重视知识产权的申请和保护工作，确保组织的数据技术创新成果能够得到法律保障。
- 监控与评估：设立专门的创新项目管理机制，定期监控项目进度和效果。对创新项目进行定期评估，及时调整策略和资源分配。
- 宣传与推广：通过内部和外部渠道宣传组织的数据技术创新成果，提升组织形象和品牌影响力。积极参加行业会议和展览，展示组织在数据技术创新方面的实力和成果。

通过以上措施，组织可以有效地推动数据技术创新，提升竞争力并应对不断变化的市场需求。

7.8 数据文化素养

数据文化素养是指个人或组织理解和使用数据的能力，包括数据的解释、分析和沟通。它涉及一系列技能和知识，使人们能够从数据中提取意义，并将其转化为有用的信息和洞见，以支持决策制定。

7.8.1 数据文化素养的内涵

（1）关键要素 数据文化素养包括以下关键要素：
- 理解数据：能够理解数据的含义，包括数据的来源、类型、结构和质量。
- 分析数据：具备基本的统计和分析技能，能够识别数据中的模式、趋势和异常。
- 可视化数据：能够使用图表、图形和其他工具将数据以直观的方式展示出来。
- 沟通数据：能够有效地将数据洞察以清晰、准确的方式传达给不同的受众。
- 批判性思维：能够批判性地评估数据和基于数据的论断，避免错误解释和偏见。

（2）数据文化素养的意义　对于组织而言，数据文化素养具有以下重要意义：

- 决策支持：具备数据文化素养的团队能够更好地理解并利用数据来支持决策，从而提高决策的质量和准确性。在大数据时代，数据已经成为组织决策的重要依据，因此，提升全体成员的数据文化素养对于组织做出明智决策至关重要。
- 创新驱动：数据文化素养可以激发组织的创新思维。通过对数据的深入理解和分析，员工能够发现新的商业机会、优化业务流程，并推动组织的产品和服务创新。
- 风险管理：具备数据文化素养的员工能够更好地识别和管理与数据相关的风险。他们了解数据的敏感性，知道如何保护数据安全，确保隐私不被侵犯，并遵守相关法律法规，从而降低组织面临的数据风险。
- 效率提升：当员工具备数据文化素养时，他们能够更有效地利用数据工具和技术来提高工作效率。这不仅可以减少重复劳动，还能让员工专注于更具创造性和策略性的工作。
- 文化塑造：数据文化素养有助于塑造一种以数据为驱动的组织文化。这种文化鼓励员工基于数据进行决策，促进组织内部的数据共享和协作，从而营造一个更加开放、透明和高效的工作环境。

总的来说，数据文化素养对于组织在大数据时代保持竞争力、实现创新驱动发展以及有效管理风险等方面都具有重要意义。因此，组织应该重视并投入资源来提升全体成员的数据文化素养。

7.8.2　培养数据文化素养

组织培养数据文化素养需要综合考虑多个维度，以下是一些具体的实施步骤和策略：

1）明确培养目标和计划。
- 设定清晰的数据文化素养培养目标，包括员工应具备的数据意识、技能水平等。

- 制定详细的培养计划，包括培训时间、内容、方式等，确保培养工作的有序进行。

2）加强数据意识教育。

- 通过内部宣传、讲座等形式，普及数据知识，提升员工对数据价值的认识。
- 引导员工关注数据，理解数据对组织决策的重要性，从而形成积极的数据使用习惯。

3）开展数据技能培训。

- 根据员工需求，设计针对性的数据技能培训课程，如数据分析、数据可视化等。
- 采用线上线下相结合的方式，提供灵活多样的学习方式，满足不同员工的学习需求。

4）建立数据实践平台。

- 提供实际数据集和项目案例，让员工在实践中提升数据处理和分析能力。
- 鼓励员工参与数据分析项目，通过实际操作来巩固和应用所学知识。

5）构建数据学习社区。

- 设立内部数据学习社区或论坛，为员工提供交流、分享和学习的平台。
- 定期举办数据相关的分享会、研讨会等活动，促进员工之间的互动和学习。

6）完善激励机制。

- 设立数据文化素养评估体系，定期对员工的数据能力进行评估和反馈。
- 对于在数据文化素养方面表现优秀的员工给予奖励和认可，激发员工的学习积极性。

7）持续跟进与调整。

- 定期收集员工反馈，了解培养效果，及时调整培养策略和内容。
- 关注行业动态和技术发展趋势，不断更新和完善数据文化素养的培养方案。

通过以上步骤和策略的综合实施，组织可以有效地提升员工的数据文化素养，为数字化转型和创新发展提供有力的人才保障。

7.8.3 培养数据文化素养的注意事项

组织在培养数据文化素养的过程中，有以下几个重要的注意事项：

（1）确保业务目标与数据文化的紧密结合　数据文化素养的培养应与组织的业务目标相一致。组织决策者需要明确能从数据分析中获取最大业务价值的领域，并跟踪结果和收益，以确保数据文化的推进对业务有实际帮助。

（2）注重沟通与交流　组织在培养数据文化素养时，要加强内部沟通，打破组织和数据孤岛。通过跨部门合作和交流，促进数据的共享和使用，形成统一的数据视角和语言。

（3）强化数据治理和道德规范　建立良好的数据治理原则，加强数据问责制和透明度，确保数据质量和合规性。同时，将道德规范融入数据文化中，强调数据透明度、数据保护和数据分析的诚信。

（4）提供持续的学习和支持　数据文化素养的培养是一个持续的过程，需要持续的学习资源和支持。组织应建立学习资源库，提供在线课程、教程等，以方便员工随时学习。同时，设立内部交流平台，鼓励员工分享学习心得和经验。

（5）关注员工的实践机会和激励　员工需要实践机会来应用和提升他们的数据技能。组织应提供实际数据集和项目案例，让员工在实践中学习和成长。此外，设立激励机制，如晋升机会、奖金等，以认可并奖励在数据文化素养方面表现突出的员工。

（6）适应性和灵活性　每个组织的数据需求和文化背景都不同，因此组织在培养数据文化素养时要保持灵活性和适应性。根据组织的实际情况和员工需求，调整培养策略和内容，以确保数据文化的有效推进。

综上所述，组织在培养数据文化素养过程中需要关注业务目标与数据文化的结合、沟通与交流、数据治理和道德规范、持续学习和支持、员工实践机会和激励以及适应性和灵活性等方面。这些注意事项将有助于组织更有效地培养数据文化素养，推动数字化转型和创新发展。

第 8 章 CHAPTER

数据体系建设的方法与实践

在数据成为核心资产的今天,构建一套覆盖数据全生命周期的体系,是确保数据质量、提升数据应用效能、加速数据价值转化的关键。本章深入剖析了数据体系建设的复杂性与重要性,阐述了体系建设的核心原则,提供了一套系统化的方法论与实施路径,同时指出在体系建设过程中需要特别注意的事项,以避免常见的陷阱。此外,还通过某公司数据资产管理体系构建与应用的实战案例,展示了成功实践的宝贵经验与启示,为企业构建高效、可持续的数据体系提供可借鉴的模板与策略。

本章的目标是为读者提供一个全面的指南,帮助他们理解数据体系建设的重要性,掌握实施的策略和方法,以及如何通过持续的改进和创新,使数据体系成为推动组织发展的强大引擎。本章通过以下内容来描述数据体系建设的方法与实践:

- 介绍数据体系建设的复杂性及其背后的多重因素,揭示数据体系构建的本质难题。

- 聚焦于数据体系建设的核心原则，确保数据体系的稳健性与可扩展性。
- 详细阐述数据体系建设方法论，从需求分析、架构设计、数据治理、平台搭建到应用集成，每一步都需要精细规划、设计、实施、管理与监督。
- 关注数据体系建设的注意事项，确保数据体系长期稳定运行。
- 分享某公司数据资产管理体系构建与应用的具体案例，展示数据体系建设的成功路径与成果。

8.1 数据体系建设是一个复杂过程

在深入探讨组织数据管理体系建设之前，全面理解其复杂性与系统性至关重要。影响数据管理体系建设的复杂因素如图 8-1 所示，这一过程不仅关乎技术层面的实施，更是战略、法律、安全、文化等多维度交织的复杂系统工程。

图 8-1 影响数据管理体系建设的复杂因素

（1）数据管理的全面性与复杂性　数据管理的复杂性首先体现在其全生命周期的广泛覆盖上，从源头的数据生成，历经采集、存储、处理、分析、使用、维护，直至最终的归档与销毁，每个阶段都承载着不同的价值与挑战。数据形态的多样性（如结构化、非结构化、半结构化）及其衍生品的涌现，进一步增加了管理的难度。此外，数据资源向资产乃至资本的转化，要求管理者不仅要关注数据的物理状态，还要深刻理解其经济与社会价值，制定与之相适应的管理策略和技术方案。

（2）战略导向与业务融合　数据管理体系的建设绝非孤立行动，而是组织整体战略的重要组成部分。它必须紧密围绕组织的业务目标，确保数据能够成为驱动决策、优化流程、创新服务的核心力量。这意味着在体系规划之初，就需要明确数据如何支撑业务战略，如何促进价值创造，以及如何通过数据洞察来指导战略调整。

（3）合规性基石与隐私保护　在全球数据保护法规日益严格的背景下，数据管理体系必须建立在坚实的合规性基石之上。这要求组织不仅要熟悉并遵守国内外相关法律法规，如 GDPR、《中华人民共和国数据安全法》及《中华人民共和国个人信息保护法》等，还要构建完善的合规机制，确保数据处理活动的合法性、正当性和必要性。隐私保护作为合规性的核心，更是需要通过加密技术、访问控制、匿名化等手段，全方位保障个人信息的安全与隐私。

（4）安全挑战与防护体系　数据安全是数据管理体系的生命线。面对日益复杂的安全威胁，组织需要构建多层次、全方位的安全防护体系，包括物理安全、网络安全、系统安全、数据安全等多个层面，通过实施加密技术、访问控制策略、安全审计机制以及应急响应预案等，有效抵御外部攻击和内部泄露风险，确保数据资产的完整性和可用性。

（5）变革管理与文化培育　数据管理体系的引入往往伴随着工作流程的重塑和组织文化的变革。这要求管理者具备强大的变革领导力，通过有效的沟通、培训和激励机制，引导员工接受并适应新的工作方式。同时，积极培育数据驱动的文化氛围，鼓励员工主动探索数据价值，形成数据意识强、创新能力高的团队氛围。

（6）技术与资源的整合优化　构建一个完善的数据管理体系需要整合多种技术和资源，如数据存储技术、数据处理和分析工具、安全防护措施等。这涉及不同技术解决方案的选择和集成，如数据仓库、数据湖、云计算平台和大数据分析工具。技术的选择和集成需要专业的知识和精细的规划，以确保系统的兼容性、性能和可扩展性。

（7）成本控制与效益评估　在追求数据价值最大化的同时，组织还需要关注成本控制的问题，通过精细化管理手段，以及云计算、大数据等先进技术，优化数据存储结构、提高处理效率、降低能耗等，有效控制数据管理的经济成本。同时，建立科学的效益评估体系，定期对数据管理体系的成效进行评估和分析，确保投资回报的最大化。

（8）持续迭代与创新能力　数据管理体系是一个动态发展的过程。随着业务需求的不断变化和技术环境的持续演进，组织需要保持高度的敏感性和灵活性，及时调整和优化管理体系。同时，鼓励创新思维和技术应用，推动数据管理体系的不断升级和完善，以应对未来的挑战和机遇。

（9）跨部门协作与沟通机制　数据管理体系的成功实施离不开组织内部各部门的紧密协作和有效沟通。组织需要建立跨部门协作机制和沟通平台，促进IT、法务、业务等部门之间的信息共享和协同作业。同时，明确各部门的职责和权限范围，确保数据管理工作的有序开展和高效运行。

（10）组织文化与员工培训　组织需要积极营造重视数据、尊重知识的文化氛围，让数据成为推动组织发展的重要力量。同时，加强对员工的培训和教育力度，提高员工的数据素养和专业技能水平。定期组织培训、分享会等活动，激发员工的学习热情和创造力，为数据管理体系的顺利实施提供有力的人才保障。

8.2　数据体系建设的 6 个原则

组织开展数据管理体系建设的原则如图 8-2 所示。

（1）数据价值原则　强调根据数据对组织的战略价值来分配管理资源和策略，也强调对数据资源进行差异化管理的必要性。组织应根据数据的业务价值、敏感性、稀缺性等因素，合理分配管理资源，确保高价值数据得到更高水平的安全保障和优先处理。高价值数据，如客户信息、知识产权等，对组织至关重要。

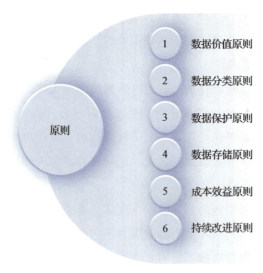

图 8-2　组织开展数据管理体系建设的原则

价值体现：

- 提高管理效率：确保关键数据得到足够的保护，减少数据丢失或滥用的风险。
- 优化资源配置：避免资源浪费，确保关键数据得到充足支持。
- 提升决策质量：基于高质量的数据分析，做出更精准的决策。
- 增强竞争力：快速响应市场变化，利用数据优势赢得竞争优势。

不遵守后果：

- 若忽视数据价值差异，可能导致重要数据被忽视，增加数据丢失或泄露的风险，影响业务决策效果，甚至错失市场机遇。
- 可能导致资源浪费，将宝贵的资源分配给价值较低的数据。

（2）数据分类原则　分类是实施精细化管理的前提，数据分类原则要求组织根据数据的敏感性、用途和重要性对数据进行分类。通过明确的数据分类，组织可以更有针对性地制定管理措施，确保不同类别的数据得到恰当处理，提高管理效率。

价值体现：

- 提高管理效率：简化管理流程，减少不必要的复杂性。
- 增强合规性：确保数据处理符合相关法律法规要求。

- 促进数据共享：在保障安全的前提下，促进跨部门或跨组织的数据共享与合作。

不遵守后果：数据分类不清将导致管理混乱，增加合规风险，降低数据利用价值，甚至引发数据泄露等安全问题。

（3）数据保护原则　数据是组织的核心资产之一，其安全性和隐私性至关重要。保护原则要求组织采取一系列措施，确保数据在整个数据生命周期的存储、传输、处理等各个环节的安全。

价值体现：

- 维护组织信誉：避免因数据泄露而遭受声誉损失。
- 保护用户隐私：遵守隐私保护法规，增强用户信任。
- 降低经济损失：防止因数据丢失或损坏导致的直接和间接经济损失。

不遵守后果：数据泄露、丢失或篡改将严重损害组织声誉，引发法律纠纷，导致经济损失，甚至影响组织生存。

（4）数据存储原则　强调选择合适的存储解决方案，选择合适的存储方案对于确保数据的长期可用性和可访问性至关重要。存储原则要求组织考虑数据的增长趋势、访问频率、恢复需求等因素，制定合适的存储策略。

价值体现：

- 保障数据连续性：确保业务连续性不受数据存储问题影响。
- 优化存储成本：通过合理的存储规划和优化，降低存储成本。
- 提高数据访问效率：确保数据快速响应业务需求。

不遵守后果：存储不当将导致数据丢失、损坏或访问困难，影响业务正常运行，增加数据恢复成本和时间。

（5）成本效益原则　数据管理需要投入大量资源，包括人力、物力和财力。成本效益原则要求组织在追求数据管理效果的同时，合理控制成本，实现投入产出比的最大化，以确保数据管理活动的经济合理性。

价值体现：

- 提升资源利用率：避免资源浪费，提高资源使用效率。
- 优化管理决策：基于成本效益分析，做出更合理的管理决策。

- 增强财务稳健性：确保组织在数据管理方面的投入不会给财务状况带来过大压力。

不遵守后果：过度的投入将增加组织财务负担，降低盈利能力；而投入不足则可能导致数据管理效果不佳，影响业务发展和竞争力。

（6）持续改进原则　数据管理是一个持续的过程，需要随着业务需求和技术环境的变化而不断调整和优化。持续改进原则要求组织建立反馈机制，定期评估管理体系的有效性，并根据评估结果进行必要的调整和优化。

价值体现：
- 适应变化：确保数据管理体系能够灵活应对内外部环境的变化。
- 提升管理效能：通过不断优化，提高数据管理的效率和效果。
- 增强创新能力：鼓励创新思维，推动数据管理模式的不断创新和发展。

不遵守后果：若不持续改进，数据管理体系将逐渐僵化，无法适应新的业务需求和技术发展，导致管理效能下降，甚至被市场淘汰。

遵循这些原则对于确保数据管理的成功至关重要，它们不仅有助于提高数据管理的效率和效果，还能降低风险，确保合规性，并支持组织的长期战略目标。不遵守这些原则可能会导致数据安全问题、合规性风险、资源浪费和竞争力下降。

8.3　数据体系建设的过程

组织数据体系的一般建设过程可以概括为规划设计阶段、实施阶段、管理阶段、监督阶段，如图8-3所示。

8.3.1　规划设计阶段

（1）目标设定　在这一阶段，组织需要明确数据战略的目标，确保它们与组织的整体业务目标和愿景保持一致。目标设定应该具有可衡量性、可实现性和挑战性，以便能够持续跟踪和评估数据战略的执行情况。目标设定需要考虑以下要素：

第8章 数据体系建设的方法与实践

规划设计阶段
- 目标设定
- 现状分析
- 数据战略蓝图设计
  - 数据资产蓝图设计
  - 数据管理体系蓝图设计
  - 数据资源蓝图设计
  - 现状评估与差距分析
  - 设置里程碑与KPI
- 数据战略实施路线图设计
  - 制定阶段性计划
  - 风险管理与合规性
  - 差距识别
  - 资源分配与团队建设

实施阶段
- 保障体系建设
  - 建立数据管理组织
  - 建立数据管理机制
  - 制定数据标准规范
  - 推动数据技术创新
  - 培养数据文化素养
  - 培养数据人才
- 数据资源的设计与实施
  - 设计数据资源架构
  - 对存量数据进行治理
  - 技术选型与部署
  - 实施数据资源的迁移、存储和处置
- 数据资产的设计与实施
  - 设计数据资产架构
  - 实施数据资产的开发、登记、使用和处置
  - 技术选型与部署

管理阶段
- 数据战略管理
  - 进展评估
  - 协调优化
  - 工具和平台选择
- 数据资源管理
  - 数据资源架构管理
  - 数据资源风险管理
  - 数据资源质量管理
  - 工具和平台选择
  - 数据资源生命周期管理
- 数据资产管理
  - 数据资产架构管理
  - 数据资产需求管理
  - 数据资产流通管理
  - 数据资产风险管理
  - 工具和平台选择
  - 数据资产价值管理
  - 数据资产生命周期管理

监督阶段
- 监督数据管理政策和标准执行情况
- 发现问题并处理
- 数据管理体系修正

图 8-3 数据体系建设过程

- 目标的可衡量性：确保每个目标都可以量化，以便于跟踪和评估。
- 目标的可实现性：目标应基于当前资源和能力设定，避免过于理想化。
- 目标的挑战性：目标应具有一定的挑战性，以促进组织的成长和进步。

（2）现状分析　是制定数据战略的基础。组织需要对现有数据情况进行全面评估，通过收集和评估相关信息，识别出组织的优势、劣势以及改进空间，为后续的数据战略蓝图设计提供有力支持。现状分析主要包括以下几个方面：

- 数据资源评估：评估现有的数据资源，包括数据的类型、质量、可用性等。
- 数据管理能力评估：分析当前的数据管理能力，包括数据治理、数据质量控制等，评估现有数据管理流程、技术架构和人才储备，识别数据管理的强项和弱点。
- 技术基础设施评估：评估现有的技术基础设施，包括硬件、软件、网络等。

（3）数据战略蓝图设计　涉及数据资源、数据资产和数据管理体系的规划。

1）数据资源蓝图设计。组织需要规划数据资源的架构和标准，确定数据资源的分类、存储、布局等。同时，还需要考虑数据资源的可扩展性、可维护性和安全性等因素，确保数据资源能够满足组织的长期需求。

- 数据资源架构：设计数据资源的存储、分类和布局架构。
- 数据资源标准：制定数据资源的标准，包括数据格式、质量要求等。

2）数据资产蓝图设计。组织需要规划数据资产的分类和标准，明确数据资产的类型、来源、使用方式和价值，通过制定统一的数据资产分类和标准，提高数据资产的识别、管理和利用效率。

- 数据资产分类：明确数据资产的类型和来源。
- 数据资产标准：制定数据资产的使用和管理标准。

3）数据管理体系蓝图设计。组织需要规划数据管理体系，确保数据质量和可用性，挖掘数据资产价值。这包括制定数据管理政策、流程和标准，建立数据管理组织架构和职责分配等。

- 数据管理政策：制定数据管理的政策和流程。

- 数据管理组织架构：建立数据管理的组织架构和职责分配。

（4）数据战略实施路线图设计　组织需要将数据战略转化为具体的行动步骤和里程碑，制定详细的数据战略实施路线图，通过明确每个阶段的目标、任务和时间表，确保数据战略得到有效执行，支持数据驱动的业务转型。数据战略实施路线图设计包括以下步骤：

1）现状评估与差距分析。识别组织当前拥有的数据及管理情况、IT 基础设施，了解组织内部对数据使用的态度、技能水平及文化障碍。

- 数据类型与来源评估：识别组织当前拥有的数据类型和来源。
- IT 基础设施评估：评估现有 IT 基础设施的能力与限制。

2）差距识别。基于现状评估，明确关键领域的差距，如数据资源质量、数据资源安全防护等方面，为制定改进措施提供依据。

3）制定阶段性计划。

- 短期计划（1—6 个月）：集中解决最紧迫的问题，如数据清洗与标准化、基础数据平台搭建、关键数据应用项目启动等。
- 中期计划（6 个月—2 年）：深化数据分析能力，建立数据治理体系，推广数据文化，实施更多高级分析项目。
- 长期计划（2 年以上）：实现全面数据驱动决策，优化业务流程，推动业务创新，形成持续的数据优化与迭代机制。

4）设置里程碑与 KPI。

- 里程碑设定：为每个阶段设定明确的完成标志，如数据仓库上线、首个数据分析报告发布、关键业务流程自动化实现等。
- KPI 设定：基于目标设定具体的绩效指标，如数据质量提升百分比、分析模型准确率、业务效率提升率等，用于监控进度和评估效果。

5）资源分配与团队建设。根据实施计划，分配必要的资金预算、技术资源和人力资源。

- 资金预算分配：根据实施计划分配必要的资金。
- 技术资源分配：以支持数据战略的实施。可以考虑与外部供应商或咨询公司合作，以弥补内部资源或技能的不足。

- 团队建设：组建跨职能的数据治理团队，包括数据工程师、数据分析师、业务专家等，并进行必要的培训和能力提升。

6）风险管理与合规性。识别数据战略实施过程中可能遇到的风险，如数据泄露、合规性问题、技术障碍等，为每种风险制定预防和缓解策略，确保数据安全和合规性。

8.3.2 实施阶段

（1）保障体系的建设

1）建立数据管理组织。组织需要建立专门的数据管理组织，负责数据战略的实施和管理。数据管理组织应该具备专业的数据管理能力，包括数据战略规划、数据治理、数据质量管理和数据安全等。

- 组织结构：明确数据管理组织的层级结构和职责分工，设立数据管理委员会作为最高决策机构。
- 专业团队：构建由数据工程师、分析师、科学家等组成的跨学科团队，确保数据战略的专业技术支撑。

2）建立数据管理机制。组织需要制定数据管理机制，确保数据战略的实施过程能够顺利进行。

- 政策制定：制定全面的数据管理政策，涵盖数据的采集、存储、使用、共享和销毁等环节。
- 数据管理流程设计：设计高效的数据管理流程，减少冗余步骤，提高数据流转效率。
- 数据管理的沟通机制和协作机制设计：设计数据管理的沟通与协作机制，减少沟通层级，增强透明度，为数据管理工作的顺利开展减少障碍。

3）制定数据标准规范。组织通过制定和实施数据标准规范，提高数据的一致性和可比性，降低数据管理的成本和风险。

- 制定标准：组织需要制定统一的数据标准规范，包括数据定义、数据格式、数据质量和数据安全等方面的规范。
- 规范更新：建立标准规范的定期审查和更新机制，以适应业务发展和技术变革的需要。

4）培养数据人才。组织需要培养一支专业的数据人才队伍，包括数据管理专员、数据架构师、数据建模师、数据分析师、数据工程师、数据科学家等，通过提供培训和发展机会，提高数据人才的专业素养和创新能力。

- 培训计划：实施数据人才培训计划，提升团队的数据素养和专业技能。
- 职业发展：为数据人才提供职业发展路径，激励其在数据领域的长期发展。

5）推动数据技术创新。组织需要关注数据技术的最新发展动态，积极推动数据技术创新，通过引入新技术和新应用，提高数据处理的效率和准确性，为组织的业务发展和创新提供有力支持。

- 技术研究：跟踪和研究数据领域的前沿技术，如人工智能、机器学习等。
- 创新应用：推动新技术在数据管理中的应用，提高数据处理的智能化水平。

6）培养数据文化素养。组织需要培养全员的数据文化素养，提高员工对数据价值的认识和利用能力，通过加强数据文化的宣传和普及，激发员工的数据意识和数据创新精神。

- 文化建设：在组织内部推广数据驱动的决策文化，提升全员的数据意识。
- 交流活动：举办数据相关的交流和分享活动，促进跨部门的数据合作。

（2）数据资源的设计与实施

1）设计数据资源架构。组织需要设计数据资源架构和标准，明确数据资源的分类、存储、布局等。同时，还需要考虑数据资源的可扩展性、可维护性和安全性等因素，确保数据资源能够满足组织的长期需求。

2）技术选型与部署。组织需要选择合适的技术和工具，支持数据资源的实施。这包括数据库技术、数据仓库技术、大数据技术等。同时，还需要考虑技术的兼容性、可扩展性和安全性等因素，确保技术能够满足组织的实际需求。

- 技术评估：评估并选择适合组织业务需求的数据库、数据仓库和大数据技术。
- 部署实施：部署选定的技术平台，确保数据资源的高效存储和访问。

3）实施数据资源的迁移、存储和处置。组织需要按照数据资源架构和标准的要求，实施数据资源的迁移、存储和处置。

- 迁移策略：制定数据迁移计划，确保数据从旧系统到新系统的平滑过渡。
- 迁移实施：按照迁移计划，实现存量数据的迁移，一般是从业务类系统迁移到数据仓库、数据中台或者数据湖之类的数据分析环境中。
- 存储优化：优化数据存储结构，提高数据访问速度和存储效率。

4）对存量数据进行治理。组织需要对存量数据进行治理，形成有序的数据资源。

- 数据清洗：执行数据清洗流程，提高存量数据的质量。
- 整合转换：整合分散的数据资源，进行必要的数据转换，以适应新的数据架构。

（3）数据资产的设计与实施

1）设计数据资产架构。组织需要设计数据资产分类，明确数据资产的类型、来源、使用方式和价值，通过制定统一的数据资产分类和标准，提高数据资产的识别、管理和利用效率。

2）技术选型与部署。组织需要选择合适的技术和工具，支持数据资产的实施。这包括数据资产管理平台、数据分析工具等。同时，还需要考虑技术的兼容性、可扩展性和安全性等因素，确保技术能够满足组织的实际需求。

3）实施数据资产的开发、登记、使用和处置。组织需要按照数据资产分类和标准的要求，实施数据资产的开发、登记、使用和处置，通过规范数据资产的开发流程和使用方式，确保数据资产的质量和安全性。

数据资源管理和数据资产可以放在一个平台管理，也可以不放在一个平台上，这取决于组织的实际管理需求。

8.3.3 管理阶段

（1）数据战略管理 在此阶段，组织需要确保数据战略的持续执行和优化。

1）数据战略管理工具和平台选择。组织需要选择合适的数据管理工具和平台，以支持数据战略的监控、评估和调整。这些工具应能够提供实时的数据视图、自动化的报告生成和高级的数据分析功能。

2）进展评估。组织需要实施定期的数据战略评估机制，监控数据战略的实施效果，并与业务目标进行对比分析。利用 KPI 和 OKR（Objectives and Key Results，目标+关键结果）来量化评估数据战略的成效。

3）协调优化。基于监控与评估的结果，组织需要对数据战略进行必要的调整和优化。这可能包括修改数据管理流程、更新数据治理政策或引入新技术以提高数据的质量和可用性；进行数据战略沟通与协作，确保数据战略的一致性和协同性；组织还需要加强内部沟通和跨部门协作，通过定期的会议和报告机制，确保所有相关人员对数据战略有清晰的理解和共识。

（2）数据资源管理

1）数据资源管理工具和平台选择。组织需要选择合适的数据资源管理工具和平台，对数据资源进行全面的监控和管理。

2）数据资源架构管理。组织需要在数据资源架构设计、实施、评价与控制过程中执行有效的举措，监督与控制数据资源架构设计与实现的全生命周期状态，保障数据资源架构设计科学、落地性强，保证数据资源架构按计划实施。

3）数据资源质量管理。组织需要对数据资源从计划、获取、存储、维护、应用、消亡等整个生命周期的每个阶段里可能引发的各类数据质量问题，进行识别、度量、监控、预警。

4）数据资源生命周期管理。组织需要对数据资源从创建到最终销毁的整个过程进行系统化管理。它涉及规划、执行和监督数据资源的创建、存储、维护、迁移、归档和删除等各个环节。

5）数据资源风险管理。组织需要持续识别、评估、处理和监控数据风险，以保护组织的数据资源和确保业务连续性。

（3）数据资产管理

1）数据资产管理工具和平台选择。组织需要选择合适的数据资产管理工具和平台，对数据资产进行日常的系统化、规范化的控制。

2）数据资产需求管理。组织需要对内外部的数据需求和约束进行系统的识别、分析和管理，以确保数据资产能够满足这些需求，并为组织带来价值。

3）数据资产架构管理。组织需要管理数据资产架构规划、整合、保护与利用，通过科学的数据资产分类、分级架构、设计及管理规则制定，以确保数据资产的安全性、一致性、可访问性和价值最大化。

4）数据资产价值管理。组织需要对数据资产的价值进行识别、评估、维护和提升，以确保数据资产能够为组织带来最大的经济利益，并支持数据驱动的决策制定。

5）数据资产流通管理。组织需要管理数据资产在组织内部及与外部合作伙伴之间的共享、交换、分发和变现，以确保数据资产的流动性和可访问性。

6）数据资产风险管理。组织需要监控数据资产在组织内外部使用时可能的数据风险，全方位地进行数据资产安全与合规管控，以确保数据资产在组织内部使用和外部流通时的安全和合规。

7）数据资产生命周期管理。组织需要管理数据资产整个生命周期中的相关操作，以确保数据资产在整个生命周期中得到有效管理，以支持组织的业务连续性和长期发展。

8.3.4 监督阶段

（1）监督数据管理政策和标准执行情况　在监督阶段，确保数据管理政策和标准得到有效执行是至关重要的。这可以通过以下几个方面来实现：

- 监督机制的建立：设立一个独立的数据管理监督团队，负责定期审查数据管理政策的执行情况。该团队应具备跨部门的视角，以确保监督的全面性和客观性。
- 定期审计：通过定期的内部审计，评估数据管理政策的遵循情况。审计结果应用于识别政策执行中的偏差和不足，为进一步的改进提供依据。
- 实时监控系统：开发和部署实时监控系统，以跟踪关键数据管理活动和指标。系统应能够自动检测异常情况并发出警报，以便及时采取措施。
- 合规性检查：定期与法律法规以及行业最佳实践进行对比，确保数据管理政策和标准的合规性。对于发现的合规性差距，应立即采取行动进行整改。

- 违规行为纠正：对违规行为进行纠正和处罚。

（2）发现问题并处理　具体的操作如下：

- 问题发现：及时发现数据管理过程中存在的问题和隐患，包括数据质量问题、安全风险等。
- 问题根源分析：对问题进行深入分析和研究，找出问题的根源和解决方案。
- 问题解决协调：协调相关部门和团队解决问题，确保数据管理体系的正常运行。
- 反馈循环：建立一个反馈机制，鼓励员工报告数据管理过程中的问题和建议。反馈应被系统地收集和分析，以便于不断优化数据管理流程。

（3）数据管理体系修正　具体的实现方式有以下几个方面：

- 政策修订流程：制定明确的政策修订流程，确保政策能够根据业务发展和技术进步进行适时更新。修订流程应包括意见征集、影响评估和正式批准等环节。
- 激励与惩戒机制：根据员工和团队对数据管理政策执行的情况，实施激励和惩戒机制。对于优秀的表现给予奖励，对于违反政策的行为进行惩戒。
- 跨部门协作：加强不同部门之间的协作，特别是在数据管理政策和标准的执行上。建立跨部门工作小组能够促进信息共享和协同工作。
- 持续改进文化：培养一种持续改进的数据管理文化，鼓励员工不断寻求提高数据管理效率和效果的方法。通过持续改进，组织能够适应不断变化的数据环境和需求。
- 技术工具支持：利用技术工具支持数据管理政策的执行，如数据质量管理工具、数据访问控制工具等。这些工具应与组织的数据管理目标和政策保持一致。

通过这四个阶段的建设过程，组织可以确保数据战略从规划到实施，再到持续管理与监督的每一个环节都得到充分的考虑和执行，从而实现数据资源和数据资产的价值最大化，支持组织的长期发展和成功。

8.4 数据体系建设的注意事项

在实施数据体系建设的各个阶段中，存在若干注意事项和潜在的挑战。以下是在每个阶段实施过程中需要注意的事项以及相应的解决方案。

8.4.1 规划设计阶段

1. 注意事项

（1）目标设定的合理性

- 明确性：目标应具体、可量化，避免模糊表述。
- 挑战性：目标应具有一定的挑战性，以激发团队潜力。
- 可实现性：目标设定应基于现有资源和能力，确保目标在合理时间内可达成。

（2）现状分析的全面性

- 数据资源盘点：详细列出所有数据源、数据类型、存储位置、访问频率等。
- 管理能力评估：评估现有数据管理团队的技能、经验及组织结构。
- 技术基础设施评估：检查硬件、软件、网络等基础设施是否满足未来需求。
- 风险识别：识别潜在的数据安全风险、合规风险及业务风险。

（3）蓝图设计的前瞻性

- 行业趋势分析：研究行业内外数据管理的最佳实践和未来趋势。
- 可扩展性设计：确保设计能够支持未来数据量的增长和业务扩展。
- 灵活性：设计应能灵活应对未来技术和业务的不确定性。

2. 挑战

（1）目标设定不当

- 过度乐观：目标设定过高，导致团队压力过大，难以达成。
- 保守主义：目标设定过低，缺乏挑战性，无法推动组织进步。

（2）现状评估不全面

- 信息遗漏：关键信息未被识别或评估，导致战略蓝图设计存在缺陷。

（3）技术快速迭代
- 技术过时风险：设计完成后，新技术已出现，导致现有设计无法适应。

3. 解决方案

（1）多方参与
- 跨部门协作：邀请业务、IT、数据科学、法务等部门共同参与。
- 专家咨询：聘请外部专家或顾问提供专业意见。
- 沟通协调：明确项目目标和范围，并形成文档以供团队成员参考。

（2）动态调整
- 定期回顾：每季度/半年进行一次目标达成情况和环境变化的回顾。
- 灵活调整：根据回顾结果调整目标和策略，确保与实际业务需求保持一致。

（3）技术前瞻性研究
- 技术跟踪：设立专门小组或利用外部资源跟踪新技术发展。
- 预留接口：在设计中预留接口和扩展空间，便于未来技术升级。

8.4.2 实施阶段

1. 注意事项

（1）保障体系建设的系统性
- 组织架构：明确数据管理团队的职责和权限，建立跨部门协作机制。
- 流程制度：制定详细的数据管理流程和操作规范，确保各环节协同工作。
- 人才培养：加强数据管理人才的培养和引进，提升团队整体能力。

（2）数据资源实施的准确性
- 迁移计划：制定详细的数据迁移计划，包括数据备份、验证、恢复等步骤。
- 安全控制：在迁移过程中加强数据访问控制和加密保护，确保数据安全。

（3）数据资产开发的规范性
- 数据标准：制定统一的数据分类、命名、编码等标准，确保数据一致性。

- 元数据管理：建立元数据管理系统，记录数据的来源、质量、使用情况等信息。

2. 挑战与解决方案

（1）组织文化的阻力
- 变革管理：通过培训、沟通和激励机制，增强员工对数据管理体系的理解和接受度。

（2）技术复杂性
- 技术选型：选择成熟、稳定的技术方案，减少技术风险。
- 专业支持：聘请专业团队或外部顾问提供技术支持和解决方案。

（3）数据质量问题
- 数据清洗：在迁移前进行彻底的数据清洗和标准化处理，确保数据质量。
- 质量监控：建立数据质量监控机制，定期检查和评估数据质量。

8.4.3 管理阶段

1. 注意事项

（1）持续监控与评估
- 定期评估：定期评估数据管理体系的绩效。
- 持续监控：向高层汇报数据管理体系的运行情况。

（2）风险管理
- 数据风险：安全风险、合规风险、业务风险等。

（3）跨部门协作
- 跨部门沟通：确保数据管理体系顺畅运行。
- 部门间协作：确保部门间的信息共享。

2. 挑战与解决方案

（1）缺乏持续的监控与评估
- 设定 KPI：定期评估数据管理体系的绩效。
- 建立报告制度：定期向高层汇报数据管理体系的运行情况。

（2）忽视风险管理
- 风险评估：定期评估数据风险。
- 风险应对：制定风险应对策略和预案，确保在风险发生时能够及时应对。

（3）部门之间缺乏协作
- 沟通机制：建立跨部门沟通机制。
- 协作平台：利用协作平台或工具促进部门间的信息共享和协作。

8.4.4 监督阶段

1. 注意事项

（1）政策执行情况的严格监督
- 监督执行：确保政策和标准得到有效执行。
- 违规处理：处理违反政策和标准的行为。

（2）问题发现与处理的及时性

（3）管理体系的持续改进

2. 挑战与解决方案

（1）政策、标准执行不到位
- 审计制度：建立数据管理体系的审计制度，确保政策和标准有效执行。
- 违规处理：对违反政策和标准的行为进行严肃处理，以儆效尤。

（2）问题发现与处理不及时
- 问题报告：建立问题报告机制，鼓励员工及时报告发现的问题。
- 快速响应：制定快速响应流程，确保问题得到及时处理和解决。

（3）管理体系得不到持续改进
- 持续改进机制：建立持续改进机制，鼓励员工提出改进建议并付诸实施。
- 知识管理：建立知识管理系统，记录和总结数据管理体系的经验和教训。

8.4.5 跨阶段的通用注意事项及其解决方案

1）数据管理可能缺乏高层支持。

解决方案：定期向高层汇报数据管理体系的进展和成果，展示其对战略目标的支持作用；争取高层在资金、人力、物力等方面的支持，确保数据管理体系的顺利实施。

2）数据管理流程可能缺乏透明度和参与度。

解决方案：通过会议、邮件、公告等方式，确保所有相关方都能了解数据管理流程的进展和决策过程；建立反馈机制，鼓励员工提出意见和建议，并及时回应和处理。

3）数据安全和隐私保护可能被忽视。

解决方案：定期对员工进行数据安全和隐私保护培训，提高安全意识；定期进行合规性审查，确保数据管理体系符合相关法律法规要求。

4）数据治理可能缺乏持续的维护和更新。

解决方案：建立持续改进的文化，定期评估和更新数据治理策略和技术。

5）员工可能对数据治理的变革持抵触态度。

解决方案：通过培训、沟通和激励机制，提高员工的参与度和接受度。

6）数据迁移和集成可能面临技术难题。

解决方案：在迁移前对现有技术和工具进行评估，确保其能够满足迁移需求；在迁移过程中进行充分的测试验证，确保数据的完整性和准确性。

7）数据质量管理可能不足，导致数据不可靠。

解决方案：建立严格的数据质量控制流程，定期进行数据质量检查；利用数据质量监控工具自动检测数据质量问题；根据监控结果不断优化数据质量控制流程和方法。

8）可能违反数据保护法规。

解决方案：聘请法律顾问或合规专家，确保数据治理流程符合所有适用的数据保护法律和行业标准；定期对员工进行数据保护法规的培训，提高合规意识；定期进行合规审计，确保数据管理体系的合规性。

综上所述，组织数据生命周期管理体系建设的每个阶段都有其特定的注意事项和挑战。充分的规划、准备和持续的监控与优化，可以确保项目的顺利实施和长期稳定运行。

8.5 案例：某公司数据资产管理体系构建与应用实践

在数字化转型的浪潮中，数据已成为企业最宝贵的资产之一，其有效管理和利用直接关系到企业的竞争力与可持续发展能力。本节分享了某公司的数据资产管理体系构建与应用实践的案例，期望该公司基于"权责利、量本利"的数据资产管理体系建设实践能够为企业数据资产管理提供经验借鉴[⊖]。

8.5.1 项目背景

自 2002 年成立以来，该公司作为国务院国资委监管下的关键国有骨干企业，不仅承担着电网的投资、建设与运营重任，更在维护国家能源安全与推动国民经济发展中扮演着举足轻重的角色。多年来，随着物联网技术的深入应用，公司在电网运行监控、电能精准计量、设备状态实时监测等领域积累了庞大的数据资源，这些数据已成为驱动企业创新发展的核心战略资产。为充分激活数据潜能，实现数据价值的最大化释放，公司高度重视并持续优化数据资产管理体系，历经三个关键阶段的深刻变革。

8.5.2 建设阶段划分

公司历经三个阶段的建设，基本建成数据资产管理体系。

第一阶段（"十二五"期间）：数据标准化筑基。

此阶段，公司聚焦于数据基础的夯实，通过推进"一体化系统"与各类"基础技术平台"的构建，制定并实施了多项数据标准，确保了数据资产的留存、连接与可用性，为公司的精益化管理奠定了坚实基础。

第二阶段（"十三五"时期）：数据体系化通脉。

此阶段，公司致力于数据管理体系的完善，构建了"大数据平台能力体系"与全面的"数据资产管理体系"，实现了数据资产的快速处理、高效检索、清晰解读、高度可信与便捷使用，有力支撑了公司的高质量发展。

⊖ 沙丘社区分析师团队.星河案例｜南方电网：数据资产管理体系构建与应用实践[EB/OL]．（2023-04-11）[2024-09-20].https://mp.weixin.qq.com/s/kGJhtkYLjGRj3DVO2B9eTQ.

第三阶段（"十四五"开局）：数据价值化新生。

当前，公司正聚焦于数据的深度价值挖掘与创新应用，通过强化"大数据融合创新应用能力"与营造"数据价值释放环境"，积极推动"产业数字化"与"数字产业化"进程，助力公司向综合能源服务商、数字电网运营商、能源产业价值链整合商的三商转型目标迈进。

8.5.3　数据资产管理体系的创新构建与成效

历经三个阶段的建设，公司数据管理体系建设取得了一定的成效：

- 组织体系：公司成立了网络安全与数字电网建设领导小组，作为数据资产管理的最高决策机构，构建了自上而下、横向协同、纵向联动的精细化管理体系，确保数据管理工作的高效推进。
- 战略规划：发布《"十四五"大数据发展专项规划》，明确了集团级统一的数据战略蓝图，实现了数据管理工作的全局统筹与业务全覆盖。
- 制度体系：构建了"1+N+n"的数据资产管理制度体系，即1个总览性的数据资产管理办法、N个专项领域管理细则以及n个分子公司的配套实施制度，为数据管理的标准化、规范化提供了坚实保障。
- 技术平台：建立了统一的数据资产管理平台，集成了主数据管理、数据质量监控、元数据管理、数据标准与模型、数据开放共享等功能模块，实现了数据管理业务的全面线上化流转，显著提升了数据治理、运营与流通的效率。

8.5.4　解决方案

随着数字化转型的深入，该公司数据资源的价值日益凸显，对数据资产的管理提出了更为严苛的要求。在国家数据要素发展战略的引领下，公司积极响应，勇于探索和实践，构建了一套基于数据要素化、资产化理论的数据资产管理体系。该体系紧密围绕"责权利清晰界定"与"量本利有效衡量"两大核心主线，通过六个关键方向的深入突破，实现了数据资产管理的系统化、精细化与高效化。

数据资产管理体系由六大核心管理模块构成，涵盖36项具体管理职能，并贯穿数据资产全生命周期的八个关键环节。该体系通过明确各职能活动的定位与内在联系，为公司的数据资产管理工作提供了全面指导与坚实支撑。

数据资产管理体系的精髓聚焦于数据治理、数据运营以及数据流通这三大支柱模块。

- 数据治理模块，作为整个体系的基石，为所有业务活动奠定坚实基础，并与数据运营模块紧密协作，共同构筑起数据流通模块有效运作的先决条件。

- 数据运营模块，立足于数据治理的稳固框架之上，专注于提升数据的应用效能与服务水平，推动数据价值的深度挖掘与广泛传播。

- 数据流通模块，作为体系中的桥梁与纽带，它汲取数据治理与数据运营模块的精华，致力于优化数据的内部流转与外部交换机制，确保数据价值的最大化实现。通过促进数据的健康有序流通，该模块不仅强化了数据资产的内外联动，还保障了数据在对外交易中的安全、透明与高效，为公司的数字化转型与业务拓展注入了强劲动力。

1. 数据治理的全方位深化

（1）元数据管理　该公司实施了"专业责任制"的元数据管理模式，实现了公司范围内、跨领域、跨业务的元数据全面梳理，确保了元数据覆盖率和规范度均达到100%的高标准。该管理模式通过每日不间断的全方位监控，实施元数据生命周期管理，包括事前预防、事中监控与事后评估，每日生成详尽的异常报告，迅速响应任何元数据变更异常。此外，还定期对元数据标准一致性进行量化评估，依据评估结果持续优化元数据的更新与维护流程，确保元数据的时效性与准确性。

（2）数据标准管理　基于深入的数据管理理论研究和行业最佳实践，该公司参考权威机构（如中国信息通信研究院）的标准，结合公司数字电网的特定需求，构建了全面的大数据技术标准体系。该体系涵盖了基础标准、物理系统标准、信息系统标准及业务系统标准四大核心领域，并制定了包括《数据中心接口标准》《统一数据模型设计规范》《主数据标准》及《元数据标准》在内的多项技术规范，为数据管理的标准化、规范化提供了坚实支撑。

（3）数据模型管理　为提升数据的一致性和互操作性，公司构建了企业级统一电网数据模型与数据仓库模型，形成了统一的数据视图。电网数据模型专注于事务处理，通过唯一数据身份标识，实现了跨系统间的无缝数据交换，如电网变压器模型在多个业务部门的共享应用。数据仓库模型则服务于分析需求，两者共同构成了公司数据分析与决策的基础。公司还设立了专门的模型管理团队，负责数据模型生命周期管理和统一发布，确保模型的有效性和适应性。

（4）数据质量管理　公司构建了覆盖数据产生、入湖、应用全链条的质量管控体系，通过事前约束、事中校验、事后整改的闭环管理机制，不断提升数据质量。事前约束阶段，通过严格的校验规则，从源头上减少问题数据的产生；事中校验阶段，利用固化的数据质量规则库（已包含14万余条规则），在数据采集入湖时进行二次验证，确保数据准确性；事后整改阶段，则在应用过程中及时发现并纠正数据质量问题，持续优化数据质量，为业务决策提供坚实的数据支撑。

（5）数据安全管理　鉴于数据安全的重要性，公司构建了组件化、服务化的数据安全中台，集成了加密、水印、防泄漏等多种安全防护手段。该中台覆盖了数据生命周期的每一个阶段，提供全面的安全管理、检测、监测、防护及审计能力，实现了安全管理与技术防护的深度融合。同时，公司还推行数据安全管理运营的常态化，通过实时监控、风险评估、应急处置及运行保障等措施，确保数据资产的安全无忧。

2. 数据运营：精细化管理与高效服务

（1）数据需求管理　响应迅速，供给高效。公司优化了数据需求管理流程，构建了需求响应平台，实现了从需求收集、评审、更新到归档的线上一体化管理。通过这一过程，数据需求的申请、审批、跟踪及运营全面数字化不仅提升了响应效率，还通过量化分析持续优化服务。此外，公司提出了"3个1"高效供给标准，即根据数据与模型的准备情况，设定了快速响应的时间框架，确保内外部数据需求均能得到及时满足。

（2）数据资产目录　透明化、标准化管理。基于元数据的深度梳理，公司编制了全面而详尽的企业级数据资产目录，覆盖了广泛的数据域、主题、实体及字段，形成了数据资产的清晰图谱。这一目录不仅增强了数据资产的透明度，还作为数据共享与流通的基石，为数据的价值创造提供了有力支撑。同时，数据字典的引入，使得业务人员和各级员工能够轻松查阅和理解数据，促进了数据的有效应用。

（3）数据服务管理　体系化、组件化供给。为了提升数据服务的效率与灵活性，公司建立了基于数据中台的服务管理体系，通过整合应用需求与体系建设，不断丰富服务组件库。用户可以通过组件化的方式便捷地获取所需的数据服务，而服务运营的标准规范及统一运营平台的建设，则进一步推动了服务组件的高效供给与持续优化。

（4）数据运维管理　全链路监控，保障稳定。为确保数据资产的全生命周期运维管理，公司引入了全链路监控工具，实现了对运维问题的快速发现、精准定位与持续跟踪。这一机制不仅满足了日常运维、监控、事件及问题管理等基本需求，还通过统计分析与优化，不断提升运维管理的效率与质量。

（5）数据分类分级　精细管理，安全合规。公司高度重视数据的安全与合规管理，通过系统的数据分类分级工作，明确了敏感数据的范围与等级，并制定了相应的处置策略。这一过程的常态化推进，不仅提升了数据管理的精细化水平，还有效保障了数据资产的安全与合规使用。

（6）数据共享开放　促进流通，创造价值。依托数据资产共享开放目录与管理平台，公司建立了灵活多样的数据共享与开放机制。无论是无条件共享还是有条件共享，公司都致力于优化流程、提升效率，以增强用户的数据获得感。同时，公司还积极响应外部数据需求，如国务院国资委、审计署等机构的统计需求，展现了良好的数据开放与合作态度。

3. 数据流通与价值释放

（1）定责明确，风险防控　该公司深入梳理数据合规风险，制定针对性防范措施，清晰界定数据要素发展中各主体的责任边界，确保数据基础质量稳固。公司通过修订《数据认责管理细则》，构建起涵盖"网省市县"四级、融合"技术＋管理"的认责机制，并利用先进工具实现数据责任的自动化追踪，确保分子公司认责全覆盖，为数据流通奠定坚实基础。

（2）确权清晰，法律保障　在数据权属管理方面，公司明确界定了各方权利与义务，建立了权属管理与凭证管理制度，保障了数据资产管理活动的合法合规性，确保法律责任的明确性与可追溯性。依据此框架，公司发布了《数据处理法律风险防范指引》，实现了数据资产管理全链条的法律风险防控，并构建了多方授权与共识机制。特别是在数据要素市场化配置改革中，公司引领创新，如与某省政府合作发行全国首张公共数据资产凭证，为数据确权探索了新路径，并在多地推广应用，成效显著。

（3）价值评估，利益共享　公司基于科学的价值评估体系，不断优化数据价值评估模型，创新收益分配模式，构建了公平合理的利益分配机制。通过电网数据应用价值评估体系，公司成功实现了数据资产的成本价值与社会价值的量化评估，促进了数据资产的价值变现。同时，收益分配影响评估模型的建立，将数据要素的价值释放具体化于各应用场景中，实现了数据价值的最大化利用。

（4）拓量增质，生态互动　公司围绕数据量与范围的双提升，积极汇聚产业数据资源，完善数据产品体系，强化与产业生态的互动合作，充分彰显数据价值，促进产业规模效益的形成。在供给侧，公司整合自身及能源产业链上下游的海量数据资源，构建了丰富的数据资产库；在消费侧，公司面向政府、企业、民生三大领域，开发了400+内部数据应用与200+对外数据产品，有效满足了市场需求。

（5）成本控制，效率提升　借鉴财务会计准则，公司构建了数据资产价值评估模型，并建立了数据价格管理机制，制定了科学的计量与定价方法。通过精细化的业务投入产出测算，公司不断优化资源配置，有效降低了数据运营成本，提升了市场竞争力。特别是《数据资产定价方法》的发布与推广，为电力数据资产交易定价提供了开创性解决方案，引领了行业标准的制定。

（6）创新模式，共创价值　公司积极创新数据产品与商业模式，设立市场化的交易规则，有效对接国家政策、法律法规与行业规范，构建了"共创共建共享"的能源数据生态体系。如××产品，通过为金融机构提供信贷风险评估服务，有效缓解了中小微企业的融资难题；×××产品，则为供应商释放了大量保证金，降低了融资成本，为中小企业发展提供了有力支持。这些举措不仅彰显了公司的社会责任担当，也为推动实体经济发展注入了新活力。

8.5.5　价值与成效

该公司通过前瞻性的数据资产管理体系构建与实践，成功将管理焦点从单纯的数据资源拓展至更具价值的数据资产领域，率先在能源行业建立了数据资产管理体系。这一体系不仅明确了数据资产从创建到销毁的全生命周期管理流程，更在全网范围内得到广泛应用，为数据管理工作与创新实践提供了坚实的指导框架。

（1）经济价值凸显　在数据资产管理体系的推动下，该公司各分子公司积极挖掘数据潜力，创新出一系列电力大数据产品，实现了显著的经济效益增长。下属某子公司的数据服务合同总额突破千万大关，彰显了数据资产的商业价值。某项目通过优化充电设施利用率，助力全省减排目标，同时创造了可观的经济与环保双重效益。另一个子公司的某产品则为工商业用户提供了数亿元的融资支持，促进了地方经济发展。

（2）业务价值深化　数据资产管理体系的实施，不仅为该公司带来了直接的经济回报，还在业务层面产生了深远影响。该体系有效夯实了公司的数据资产管理基础，大幅提升了数据供给的质量与响应速度，为业务决策提供了更加精准、及时的数据支持。通过建立数据资产的价值创造与流通机制，公司成功推动了业务和管理模式的变革，实现了数据资产的高效配置与利用。同时，数据对外服务能力的显著提升，进一步释放了公司数据资产的潜在价值，增强了市场竞争力，为公司的可持续发展注入了强劲动力。

8.6 案例分析

8.6.1 内容对比分析

将 8.5 节案例的内容与 2.5 节数据体系的内容以及 8.3 节数据体系的内容做对比会发现，案例企业的数据体系内容与 2.5 节内容以及 8.3 节建设过程存在差异，不同点主要在于以下几个方面。

1. 历史背景和阶段性重点

理想数据体系建设过程：通常遵循规划、实施、管理、监督的标准化流程，各环节依次推进，确保数据战略的逐步实现和数据资产的持续增值。

案例企业：受历史背景和技术发展阶段性特点的影响，采取了分阶段推进的策略。

- 第一阶段：注重数据标准化筑基，集中解决数据不一致、数据孤岛等问题，确保数据资源的可用性和一致性。
- 第二阶段：侧重于数据体系化通脉，逐步建立全面的数据资产管理体系，通过系统化、规范化的控制手段，实现数据资产的深入挖掘和高效利用。

这种阶段性重点虽然与理想流程中的每个环节不完全对应，但符合其实际发展需求和资源约束条件，实现了逐步构建和完善的目标。

2. 技术平台和工具选择

理想数据体系建设过程：强调选择标准化、兼容性强、可扩展性好的技术平台和工具，以支持数据资源的采集、存储、处理、分析和共享。

案例企业：在不同阶段选择了适应其业务需求的技术平台和工具。

- 初期建设"一体化系统"，实现了基础数据的整合和共享。
- 随后建立"基础技术平台"，进一步提升数据处理和存储能力。
- 最终构建"大数据平台能力体系"，支撑大数据分析和应用。

这些选择可能不完全符合理想流程中的标准化要求，但根据企业实际情况和业务需求进行了灵活调整，有效支持了其数据资产管理体系的构建和运行。

3. 数据管理体系建设

理想数据管理体系建设过程：

- 涵盖数据战略、数据资源、数据资产和数据治理等多个方面，确保数据管理的全面性、系统性和协同性。
- 包括数据战略的制定和执行、数据资源的规划和设计、数据资产的开发和利用、数据治理机制的建立和完善等。

案例企业：

- 数据管理体系构建也包含上述方面，但更强调与企业实际业务的紧密结合和落地实施。
- 制定明确的数据管理制度和规范，建立数据管理组织体系，加强数据安全管理和隐私保护。
- 实施数据标准化、质量控制和数据共享等措施，不断提升数据资产的价值和应用效果。
- 特别是在数据资产价值评估和流通管理方面，引入了"权责利、量本利"的理念，对数据资产进行了更为精细化的管理和运营。

4. 结论

我们通过对比分析可以看出，案例企业的数据体系建设过程虽然与理想流程存在一定差异，但更加符合其实际发展需求和业务特点。通过分阶段推进、灵活选择技术平台和工具、构建全面而有效的数据管理体系等措施，案例企业成功实现了数据资产的挖掘和利用，提升了企业的竞争力和可持续发展能力。

8.6.2 造成差异的原因

案例企业的数据体系内容与理想数据体系内容和建设过程存在差异的原因可能包括以下几个方面：

1. 组织战略与目标的差异

- 战略定位不同：不同组织在数据战略上的定位可能有所不同，有的组织将数据视为核心资产，致力于数据驱动的业务转型；而有的组织则可能将数据视为辅助工具，对数据的重视程度较低。
- 业务目标差异：组织的业务目标不同，导致对数据的需求和利用方式也不同。例如，科技创新型企业可能更注重数据的深度挖掘和创新应用；而传统制造业企业可能更注重数据的规范化和基础管理。

2. 组织结构与文化差异

- 组织结构：不同组织的结构不同，可能对数据体系的建设产生影响。例如，扁平化结构的组织可能更利于跨部门协作和数据共享；而层级较多的组织则可能面临沟通障碍和信息孤岛问题。
- 组织文化：组织文化对数据体系的影响也不可忽视。倡导数据驱动决策和创新文化的组织更容易接受并推动数据体系的建设；而传统保守的文化则可能对数据变革产生抵触情绪。

3. 数据资源与技术能力的差异

- 数据资源：不同组织的数据资源质量和数量存在差异，这直接影响数据体系的建设效果。数据资源丰富、质量高的组织更容易实现数据资产的深度挖掘和有效利用；而数据资源匮乏或质量低下的组织则可能面临更多的挑战。
- 技术能力：组织在数据技术方面的投入和能力也是造成差异的重要原因。技术能力强的组织能够更好地支持数据管理体系的建设和运行；而技术能力不足的组织则可能面临技术瓶颈和障碍。

4. 管理体系与执行力的差异

- 管理体系：不同组织在数据体系的设计和执行上存在差异。有的组织可能建立了完善的数据管理体系，包括明确的战略指导、规范的治理流程、高效的资源管理和持续的监督与优化机制；而有的组织则可能缺乏这些关键要素。
- 执行力：即使建立了完善的数据体系，执行力的差异也可能导致建设效果的不同。执行力强的组织能够确保数据管理体系得到有效实施和持续优化；而执行力较弱的组织则可能面临执行难、效果差的问题。

5. 外部环境与政策支持的差异

- 外部环境：不同组织所处的外部环境存在差异，包括行业竞争格局、政策法规、技术发展趋势等。这些因素可能对数据体系的建设产生影响，例如，政策法规的支持可能加速数据体系的建设进程；而行业竞争的加剧则可能促使组织更加注重数据的有效利用和管理。
- 政策支持：政府在数据管理方面的政策支持也是造成差异的重要原因。政策支持的力度和方式可能直接影响组织对数据体系建设的投入和效果。

综上所述，造成数据管理体系建设或实践中差异的原因是多方面的，这些因素相互交织、相互影响，共同作用于数据管理体系的建设效果。

8.6.3 一般企业数据体系建设的常见路径

一般企业在选择数据体系建设路径时，可能会考虑以下常见路径：

（1）自上而下的规划与实施

- 优点：确保数据战略与企业整体战略一致，有利于资源的集中调配和目标的统一。
- 缺点：可能忽视了基层的实际需求和执行难度，导致实施效果不佳。

（2）自下而上的迭代与优化

- 优点：能够快速响应业务需求，逐步解决实际问题，更容易获得员工的接受和支持。
- 缺点：可能导致缺乏统一的规划和标准，数据体系的碎片化。

（3）项目驱动的实施

- 优点：通过具体的项目来推动数据体系的建设，目标明确，易于管理和评估。
- 缺点：可能过于关注短期目标，忽视了长期的数据战略和可持续发展。

（4）合作与外包

- 优点：利用外部专业资源弥补自身能力的不足，快速提升数据管理能力。
- 缺点：可能存在成本控制和知识转移的问题，对外部依赖过重可能影响企业的自主性。

一般企业在选择数据体系建设路径时，确实会综合多种因素进行考虑，以确保路径的适宜性和有效性。

（1）企业规模和资源

1）企业大小：

- 大型企业：通常拥有更多的资源和资金，可以选择"自上而下的规划与实施"路径，以确保数据战略与企业整体战略高度一致，同时集中调配资源，快速推进数据体系的建设。这种路径有利于构建统一、规范的数据管理体系，但需注意基层的实际需求和执行力度。
- 中小型企业：受限于资源和资金，可能更适合"自下而上的迭代与优化"路径。通过快速响应业务需求，解决具体问题，逐步积累经验和能力，逐步构建和完善数据体系。这种方式更加灵活，能够更好地适应中小企业的快速发展和变化。

2）资源可用性：

- 企业在选择路径时，还需考虑现有资源的可用性，包括人力资源、技术资源、资金等。资源充足的企业可以选择更加全面和系统的建设路径；而资源有限的企业则需更加注重资源的优化配置和高效利用。

（2）业务复杂性

1）业务多样性：对于业务复杂、多样的企业，可能需要采用更加灵活和定制化的数据体系建设路径。这可能需要结合"项目驱动的实施"路径，通过具体的项目来推动数据体系的建设，以便更好地适应不同业务部门的需求。

2）业务标准化：业务相对标准化的企业，则可以选择"自上而下的规划与实施"路径，通过统一的规划和标准，快速构建和部署数据体系，提高整体管理效率。

（3）技术基础

1）技术成熟度：企业现有的技术基础和数据管理能力也会影响数据体系的建设路径。技术成熟、能力强的企业可以选择更加全面和深入的建设路径，如引入先进的数据治理技术和工具，提升数据管理的智能化水平。

2）技术依赖：若企业在某些技术领域存在不足或依赖外部资源，则可能需要考虑"合作与外包"路径,通过与外部专业机构合作或外包,快速提升数据管理能力,但需注意成本控制和知识转移的问题。

(4)其他因素

1)企业文化和组织结构:企业的文化氛围和组织结构也会影响数据体系的建设路径。开放、创新的文化氛围和扁平化的组织结构可能更有利于自下而上的迭代优化路径;而保守、严谨的文化氛围和层级化的组织结构则可能更适合自上而下的规划与实施路径。

2)行业法规和标准:行业法规和标准也会对数据体系的建设路径产生影响。企业需要确保数据体系建设符合相关法规和标准要求,避免因违规而带来的风险和损失。

综上所述,企业在选择数据体系建设路径时,需要综合考虑企业规模和资源、业务复杂性、技术基础以及其他相关因素,以确保选择的路径能够满足企业的实际需求和战略目标。

推荐阅读